深部探测理论与方法

陈宣华　李　冰　马　岩等　编著

科学出版社

北　京

内 容 简 介

本书从固体地球在地球系统科学体系中的地位和作用出发，阐明深部探测与深地科学研究的基本内涵、前沿问题和主要研究内容，系统介绍固体地球的深部结构、深部物质、深部过程与深地资源探测研究方面的技术方法体系，探讨深部探测与深地科学研究的原理假说与研究范式创新，同时介绍美国地球透镜计划、拓扑欧洲计划和我国深地探测相关计划取得的成果，展望我国深部探测与深地科学研究的未来发展，提出深地资源科技发展战略建议。

本书可供从事深地系统科学研究及相关管理的人员使用，也可供相关院校师生参考。

审图号：GS 京(2023)1320 号

图书在版编目(CIP)数据

深部探测理论与方法 / 陈宣华等编著．—北京：科学出版社，2023. 8
ISBN 978-7-03-076097-5

Ⅰ. ①深…　Ⅱ. ①陈…　Ⅲ. ①深部地质-地质勘探-研究　Ⅳ. ①P624

中国国家版本馆 CIP 数据核字（2023）第 146631 号

责任编辑：王　运 / 责任校对：何艳萍
责任印制：吴兆东 / 封面设计：图阅盛世

科学出版社 出版
北京东黄城根北街 16 号
邮政编码：100717
http://www.sciencep.com

北京建宏印刷有限公司 印刷

科学出版社发行　各地新华书店经销

*

2023 年 8 月第　一　版　开本：787×1092　1/16
2023 年 8 月第一次印刷　印张：19 1/4
字数：456 000

定价：258. 00 元

（如有印装质量问题，我社负责调换）

作 者 名 单

陈宣华　李　冰　马　岩　刘　刚
周　琦　邵兆刚　马飞宙　丁伟翠
王　叶　徐安娜　张义平　徐盛林
陈言飞　徐亚琪

前　　言

地球是由内部热能和恒星太阳“双发动机”驱动的复杂巨系统，内部热能决定了地球构造与动力学。固体地球的深部是地球系统的基础。国际地球科学研究表明，深部地球动力学与地表-近地表地质过程之间具有紧密的联系。地球表层发生的现象，其根源在深部；深部物质与能量交换的地球动力学过程，是理解成山、成盆、成岩、成矿、成藏、成储和成灾等过程成因的核心。深地探测揭开地球深部结构与物质组成的奥秘、深浅耦合的地质过程与动力学四维演化，催生深地科学，成为地球系统科学的重要组成部分，也是地球科学发展的最新前沿。

2016 年，为贯彻落实《国家中长期科学和技术发展规划纲要（2006—2020 年）》提出的资源勘探增储要求和《找矿突破战略行动纲要（2011—2020 年）》等相关部署，科技部启动国家重点研发计划“深地资源勘查开采”重点专项（简称 DREAM 专项，2016 ~ 2020 年）。该专项实行全链条设计、一体化组织实施。

本书由国家重点研发计划“深地资源勘查开采”重点专项“深地资源勘查开采理论与技术集成”项目（2018YFC0603700）资助，属其科研成果之一。该项目围绕深地资源勘查开采重点专项总体目标，凝练提升深地资源勘查开采重点专项研究成果。针对专项成果的综合集成及专项内部数据共享管理的需要，梳理专项各类工作的进展，研究制定数据共享管理机制，综合集成各类数据与成果资料，构建专项综合数据库，实现专项内部数据共享与有效利用；依托专项成果，阐明我国典型构造成矿系统的深部结构、深部过程与资源效应，构建深地资源勘查、评价与开采的理论与技术体系，系统分析大型克拉通盆地深层油气勘查技术与资源前景，总结专项勘查增储相关成果；追踪国内外深地资源勘查开采领域的前沿理论与技术，构建深地科学知识体系，加强深地资源科技发展战略研究，促进深地资源领域的科学普及与推广。

全书共分十章。从地球系统出发，论述深地科学在地球系统科学体系中的地位与作用；以固体地球的深部结构、深部物质与深部过程探测研究为重点，初步建立深地科学的总体框架；系统介绍深地探测与深地科学研究的技术方法体系与前沿问题，拓展深部能源资源探测利用的理论与技术方法。同时介绍美国地球透镜计划、拓扑欧洲计划和我国深地探测相关计划的实施进展情况，展望我国深地科学的未来发展。基于现有认识，探讨地球发电机、地球深部时间-深度、地球结构不对称、物质深循环、深部物质特异性和构造高差等原理，提出构建深地科学基本理论体系的初步设想。全书由陈宣华主笔和统稿。

本书素材积累和编写过程中得到了李廷栋、孙枢、马宗晋、金振民、朱日祥、王成善、高锐、杨经绥、侯增谦、林君、底青云、孙友宏等院士和董树文、尹安、李正祥、黄宗理、高平、庄育勋、吕庆田、乔德武、彭聪、李秋生、张怀、王学求、卢占武、何庆成、杨钦、王贵玲、于平、陈正乐、陈群策、赵财胜等专家的指导和帮助，在此表示衷心的感谢！由于作者从事地球深部探测与深地科学研究及撰写本专著的时间有限，而深地科学的内涵和外延又极其复杂，因此，本书可能挂一漏万，深地科学领域许多重要的方向未曾涉及，也未涉及深地工程与深地空间利用的更多内容。同时，书中难免存在疏漏之处，敬请读者批评指正。相信在不久的未来，将有更多的专家学者对深地科学做出更为科学、系统与详尽的论述和解读；本书如能起到抛砖引玉的作用，作者将深感欣慰。

项目执行过程中，得到了科技部社会发展科技司、自然资源部科技发展司、中国地质调查局科技外事部、中国21世纪议程管理中心、中国地质科学院、自然资源部深地科学与探测技术实验室、中国地质科学院地质研究所、南京大学、中国地质调查局发展研究中心、北京科技大学、中国石油集团科学技术研究院有限公司、吉林大学、煤炭科学研究总院、中国矿业大学（北京）等单位领导和同仁的大力支持和帮助，以董树文教授、吴爱祥教授、赵文智院士为组长的国家重点研发计划“深地资源勘查开采”重点专项总体专家组给予了潜心指导。项目前期开展了“深部探测技术与实验研究”专项“地壳探测系统工程研究”（编号 SinoProbe-08-04，2008～2017年），为本项目研究奠定了坚实基础。项目执行期间，得到了中国地质科学院基本科研业务费专项经费（项目编号 JKY202011）的部分资助。在此一并表示衷心的感谢！

目　录

第一章　地球系统与深地科学

第一节　地球系统概述

地球是我们人类居住的唯一场所、我们生活的家园，为人类提供了生活必需的粮食、水、能源和矿产资源；同时也常给人类带来诸如火山、地震、海啸等灾难。地球系统（Earth System）是由相互作用的近地空间、大气圈、水圈（含冰雪圈）、生物圈（含人类社会或人类圈）、地壳、地幔、地核（包括外核和内核）等自然圈层构成的开放的复杂巨系统（图1-1），包括自地心到地球外层空间的广阔范围，可分为地球上部的物理气候系统、地球表层的全球生态系统和地球下部的固体地球系统等子系统，并包括大气环流、大洋环流、地幔对流和外核对流等多个大环流系统。同时，地球系统中还存在一个穿透各个圈层的磁性层（图1-2）（Maruyama et al.，2014）。地球系统具有混沌现象、不确定性、自组织和非线性特征。

（一）地球表层系统

地球表层是维持所有生命和人类活动的唯一环境，是地球宜居性的重要载体（朱日祥等，2021a，2021b）。表层是一个独特的系统，既不是固体地球、海洋，也不是大气系统本身，而是所有这些系统的共同作用层。然而，我们今天看到的表层环境仅仅是地球过去经历的无数种形态和条件中非常短暂的一部分。作为地球历史时间序列的沉积记录是我们长尺度认识地球表层的窗口。长尺度认识的意义在于我们可以了解在行星尺度下不断变化的地球表面状态和形态，测量快速和缓慢变化的速率，研究人类时间尺度下没有表现出来的大尺度的关联性，刻画现今地球表层并赋予其科学内涵。地球的过去状态与现今明显不同，这一点对于模拟变化的地球来讲是一个巨大的挑战，因此，从人类时间尺度下存在的地球表层模式来外推地球表层系统仅仅是模拟的第一步。通过研究我们已经知道，行星地球历史包括了一系列的极端事件和极端状态（如极端温暖、雪球地球、大洋缺氧、CO_2富集、快速风化作用、生物分异度和生命的组成变化等事件）。这些更替的地球状态，在时间上的距离（即“深时”）犹如在空间上与金星和火星的距离一样，极大地拓宽了我们的视野，增加了我们对于表层系统动力变化极限的认识。

（二）固体地球系统

固体地球系统就在我们的脚下，它包括从地面（包括海底）到浅表（包括海下浅表）、地壳、地幔（含软流圈）和地核在内的整个固体地球圈层系统，主要由岩石圈（含

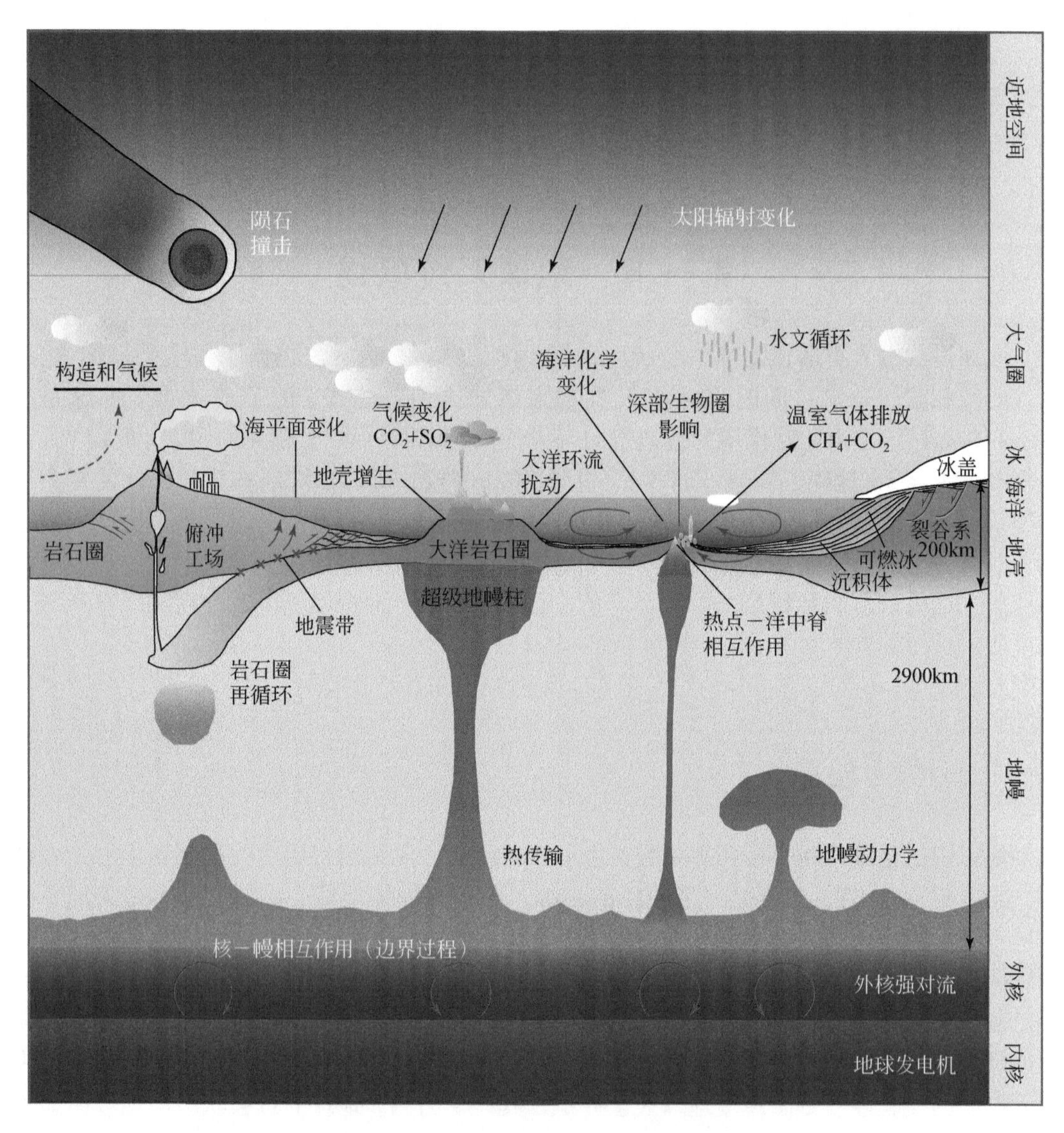

图 1-1　地球系统示意图：从近地空间到地核的构成和过程
（修改自 Neal et al., 2008；汪品先等，2018）

地壳和岩石圈地幔）、软流圈、下地幔和地核组成。地幔对流可能是控制固体地球系统行为的主要因素之一（图 1-3）（Maruyama et al., 2007）；而地球外核发动机可能是维系地球“生命”（即活动性）的主要动力来源。

1. 岩石圈

固体地球的外部圈层称为岩石圈，包括地壳和上地幔盖层，它是在地幔软流圈之上的刚性圈层，并因物质的密度大小及物性参数的不同而分成若干次级圈层。大陆演化的地球动力学过程发生在整个岩石圈/软流圈尺度，深达数百千米。在数十亿年的地球演化中，

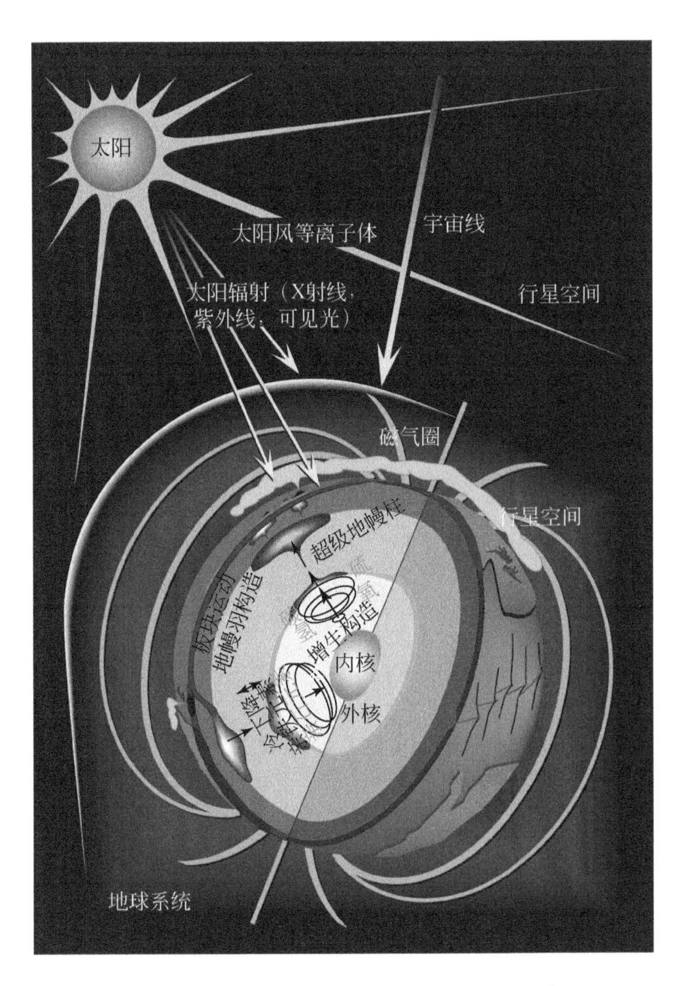

图1-2　由固体地球、水圈、大气圈、生物圈和磁性层构成的地球系统（据 Maruyama et al., 2014）

由于板块的俯冲、碰撞、拼合与地幔物质的上涌，以及化学分异变化，大陆岩石圈发生了构造叠加、地壳增厚、断裂错断、板块分裂、减薄以至消亡等构造运动，造就了大陆岩石圈的复杂结构，以及火山喷发、岩浆侵入、变质等复杂的地球动力学过程（石耀霖等，2011）。在不同历史时期，大陆岩石圈的位置、形状、内部结构及物质组成有很大的变化。地壳和岩石圈上地幔纵波波速的平均值分别为 6.45km/s 和 8.09km/s（Christensen and Mooney，1995）。

1）中地壳

中地壳的平均岩石组成主体为长英质片麻岩，含有 0～30% 的斜长角闪片麻岩。在活动裂谷和洋内岛弧地区，中地壳的地震波速值最高，纵波速度为 6.7±0.3km/s、6.8±0.2km/s；其他地区中地壳的纵波速度变化范围为 6.4～6.7km/s（Rudnick and Gao，2003）。

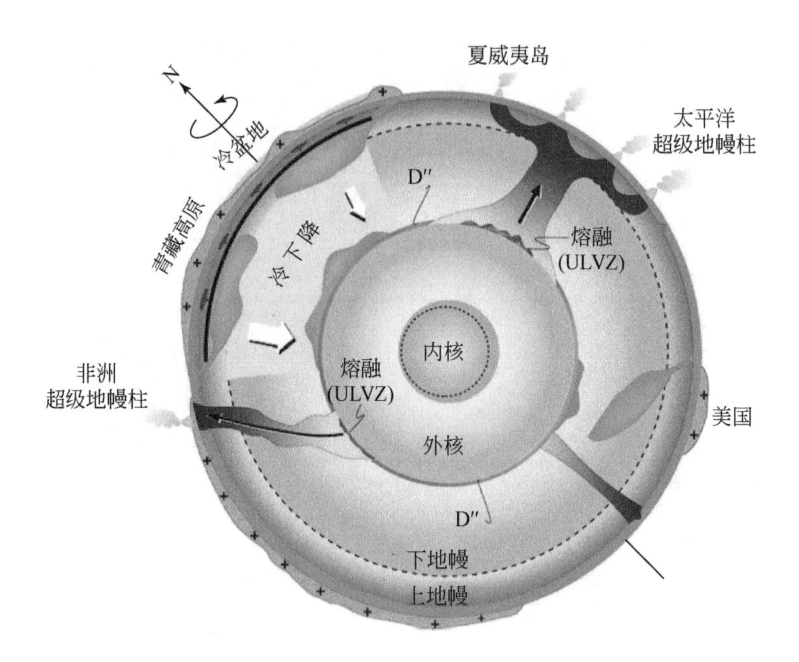

图 1-3　主要的地幔对流型式（显示超级地幔柱和一个超级下降地幔流）（据 Maruyama et al., 2007）
超级地幔柱之下存在超低速度带（ULVZ）；D″层顶部存在钙钛矿向后钙钛矿的相转变；D″层的厚度是可变的；中亚到东亚存在一个巨大的与冷的超级下降地幔流有关的下沉区；最冷地幔之上存在相应的西太平洋三角带；矿物相变、非均质流变或成分的不均一性，造成不对称的内核

2）下地壳

下地壳 P 波速度较大，一般为 6.9～7.2km/s，其随构造单元不同、研究区不同有很大的变化，反映了下地壳岩石组成、演化历史的差异。

3）岩石圈地幔

岩石圈地幔是莫霍洛维奇不连续面（简称“莫霍面”或“Moho 面”）之下、软流圈以上的地幔部分，组成岩石圈的下部。

2. 软流圈

软流圈是岩石圈地幔与下地幔之间的部分，其上界面为岩石圈-软流圈边界（LAB）。1948 年 Gutenberg 提出，在岩石圈地幔与软流圈之间存在一个不连续面（G 面）。地震学研究表明，太平洋上地幔之下存在一个地震波速度快速降低的不连续面（G 面），深度为 40～100km。该深度与低速带（LVZ）的顶部大致相当，被认为可能是 LAB 的地震学表达。但是，G 面与 LAB 并不是一个等同的面。地震波各向异性层析成像结果显示，G 面与地震波各向异性的垂向变化相一致，并处在受热控制的 LAB 之上。G 面可能是冻结岩石圈结构、地幔成分的区域变化或动力学扰动 LAB 的结果（Beghein et al., 2014）。

3. 下地幔

下地幔所处深度为 660～2900km，构成固体地球的主要岩石质部分，主要由(Mg,Fe)

SiO_3-钙钛矿和(Mg,Fe)O 混合而成；由于温度、压力和密度均增大，物质呈可塑性固态。地幔对流将铁质地核的热向上传导，并通过热平流驱动近地表的构造引擎。深部下地幔是我们生活的地表环境时不时发生地质灾害的根源，许多大规模的火山喷发事件可能与深部地幔的地震学特征有关（图 1-3）。

在核幔边界（CMB）之上存在一个超低地震波速度带和地震不连续界面（D″层）。D″层可能是一种“反地壳”，主要由早期大陆地壳的英云闪长岩-奥长花岗岩-花岗岩（TTG）+斜长岩组成。核-幔边界反地壳的构造样式可能与地球表层相类似，发育密度分层、增生、岩浆活动和交代作用（Komabayashi et al., 2009）。

在非洲和太平洋之下，大型低剪切波速省（LLSVP）从 CMB 一直延伸到 CMB 之上的 1000km 处，表现为巨大的块状结构，剪切波速度有约 3% 的减小。在 CMB 之上 100 ~ 300km 处，存在一个几乎是水平展布的地震波速度不连续面，速度为 2% ~3%；从该不连续面到 CMB 为地幔底部的 D″异常带（图 1-3）。在地幔最下部的 5 ~40km 处，零星出现一些压缩波和剪切波速度大为降低的区域，而剪切波速度的降低能够达到 45%，形成超低速度带（ULVZ）。与地幔总体相比，这些低速度带的体积较小；其中，LLSVP 的总体积可以达到下地幔的 8% 左右，而 ULVZ 的总体积不到下地幔的 1%（Andrault et al., 2014）。高温高压实验和数值模拟结果表明，LLSVP 可能与地幔最下部的约 700km 范围内存在的 (Mg,Fe)SiO_3-钙钛矿向后钙钛矿结构的转变有关，而 ULVZ 可能与钙钛矿的部分熔融及铁含量增加有关（Zhang L et al., 2014）。

4. 地核

地幔和地核的分界面是古登堡（Gutenberg）不连续面（简称“古登堡面”），深度为约 2900km。地核由固体金属构成，包括一个大小与月球相当的直径为 2400km 的固态内核和直径为 7000km 的液态外核。地核分外核 E 层（2885 ~ 5144km）和内核 F 层（5144 ~ 6371km）。地球的外核可能主要由熔融的铁质合金组成，并含有约 10% 质量的轻元素。由于地球外核的不断固化，地球的内核不断生长。

（三）固体地球的热结构

Maruyama 等（2007）根据洋中脊玄武岩（MORB）和地幔岩相图分析，结合 410 ~ 660km 地震不连续面、D″层的厚度和 ULVZ 的分布，估算了固体地球的热结构主要由全球两个大的超级地幔柱和一个下降流构成（图 1-4）。其中，地核最上部（核-幔边界）的温度为大约 4000K，与高温高压实验推算得到的核-幔边界温度（约 3700℃）相一致。他们认为，除了 D″层之外，现今地球的热结构可能主要受 180Ma 以来的板块俯冲作用的历史控制。700Ma 以来劳亚（Laurasia）、冈瓦纳（Gondwana）和罗迪尼亚（Rodinia）大陆的古地理重建预示，D″层的热结构可能受古老板片的“墓地”控制。

地幔熔融温度提供了地幔和地核热结构的关键约束。Nomura 等（2014）通过高压实验和三维 X 射线显微层析成像研究，给出核-幔边界附近压力条件下的原始地幔（地幔岩）固相线温度为 3570±200K；由于全球的最下部地幔并不都是熔融的，因此，它给出了

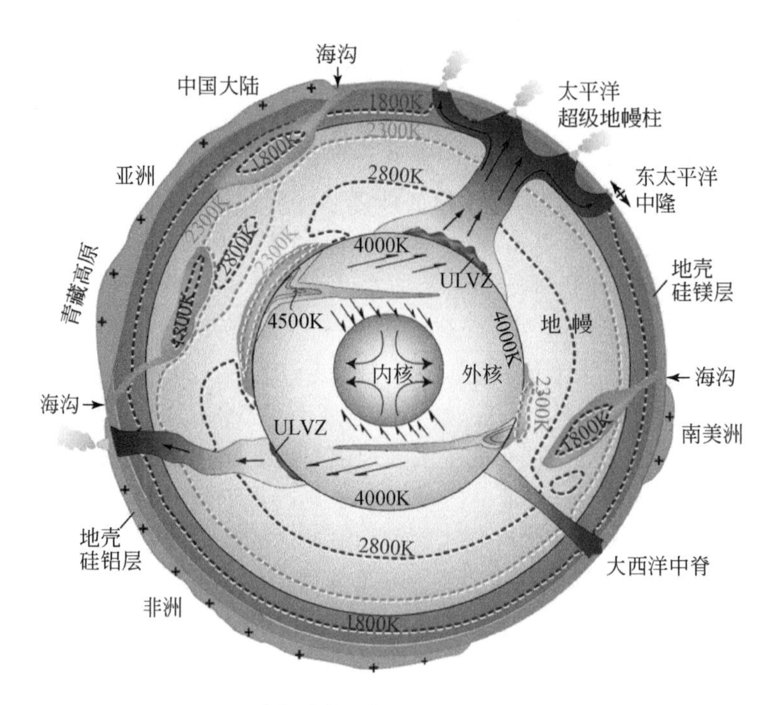

图 1-4　地球热结构（据 Maruyama et al.，2007）

核幔边界（CMB）上的“冷点”可能是驱动地球外核下降流的重要因素。一个“冷点”处在西太平洋三角带（WPTZ），其下的下降流使得固体内核变冷，并通过 Fe-Ni 晶体的沉淀-堆积而促使近赤道内核的优先生长；由于轻元素富集并向太平洋超级地幔柱根部上升，残余流体变得稀薄。轻元素的外逃可能引起超级地幔柱的活动。另一个“冷点”来自南美洲的下降流，在内核和非洲超级地幔柱之下引起类似的动力学过程。固体内核的构造岩可能形成金属 Fe 相的定向组构

显著低于以往推算值的核-幔边界温度上限，说明最下部地幔中可能广泛存在后钙钛矿相；由于氢等杂质的存在，外地核的熔融温度显著降低。

以往的实验推算地球外核与内核交界处的温度为 6300℃，地心温度约 6600℃。但是，最近的研究表明，地核的温度可能并没有这么高（图 1-5）。新近计算的地核热导率为 90～150W/(m·K)。外核的地震结构说明它可能经历过适度的混合，外核温度曲线可能接近于绝热线（图 1-5）（Olson，2013）。根据新的热导率计算，地核绝热线之下的热传导范围为 10～15TW，相当于（很可能大于）来自地核的总热流值（估计为 8～16TW）。根据标准地核模型，外核的对流主要是成分变化引起的，受制于固化内核释出的轻元素向上的浮动。成分对流使得外核物质混合，外核温度保持在绝热线温度附近，从而结束了地核的热平衡机制，为地球发电机提供了丰富的动能（Olson，2013）。

（四）地球发动机和地球磁场

地球是目前唯一一个被认知具有全球板块构造系统的行星。地球系统是一个由双发动机（或发电机）构成和驱动的统一的动力学系统。一台发动机是地球内部的放射性和原生

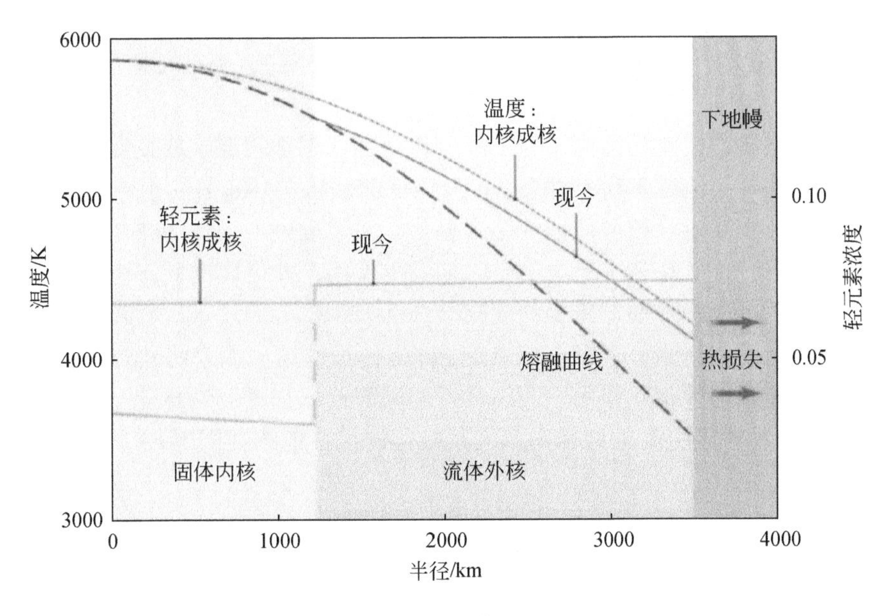

图 1-5　地核的演化（据 Olson，2013）

实线和虚线分别给出现今和内核形成时期的温度（蓝色线）、轻元素含量（绿色线）随半径的变化，并与熔融曲线（红色虚线）进行对比。在液态外核，温度曲线处在富铁化合物熔融曲线的上部。温度曲线与熔融曲线的交点处在固体内核与液态外核的边界上。由于地核热量向下地幔散失，地核温度随着时间而变低，从而使得内核的半径增大、轻元素（Si、S、O）向外核集中。地核内部的高热导率预示，热传导导致的温度梯度降低，可能超过了地核热量的散失。轻元素的分馏和生长内核的热散失引起的浮力，可能驱动外核中的对流。图中温度和轻元素浓度坐标轴上的数值仅为大概值

热，它驱动和维持着地球外核发电机（或称为“地球电动机”）（汪品先等，2018）、地幔对流和板块岩石圈的运动；因此，甚至可以认为，地球是以自己的热力作为动力的发动机。另一台发动机是太阳，驱动和维持着地表的风化、剥蚀和沉积过程。地球动力学系统控制着全球的物质（包括各种元素和水等）循环、生物地球化学循环和能量循环，它们相互有机地联系而成为一个完整的体系。

太阳系等天体对地球系统具有明显的能量、物质、动量和信息的交换作用，它们形成了地球系统的自然驱动力。长期的大气过程及气候变化已经不完全由大气本身运动所决定，太阳活动、海洋状态、冰雪覆盖、生态变化、人类活动以及地质构造活动都是影响不同时空尺度气候变化的决定性因子，青藏高原隆起对东亚季风的形成与变化就是决定性的。气候变迁对全球环境以至全球冰雪分布、海洋环流等变化有重要影响，从而引起生物的生灭和海洋分布与地质构造的变动。

地球磁场成因与变化：行星磁场的起源与演化是地球与行星科学的巨大挑战。地球磁场又称为磁圈，是地球系统的重要组成部分（Maruyama et al.，2014）。地球的内核在地球发电机中起着重要的作用，而地球发电机产生地球磁场，地球发电机产生的电磁扭矩可能驱动地球内核相对于地幔和地壳旋转。科学家发现，地球内核的旋转速度每年要比地幔和地壳快0.3°～0.5°，也就是说，地球内核比地球表面构造板块的运动速度快5万倍

(Zhang et al., 2005)。近年来的研究表明，地球磁场是自我维持的地球发电机在其富铁的地核之内运行的结果（Olson, 2013），可能与液态金属铁为主的地核内部对流有关(Maruyama et al., 2014)。

从能量角度来看，地磁场的倒转与强度变化是地球深部间歇式或变化的核裂变链式反应的自然结果。此外，地球深部产生的 He，具有深部幔源$^3He/^4He$值，也是核裂变的结果。行星尺度的地质反应堆数值模拟的结果显示，地质反应堆表现为快中子燃料增殖反应堆；在合适条件下，可以在整个地质历史时期发生作用；并可以由此产生变化的或间歇式输出的能量，从而可以解释地球磁场的变化（Hollenbach and Herndon, 2001)。

许多粒子物理模型预测，存在长程自旋-自旋相互作用。如果将地球作为一个极化自旋源，以此可以调查这种相互作用。应用最近的深部地球物理和地球化学结果，Hunter 等(2013) 构建了由地磁场引起的地球内部电子极化的综合地图（图 1-6)。

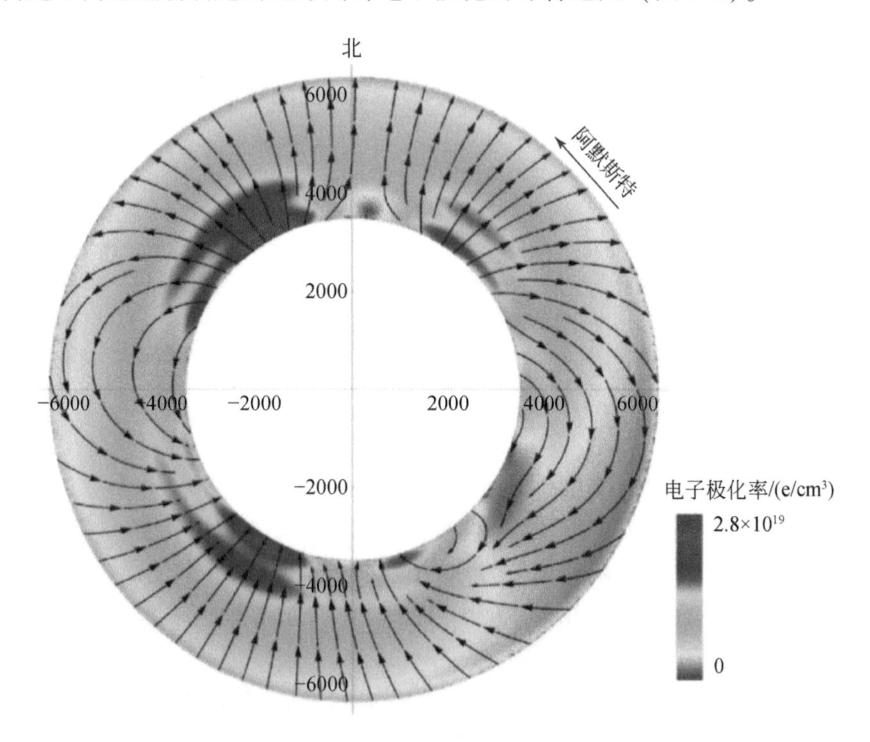

图 1-6　地球的极化电子自旋密度（据 Hunter et al., 2013)

该平面包含地球自转轴。黑色箭头表示电子自旋的方向，颜色表示极化电子自旋密度的量值。地核（中央白色圈）的电子自旋密度设为零。垂向 z 轴为地球自转轴，数值标识单位为 km

地球深部的现今状态和动力学是认识地质作用驱动力的关键。深部结构的探测有助于对地球内部动力学的认识，但是，我们仍然知之甚少。板块构造建立了理解地表地质过程的框架，但终归是运动学理论，并没有回答地球是怎样演化的、为什么演化等问题。只有解决这些问题，板块构造才会真正成为动力学的集成理论，从而能够揭示和厘清地表环境与地球深部之间的有机联系。因此，对深部地球引擎（发动机）的全面认识，是我们实现将地球物质循环作为一个整体来考虑并加以理解的终极目标的先决条件。

第二节　地球系统科学

（一）地球系统科学的概念

自20世纪末期开始，国际地球科学界经历了一场质的变化：原来分头描述地球上各种现象的地球科学分支学科，在系统科学的高度相互结合，成为揭示机理、服务预测的“地球系统科学”。

地球系统科学的思想和概念最早是由美国国家航空航天局（NASA）于1983年提出的，NASA并于1988年出版了《地球系统科学》一书。20世纪80年代中期以来，地球科学发展迅猛，科学家明确提出地球物理过程与生物过程相互作用的观点。自1991年始，NASA以大学为基地，开始实施地球系统科学教育计划。90年代，美国、英国、日本等国纷纷制定相关计划，促使地球系统科学学科蓬勃发展。地球系统科学已成为国际地学界和各国地学发展的主要科学目标。联合国《二十一世纪议程》更是将地球系统科学作为可持续发展战略的科学基础之一。

地球系统科学是以全球性、统一性的整体观、系统观和多时空尺度来研究地球系统整体的结构、特征、功能和行为的科学，是全球变化的基础理论。地球系统科学研究地球圈层及子系统之间相互联系、相互作用的机制，以及地球系统变化的规律和控制变化的机理，从而为全球资源供应与环境变化预测建立科学基础，并为地球系统的科学管理提供依据。地球系统科学研究的内容极为复杂，主要包括地球内部组成与结构、地球圈层结构及相互作用、四大环流系统、地球物质循环与动力学等，研究的空间范围从地心到地球外层空间。地球四大环流系统之间存在密切的相互影响和制约关系，而它们之间的时间尺度差异极为巨大，如大气环流时间尺度可以以小时计，而地幔对流变化之慢，人类难以直接探测。地球科学各学科间互相交叉、渗透、融合，将地球的固态圈层与流态圈层、无机界与有机界全面地结合起来，逐渐形成以探索整个地球系统性质与演变机理为主线、以地球宜居性和管理地球为目的的“地球系统科学”。

地球系统科学将固体地球的内部、陆地、海洋和大气科学通过地质时代（“深时”）结合成地球系统的“全景”动画，全球科学视野是地球系统科学的前提，一般系统论原理是地球系统科学研究的理论基础。地球系统科学的核心内容是地球系统的物质组成、结构与动力学，圈层相互作用和人与环境相互作用，地球管理的核心与关键是如何协调人类与地球空间环境的关系。地球系统中，最活跃、与人类关系最密切的是地球表层系统与关键带。人地耦合系统的研究是地球表层系统和关键带科学研究的核心之一。同时，地球系统科学绝不能局限于表层系统，在长时间尺度上尤其如此。正是在表层与深部的结合上，酝酿着地球系统科学新的突破。

地球科学研究揭示，地球演化的行为具有整体性，地球不同的圈层通过多种途径相互作用，人类活动已成为地球演化的重要营力之一，天体运动对地球系统有重要影响。这些认识导致地球系统科学思想的产生和发展，并使不同圈层相互作用的过程和机理、人与环境的相互作用研究成为21世纪基础科学研究的前沿。地球不同圈层之间物质与能量的传输是“动力地球”的先决条件，也是地球演化为宜居星球和生命诞生的重要过程（朱日祥等，2021b）。目前，地球科学研究已经形成了以地球系统科学为特征的主要发展趋势，关注全球变化与地球各圈层的相互作用及其变化，以及人类活动引发的重大环境变化。

地球物质循环和能量传输是地球系统科学和全球变化研究的一项重要内容。例如，大气圈与生物圈的交换——从源到汇的全面探讨，一直是地球系统科学和全球变化研究的热点领域。深部物质循环，如深部水循环、深部碳循环等，也已经成为国际地球科学研究的热点。洋中脊扩张、板块俯冲和地幔柱等是固体地球系统圈层相互作用和物质能量传输的主要途径。

地球关键带和土壤圈为人类和其他生命提供生存环境，在地球系统科学研究中占有重要地位。地球关键带是维系着几乎所有陆地生物的生命，包含岩石-土壤-水-气-生物相互作用的近地表环境，类似于英国地质调查局提出的“人类交互作用带”，其中四个相互影响的关键过程为生物活动、风化作用、流体输运和近地表构造活动，强调对生命在地质过程中的作用研究，特别是对人类与自然作用过程、交互作用和反馈现象进行监测和模拟。

（二）国际地球系统科学研究计划

针对人口的快速增长、资源的过度开发和环境的不断恶化，德国联邦教育与研究部（BMBF）和德国科学基金会（DFG）于2000年共同制定了2000～2015年“地球工程科学计划”，主张“过程（认识）、资源（利用）和地球管理（保护）”三位一体的理念，实施“地球管理”。地球工程科学计划将地球的整体作为研究对象，有助于从地史时期的发展过程研究中探索地球的未来状况。

2001年，世界气候研究计划（WCRP）、国际地圈生物圈计划（IGBP）、国际全球环境变化人文因素计划（IHDP）、国际生物多样性计划（DIVERSITAS）四大全球环境变化（GEC）计划组织在阿姆斯特丹成立对地球系统进行集成研究的联合体——地球系统科学联盟（ESSP）。地球系统科学联盟缘起于日益严重的全球环境变化问题——由人类活动和自然过程相互交织的系统驱动所造成的一系列陆地、海洋与大气的生物物理变化，其使命是促进地球系统集成研究和变化研究，以及利用这些变化进行全球可持续发展能力研究。2001年阿姆斯特丹宣言确定地球系统科学联盟设立的四项“联合计划”：全球碳计划（GCP）、全球水系统计划（GWSP，2003年前为水问题联合研究计划JWP）、全球环境变化与食物系统计划（GECAFS）、全球环境变化与人类健康计划（GECHH），并在2006年北京全球变化开放大会上得到重申。地球系统科学联盟认识到地球上的大气、水、生物、岩石、地幔和地核等各个组成部分是一个具有密切联系且相互作用着的整体，不了解地球的整体行为难以全面深入理解局部变化，并提出“整体地球系统”的概念。

2002年，英国自然环境研究委员会（NERC）提出“量化并理解地球系统”（QUEST）计划（2003～2009年），旨在提高对地球系统中大尺度过程及其相互作用的定性和定量理解，特别关注大气、海洋、陆地中的生物、物理和化学过程之间的相互作用以及人类活动与它们之间的复杂关系。QUEST 计划主要集中于三个研究主题：现今的碳循环及其与气候和大气化学之间的相互作用；大气成分在冰期-间冰期和更长时间尺度上的自然变化；全球环境变化对资源可持续利用的影响后果。

英国《自然环境研究委员会战略计划》（2007～2012 年）提出，以地球系统科学“整体论”的观点来认识全球变化，研究生物演化和适应与气候、环境变化之间的相互作用，以及行星地球历史时期所发生的环境变化，确定地球深部圈层内的动力学、物理化学特性以及它们对地球表面环境的影响。

2003 年，加拿大政府跨部门科学技术展望实验项目（STFPP）提出了人地系统学研究的新理念，认为人地系统学（Geo-Strategics）研究领域包括空间地理数据探测、收集、人工智能、模式分析和知识管理，其目的在于重塑对国土、海洋、大气/空间资源的认识，进而提供国家安全、资源保护和可持续发展的新能力。

2008 年，美国前高级联邦官员呼吁，通过合并美国国家海洋和大气管理局（NOAA）和美国地质调查局（USGS），组建一个独立的“无缝”地球系统科学机构（ESSA），在体制上将地球科学、大气科学和海洋科学等整合起来，以应对空前的地球环境和经济挑战。

2015 年以来，国际地圈生物圈计划、国际全球环境变化人文因素计划、国际生物多样性计划合并形成“未来地球”新计划，旨在通过研究和创新加速向全球可持续性研究的转变，以构建面向更加可持续未来的新知识体系。

（三）地球系统科学的发展趋势

趋势之一：地球系统科学，与地球信息科学和地球管理科学一起迅猛发展，可能成为全新的现代地学体系的三大支柱科学。地球系统模拟成为关键，大数据、高速计算、人工智能和深度学习为理解地球系统的重要过程和非线性行为提供了可能。现代地球科学也正在从传统的、分散的、单一学科的“狭义地学”向真正的“地球系统科学”转变，从局部的个别学科的研究发展为对整个地球系统及其各部分相互作用的研究，从定性的研究发展为对地质作用过程的定量化研究。地球系统科学所引入的系统观的思维和综合与集成的方法论代表着地球科学的发展方向。地球科学的相关学科更多地以地球系统概念推动学科发展，使原有学科更加焕发出新的活力，一些学科之间的界限变得模糊，学科间的交叉渗透更为加强，促进了新分支学科的形成。

趋势之二：地球系统科学与全球变化研究扩大了传统地学的范围，地球宜居性成为其研究的核心问题之一（朱日祥等，2021a，2021b）。全球气候变化是 21 世纪人类面临的最大挑战。地球系统的稳定性、人类世和人类圈、地球子系统或系统成员的翻转及翻转成员的串联，以及行星边界框架，成为地球系统科学未来发展的重要挑战。人类正在成为推动地球系统发展的重要力量，了解人类驱动作用，提升对人类世和人类圈的认识，已经成为可持续发展的重要基础。

趋势之三：地球系统科学的理念，使得地质学家增加了服务社会的责任感。随着社会发展和需求的增加，地质学家认识到地质作用过程与人类生存的环境息息相关，地球系统科学理念发生了从“改造地球”到“管理地球”的根本性转变（董树文，2004），地球科学必须锁定“为社会服务”大目标才能长盛不衰。

趋势之四：地球系统科学研究向四维发展，地球科学研究领域不断拓展，人类将向地球深部（地球固体圈层的内部，即“深地”）、深海（海洋深部与海底）、深空（地球外层空间）、深时（不可企及的地质时代，甚至于未来）和深蓝（即高科技）等纵深领域进军，地球深部的物质组成、结构构造和时空演化成为地球系统科学研究的新挑战（董树文等，2015）。新的适应于整个地球行星形成与演化的大一统地球系统科学与大地构造理论必将在21世纪产生。

趋势之五：地球圈层相互作用和过程的研究。国际上在地球系统科学研究中，除注意圈层相互作用和过程研究以外，还特别注意过程与过程之间的相互作用。圈层相互作用、过程研究和过程与过程之间的相互作用研究，共同构成了地球系统科学研究的核心领域。

第三节　地球深部探测与深地科学

（一）深地探测是地球科学的最新前沿

“上天、入地、下海”是人类探索自然、认识自然与利用自然的三大壮举，将在人类社会可持续发展与地球管理方面起着关键的作用（董树文和李廷栋，2009）。地球科学研究的一个重要进展，是认识到深部地球动力学过程与地表-近地表地质过程之间紧密联系的重要性（Cloetingh et al.，2009；Cloetingh and Willett，2013）。越来越多的证据表明，地球表层发生的现象，其根子在深部；缺了深部，地球系统就无法理解。越是大范围、长尺度，越是如此。深部物质与能量交换的地球动力学过程，引起了地球表面的构造运动、岩浆活动与地貌变化、剥蚀和沉积作用，以及地震、滑坡等自然灾害，控制了元素的迁移聚散与矿产资源、化石能源或地热等自然资源的分布（Cloetingh et al.，2010），是理解成山、成盆、成岩、成矿、成藏、成储和成灾等过程成因的核心（滕吉文，2009；董树文等，2014）。地球演化为宜居星球，其驱动力在地球深部（朱日祥等，2021a）。

什么是深地？“深地”就是地球深部（Deep Earth），也称为“深部”，一般是指人类难以达到的、浅地表之下的固体地球深部。深地是我们生活的家园深部，包括浅表的地下空间、地壳、地幔、地核和地心在内的整个固体地球系统，也是地球系统科学研究的核心部位。但究竟多深才算是深地，不可一概而论；深地是一个相对的概念。从地球认知的角度来看，地表以下的部分都可以称为深地。从城市地下空间的利用来看，地下60m以深就是深地了；但是，国防地下空间的深地领域可以到2000m以深的深度。如果从金属矿产资源开发利用的角度来看，1000～5000m深度可以说是深地资源；而在石油天然气开采方面，其深地油气资源的范围大约在6500m至地下万米的深度。地球物理和深部物质科学谈论的深地，其涉及的范围更广，包括从地下数千米到地心的整个深度空间（董树文和陈宣华，2018）。可以说，依据人类认知的能力和采用的技术方法手段的不同，对于深地的深度范围的理解也有所不同。深地是研究解决地球起源、生命演化、资源保障、灾害预警与可持续发展等重大科学问题的前沿领域，是认识成山、成盆、成岩、成矿、成藏、成储和成灾等过程的核心。

2016年5月30日，习近平总书记在全国科技创新大会、中国科学院第十八次院士大会和中国工程院第十三次院士大会、中国科学技术协会第九次全国代表大会上指出："从理论上讲，地球内部可利用的成矿空间分布在从地表到地下1万米，目前世界先进水平勘探开采深度已达2500米至4000米，而我国大多小于500米，向地球深部进军是我们必须解决的战略科技问题。"深地成为我国国家战略的重要组成部分。

什么是深地探测？深地探测，即地球深部探测，就是为了了解和确定地表以下固体地球内部的物质组成、结构构造、能量状态、可能的变化过程与动力学机制等而进行的观测、监测、实验与模拟研究（董树文和陈宣华，2018）。Karato（2003）指出，深地探测（或称为"深部探测"）研究地球深部的物质、结构与动力学过程，涉及物理、化学和材料科学等诸多领域，以及地球科学的全部领域。目前，人们对地球深部的认识主要基于4个方面的研究：①深部地球物理综合探测；②超深科学钻探；③地质地球化学；④地球深部物质的高温高压实验（龚自正等，2013）。深地探测不仅是人类探求自然奥秘的追求，更是人类汲取资源、保障自身安全的基本需要。因此，深地探测就是综合利用地质、地球物理、地球化学与钻探等技术方法和仪器装备对固体地球深部的物质组成、结构构造和动力学过程进行的探查和测量分析，以获得深部物质状态与变化过程的基础数据，有效认识固体地球系统的行为，监测固体地球系统的变化，实现深部地下空间和深部能源资源的安全、高效与可持续利用。深地探测揭开地球深部结构与物质组成的奥秘、深浅耦合的地质过程与动力学四维演化，催生深地科学，为解决能源与矿产资源可持续供应、提升灾害预警能力与地球深部认知提供深部数据基础，使得深地探测与深地科学成为地球和自然资源科学发展的最新前沿（董树文和李廷栋，2009；董树文等，2010，2011a，2011b，2012，2013，2014，2021；董树文和陈宣华，2018）。

深地探测研究主要分为两大层次：①岩石圈与上地幔，这是地球深部探测研究的首要层次，也是解决资源环境问题的关键；②下地幔与地核，是最终揭示地球动力学的核心。除了资源环境目标外，深部探测研究还面临着诸多的科学挑战，更加凸显了"深地"的研究魅力，如：①什么是地质过程的全球驱动力？②地球深部过程是如何形成现代社会所需的矿物和其他资源的？③深部过程是如何驱使灾害事件如火山爆发、地震和其他自然灾害发生的？④地质时代的海洋和大气圈是如何形成的，这能为我们提供哪些有关气候变化的信息？⑤内动力过程对气候的影响如何？⑥挥发性成分如水和CO_2的全球收支平衡如何？⑦行星地球是如何聚合到一起的，它是如何演化的？⑧什么是地幔和地壳动力学，地表响应如何？⑨什么是地球磁场动力学，它与地球系统的相互作用如何？

地球深部成为地球科学的前沿是基于以下的认识：①了解地球深部，特别是地壳、岩石圈等固体地球圈层的结构与组成，是解决人类生存发展的适宜环境和资源充足供应等重大问题的前提和基础，对地球了解不足，也难以深入探索月球和火星、金星等行星资源。②地质学家在地球表层找矿的面积仅占陆地的一半，而另一半是被松散沉积物和植被所覆盖的"新大陆"；即使在基岩出露区目前勘探的深部也非常有限，突破深部"第二找矿空间"，加大深部勘查成为必然。③地质灾害的营力主要来自地球内部，人类现在往往面对火山、地震的肆虐束手无策，原因是掌握不了灾害发生的内在规律，对地壳的结构和动力学过程认识肤浅（董树文和李廷栋，2009）。④地球深部物质循环和能量交换成为表层系统最主要的动力源，控制了地球表层环境变迁和浅层资源积淀，是研究地球表层作用的关键，是构建地球系统科学的重要内容。

（二）国际地球深部探测发展历程

20 世纪 70 年代，美国大陆反射地震剖面探测计划（COCORP）的实施大大推动了深部探测进程，开辟了反射地震深部探测的新方法，探测精度和深度达到前所未有的程度，完成约 6×10^4km 的反射地震剖面，揭示了阿巴拉契亚造山带精细结构和大规模推覆构造，在造山带之下发现一系列油田，成为深部探测最成功的范例。此后，欧洲各国先后实施了大陆地壳的深地震反射探测计划，如英国（BIRPS，完成约 2×10^4km）、法国（ECORP，3-D France）、德国（DECOPE）、瑞士（NRP20）、意大利（CROP，完成约 1×10^4km）等国都制定了相应计划，长期实施。欧洲各国联合开展了欧洲探测计划（EUROPROBE），完成欧洲地学断面计划（EGT）。通过横过阿尔卑斯造山带深地震反射剖面，建立了碰撞造山理论和薄皮构造理论。美国、德国和俄罗斯在乌拉尔造山带联合实施的 URSEIS'95 反射地震探测计划，首次发现了残留山根的古生代造山带，丰富了山根动力学理论。2000 年在西伯利亚东北成矿带实施的反射地震剖面（2-DV）发现了地幔流体上涌通道，为下一步资源开发指出了目标。

加拿大 1984～2003 年实施的岩石圈探测计划（LITHOPROBE）证实，地球 30 亿年前即发生与板块构造有关的作用，对古老岩石圈板块碰撞和新地壳形成过程进行了重大修正，运用深地震反射剖面揭示了若干大型矿集区的深部控矿构造，使加拿大地球科学研究走到世界前列。澳大利亚实施国家四维地球动力学探测计划（AGCRC，1992～2000 年）和"玻璃地球"计划，在研究岩石圈结构的同时开展了成矿带地壳精细结构探测，为研究成矿理论和资源评价提供了强大的技术支撑。

2008 年挪威奥斯陆召开的三十三届国际地质大会，从一个侧面反映了深部探测的国际发展趋势。北欧学者以深地震反射为先锋，折射地震与宽频地震为骨干，取得了大量的深部探测研究成果。深部探测不仅用于基础地质，还广泛应用到资源与环境领域，如研究盐构造与盆地深部结构。他们突出新的目标是："LINKING TOP and DEEP"，即通过深部探测连接地球深部和表面变形。俄罗斯学者运用深地震反射剖面方法进行深部探测的研究进展令人吃惊。2008 年以来，俄罗斯完成了 1×10^4km 的反射地震探测，其中欧洲部分的剖面长 3040km，成为世界最长反射地震断面。其研究水平已经与北美学者接近，研究领域包括地球基础科学和资源环境，例如，使用上千千米的反射剖面编制地学断面，研究矿集区的成矿深部背景；提出使用深反射剖面，编制从欧洲到亚洲的地学断面。

同时，国际深部探测研究取得了有关行星地幔和地核结构与动力学的重要发现。地震学家已经取得俯冲板片插向地核、非洲和太平洋之下的"超级地幔柱"、核幔边界超低速度带和行星地球中心的未预期构造的图像。数值模拟也给出了地球磁场起源和演化的一些新线索，而古地磁学研究的进展揭示了地球磁场已经存在了几十亿年并具有复杂的历史记录。先进的地球化学示踪和地质年代学定年技术记录了地球的起源和早期演化，反映了地幔非均质性的普遍存在，给出了深部过程和事件的时限，揭示出不同构造背景下，岩石圈深部的底侵、拆沉、板片窗、地幔柱、地幔崩塌、挤出、块体化等复杂过程。中子和同步加速器射线使得高温高压条件下材料性质的复杂测试成为可能，第一次得到了行星地球深部物质的性质。在先进的技术、观测和理论的推动下，关于地球的起源和演化已经有了一些惊人的发现。

20 世纪 60 年代以来，板块构造学说的建立和发展，全球性地球深部探测计划的实施，将人类带入以探索地球深部（包括地幔和地核）为主要目标的对地球进行全面和整体研究的新时期。从地面到浅表、地壳，再到地幔，直至地核，地球科学认识的轨迹随着科学技术的发展不断引向深入。目前，美国、澳大利亚、加拿大、欧洲主要发达国家都已经将深部探测作为实现可持续发展的国家科技发展战略。美国启动地球透镜计划（EarthScope，2003～2018 年），旨在揭开北美大陆的深部奥秘，探讨对地球系统运行过程的基本认识，在认识地震、火山灾害机理和提高预警能力方面国际领先。继“玻璃地球”计划之后，澳大利亚实施了国家合作研究战略计划 AuScope（2006～2011 年）和 UNCOVER 计划，旨在揭示澳大利亚大陆的结构与演化、探测地下资源。2005 年，国际岩石圈计划（ILP）在欧洲启动了主题为“从地表到深部”的拓扑欧洲计划（TOPO-EUROPE），旨在研究欧洲大陆地形和深部–地表过程的四维演化，特别是大陆地壳的深部构造过程与地表过程的耦合，将大陆地壳的结构探测与演化研究推到了国际地球科学的前沿。

21 世纪以来，地球科学面临前所未有的机会和巨大的发展前景，从地球系统科学出发，建立超越板块构造理论的时代已经来临，地幔柱理论与板块构造理论的融合必将为太阳系乃至宇宙形成的构造过程提供全新认识。正如 20 世纪的曼哈顿原子弹计划、阿波罗探月计划、人类基因组计划等大科学计划，地球深部探测（“深地”）是一个大科学领域，属于需要国家层面组织探测，并开展多学科综合研究的领域，是人类“上天、入地、下海”向自然发起的重大挑战之一，需要全新的理论指导、地球物理探测技术突破、地球化学原理创新、材料工程支持、反演理论和超强计算与模拟能力保障。

（三）从深地探测到深地科学

什么是深地科学？深地科学是深部地球科学（即 Deep Earth Science）的简称。深地科学是研究地球深部结构构造、物质组成、变化过程与动力学的科学，是理解深部地球行为和动力学的钥匙。深地科学概念的形成与发展，是技术驱动科学发展的典型例子。深地探测研究揭开地球深部结构与物质组成的奥秘、深浅耦合的地质过程与动力学四维演化，为解决能源与矿产资源可持续供应、提升灾害预警能力与地球深部认知提供深部数据基础，催生深地科学，使之成为地球科学发展的最新前沿。

深地科学尤其关注地球深部过程的研究，包括一系列发生在地球深部从地壳、地幔到地核的物质运动、物理化学变化与能量交换的地质过程，如沉积物的成岩作用、岩石的变质变形、岩浆活动、流体活动与成矿成藏作用、热化学作用和地磁发电机等过程，以及板块构造驱动下的俯冲作用、地壳与地幔的相互作用、地幔与地核的相互作用和地幔柱构造等。

从地面到浅表、地壳，再到地幔，直至地核，地球科学认识的轨迹随着科学技术的发展不断被引向深入，“深海、深地探测为人类认识自然不断拓展新的视野”。正如向往太空一样，人类对地球深部的奥秘充满着探索的冲动，从来没有停止过对地球深部的探测和深地科学研究。

深地科学研究，已经由地壳的表层走入地下深部，包括地幔和地核动力学的研究，以探讨板块构造的深部背景，板块俯冲与大陆深俯冲作用的深部过程，全球热点、地幔柱和大火成岩省的深部成因，地球深部物质循环，以及地表与深部过程的耦合关系，等等。在深地资源科学领域，还包括了原位保真取心技术、深地非常规岩石力学行为、深地结构与开采的透明推演理论、深地地震学与地球物理学、深地微生物学、深部资源开采与能源储存、深地地下水赋存运移及水质变化、地下空间生态与能量循环系统等研究方向（谢和平等，2017）。在深地工程与安全领域，现有地球深部基础科学研究已滞后于人类深部工程实践活动，传统地质灾害信息的浅表监测存在较大局限，亟须开展深地科学探索与地质灾害防控联动技术研究（谢和平等，2021）。

深地探测与深地科学研究揭开地球深部结构与物质组成的奥秘、深浅耦合的地质过程与四维演化，为解决能源、矿产资源可持续供应、提升灾害预警能力提供深部数据基础，已经成为实现国家社会经济可持续发展的重要科技战略之一。

第四节　深地科学前沿问题

2020 年，在庆祝创刊 125 周年之际，*Science* 期刊公布了 125 个最具挑战性的科学问题。其中，“地球内部如何运行?”排在第 10 位；“重力的本质是什么?”排在第 34 位；“使地球磁场倒转的原因是什么?”排在第 54 位。这些都是深地科学的最前沿问题。发生在不同圈层的重大事件之间的内在联系，可能是理解整个地球系统运行机制的关键（朱日祥等，2021b）。

（一）板块构造是什么时候开始的?为什么会有板块构造，其深部根源是什么?

板块构造理论已经被广泛接受 40 多年，但是，地球科学家对驱动板块运动的全球动力学过程基本性质还没有达成共识，板块构造的驱动力仍存在争论（Zheng and Zhao，2020）。其中争议最大的，莫过于地幔对流的深度范围问题。直到最近，地球化学家认同的是具有原始下地幔的层状地幔模型，而地震学家和地幔动力学家一般更认同全地幔对流模型。

板块构造是地球各圈层物质与能量交换的重要方式，也是地球演化为宜居行星的关键（朱日祥等，2021b）。板块构造的重建一直是地质学界研究的热点问题，如 200Ma 以来全球主要大陆板块构造重建（Schettino and Scotese，2005）等。那么，板块构造是什么时候开始的、为什么会有板块构造?这是地球科学研究中还没有解决的深时（也是深陆/深地）

领域的最重要问题之一。解决这一问题，需要地球科学多学科创造性的努力，从理论与实践两方面的证据加以论证。

理论问题：地球热历史（能量流）和物质流的追溯，板块构造动力，地球逐渐冷却对板块动力的影响。具体如：来自地核的热源与来自地幔内部放射性成因热源的比例是多少？地幔在化学上、流变学上和黏度性质上分层的程度如何？地幔中有没有分层的或全地幔循环？热点火山中心之下地幔柱的成因甚至关于有没有地幔热柱的讨论；地幔最深部不均一性的化学/热性质与成因；地幔与地核之间力学耦合的性质和重要性；地核的化学组成与演化；地球深部与地表储层之间水和 CO_2 等化学耦合的性质与重要性，特别是地球内部水和挥发分的分布及其在板块构造中的作用。

实践问题：野外和实验室关于板块运动或俯冲带-洋中脊作用过程的测量和分析的结果，包括古地磁、岩浆岩的同位素和微量元素、变形样式、俯冲作用标志（蛇绿岩、蓝片岩、榴辉岩、含金刚石和柯石英超高压组合）的时间分布、板块构造伴随的成岩作用长期演化和分布（如被动陆缘沉积和弧岩石组合）。

地球是唯一具有板块构造的太阳系行星。岩石圈控制了地幔对流。俯冲带岩石圈的下沉是板块运动和海底扩张的主要原因，也是地球冷却的主要途径。较热的早期地球具有较弱的、较低密度岩石圈，因此，具有不同的地幔对流形式。

板块构造开始于45 亿年前吗？传统观点认为，地球初期的快速生长发生在约 4Ga 之前，然后是直到现今的缓慢生长过程。太阳系早期同位素的不均一性，使得少数学者认为，地球演化的早期（冥古宙，>4Ga）可能存在全球裂解过程，并存在大陆地壳。西澳大利亚杰克丘陵（Jack Hills）冥古宙碎屑锆石的发现，说明了约 4. 4Ga 前存在大陆地壳，因此，板块构造机制在当时就可能已经存在。

杰克丘陵碎屑锆石具有非常低的 Lu/Hf 值，记录了近于初始的 ^{176}Hf/^{177}Hf 值，锆石 ^{176}Hf/^{177}Hf 分析给出的年龄范围为 3. 96 ~4. 35Ga，说明在早冥古宙 Hf 同位素具有惊人的非均一性，由此推测，在约 4. 5Ga 时，硅酸盐地球发生了一次大的分异作用。分异作用之后形成了与现代体积相当的大陆地壳。应用新的结晶温度计，确定冥古宙锆石的结晶温度在约 690℃（与现代花岗岩类锆石的结晶温度相当）。这证实，在太阳系形成的最初 200Ma 之中，湿的、最少熔融状态的存在，也有力地说明在冥古宙存在调整机制，形成了含锆石的岩石。结合 Hf 同位素结果，说明地球在冥古宙（4. 35Ga）已经开始地壳的形成、剥蚀和沉积循环，与板块构造的许多方面都很相似。

（二）板块俯冲与大陆深俯冲作用：俯冲工场的物理化学过程与资源环境效应

俯冲带是洋壳消亡、陆壳新生的区域。板块俯冲将地表流体带入地球深部，影响着岩浆活动、板块运动和整个地球演化（朱日祥等，2021a，2021b），是全球尺度物质循环、元素分异的最重要过程之一，被称为“俯冲工场”（孙卫东等，2015）。进入地球内部的水诱发部分熔融，可能促进软流圈和下地幔过氧层的形成。深部熔流体的活动机制，如俯冲板块驱动的水循环、碳循环等是理解地球宜居性的核心（朱日祥等，2021a，2021b）。

（1）海底地形对大俯冲带地震破裂过程的影响：由于地震数据、海底地形和重力数据获得方法的改进和数据质量的提高，我们可以开始研究海底地形对大的俯冲地震中破裂过程的影响，特别是海山的影响。1986 年 M_w 8.0 级安德烈亚诺夫群岛地震之后，在板块俯冲的方向上，出现了由于大的走滑位移而产生的孤立圆形碎片，使得人们第一次考虑到俯冲海山可能影响了大地震的破裂过程（Das and Kostrov，1990）。之后，深海测量数据质量的提高，也似乎证实了这一点。在 2001 年 M_w 8.4 级秘鲁（Peru）地震中，一个俯冲海山使得地震破裂过程迟延了约 30s，然后产生破裂，引起了 20 世纪 60 年代以来的全球第三大地震（Robinson et al.，2006）。一个重要的问题是，俯冲之后，多大的海山残余可以影响俯冲板块的地震破裂过程。中部美洲海沟（Middle America Trench）高质量海底测深和地震调查数据，共同反映了俯冲海山对断层上盘的破坏，以及俯冲之后大的、清晰的俯冲海山的存在（Von Huene et al.，2000）。因此，在世界上一些主要的俯冲带内，俯冲海山的存在实际上是比较普遍的现象，随着调查手段的改进，将会被发现得越来越多。

（2）大陆深俯冲：俯冲的深度与机制是什么？大陆深俯冲和折返机制研究已经成为地学研究的热点（李曙光，1998）。实验矿物学和地幔矿物学研究为大陆深俯冲提供了矿物学关键证据。矿物学研究是认识板块俯冲和折返过程地球动力学的一个重要窗口（郑永飞，2003）。其中，金刚石是反映超高压变质条件的关键指示矿物，尤其是它在榴辉岩相岩石中的产出，证明这种岩石已经受到了大于 3.3GPa 甚至更高压力的超高压变质作用。但是大陆深俯冲还需要解决巨量轻质的陆壳物质如何能进入密度大的地幔中，而后又折返地面并保存了含柯石英、金刚石的超高压证据？柯石英的形成必须在上地幔深度吗（Hirth and Tullis，1994；周永胜等，2002）？

（三）大陆动力学：超越板块构造

20 世纪 80 年代的探索，发现大陆地质具有其独特性，大陆岩石圈与大洋岩石圈的组成、厚度和流变强度有明显差异。大陆岩石圈板块和大洋岩石圈板块不同，具有明显的流变性，大陆地质构造的多样性和复杂性不完全符合已有板块构造理论模式。因此，国内外学者都开始向构造地质学和大地构造学未来发展方向——超越板块构造（Beyond Plate Tectonics）发展，并提出将大陆岩石圈流变学研究作为大陆构造地质和大陆造山带研究的新起点（金振民和姚玉鹏，2004）。以 1990 年美国国家科学基金会发表的《大陆动力学》白皮书为标志，大陆动力学问题被正式提出。现今 GPS 获得的大地测量成果也揭示了现今大陆内部块体变形的复杂性（Thatcher，2007），其弥散性、非均质性、非同步性、块体间和块体上下的脱耦性等复杂过程难于用板块理论全面解释，这也是大陆内部资源分布复杂性、多样性的原因，因此，大陆动力学及其资源、能源和环境效应是随社会发展应运而生的重大科学目标，已成为当代地球科学最令人瞩目的前沿研究领域之一（张国伟等，2006）。

（四）从地表到深部：深部过程的地表地质响应与深浅过程的耦合

地球内部、表层与相关的空间环境是相互关联的整体（朱日祥等，2021a，2021b）。

固体地球内部和表层发生的长周期缓慢变化，如板块运动的威尔逊旋回、超大陆形成与演化、大氧化事件、雪球地球事件、海洋缺氧事件、超级地幔柱与大火成岩省等，通过各类造山运动与盆山耦合过程，决定了地质历史时期地球表面不可恢复的深刻变化，也与生命起源和生物大灭绝等事件高度关联。

地球固体圈层的运动对水圈和大气圈演化也具有重要作用。地球内部缓慢的作用与海洋和大气系统的较快运动之间，存在令人惊奇的耦合关系。其中，构造运动对气候变化有显著影响，是20世纪地球科学的重要认识之一。有关全球新生代气候恶化的若干假说，多数将环境变化归因于构造变化。洋流说强调构造运动对大洋环流的影响；高原说强调山地隆升对大气环流的改变，CO_2说强调构造运动对大陆风化和有机质埋葬对大气CO_2浓度的控制作用。这说明，板块运动对地球环境系统的演化具有重要影响，进而改变全球环境格局。

岩石圈演化可以导致生物圈的重大变化。例如，二叠纪以来11次大火成岩省喷发的精细年龄与地质历史时期大规模生物灭绝时代具有很好的对应关系，7次玄武岩喷发与生物灭绝年龄吻合，其中5次对应于大规模生物灭绝，2次与中小规模生物灭绝事件时代一致。新生代地球生物圈显著变化也与岩石圈构造变动有关。

地球系统的内部具有跨越时间尺度的现象和穿越空间圈层的交换（汪品先等，2018）。虽然地球的深部仍然是一个谜，但是，人们关于地球深部过程的研究，已经开始认识联系地球深部与地表的一些“通道”和过程（Kerr，2013）。其中，大陆地壳是地球地质历史的档案，而锆石提供了大陆地壳中保存的岩浆活动和地壳形成事件的可靠记录（Hawkesworth et al.，2010）。大陆地壳和岩石圈结构的深部探测，为现代地球科学的发展带来巨大机会和空间。2005年开始的拓扑欧洲计划（Cloetingh et al.，2007，2009），以及TOPO-ASIA等项目，研究大陆地形和深陆深地）-地表过程的四维演化，特别是大陆地壳的深部构造过程与地表过程的耦合，将大陆地壳的结构与演化推到了国际地球科学研究的前沿。岩石圈和地幔深部的过程与地表的运动、变形、侵蚀、气候和海平面变化等的联系，不仅可以提高和加强对塑造地球表面地形的综合过程的认识，而且通过评估新构造变形速率，达到对地震、洪涝、滑坡、岩崩和火山等地质灾害的认识（李三忠等，2010）。

拓扑欧洲计划是一个多学科的国际研究项目（前期为EUCOR-URGENT项目），是国际岩石圈计划（ILP）的一部分，旨在解释连接深陆（岩石圈、地幔）与地表过程（剥蚀作用、气候与海平面变化）的相互作用与耦合关系，以及由于它们的作用共同造就的欧洲地貌特征（Cloetingh et al.，2007，2009）。拓扑欧洲计划的目标是评估新构造运动的变形速率与地质灾害（如地震、泥石流、滑坡、岩石崩落和火山）的关系，焦点是岩石圈记录与新构造运动，特别是岩石圈热-力学结构，控制大型板块边界和板内变形的力学机制，地形的异常沉降与抬升，以及地面过程与地形演化。拓扑欧洲计划的天然实验场包含了一系列地球动力学环境，如后碰撞的阿尔卑斯/喀尔巴阡/潘诺尼亚盆地系统，非常活动的Aegean-Anatolian（爱琴海-安纳托利亚）和Apennines-Tyrrhenian（亚平宁-第勒尼安）造山带和弧后盆地，阿拉伯-欧洲碰撞带的Caucasus-Levant（高加索-黎凡特）地区，阿尔卑斯造山带中间的伊比利亚半岛，准稳定的欧洲西部和中央地台，稳定的东欧地台，地震活动并抬升了的斯堪的纳维亚大陆边缘（Cloetingh et al.，2007，2009）。

（五）地幔与地核动力学：走向地心，拓展地球深部探测研究

随着地震层析成像分辨率的不断提高和形成于地核巨大压力和温度下新矿物的发现，最接近核幔边界的200km厚的地幔层D″层及地球内核的结构、组成、热力学和动力学属性的研究才成为可能，从而有能力再现直到地球内核地心区域的极端条件下的属性，进而能够更好地理解整个地球的动力学（赵素涛和金振民，2008）。其中，D″层是地球内部最复杂的层之一，是地震学上让人最困惑的地区（Bass and Parise，2008）。

1. 地幔动力学

当前对地幔结构和动力学的理解大都是在地震层析成像反演和对宽频范围内地震相（如Pdif、PcP、ScS、SdS等）直接分析的基础上建立的。地幔转换带不连续面的地震观测连同转换带中体波的变化是检测地幔及其相关动力学的热和组成结构的重要依据。地幔柱地震探测（Bijwaard and Spakman，1999）是地幔动力学和壳幔相互作用研究的重要方面。目前的研究表明，地幔转换带是地球内部水的一个储库。上地幔的不均一性不仅是由化学因素和热因素引起的，还与深部起源的构造过程有着很密切的关联（赵素涛和金振民，2008）。易挥发的分子，如水、二氧化碳和甲烷被俯冲带入地幔循环。地幔是巨大的，所以地幔具有储存大量挥发组分的能力，在地球海洋、大气圈和气候系统的地质演化中扮演重要角色。人们越来越认识到，地幔中挥发分的存在是地球内部动力学的基本组成部分。另外，地幔转换带的结构、组成与动力学过程如何？地幔的地震各向异性与地球化学各向异性之间的关系如何？是什么造成了深部地幔的广泛熔融和大火成岩省的溢流玄武岩？是什么扰动了常态的地幔对流并触发了超大陆的汇聚和裂解？深下地幔（1800km以深）的高温高压条件如何影响矿物密度、波速、熔融温度、电导率、磁性和流变强度等物理性质，并调控地幔的动力学行为、横向结构与成分的不均一及地球深部的演化过程（朱日祥等，2021b）等，都是地幔流变学所要研究的内容，即地幔动力学。

2. 核幔边界动力学

液态金属地核与岩石地幔的边界（地下2900km深处）是地球深部最活动的区之一，是连接地幔动力学和地核动力学的关键。这个界面上的物性变化甚至超过固体地球与大气圈的差别。俯冲板块在核幔界面的滞留产生了大型低剪切波速省（LLSVP）和超低速度带（ULVZ）（McNamara，2019）。位于地幔底层的D″区域（几百千米厚的神秘层）可能是地幔柱产生的主要区域，不同规模的地幔柱可能都来源于其中两个巨大的LLSVP之中（图1-7）（Kerr，2013）。地震学、矿物物理学和地球动力学研究表明，核幔边界具有强烈的侧向不均一性和发生其他强烈的物理和化学过程的迹象。地幔底部极低的地震波速度斑点说明在地幔岩石与地核液态金属之间存在广泛的熔融和化学反应。地震成像揭示的非洲和南太平洋下面巨大的深部构造，可能是热点火山和抬升地貌等主要地表特征的起因。高压后钙钛矿相和过氧化铁在核幔边界的堆积（Liu et al.，2017，2019），提供了对核幔边界解释的新途径。板块俯冲有可能每年输送上亿吨水至核幔边界，其长时期的累积可形成

下地幔底部几十千米厚的富氧块（Mao and Mao，2020）；其失稳释放，可能会导致“深时”大氧化事件的形成（朱日祥等，2021b）。厘定核幔边界和深部地幔过程在地球动力学循环中的作用，仍然是地球深部探测与深地科学研究领域的一个巨大的公开挑战。

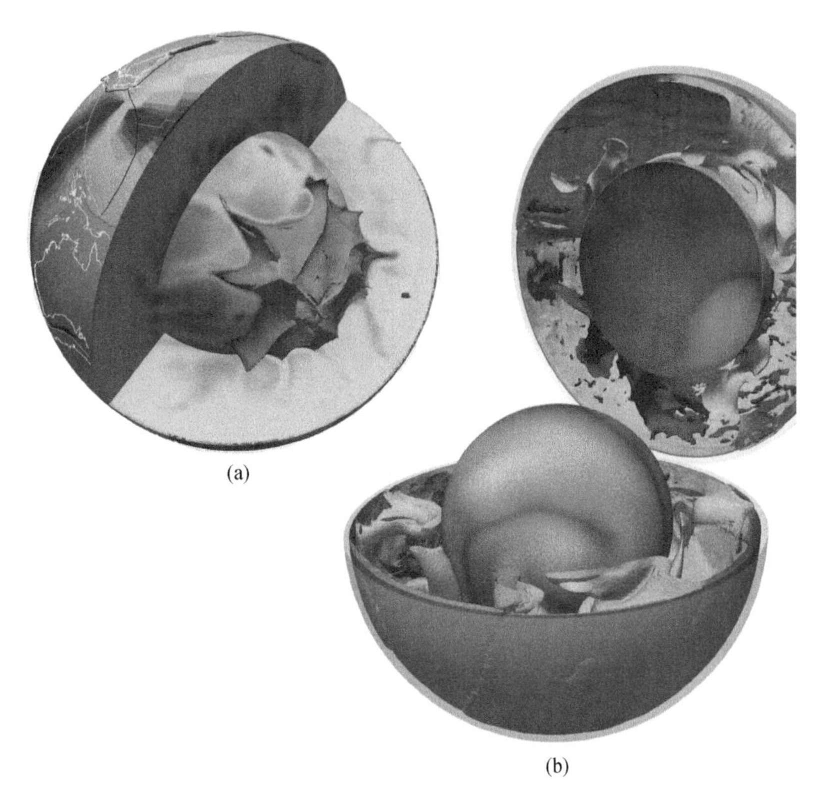

(a)

(b)

图 1-7　地幔与核幔边界动力学的数值模拟（据 Kerr，2013）

（a）冷的下沉板片（蓝色）促使密集的地幔底部碎片聚集成团（LLSVP，棕色部分），成为地幔热柱上升的源区；（b）搅在一起的地幔。构造板块（包在球上的暗蓝色区域）的冷板片（带有浅蓝色核部的黄色区域）下沉到地幔之中，而热的地幔柱（红色）在热的地核附近开始上升

3. 地核动力学

内核各向异性观测已经有较长的研究历史（Creager，1992）。随着数字地震资料质量的提高，对地核的研究再次成为国际深部探测与研究的新热点。地球内核与外核之间的差异旋转、地核的地震波速结构特征、地核的结构与组成、地球发电机模型（赵素涛和金振民，2008）等，均是地核动力学研究的重要方面。

地核和地心被认为是人类认识的禁区，已引起人们的广泛关注。为什么地球内部存在地磁极性频繁倒转和超静磁带两种动力过程（朱日祥等，2021b）？地球内核的结构与演化历史是认识地球磁场的形成与演化，以及整个地球的热和化学演化的关键。地震学研究表明，内地核具有非常特殊的性质，主要有弹性各向异性（具有侧向与深度上的变化）和不连续性、相对于地幔的旋转作用、异常快的衰减作用和衰减各向异性。复杂的地震学结构更是暗示着“最内核”的存在。我们还不清楚这些现象的物理原因，但是，可以推测，是组成内地核物质的性质与内地核动力学过程之间的相互影响和作用造成了这些现象。内地核的物质组成、内地核条件下铁元素的稳定相及其弹性常数，是内地核物质研究的重要方面。内地核物质的性质，如晶粒大小、黏度和活动变形机制，不仅影响了内地核动力学过程，也受内地核动力学过程的影响。衰减作用可以是本质变化特征，但是也受熔体或颗粒边界散射的影响。

根据地震学研究，内地核中可能存在两种动力学过程：固化作用和变形作用。内地核中柱状晶体的枝晶生长，与外地核热对流形式之间的耦合，被认为是造成弹性和衰减各向异性及快速衰减的原因。最近的研究表明，外地核底部的流体流动可以影响内地核中记录的固化结构。内地核对流、重力均衡作用引起的平衡固化表面的调整（也是外地核热对流形式变化的结果）、地幔质量不均一性引起的内地核旋转作用的调整、麦克斯韦（磁场）应力等，均会影响变形（或随后的重结晶）结构的发育。弹性各向异性的侧向变化不可能用一种动力学机制来解释，而应该是多种过程作用的综合结果，包括长期的地幔控制（这意味着现在的内地核旋转具有摆动性）或一些正反馈。

第五节　地球系统管理

“掌握地球作用人类的发展规律，指导人类的生存活动，进而实现可持续发展是地球科学研究未来面临的重要科学命题”（朱日祥等，2021b）。当前，由于地球系统变化而导致的全球变暖、自然灾害、环境污染和生态危机等环境问题已引起全社会极大的忧虑和关注，需要从全新的角度出发开拓研究地球各分支系统的新领域。同时，人们意识到，地球系统的动力主要来源于两个方面，即两台发动机。其中，来自地球内部的发动机（即地球内力）是地球的“心脏”；在地球表面和内部留下的深刻“印记”中，地球内部发动机具有更为深远的影响，如板块构造、大火成岩省等，深部过程（包括深部物质循环与能量转化）是造成地表地形地貌和特殊地质景观的决定性因素。因此，用系统的、多要素相互联系、相互作用的观点去研究、认识和管理地球，特别是占地球体积和质量绝大部分的地球深部（中、下地壳至地幔、地核），越来越为有识之士所倡导，研究越来越复杂的地球深部过程的“地球系统科学”思想和概念也随之出现。

管理地球理念，标志着人类从单方面索取地球资源向索取与馈送双向平衡的进步，是人与自然协调的重要体现。管理地球就是在利用地球、改造地球的同时，要修复地球、保护地球。也就是对土地、能源、矿产、生物、生态、海洋和大气等自然资源实现有效的管理，保护人与自然的协调，实现人类永续发展。管理地球的理论基础是地球系统科学；地球科学从认识地球、利用地球转向修复地球、管理地球是其发展的重要特征，地质学家正在转变为地球的管理者（董树文，2004；董树文等，2005）。同时，通过地球科学成果和知识服务社会、服务用户，向社会和公众普及和推广地球科学知识，提高公众的资源环境意识，促进对地球的科学管理（安芷生等，2009）。

人类关于地球系统的认识，还远远没有达到应有的深度。地球深部探测与研究取得的对固体地球系统深部物质组成、结构构造和动力学过程及其各种效应的认识，是地球管理的重要依据。

第二章　地球深部结构探测与研究

第一节　地球模型的建立与发展

Brown（2013）系统总结了国际地球物理调查50年来从层状蛋糕模型到复杂地质体描述的理论与技术发展脉络，为我们提供了洞察地球深部探测认知途径的蓝本。在此基础上，我们进一步梳理了地球深部结构探测研究的科技发展路径，初步构建了地球深部结构认知的技术架构。

（一）1963年地球模型：洋葱皮和层状蛋糕

20世纪60年代，地球物理学家认真总结了从两个相对近代的全球计划中获得的观测结果，分别为1957年国际地球物理年（Sullivan，1961）和上地幔计划（Knopoff，1966）。起初，这两个计划都没能为即将到来的板块构造革命提供任何线索，虽然后者将要建成一个地震网——WWSSN（全球尺度标准地震网），这个地震网最终为板块构造学的发展提供了关键观测结果。然而，它们是国际合作精神的早期表现，已经成为现代地球物理的标志。

早期，人们对地球的认识主要是静态的，集中在当时的地球物理观测（大部分来自测震学）显示地球似乎由许多球面壳组成，主要有地壳、地幔、外核和内核（Richter，1958；Gutenberg，1959）。虽然从地表地质学来看横向不均匀性是很显然的（图2-1），但是，即使从最表层的“皮肤”地壳的结构来看，“洋葱皮”观点依然占主流。自从Andrija Mohorovičić基于地震折射观测提出现在称为莫霍面的存在（Mohorovičić，1910），折射技术给出的地壳横断面主要还是被成分层所支配（图2-2）。当然，科学家不久就发现全球不同地区的地壳地球物理横断面之间存在着重要的一级差别，尤其是在大洋的薄地壳和大陆的厚地壳之间（图2-2）。但是，在20世纪70年代中期的深地震反射剖面探测和80年代地震层析成像之前，地球结构的“层状蛋糕”观点十分普遍。至少，那时的地震学似乎在层状蛋糕-洋葱皮世界观的指导下，试图在地壳和地幔中确定越来越精细的“层”（Prodehl and Mooney，2012）。

（二）板块与板块构造学

板块构造学的建立是一场科学革命（Menard，1986；Orestes，2003）。20世纪60年代地球物理观测与深部探测对板块构造学的最大贡献，是支撑与帮助确定、证实了板块构造学的基本理论和核心内容（Condie，1997；Kearey et al.，2009），包括：①古地磁研究揭

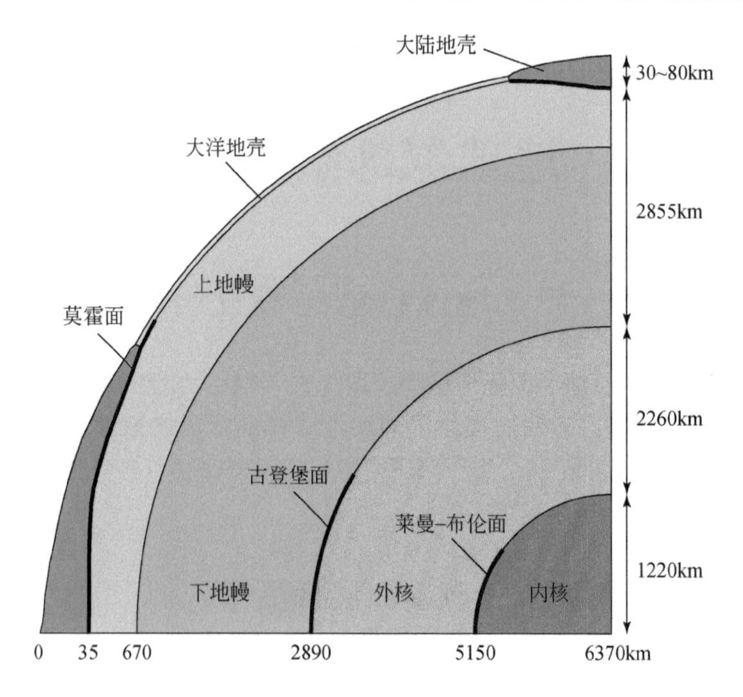

图 2-1　地球深部地球物理结构示意图

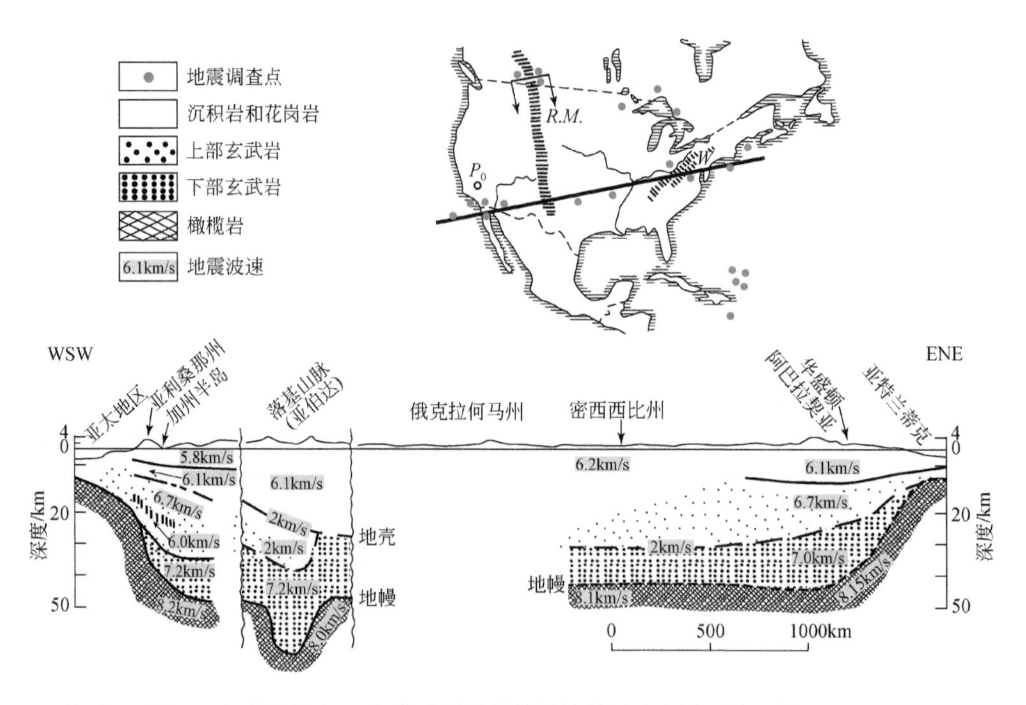

图 2-2　基于 20 世纪 60 年代晚期和 70 年代地震折射数据的美国地壳剖面图（据 Closs and Behnke，1962）
随着探测的精细化，地壳在深度上的不均匀性得到越来越广泛的认识，但是直到 20 世纪 70 年代，其解释还是以层状结构为主

示地质时期地磁极性倒转（这是现代磁性地层学的基础）和洋底有序磁条带的观测，如今被认为是洋底增生和“扩张”历史的记录（图2-3）（Vine and Matthews，1963）；②热流测量揭示热流随着远离洋中脊按指数递减（Lepichon and Langseth，1969），因此提供了岩石圈冷却和地幔对流的证据；③相对新的全球地震台网清晰揭示了全球地震活动的线性分布形式，如今被认为是划分岩石圈板块边界的依据（Barazangi and Dorman，1969）；④沿特定地震带的深地震分布带的产状，及这些“Wadati Benioff”和达-贝尼奥夫带内相对较弱的衰减（Benioff，1954；Isacks et al.，1968）；⑤对Tuzo Wilson提出的“转换断层”的地震验证（Sykes，1967），为地球物理观测检验基础地质构造模型提供了最佳实例。Isacks等（1968）经典文章回顾了地震观测对板块构造学发展所做的贡献，其总结的板块构造图解（图2-4）被广泛应用。

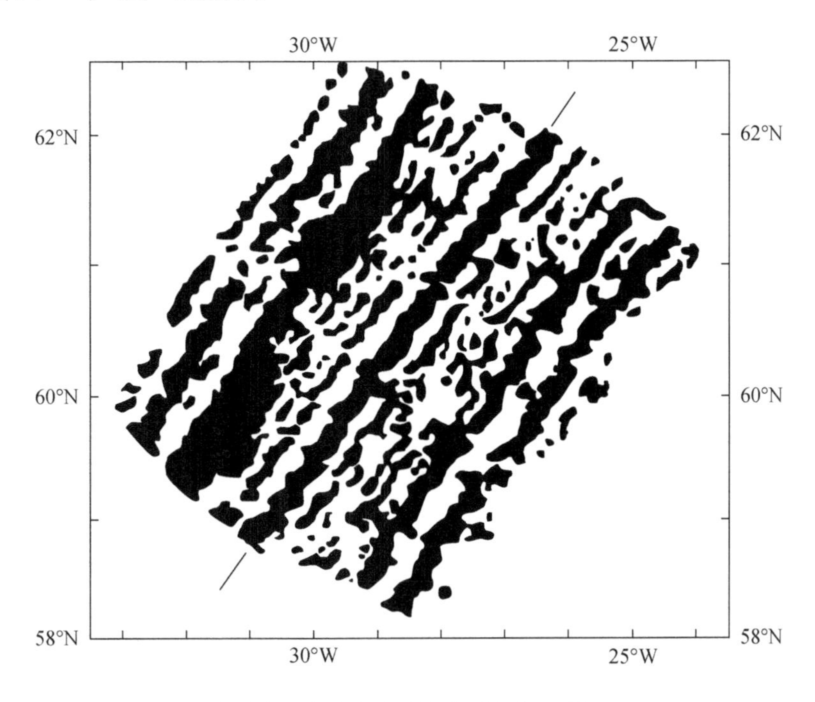

图2-3　冰岛雷克雅未克洋脊的海底磁条带（据Vine，1966）
磁条带记录海底扩张的解释，是对板块构造定量化的开创性贡献

板块构造学不仅为认识地球系统整体的一级构造提供了第一个全面的现代构架，而且还推动了为检验、精细化和扩大其在重大与一般地质过程的适用性而开展的新一代地球物理调查。例如，海洋地球物理对板块构造学的贡献在于解释了大洋地壳的起源和破坏，也直接促进了探索大陆岩石圈结构的新一轮深地震反射计划（Oliver et al.，1983），同时也带动了一系列全球地震层析成像技术的发展，由此揭示了地球的地幔比之前的球面层模型复杂很多（Romanowicz，2003）。Sykes（1967）利用相对简单的“震源机制”来检验转换断层模型，目前已发展为利用体波和面波波形以及动态地震破裂模型（Das，1980）而进行的矩张量求解方法，使我们能够认识到地震破裂如何发生与发展的过程及发生地震的应力方向。

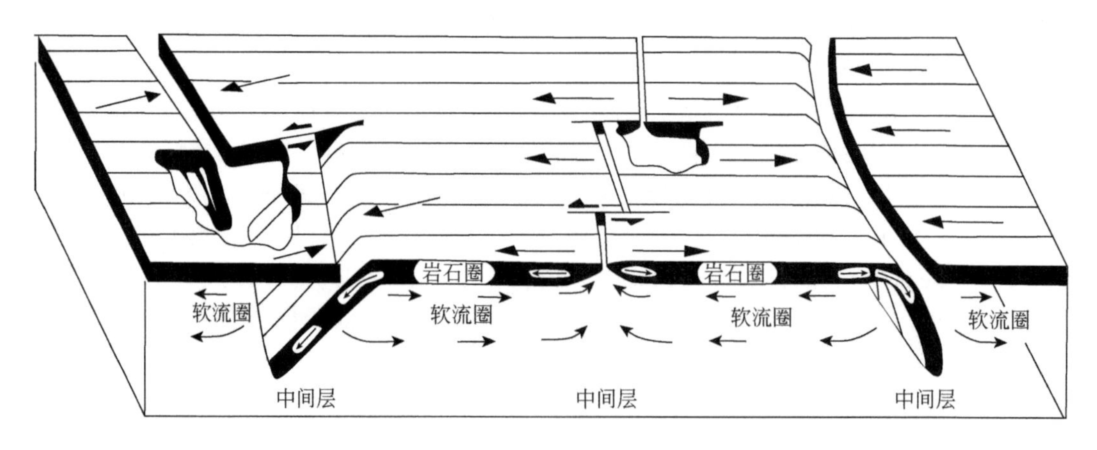

图 2-4　Isacks 等（1968）总结的板块构造学

第二节　从折射地震到深地震反射

利用地震波的传输原理而形成的地震学方法是间接进行地球深部探测与四维观测的主要途径。直到 20 世纪 70 年代晚期，用于推断地下结构的主要地震方法还是基于穿过地球面波散射或体波（P 波和 S 波）折射的分析（Prodehl and Mooney，2012）。经过改进，这两种方法已可以得到横向不均一性的更高分辨率（由于费用高，大多数二维、三维方法仍然不实用），由此推测的地下物质侧向变化还不能与地球表面显著的不均一性规模同日而语。同样的还有其他用于地壳结构填图的地球物理技术，如重力和大地电磁方法。由于数字记录和信号处理技术的飞速发展，到 20 世纪 60 年代末，地震反射技术已经成为油气勘探的主要方法。虽然在海洋调查中普遍使用于海洋环境的研究中（Ewing et al.，1973），而且在精细刻画与露头相当的地下结构方面具有明显的能力，但是，多道反射地震剖面探测并没有广泛应用于沉积盖层之下的深部大陆结构研究中。究其原因，部分是由于陆地上反射剖面探测的高额费用，而更主要的原因是，人们普遍认为，大多数的深部大陆基底是由高度变形岩石组成的，它们可能缺乏能产生可标识反射的物性差异或者侧向连续性。

然而，一系列小尺度深部地壳反射成像实验的成功（尤其在德国、加拿大和澳大利亚）（Dix，1965；Kanasewich et al.，1969；Dohr and Meissner，1975），促使科学家更加系统地努力利用反射技术来探测大陆深部结构。这一波地球物理探测的先驱就是美国 COCORP 计划。COCORP 计划并不仅仅是在新的背景下利用这项技术，而是成为更大尺度（如全国尺度）地球物理探测计划的典范（Brown et al.，1986），与当时占主导地位的独立调查者开展的探测计划形式大不相同。COCORP 计划先是启动了一段时间的探测试验，其部分目的在于验证多道反射剖面探测技术在深部大陆地壳结构探测与填图中的适用性（Oliver et al.，1976；Brown et al.，1980；Smithson et al.，1978）。接着，COCORP 计划开始全美关键地质构造带的系统剖面探测，其间使用了当时相对新奇的（至少对大多数学者来说）可控震源（图2-5）。可控震源是由石油工业发展而来的，是为了设法规避炸药震源带来的环境和责任等负面问题，因此，在无法使用炸药震源的地区可以利用可控震源开展反射调查。除了在解决美国地壳结构根本问题上的成功（图2-6），COCORP计划还带动了世界其他地区为采集相应数据而启动类似的国家计划甚至是国际合作计划（Prodehl and Mooney，2012）。

图2-5　COCORP计划和其他深地震反射剖面调查中使用的可控震源
可控震源替代炸药震源，大大提高了在许多地区（如城市）开展多道反射探测的可行性

以地壳和岩石圈结构为目标的深部探测至今已经持续50余年。其中，英国反射地震计划（BIRPS）证实了深反射剖面不仅能够成功应用于海底大陆边缘之下的地壳研究，还能够探测和绘制下伏岩石圈地幔的复杂结构（图2-7）。之后的德国深地震计划（DEKORP）、法国深地震计划（ECORS）和瑞士深地震计划（NFP20）都在岩石圈结构探测上有重要发现，共同为增加对大陆演化复杂性的认识做出了贡献。加拿大和澳大利亚是深地震反射探测的两个先锋，它们也在国内各自开展了一些新的大型计划。尤其是加拿大LITHOPROBE计划（Clowes et al.，1992），不仅是为实现国家目标而由多种学术机构、政府和企业组成利益共同体的高效机构的典范，同时还试验了将地震反射技术与其他互补的地球物理（尤其是地震折射、被动源地震和大地电磁）和地质（野外填图和地球化学）方法相结合的有效性。还需要注意的是，在国家计划的激励下，个体调查者、区域合作者和各种机构都为深地震反射探测工作做出了重要贡献。比如，美国西南部的CALCRUST计划（Henyey et al.，1987），北美五大湖区的GLIMPCE计划（Behrend et al.，1988），以及美国地质调查局（Zoback and Wentworth，1986）。

虽然基于深地震反射剖面探测技术（CDP）的大多数国家计划现在都已经结束（如COCORP、BIRPS、DEKORP、ECORS、LITHOPROBE），但是也有一些国家计划还在继续

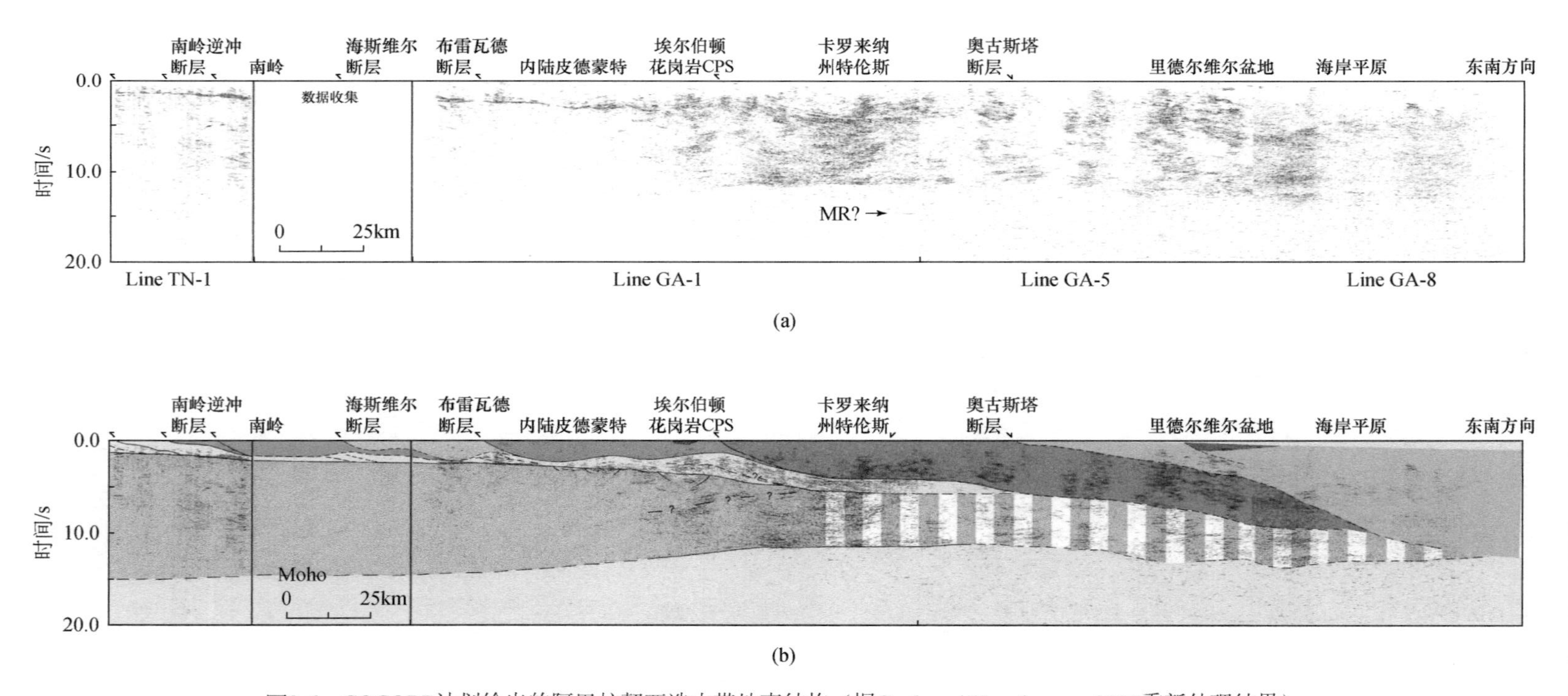

图2-6　COCORP计划给出的阿巴拉契亚造山带地壳结构（据Cook and Vasudevan，2006重新处理结果）

（a）地震剖面；（b）解释图。COCORP计划关于“低角度逆冲断层是大陆碰撞和拼合的关键过程”的认识，也是其他国家和地区（特别是欧洲）启动深地震探测计划的动机之一。此外，与许多典型的深反射探测剖面类似，沿剖面高度变化的反射样式，反映了早期给出的简单层状蛋糕模型明显不对。CPS. 中央山前缝合线；MR. 莫霍面反射层

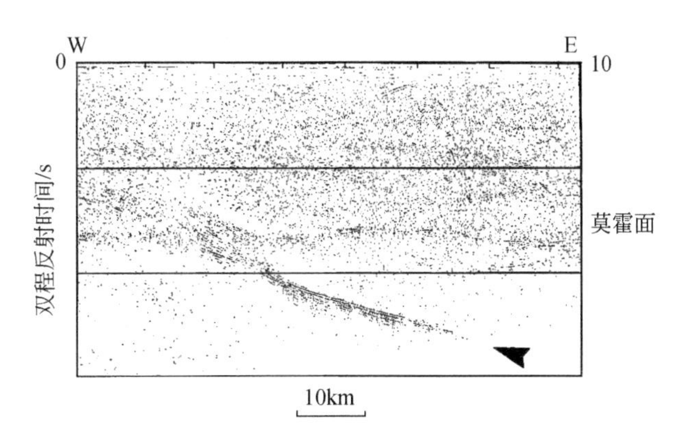

图 2-7 BIRPS 计划深地震反射剖面记录的显著地幔反射（据 Flack et al.，1990）
全球都观测到在地壳底部的一系列具有相似产状的地质事件，其中大部分被解释为古俯冲带（化石俯冲带）。
更多的探测结果表明，地幔并不是像原先设想的那样具有结构均一性

（如西班牙、澳大利亚和俄罗斯），或刚刚开始［如我国的深部探测技术和实验研究专项（SinoProbe）计划］。或许更为重要的是，由国家主导的地球物理系统探测计划时代，已经带我们走进了一个新的国际探测时代，其地质目标不再是出于地缘辖区的考虑，而是基于全球地质构造重要性的考虑。喜马拉雅和青藏高原深剖面计划（INDEPTH）就是这样的先驱，从 1992 年开始，来自中国、美国、德国、加拿大和爱尔兰的科学家共同合作，沿喜马拉雅-青藏高原碰撞带采集了深反射剖面和其他地球物理（大地电磁、折射和被动源地震）数据（Nelson et al.，1996）。类似的计划还有安第斯山脉的 ANCORP 计划、俄罗斯中部的 URSEIS 计划（Berzin et al.，1996），以及罗马尼亚的喀尔巴阡山脉探测计划（Knapp et al.，2005）。虽然在南美洲、非洲和南极洲还只有零星的覆盖，大多数大陆地区都对全球深反射图像的采集做出了贡献。据不完全统计，全球完成的宽角反射/折射地震剖面总长约为 5×10^5km，全球深地震反射剖面总长约 1.2×10^5km。

各国已完成的深地震反射剖面探测研究了不同年代、不同成因和不同类型的构造体系，各种构造在深地震反射剖面上具有不同的反映形式，具体概括为以下几种：①岩石圈板块内部，尤其是地壳内部的大型近水平构造滑脱面，在剖面上表现为倾斜平坦的反射类型；②大多数的大型剪切带或板块缝合线，在剖面上显示的是穿透较深的倾斜反射带，如佐治亚海岸平原下面的复杂倾斜岩层序列；③造山作用形成的山前挤压带往往表现为“鳄鱼嘴”和“鱼骨”状的反射特征；④在一些克拉通的裂谷区常出现下地壳绕射波现象，可能反映了与裂谷结构相关的地壳不均一性。

全球业已完成的深地震反射计划，在科学发现上有许多亮点：①揭示大陆碰撞造成的地壳尺度低角度逆掩断层（Cook et al.，1979；Zhao et al.，1993）；②异常强反射的存在，标志着深部地壳流体的聚集（de Voogd et al.，1986；Brown et al.，1996）；③“平坦”的莫霍面形态，反映了造山后的地壳再均衡（Klemperer et al.，1986）；④标志残留岩石圈强度的莫霍断层（Diaconescu et al.，1998）；⑤古老（前寒武纪）克拉通之中标志着化石俯冲带的地幔反射（Cook et al.，1998）；⑥前寒武纪地壳的大尺度（数百千米）侵入岩（岩床）（Mandler and Clowes，1997）。除了单个的探测计划之外，深反射剖面探测的总体影响

是，“抛弃”了过去关于地壳（和岩石圈）的层状蛋糕观点，转为认同深部地壳的组成和结构复杂程度与地球表面的地质不均匀性是基本相当的，而岩石圈地幔的结构复杂性程度相对较低。如今，任何地球物理方法探测的结果都必须进行更为实际的解释。

20 世纪 70 年代和 80 年代可控震源的不断演变，折射和反射成像技术得到了更加精细化的应用。可控源地震探测已经超越折射或反射地震的观点，认为这两种成像方法都为地下结构和成分提供有用的、经常是互补的约束。装备或者资金的限制，经常制约可控源地震探测计划，有时会导致重视一种方法，而排斥另一种方法。一般来说，目前被普遍接受的是全波场探测数据的采集。可控源探测的费用主要是由记录器（道）的数量和震源（不论是爆炸震源还是可控震源）数量决定的。反射地震探测所需的道数和震源数量都远远超过折射地震探测，但两者都不是令人讨厌的。主要是费用问题导致其他方法的使用更加频繁，尤其是那些使用“免费”的天然震源方法。

实践表明，深地震反射技术是探测地壳精细结构的有效手段之一，具有较高的横向分辨能力。该方法是在常规地震反射方法的基础上发展起来的，两者原理相同，都是利用不同物性界面产生的弹性波反射同相轴来描述界面、断裂等地质结构特征。但深地震反射方法探测深度比常规地震勘探要大得多，一般记录长度都在 15s 以上。深地震反射剖面能提供全新的地壳乃至上地幔结构图像，揭示岩石圈结构，解决深部地质构造问题。

第三节　接收函数与层析成像

地球内部结构的认知史，也是地球速度模型的发展史，从 1940 年建立的 J-B 走时表开始应用于地震定位以来，一维参考地球速度模型的不断改善也促进了三维层析成像的研究。地震层析成像方法由 Aki 和 Lee（1976）首先提出，将三维地震学问题、图像映射及快速计算技术联系在一起，反演了全球尺度的地球内部深处及区域成像问题，从而解决诸如核幔边界的横向不均匀性、地幔对流与消减板块边界、岩浆流的上升与地震活动断层、地震波低速带与地热异常点分布等地球动力学问题，以及区域构造的横向复杂性等地震学问题。

（一）转换波与接收函数

应用天然震源（如地震）推断地球内部结构已经有较长的历史，包括全球尺度利用体波（Bullen，1956）和面波（Press and Ewing，1955）以及区域尺度的研究（Mohorovičić，1910）。折射地震的许多分析技术也能很好地应用于天然地震震源。事实上，地球结构的估算，至少是地震波传播速度结构的估算，是地震研究的前提（如地震的定位）。利用天然地震可以获得较大深度上的地震速度结构、岩石圈（上地幔）各向异性，划分出低速体和低速层，为研究岩石圈结构与地球动力学特征提供了新的资料。

虽然折射相是推断地球整体结构的经典体波技术的基本内容，但主要不连续面给出的反射相显然提供了深部物性改变的附加信息（Bullen，1956）。来自核幔边界的反射相（PcP）（Brush，1980）是最显著的全球反射，目前被经常用于精细化全球一级速度变化模型。

来自震源的反射相也被长期用于莫霍面（Prodehl and Mooney，2012）和一些不普遍的界面（如岩浆房）（Sanford et al.，1977）的成像（填图）。但是，对于天然震源来说，由于缺乏足够密集的地表台阵来记录和识别反射相的特征走时样式，反射相的识别在过去存在较大的障碍。

20世纪80年代早期，许多地震学家认识到，一些性质发生截然变化的界面，不仅可以产生能量来自上方的反射，同样也能够引起能量来自下方的转换波的形成（Phinney，1964；Langston，1977；Owens and Zandt，1985）。转换波指的是由于与界面的相互作用而产生的P波和S波。也就是说，以某个角度入射的P波，经常会产生对应的折射S波和折射P波，反之亦然。P波转换成S波，S波转换成P波，它们都被用来说明转换界面的存在和性质。如果忽略典型的地震记录中转换相的存在，会产生很多问题，因为会有震源或者震源区的复杂性造成与其他地震波到时的干扰。但是，Vinnik（1977）和Ammon（1991）给出了用一个相对非常简单的剥离P波记录的滤波（反褶积）方法，来隔离在接收器下方界面上由于转换而产生的S波。这个反褶积过程的产物被称为一个特定台站记录的一个地震的接收函数。之后的工作深化了这项技术，因此，与使用地表震源反射相的方法类似，远震地震波产生的转换波也可以用于地下界面的成像（填图）。顺理成章，莫霍面是利用接收函数技术进行成像（填图）的目标之一（图2-8），虽然接收函数也可以成功用于更复杂结构的成像与填图（图2-9、图2-10）。

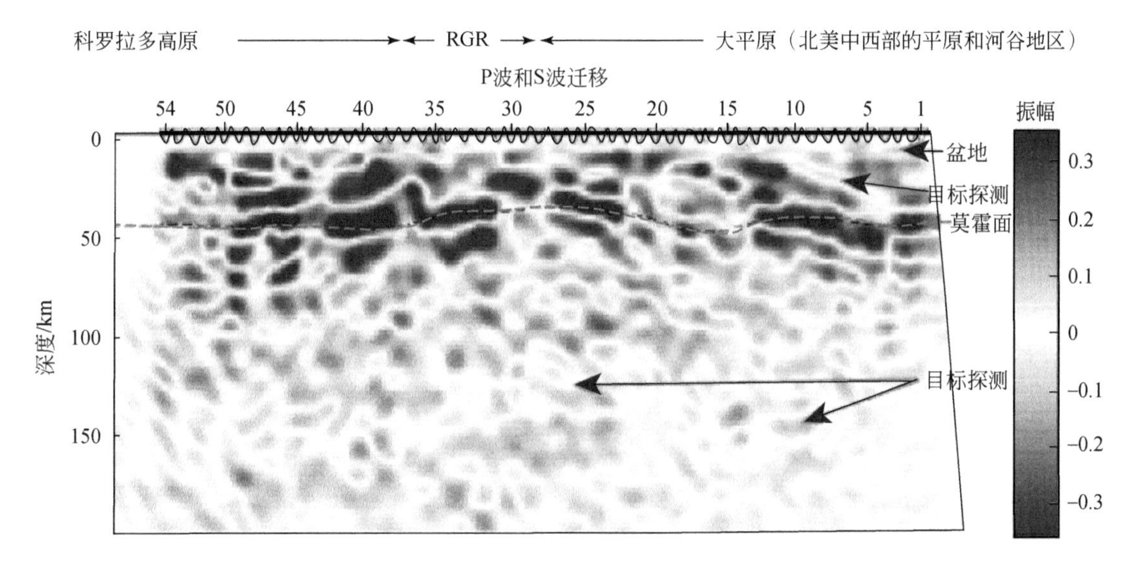

图2-8　新墨西哥中部里奥格兰德裂谷莫霍面接收函数成像（据Wilson et al.，2003）

转换波提供了一种岩石圈和地幔不均一性精细结构的填图方法，不需要昂贵的人工震源。RGR为里奥格兰德裂谷（Rio Grande Rift）

1987年成立的美国犹他大学层析成像、模拟与偏移研究组提出了地震干涉测量学。地震干涉测量学研究地震信号的干涉现象，主要的数学基础是互相关运算。地震干涉测量成像原理即通过互相关地震道形成地下构造图像，为地震成像开辟了新的研究领域。

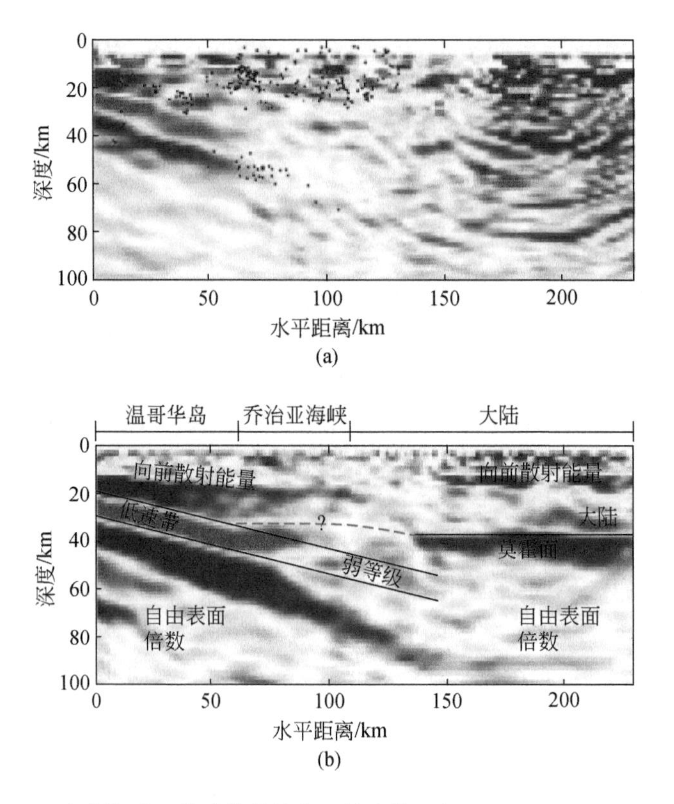

图 2-9　卡斯凯迪亚俯冲带的接收函数成像（据 Nicholson et al., 2005）

（a）黑点指示地震震中；（b）解释图

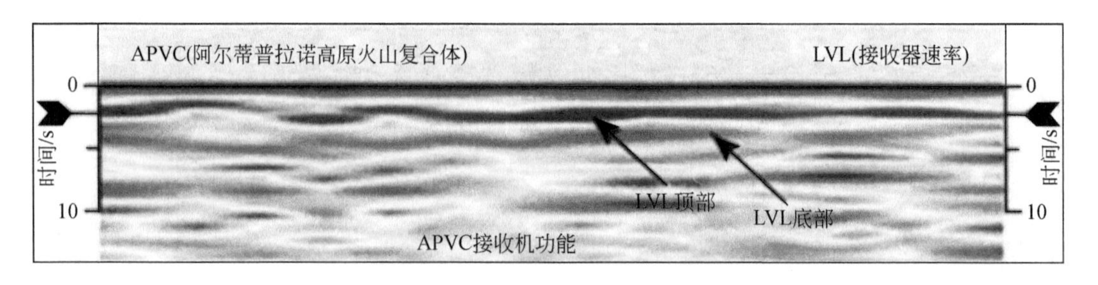

图 2-10　安第斯中部阿尔蒂普拉诺高原岩体接收函数成像（据 Chmielowski and Zandt, 1999）

岩体为低速带（LVL）

（二）岩石圈–软流圈边界

现在，P-S 波转换已经被广泛应用于莫霍面填图等研究之中，最近的热点是 S-P 波转换的应用（Yuan et al., 2006）。P-S 波转换技术可以顺利解决壳内界面和莫霍面的问题，但是当试图进行更深界面的填图时，问题出现了。部分原因是与地表和莫霍面产生的 P 波多次波可能更深的转换而产生的干扰。Farra 和 Vinnik（2000）证实，可以通过观测S-P波转换来解决这个问题。因为 S-P 转换波比它的母波 S 波更早到达地表，因此不会与 S 波本身的地壳多次波相混淆。S-P 波转换能够并且已经被应用于莫霍面填图，但是主要还是用来确定上地幔的地震界面。许多地幔边界出现的深度与岩石圈-软流圈边界（LAB）相符合（Kumar et al., 2005; Rychert et al., 2005; Fischer et al., 2010）。但是，也有一些这样的边界（转换带），其所处的深度似乎与其他方法给出的岩石圈厚度相悖（如冰岛下方80km?）（Kumar et al., 2007）。Yuan 和 Romanowicz（2010）认为，通过转换相勾画的地幔界面对于 LAB 来说经常太浅，可能代表了岩石圈内部的成分界面。事实也是，深地震反射和接收函数剖面探测发现了不止一个的地幔不连续界面，这表明涉及的不仅仅是 LAB 的问题（图 2-11）（Steer et al., 1998）。这些地幔界面的特征，以及 LAB 的特征，显然会是地球物理学家和矿物学家未来一段时间内持续关注的话题。

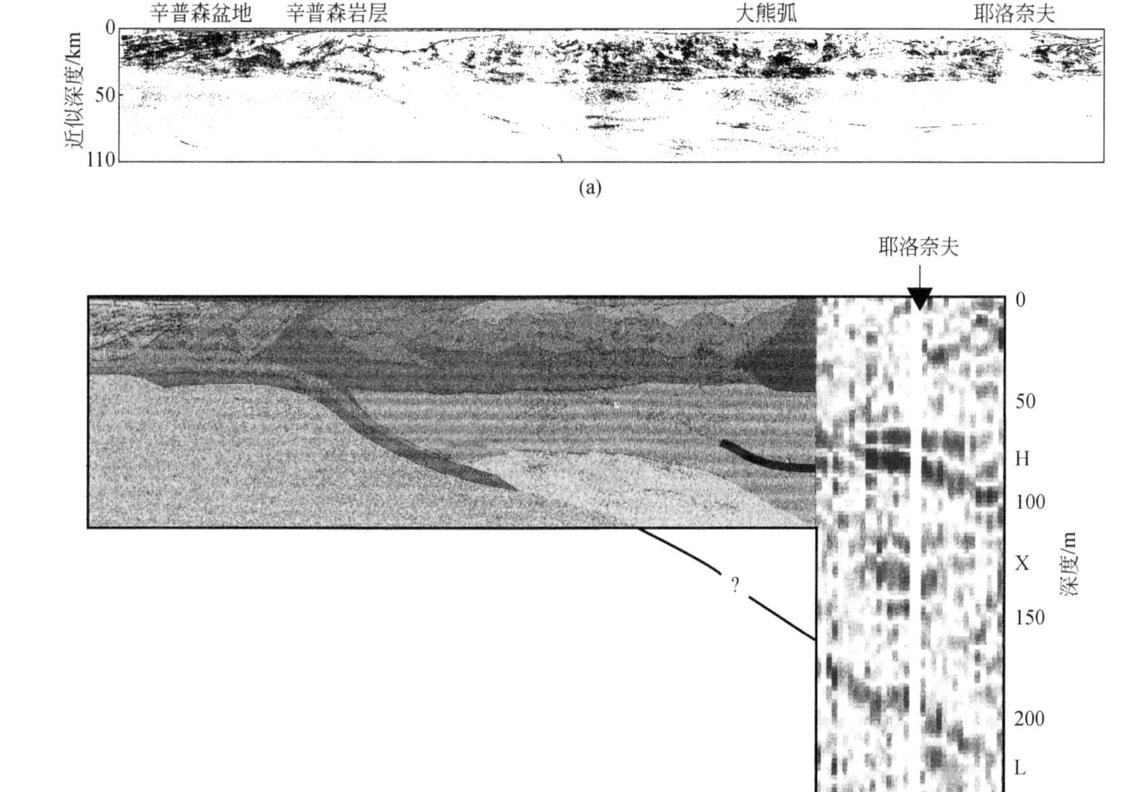

图 2-11 加拿大西北部斯拉夫省可控源深地震反射剖面与岩石圈结构解释

（a）LITHOPROBE 计划 SNORCLE 剖面项目给出的可控源深地震反射剖面（Cook et al., 1998）；（b）反射剖面的结构解释，并与叠加在剖面上的远震记录接收函数成像进行了对比（Bostock, 1999）。可控源和天然地震成像都给出了许多地幔不连续界面，但是，它们不可能都是岩石圈-软流圈边界（LAB）。可控源给出的成像分辨率明显较高。H、X、L 为 Bostock（1999）讨论的地幔反射/转换波。YKA 为 Yellowknife 地震阵列的位置推定的 LAB 远远不是接收函数研究的最深目标。远震记录传统地震折射分析给出的 410km 和 660km 的地幔地震不连续面，似乎是接收函数（Gao et al.，2002）研究的独特转换带（图 2-12）。这些界面的转换带填图使得其性质的横向变化，特别是它们之间厚度的变化更加清晰，有力地说明了控制与这些界面有关的相变的热域的存在（Lawrence and Shearer，2006）。此外，这些俯冲带下方边界的特征和连续性，为下插到下地幔的俯冲板片的性质乃至是否存在提供了重要的约束，这是地幔对流研究领域的长期问题(图 2-12)（Li et al.，2000；Zhao et al.，2010）。

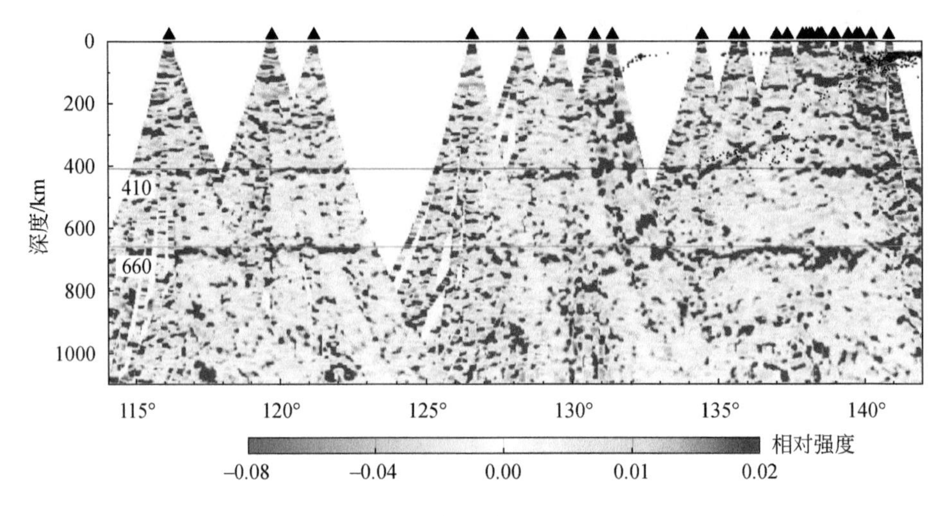

图 2-12　日本俯冲带接收函数成像

图中给出 410km 和 660km 地幔间断面的细节（Li et al.，2000）。这两个界面的连续性和性质制约了深板片下插的特征与延伸范围

（三）核幔边界：地核上的反大陆？

由于新技术的应用和新一代密集地震台阵的布置，地球物理学家揭示了地壳和地幔的许多新鲜细节，同时在地球最深部的探测方面取得了重要的野外和实验发现。核幔边界（CMB）已经是地球物理学家、地球化学家和地球动力学家特别关注的问题（Knittle and Jeanloz，1991；Lay et al.，1998）。作为从固态（地幔最下部）到液态（外核）的转变带，CMB 很有可能在地幔柱的形成过程中发挥了主导作用（Loper，1991）。作为一个显著的不均一带，它很有可能影响了地幔和地核的组成成分（Song and Ahrens，1994），甚至可能影响了地球磁场的产生（Marzocchi and Mulargia，1992）。对靠近 CMB 的 D″层的地震观测激发了一些新奇的想法，如带着反地壳横穿液态地核漂移的反板块（Maruyama et al.，2007）。

(四) 多方法联合的深部探测

接收函数方法的一大优点，就是只需要在地面放一台三分量地震仪，进行一段时间的记录，就可以获得有用的数据结果。不需要爆破，也不需要可控震源，不会因为井的损坏而惹怒土地的主人，也不需要排列大量设备成阵列。但是，显而易见的是，对任何地震方法而言，台站都是越多越好。使用天然震源，而不是人工震源，是一个合理而又经济的方法，是接收函数和其他所谓的被动源方法的优势所在（当涉及震源时，“被动”这个词似乎是非常不合适的，因此笔者更倾向于使用天然震源和可控震源这两个词）。

但是，我们应该始终记住，依赖天然震源的岩石圈成像方法是有局限的。足够强地震的空间变化会导致接收函数成像中“照明”方位的偏移，因而导致转换带形态的扭曲，甚至缺少某些目标区成像的足够震源。此外，远震源的频率和相应的空间分辨率远远低于地表可控震源（图 2-11）。相反地，天然地震具有更高的能量和更低的频率，使之具有更深的探测能力。

不论是深地震反射还是转换波（接收函数）探测，在将观测时间剖面（不论是近垂直双程反射时间还是单程转换延滞时间）解译成真实的深度剖面时，都会产生很大的不确定性问题。在时-深转换中，适当的速度信息非常重要（典型深地震反射剖面的解译需要 P 波速度，典型接收函数的解译需要 S 波速度）。对于深地震反射数据，要想进行精确的深度转换，可能需要一个同位置的广角地震（如折射）探测剖面。而接收函数，可以用地壳多次波来限定地表和地下界面（如莫霍面）（Zhu and Kanamori，2000）之间的总体 P-S 波速度变化，但是深度转换需要独立的 P 波或者 S 波速度结构。

当然，理想的深部地震探测（图 2-13）不是一个或命题：如果不计成本，同剖面获取可控源地震反射-折射和被动源远震的数据通常是极其理想的。此外，地震学并不是所有深部研究中唯一有价值的地球物理方法，目前，多学科联合探测更为规范。不过，现实中通常必须考虑成本，而探测能力和分辨率也只能折中考虑了。

(五) 阵列地震学：从 WWSSN 到 EarthScope

由于提取信息与分析技术的进步，以及记录远震数据（可用于接收函数计算）的地震台网的迅速扩大，近年来岩石圈和上地幔结构的接收函数研究发展迅速。前面提到，20 世纪 50 年代末和 60 年代初 WWSSN 的建立，虽然是冷战时期对核试验检测的需要，但同时也促进了全球地震观测，这对于板块构造理论的建立至关重要。同样地，石油工业地震勘探的极大需求发展了多道地震反射技术和硬件设备，使得深地震反射剖面时代的开启成为可能。因此，如果没有对检测地球物理信号的硬件发展的认可，那么对过去 50 年地球物理发展过程的评价就不可能完整。地震记录阵列的扩展就是最明显的表现。

通过多组地震仪来记录地震信号比通过单独的一套设备更有优势，这一点在很早前就已经得到认可。众所周知，斯堪的纳维亚的 NORSAR 阵列和加拿大 Yellowknife 阵列是这样的大规模阵列观测的先锋（Anglin，1971；Bungum et al.，1971）。无论是在资源勘查还

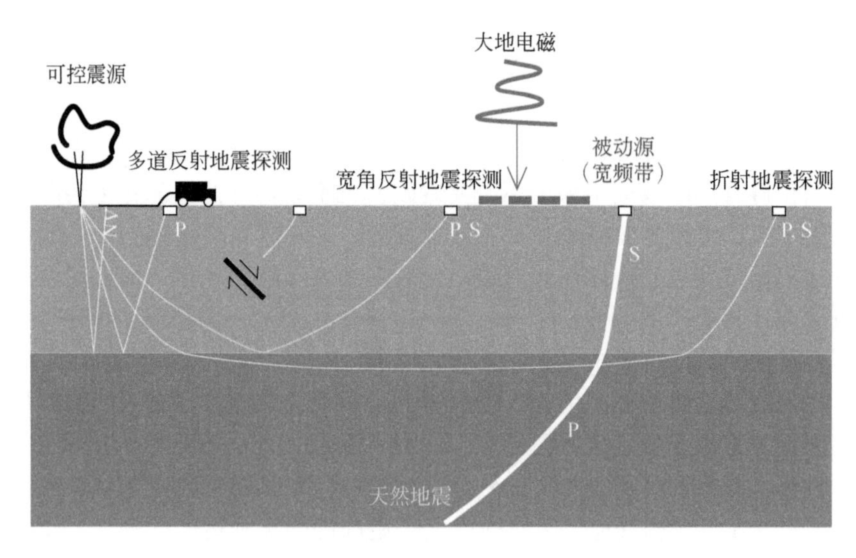

图 2-13　现代地球物理调查图示（据 Brown，2013）

NVR 为近垂直反射。现实中，很少有这样的同时采集多种地震数据（可控源和天然源）和其他重要的独立地球物理观测数据（如大地电磁），并进行同剖面地质填图和地球化学采样分析的设计方案。另外，陆上和海上探测仪器的共享，也使得部署陆上和海洋精细探测与成像更为有效

是在深部地球探测研究领域，阵列观测提升了信号检测和加强的能力，支撑着整个地球物理勘查及多道反射地震探测领域。

1984 年 IRIS（美国地震学研究联合会）联盟的成立，是阵列地震学在过去几十年意义最深远的发展。作为一个能够汇聚资源和促进大规模合作的美国地球物理学界的团体，IRIS 在全球范围内促进了地球深部阵列研究的快速扩展。IRIS 的成功不仅仅归功于它提供了大量的现代化地震记录硬件设备（通过“大陆岩石圈阵列地震研究项目”，简称 PASSCAL），还在于核心数据中心的建立（IRIS 数据管理中心，简称 DMC），目的是促进采集数据的统一存档和分配使用。通过一些研讨会和网络研讨会，IRIS 不仅帮助地质学界获取重要数据，也促进了有关地震数据的地质意义的讨论。现在，IRIS 框架下运行的地球透镜计划项目集中体现了这种团体模式的优势。地球透镜计划包含了几个互补的地球物理阵列项目，其中的板块边界观测（PBO）项目，就是沿美国西海岸部署 GPS 台站阵列来监测地面运动，另外还有两个主导的地震阵列，即移动阵列（TA）和机动阵列（FA），其设计目的是在大约十年内从西到东“扫描”全美国。除了标准的地震仪器和设备，同时还与 TA 和 FA 记录一起部署了许多大地电磁台站。地球透镜计划的 USArray 项目是应用天然震源技术（接收函数、体波和面波层析成像）进行大区域三维结构成像和地震活动性研究的现代面积性阵列的实例。

IRIS 当然不是 20 世纪 80 年代出现的唯一一个或第一个大规模的协会驱动的设施组织。例如，UNAVCO 协会在大地测量学领域扮演着类似的角色。海洋地球物理学界高度赞扬 1968 年开始的国际深海钻探计划的国内和国际合作。之后的全球性项目还有 RIDGE2000 计划、MARGINS 计划和后来的 GeoPRISMS 计划。另外，还有现今海洋综合钻

探计划（IODP）的海洋钻探船（如 R/V JOIDES Resolution 和最近的 R/V Chikyu）。所有这些计划都包含或与大型地球物理仪器及装备共同体有关，如“马库斯朗塞特”号（R/V Marcus Langseth）海洋考察船，它可以进行三维反射探测，与海底地震仪共同体 OBSIP 有关。后来的探测工作开始利用陆地和海洋协同调查的优势，如 TAIGER 项目（Okaya et al.，2009）。

美国地球透镜计划以及其他国家类似的大规模地质-地球物理探测计划，使得利用地球物理方法刻画不同尺度的地球深部结构成为可能，而这曾经被认为不是现实可行的。此外，像地球透镜计划（其中的 PBO、TA 和 FA 分别采集大地测量学、地震和电磁数据）这样所进行的不同种类的观测结果用途很多，包括从地震构造过程研究，到史无前例的高分辨率地下结构（尤其是地幔）成像等。地球透镜计划数据促进了美国大陆地壳和岩石圈不连续面的接收函数研究，还促进了地球深部层析成像技术的发展。

另外，这些现代阵列是面型的而不是线型的。因此这些数据能够用于分析深部物质物理性质的三维变化，不仅更有地质意义，而且还能提供更精确的地球物理图像，即使给出的结构有时是二维的。不过，虽然在资源勘查方面已经广泛应用面积性的阵列探测方法，但鉴于其成本，在科研型的可控源探测（折射或反射）中仍然相对少见。

不言而喻，地球物理数据采集的发展依赖于计算技术和相应的信号处理方法的进步。对于所有的地球物理方法，包括重力、磁学、大地电磁和热流，尤其是地震探测技术的发展来说，都是正确的。计算机技术不仅使我们曾经认为不可能或者太过昂贵的分析方法变得可行，而且还促进了各个地球物理领域的模拟软件的发展，我们现在已经觉得理所当然了。

或许层析成像技术发展的最具标志性的现象就是越来越密集覆盖的数字化阵列数据采集与更加复杂的数据处理能力的会合（Brown，2013）。最近，美国加利福尼亚长滩进行了超密集的天然地震台站阵列观测实验，地震仪（主要为 ZLand 型号）布设的间距达到 10m 以内，以检测地震是如何开始的、震前和震后沿断层分布的岩石性质是如何改变的。密集或超密集的地震阵列，能够采集更高频的环境噪声（面波）信号，环境噪声层析成像可以得到地壳浅层 10km 以内，特别是最浅表 1km 的精细结构图像（图 2-14）（Hand，2014）。

（六）地震层析成像

地球物理层析成像有多种形式。层析成像是将空间上变化的路径集成约束反演为相应的物性结构的一种成像方法（Nolet，2008；Aster et al.，2012）。层析成像方法可以应用于任何地球物理观测实验，但是大多数地球科学家最熟悉的莫过于地震层析成像。层析成像技术广泛应用于可控源地震反射和折射探测数据（图 2-15）（White，1989；Zelt et al.，2003），以获取地下速度变化的更“真实”模型，包括有关横向变化的合并，这对于常规分析方法或精确建模来说都是问题。天然地震层析成像是窥探地球深部结构的一个窗口（杨文采和于常青，2011）。

在地震层析成像技术应用中，基于天然震源的区域性或者全球性地震波（P 波、S 波或两者同时）速度变化成像，或许是最吸引地质专家和非专业人士的成果。P/S 波波速扰

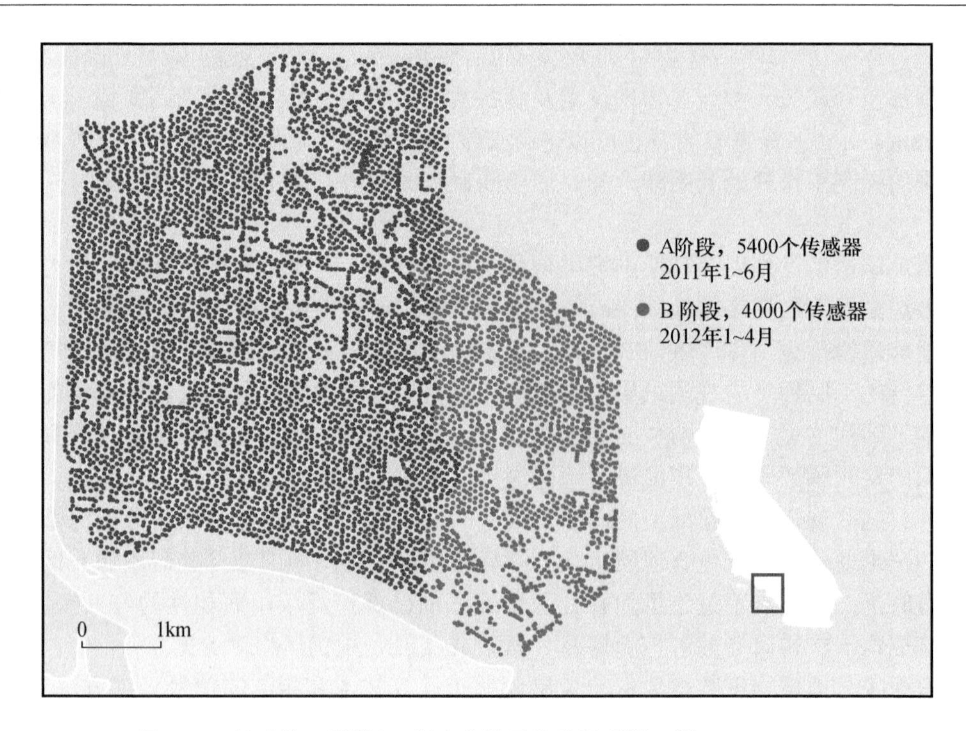

图 2-14　地球的“听筒”：超密集阵天然地震观测（据 Hand，2014）

美国 IRIS 主导的加利福尼亚长滩地区超级密集阵地震观测实验

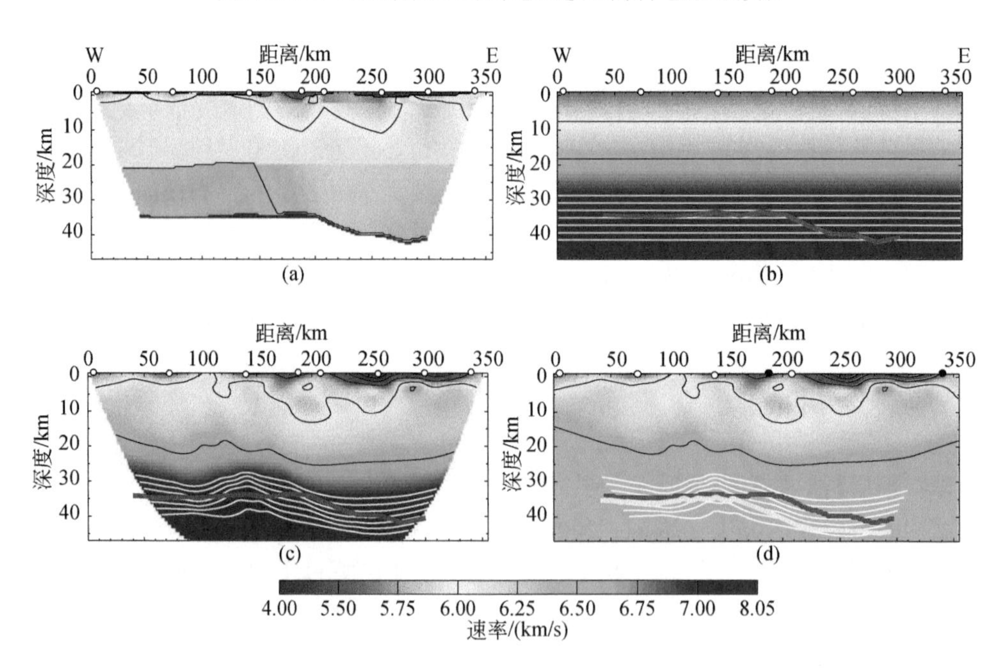

图 2-15　由爆炸震源记录的层析成像反演得到的加拿大科迪勒拉地壳速度结构（据 Zelt et al.，2003）

（a）基于射线追踪的首选模型（正演）；（b）初始模型（基于前人认识的假设）；（c）仅采用首次波（折射）数据反演的结果；（d）基于首次波反演得到的速度结构和采用反射波反演得到的莫霍面深度

动地震层析成像，产生较准确的地幔波速结构，为了解地幔构造和动力学作用提供了新的地球物理制约（杨文采和于常青，2011）。层析成像结果的典型表达方式，采用亮丽的色彩来代表地震速度分级变化，既十分吸引眼球，又有助于即时解译。

地震层析成像技术的发展，尤其是使用天然地震震源的，同步于计算能力和观测系统加密的提升。Romanowicz（2003）恰到好处地总结了自 Aki 等（1977）、Sengupta 和 Toksoz（1976）、Dziewonski 等（1977）开启先河之后该领域的发展。早期的努力和尝试大都受数据的有效性和地表台网采样不均的制约（图 2-16）。随着层析成像结果的分辨率和可靠性的提高，作为构造板块最终命运的导向和地幔柱识别的有效方法，层析成像变得更加可信（Zhao，2004；Zhao and Lei，2004）。层析成像预示了活动的俯冲带内倾斜的高速带的存在和形态（图 2-17）（Lay，1997），令人满意地证实了板块构造理论的预测，同时为精细探测活动俯冲带和古俯冲带残余奠定了基础（图 2-18）。

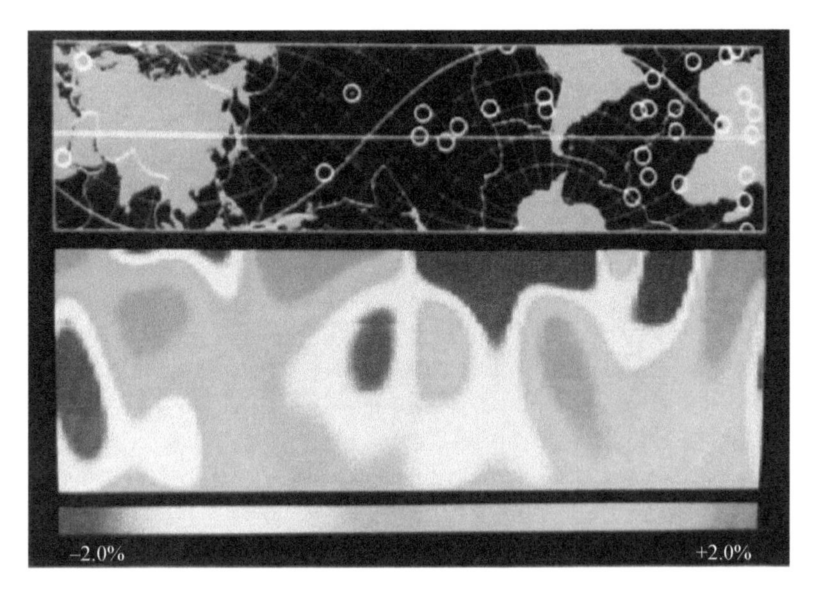

图 2-16　早期的地幔上部 670km 全球层析成像剖面（据 Dziewonski and Anderson，1984）
以现代标准来看，该图还比较模糊。但是，这些早期的结果已经清楚地显示了对地球极深部复杂地质体进行精细层析成像的可能性

地震层析技术被广泛应用于体波和面波成像中。从起初的观测走时层析成像（Bording et al.，1987），已经发展到目前的全波形层析成像（Luo and Schuster，1991；Tape et al.，2010）。这些技术提供了无可比拟的面向更大尺度结构和过程的三维视角，远远超过了 20 世纪 60 年代地球物理探测能力。但是，针对地幔的层析成像，其分辨率仍然远远低于在地壳中进行的地球物理探测（不论是可控震源还是天然震源，是反射、折射，还是接收函数成像），可能也低于从地球化学证据推断的地幔不均一性（大理石蛋糕）结构（Allègre and Turcotte，1986；Kellogg et al.，1999）。但是，随着观测数据库和计算方法的改进，成像分辨率将不断提高（Montelli et al.，2004）。除了估算 P 波和 S 波速度随深度的变化外，层析成像技术还被广泛用于地震衰减成像，它经常比速度更能代表深部的温度和熔融程度

（Schurr et al.，2003）。

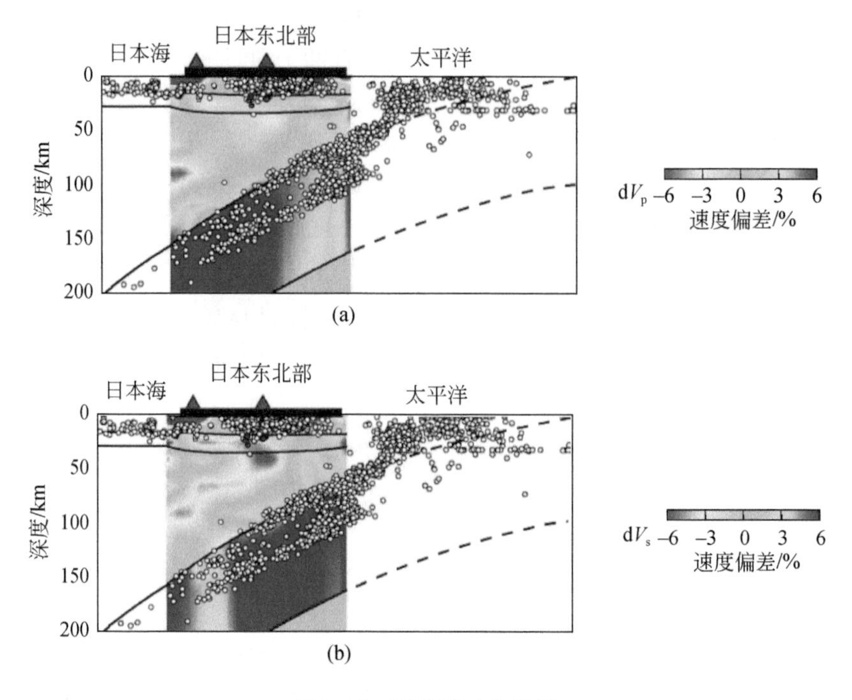

图 2-17　现代俯冲带实例

日本东北部 Tohoku 地区 P 波（a）和 S 波（b）速度变化的层析成像（Hasegawa et al.，2005）。红色三角形代表活火山。空心圆圈代表地震事件。密集的地震台网和高强度的地震活动性使得日本岛弧成为一个进行各种天然地震层析成像实验的理想地方。层析成像清楚地证实了早期板块构造理论的预测——一个相对冷（速度快区）的岩石圈板片下插到地幔之中，脱水作用而导致上覆地幔（速度慢区，S 波结果更为理想）的局部熔融，引起了地表的火山作用。层析成像结果同时指出，Benioff（贝尼奥夫）带的地震活动性只局限在俯冲板片的上部。注意，与早期（图 2-16）结果相比，该图像分辨率已经得到了极大的提升。dV_p 为 P 波速度与参照模型的偏差；dV_s 为 S 波速度与参照模型的偏差

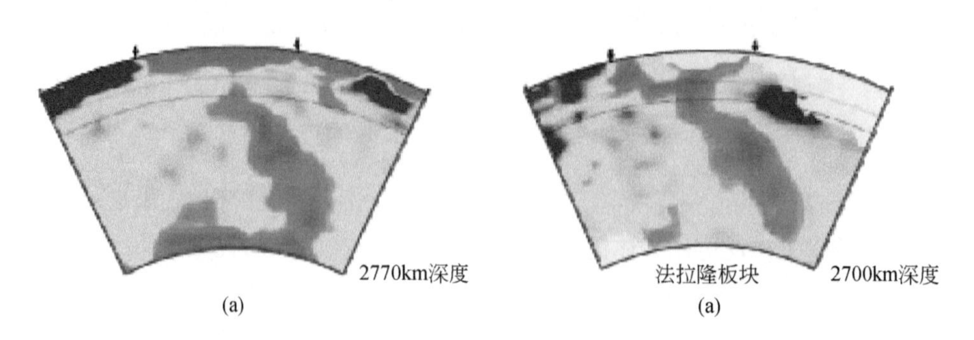

图 2-18　古俯冲带（?）P 波（a）和 S 波（b）层析成像

Grand 等（1997）将美国中部和东部存在的速度相对较快物质的向东下沉，解释为 70Ma 之前沿着美国西部向东俯冲的法拉隆板块的残余。该图说明，俯冲板片可以下插至下地幔

近年来，全波形层析成像研究取得了重要进展。French 等（2013）全波形层析成像研究揭示了大洋软流圈底部的隧道流（channeled flow），在太平洋中部普遍发育的低速带之

下，主要处在200～350km深度，存在一个水平延伸的剪切波低速带（图2-19）。这些似周期性出现的指状结构，其波长为约2000km，平行于板块绝对运动方向排列。在400km深度之下，速度结构转变为更少的、波状起伏的、垂向连续的低速似地幔柱形态，其根部插入下地幔。这说明，在驱动板块运动的低速带地幔流与深部地幔来源的低强度物质流之间存在动态相互作用，使得上部边界运动层之下发生了水平方向上的偏移（French et al., 2013）。

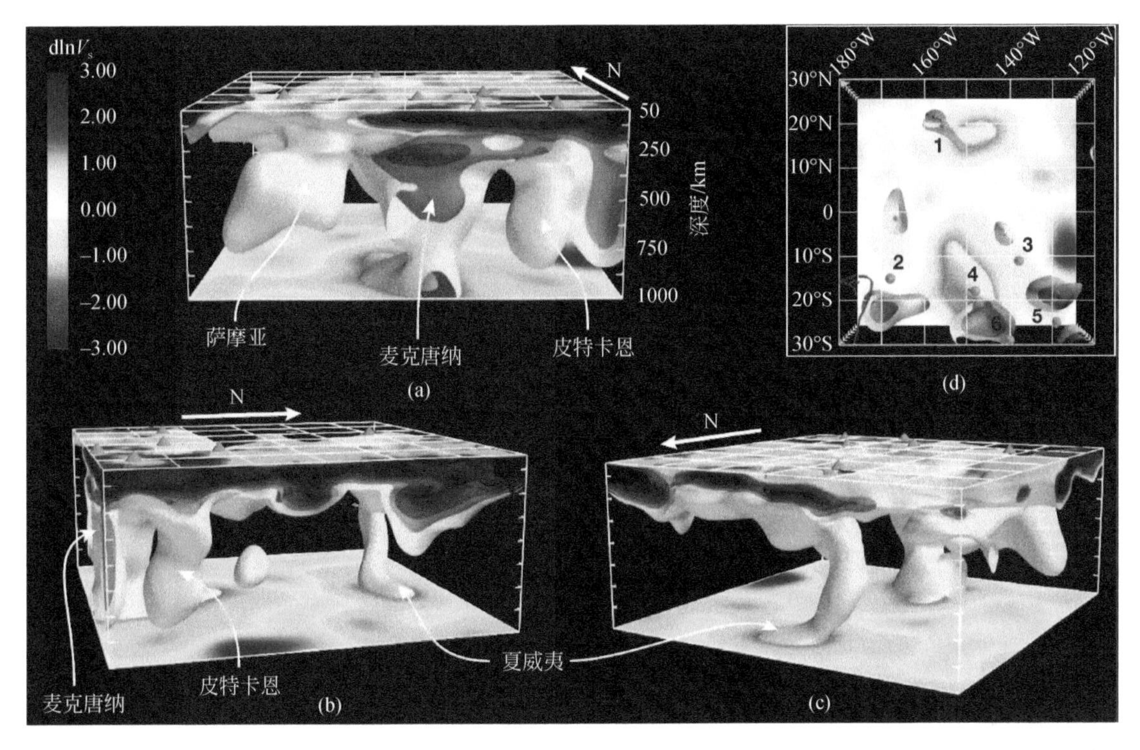

图2-19　太平洋中部SEMum2（普元法计算的合成地震解译图）剪切波速度结构的三维显示（据French et al., 2013）

太平洋中部地区剪切波速度V_s的同向相对变化。(a) 从南往北看，(b) 从东往西看，(c) 从北往南看。最小和最大等值面层级分别为-3%和-1%。(a) 低速带（LVZ）向西变薄，低速指状物（LVF）消失在汤加-斐济俯冲带。(b) 在垂直板块绝对运动（APM）方向上，LVF发生了明显的分离。(c) 在200km深度之下，LVF之间缺乏明显的水平延伸低速体。在300～400km之下，低速体主要表现为垂向上的似地幔柱特征。特别地，夏威夷"地幔柱"出现在夏威夷东边、LVF之下的1000km深处，并在又向东偏之前，转向西北方向（b、c）。(d) 顶视图，指示方形区域及与低速管相关的主要热点的地理位置（500km深处）：1为夏威夷，2为萨摩亚，3为马克萨斯，4为塔希提，5为皮特卡恩，6为麦克唐纳。紫色轮廓指示汤加-斐济俯冲带的位置

（七）地震干涉测量与环境噪声层析成像

利用面波进行层析成像反演取得的最新成果之一，是认识到许多在地震记录中曾被视为"环境噪声"的信号，实际上是由可用于地震速度（主要是S波）随深度进行层析成像反演的面波能量组成的。环境噪声，也被称为微震，数年来曾被认为是与海岸带风暴波

等现象产生的面波相伴随的；当海浪和风暴掠过的时候，地球的环境噪声大幅增加。利用通常被称为地震干涉测量法的这一互相关技术，认识到“背景”震动可以重组而成为面波能量，在两个地震台站之间进行传播。因此，我们不必再等待合适的地震来产生成像所需的面波，从足够大量的噪声中也能计算得到相当的“有效源”地震记录。结果是无须地震发生，就可以利用地震阵列计算得到精细的层析图像（Brown，2013；Hand，2014）。

环境噪声层析成像方法由 Claerbout（1968）首次提出，Weaver 和 Lobkis（2001）进行了验证，如今受到许多研究者的青睐（Campillo and Paul，2003；Shapiro and Campillo，2004；Lin et al.，2007）。地球科学家主要利用环境噪声的较低频部分，研究壳幔尺度上的问题，如莫霍面的展布（Hand，2014）。以美国地球透镜计划的 USArray 项目为例，为探测如此深达几十千米、几百千米的深部结构，布设了 400 个移动地震台站，间距为约 70km。图 2-20 给出了近期在美国西部使用 USArray 项目记录的环境噪声层析成像的成功实例。

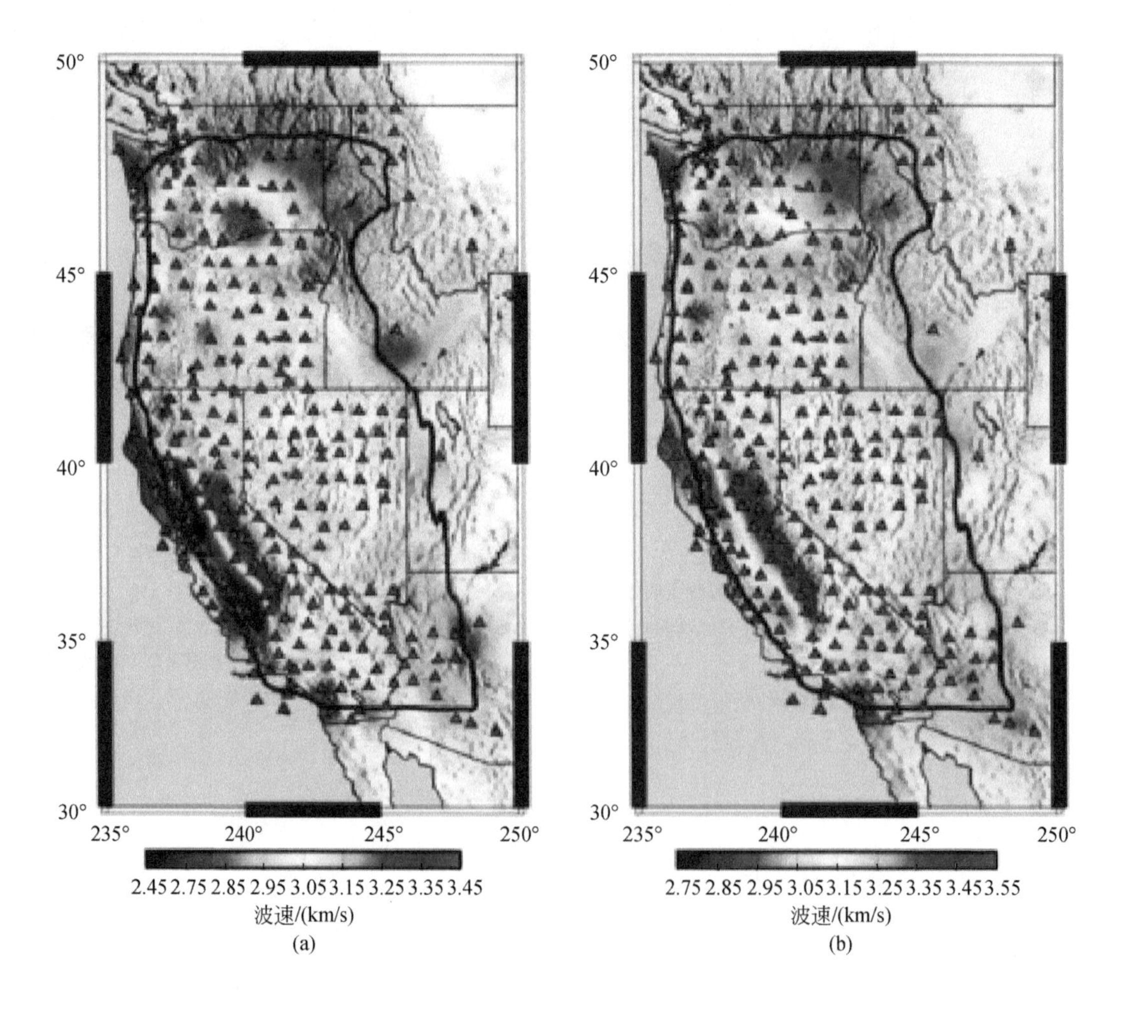

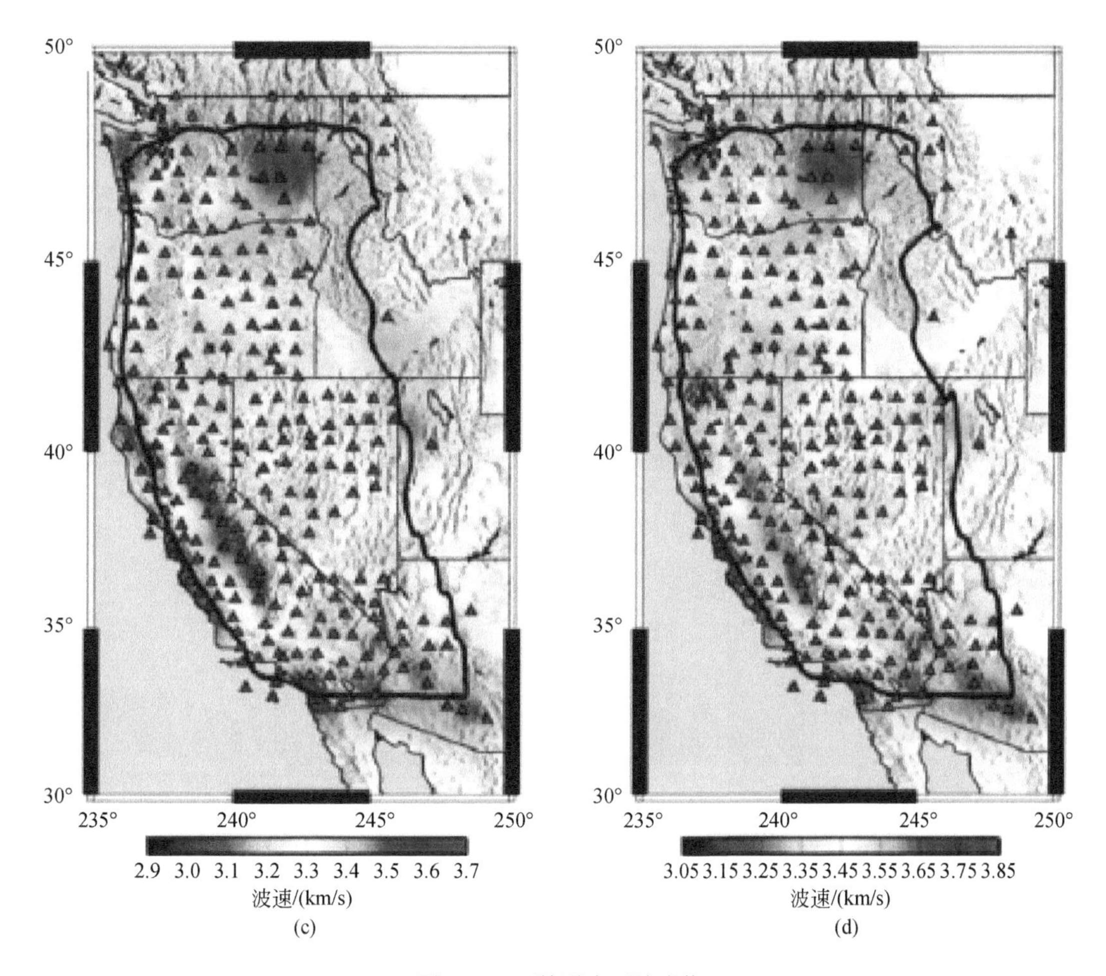

图 2-20　环境噪声面波成像

（a）8s 瑞利波相速度；（b）12s 瑞利波相速度；（c）16s 瑞利波相速度；（d）20s 瑞利波相速度。环境噪声面波的互相关分析（地震干涉测量）得到的美国西部瑞利波相速度随周期（即深度）的变化（Lin et al., 2008）。利用环境噪声成像的能力，将地震学家从对天然地震（不可控）和人工震源（昂贵）的依赖中解脱出来

利用地震干涉测量法来抽取有用的面波能量已经变得相对常见。通过类似方法来抽取体波能量也已经成为可能（Roux et al., 2005；Draganov et al., 2007；Tonegawa et al., 2009；Ryberg, 2011），偶尔也能给出惊人的结果（Lin et al., 2013）。但是，目前还不能确认，到底是什么样的条件才能提供有用的有效 P 波和 S 波。除了环境噪声成像之外，地震干涉法的应用还包括从改进资源勘探的成像能力（Wapenaar et al., 2008；Schuster, 2010），到将地震震源转换为虚拟地震仪（Curtis et al., 2009）的各个领域。

（八）现今地球分层结构

Romanowicz（2008）利用 P 波、S 波等地震波速度和岩石密度的垂向分布，绘制出地球内部结构（图 2-21），并给出了当前地球的三维模式图（图 2-22）。

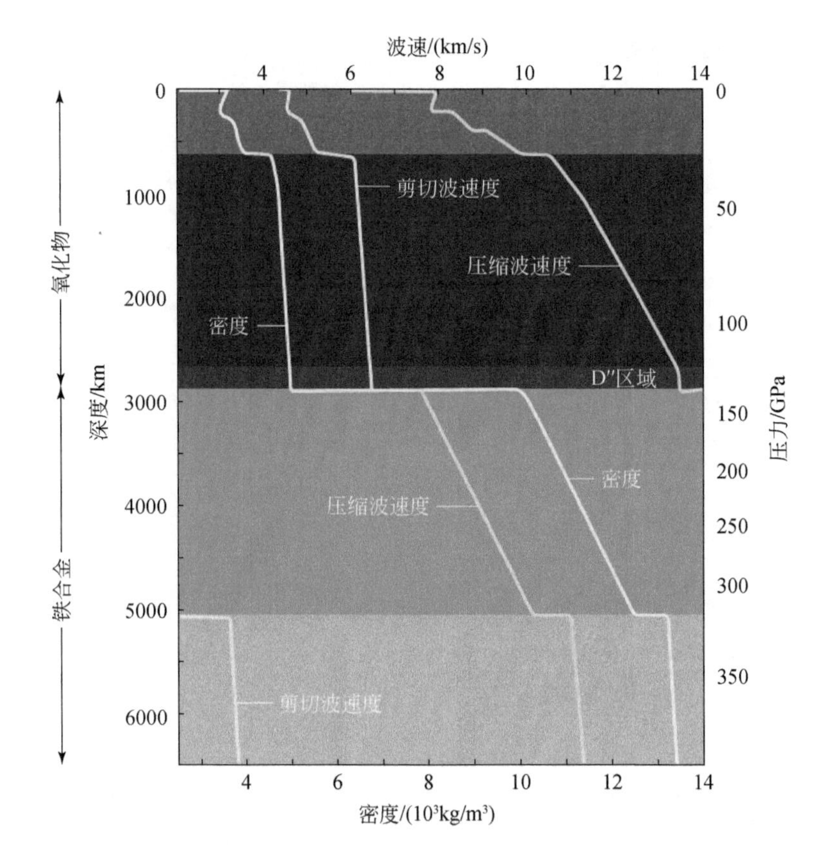

图 2-21　地球内部速度与密度结构图（据 Romanowicz，2008）

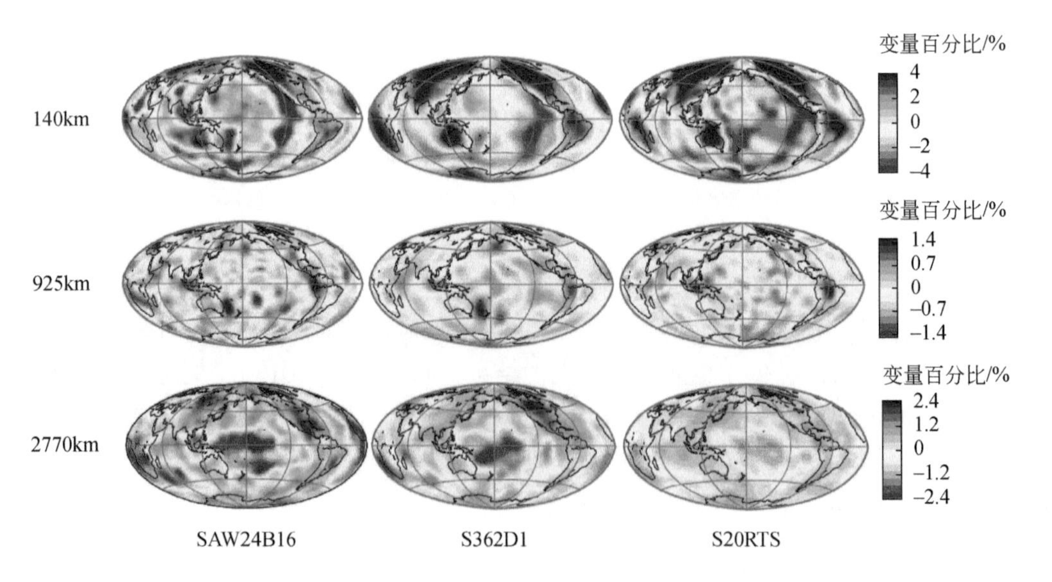

图 2-22　大规模三维地球速度结构（据 Romanowicz，2008）

第四节　深部复杂结构与震源分析

（一）深部大地构造组构：地震各向异性

20 世纪 70 年代和 80 年代与地幔速度变化填图的层析成像方法齐头并进的，是远程测量特定矿物晶体定向排列的新型地震学方法。地震各向异性，即地震波在物质的不同方向上具有不同的传播速度，早就在野外地震试验和实验室研究中有所发现（Crampin et al.，1984；Christensen，1984；Silver，1996）。但是，直到人们认识到，通过分析到达剪切波分裂成快波和慢波的程度，偏振远震剪切波可被用于测量从偏振点到记录点的剪切波各向异性（Vinnik et al.，1984；Kind et al.，1985；Silver and Chan，1988），地震各向异性对于大尺度构造研究的影响才开始显现。将地震仪的方向转动到快波与慢波速度差最大的方位，就可以确定产生各向异性的方向。最常使用的地震相是 SKS 相（图 2-23），产生于核幔边界的模式转换。通常认为，SKS 各向异性是由于地幔软流圈的流动（即地幔流）而引起的橄榄石定向（Savage，1999）。随后，SKS 各向异性成为绘制软流圈流动图像的有力工具，可以给出越来越复杂的几何图象，例如，围绕俯冲板片（Russo and Silver，1994；Long and Silver，2008）和大陆“龙骨”（Fouch et al.，2000）的侧向地幔流（图 2-24）。

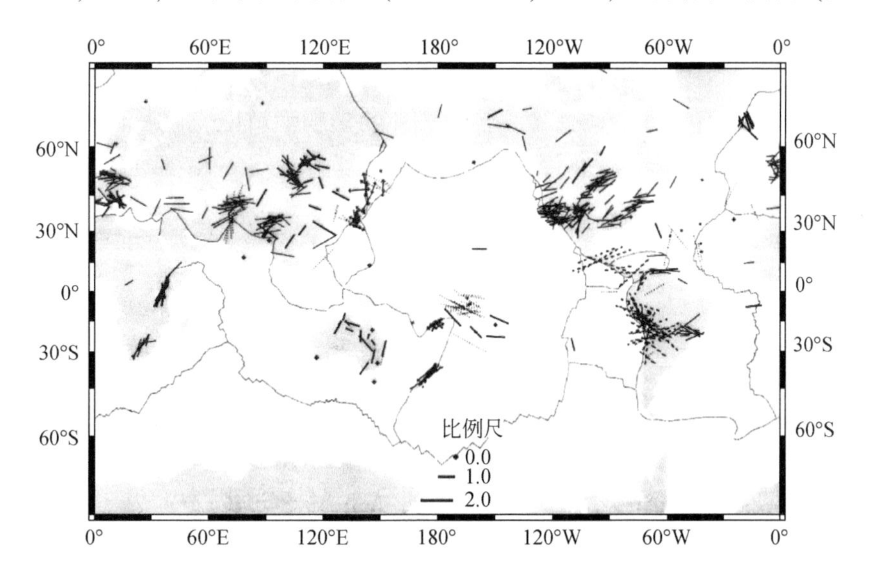

图 2-23　SKS 各向异性测量的全球汇编图（据 Savage，1999）

SKS 各向异性被普遍解释为地幔中大尺度变形的方向和强度分布，有时被解释为“化石”结构，而更多的时候是被解释为现代结构

但是，Silver 和 Chan（1988）指出，一些地区的 SKS 各向异性的方向，似乎与地面造山带的走向平行，甚至是与前寒武纪造山带平行。他们认为，克拉通之下的各向异性是如今冰冻在古老岩石圈里的古地幔流的残余，而非现代地幔（软流圈）流。由于可能存在层

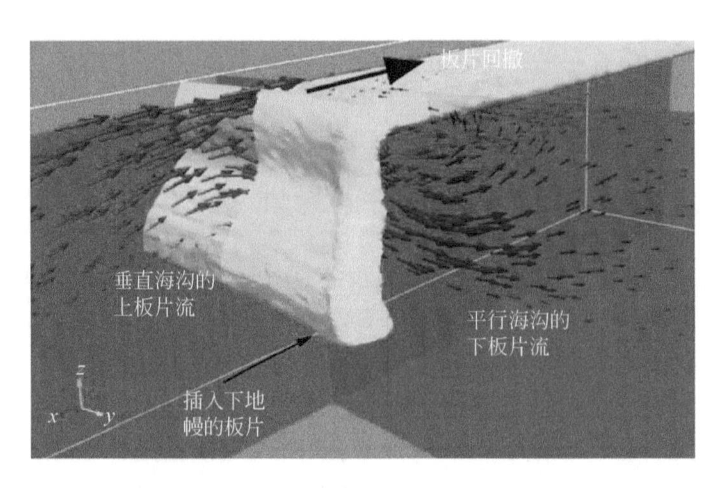

图 2-24　板片俯冲相关的地幔流动力学模型（据 Long and Becker，2010）
SKS 各向异性提供了检验该模型的直接方法

状各向异性（如岩石圈地幔的“化石”组分和方向不同的子岩石圈地幔现代组构），以及可能存在不是简单地与单一矿物的晶体取向有关的、显著的地壳各向异性组分，SKS 的解释是十分复杂的。除了可能的复杂性之外，远震估算地幔各向异性已经成为估算变形组构的标准方法。

实验室和野外实验都开始关注地壳的各向异性。地壳物质具有较大程度的非均一性和成分变化范围，更不用说大陆地壳的漫长变形历史，使得整个地壳各向异性测量的解释更加具有挑战性。但是，在地壳物质各向异性的矿物学填图，以及从远震和地方震记录中提取地壳各向异性组分等方面，都已经取得进步（Godfrey et al.，2000；Okaya et al.，2004）。

（二）地球物理联合反演

目前，大部分地球物理野外探测计划不仅要完成各种各样的地球物理数据采集，关键还在于深部地质结构的成像（相当于地表的地质填图）。不同地球物理方法所提供的各种观测与探测实验数据，对于形成一个令人信服的解释往往是关键的。许多情况下，多种地球物理观测数据的集成与联合反演是得到地下结构解释的重要因素。跨学科的综合集成在地球深部探测领域已经越来越普遍。

反演技术，包括层析成像技术，在现代重力、磁力和大地电磁观测中都是同样重要的。当前计算研究的一个焦点是所谓的“联合反演”，即使用两种或两种以上“独立”的、经常是完全不同的技术，来估算与两套观测数据最佳吻合的地下属性。期望通过使用独立的几套观测数据，减少和弥补由各自的系统误差和先天不足造成的影响。最近的联合反演研究例子有：反射地震和大地电磁数据的联合反演（图 2-25）（Unsworth et al.，2005；Moorkamp et al.，2010）、面波和体波地震数据的联合反演（图 2-26）（Ishii et al.，2002；Marone et al.，2003；Obrebski et al.，2011）、面波和接收函数数据的联合反演（Julià et al.，

2000；Chang et al.，2004）。

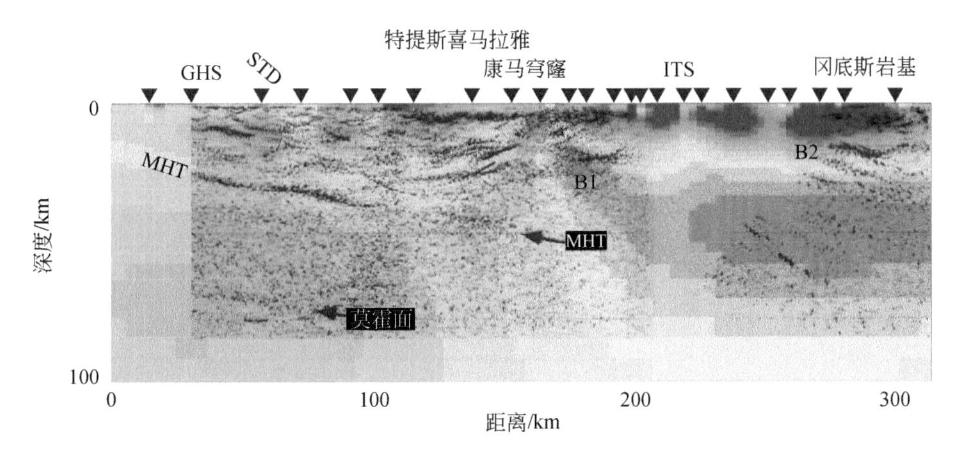

图 2-25　反射地震剖面与大地电磁导电率剖面的叠加（据 Unsworth et al.，2005）
在横跨喜马拉雅和青藏高原南部的 INDEPTH 反射地震剖面上叠加了大地电磁估计的导电率（暖色代表高导）。青藏高原主喜马拉雅逆冲断层（MHT）以北与地壳强反射（亮点）对应的高导层，被解释为青藏高原之下弱化的、部分熔融的下地壳。GHS. 大喜马拉雅序列；STD. 藏南拆离系；ITS. 印度-藏布缝合带。B1 和 B2 表示亮点反射，解释为流体（部分熔融）

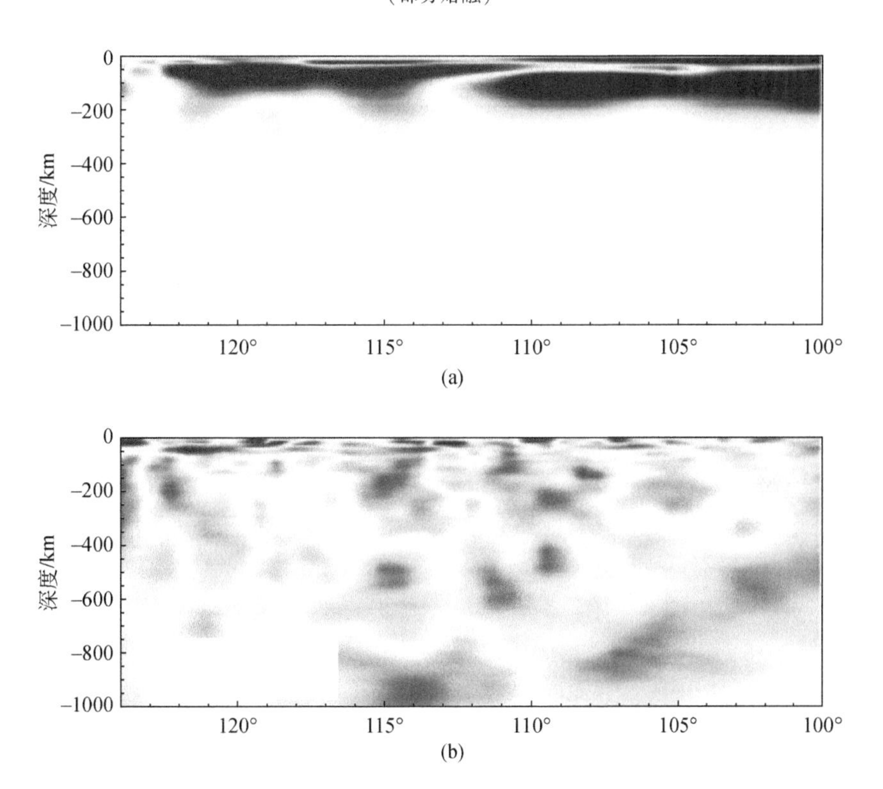

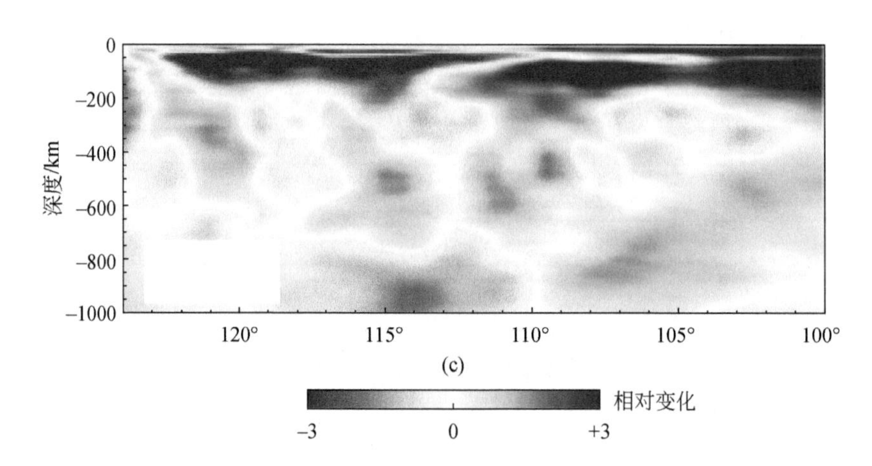

图 2-26　美国西部面波和体波数据联合反演（据 Obrebski et al.，2011）
（a）42°N 面波反演结果；（b）42°N 体波反演结果；
（c）42°N 面波和体波联合反演结果，给出更为精细和可信的地下物性结构图像

过去几十年地球物理发展的一个明显趋势，是从单一技术的单个专家对单个问题的研究，到涉及许多技术、由许多研究人员组成的团队对一个问题的研究。其中的技术包括许多独立的地球物理方法（如人工和天然源地震、大地电磁测深），以及一系列相关的地质和地球化学方法。多学科方法的使用，是由 LITHOPROBE 计划首先倡导的，并由美国国家科学基金会（NSF）大陆动力学计划进一步推动，已经成为现代地球物理研究的典范。

（三）震源分析与地震预报

1. 震源分析

地球物理深部探测往往涉及地震信号的分析，以确定沿着地震信号从震源到接收器传播路径上的地球物理性质的变化。

类似的记录与推断震源本身的性质具有同样的价值。过去五十多年有关震源分析的主要进展，包括更准确的地震定位方法（图 2-27）（Waldhauser and Ellsworth，2002）和更成熟的应用地震波形重建破裂精细过程的方法，尤其是与大地震有关的结果（图 2-28）（Larmat et al.，2006；Lay et al.，2010；Koper et al.，2011）。

通过了解震源性质以及体波和面波传播过程中地球的响应，大大提高了我们裁定未来地震条件下岩土工程稳定性的能力，是高效分配减灾资源、提高基础设施水平。

2. 地震预报

地震预报是地球物理深部探测研究领域最具争议的话题之一。地震预报曾是地球物理学的象征，20 世纪 60 年代初以来经历了一个曲折的发展历史。力矩震级表示地震的威力，

是对地震所释放的能量的度量（Hanks and Kanamori，1979），其研究已有重要的进展。20世纪70年代后期和80年代初，岩石物理实验室和野外试验的新成果非常激动人心，似乎支持地震一般会有物理学上可靠的前兆现象的认识，尽管在找到一个可靠的地震预报方法方面还远不能达成共识（Suzuki，1982）。例如，实验观测表明，一些材料的扩容现象，也即微破裂的产生，是发生灾难性破坏的先兆（Scholz et al.，1973），被认为可能在实际地震中发挥了作用，并得到了一些早期野外观测结果的支持（图2-29）。然而，对于每一次成功的“预测”，似乎都说明地震的物理前兆在更多的地震实例中并没有出现。

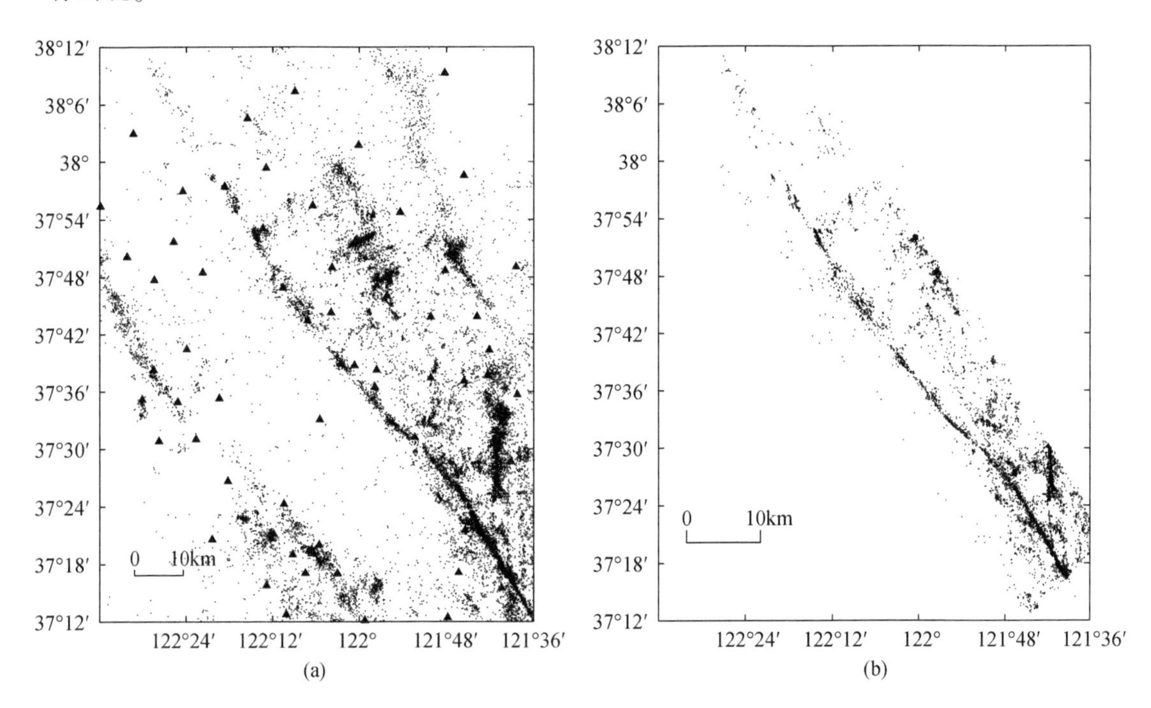

图2-27　震中定位新技术揭示了曾只是模糊云的地震走向分布型式（Shearer et al.，2005）
使用双差分技术的南加州地震重新定位结果（b），与传统台网定位算法结果（a）形成了鲜明的对比。
重新定位的地震活动性揭示了结构的组织性，而传统方法最多只给出了结构的模糊轮廓

最著名的例子是20世纪70年代中国一场充满希望的地震预报拉锯战，1975年海城地震的官方预报，通过疏散挽救了许多生命（Raleigh et al.，1977；Scholz，1977）；但是，对于随后的1976年7月28日唐山7.8级大地震，虽然有积极的观测运动，却没有有效的预警（Butler et al.，1979）。由于没有正确地认识预警信号，唐山大地震造成灾难性后果，约有24.2万人丧生，与1975年2月4日海城7.2级地震的成功预测和提前疏散形成鲜明对比。我们应该清醒地认识到，目前地球物理学的能力还有很大的局限性。虽然过去50多年间为寻找有用的地震前兆统计与物理方法做出了巨大努力，但是到目前为止仍然没有找到可靠的方法。

20世纪70年代有关地震物理前兆的乐观思想，完全被80年代的悲观暗流所取代（Geller，1997；Geller et al.，1997）。复杂性（混沌）理论的出现为这种悲观情绪提供了

理论依据（Rundle et al., 2000）。复杂性理论的本质是根本意义上的不可预测性，认为通过确定性的物理前兆来强化地震预报结论，在理论上和实际上都是不可能的。

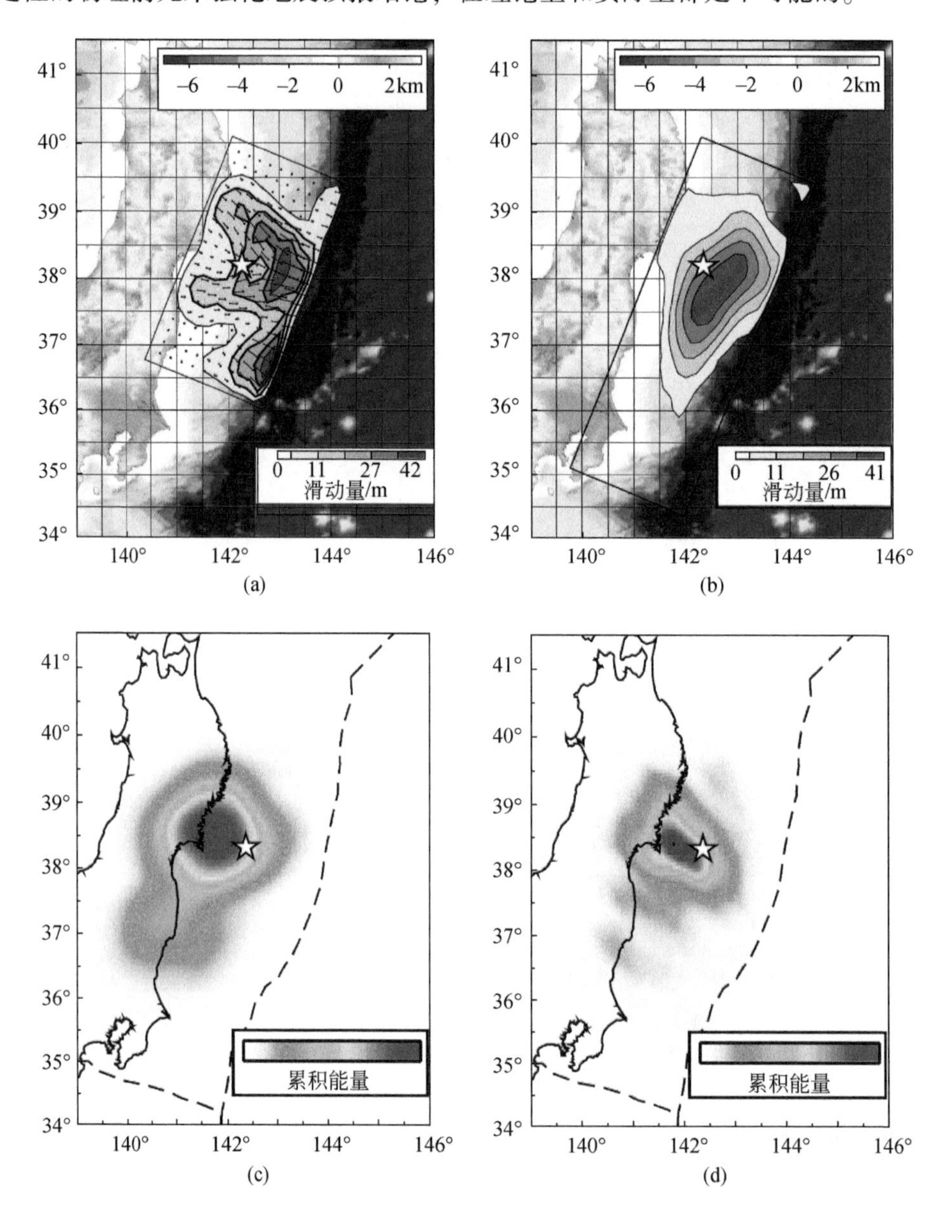

图 2-28　震源机制解

Sykes（1967）曾用相对简单的震源机制解来检验转换断层理论，推算整个地震破裂的时空分布型式。图中给出 2011 年 3 月 11 日里氏 9.1 级日本东北大地震推断的滑移量分布（Koper et al., 2011）。(a) 宽频带远震 P 波反演得到的有限滑移量分布；(b) P 波、瑞利波和 GPS 数据联合反演得到的有限滑移量分布；(c) 北美和欧洲 (d) 大台网记录的短周期 P 波反向投影的时间积分波束功率

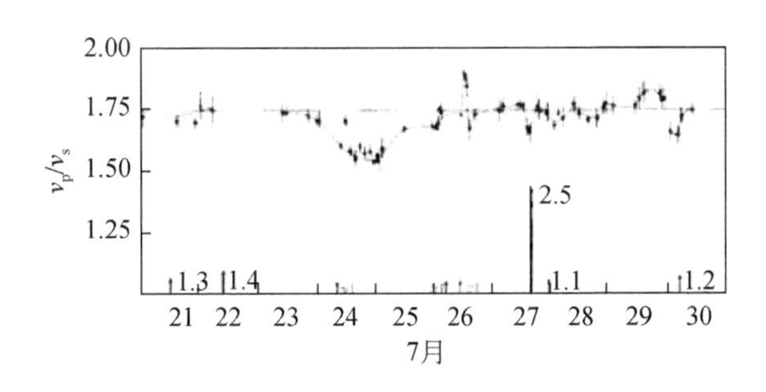

图 2-29　地震前兆微地震的 P 波和 S 波相对到时

纽约 Adirondack Mountains（阿迪朗达克山脉）地震事件之前微地震 P 波和 S 波的相对到时，反映了 P 波速度随时间的变化（Aggarwal et al., 1973）。与扩容理论的预期相一致，增加了20 世纪 70 年代和 80 年代地震预报的信心，但是，最终被证明作为一般的地震前兆是不可靠的

尽管确定性的地震预报方法还没有被完全抛弃，人们的注意力已经转向应用地质力学原理的新方法，而不是基于地球物理前兆的可测性，对未来地震的可能性进行评估。1999 年土耳其伊兹米特地震，发生在安纳托利亚断层上。基于该断裂系统其他部位地震事件发生的规律认识，人们已经在震前确认了该地区发生地震的极大可能性（Stein et al., 1997）。这次地震之后，所谓的应力迁移（触发）模型得到了极大关注。这是在 20 世纪 70 年代早期地震缺位理论基础上发展起来的更为复杂的观点，认为在已知活动断层系某段发生未来地震的可能性与上一次大地震过去的时间有关（McCann et al., 1979；Kagan and Jackson, 1991）。这个新观点的基础是我们对断层系统某一段导致地震发生的应力改变的计算能力，因此，可以通过对应力上升和下降区域的识别来进行地震预报（Lin and Stein, 2004）。

发生于地球深层的轻微震动（即“无声”地震）不产生地震波，但是它们增加了地壳所能承受的压力，可能最终导致断裂与地震。“无声”地震的震源很难标示，其触发机制也难以断定。“无声”地震的识别（Rogers and Dragert, 2003），以及“无声”地震与大地震之间的联系的研究，将为地震预报提供一个新的契机。

虽然地震预报仍然具有争议性，但是预警系统不仅被证明可行，而且还被很多地震易发区所采用。在理念上，地震预警系统类似于海啸预警系统。海啸预警的原理是，一旦确认地震发生地点和海啸的可能性（如海底大规模垂向运动），计算机模型将在一定精度上预测海啸到达受威胁海岸任何地点的时间。这是因为，海啸的速度远慢于地震波和无线电预警信号（Allen et al., 2009；Hoshiba et al., 2011）。地震预警系统的前提是，现代地震台网能够快速检测、描述和定位地震，预警信号能够在破坏性地震波到达之前传送到地震周边区域（图 2-30）。预警发出的时间在几秒到几分钟之间，足以关闭关键设备（煤气、电、交通、大型计算机系统）和寻找避难场所。但是，实时精确预测未来地震的强度仍然是一个挑战，2011 年日本东北大地震就是例证（Hoshiba et al., 2011）。

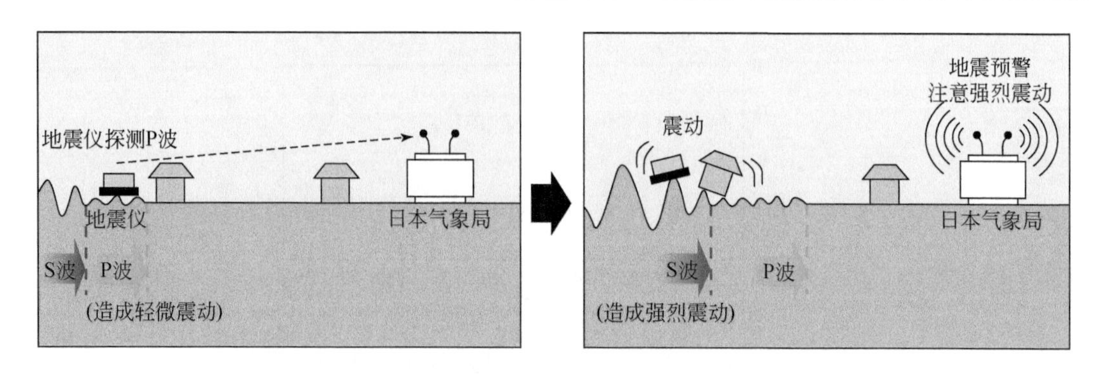

图 2-30　日本气象局地震预警系统（据 Brown，2013）

世界许多城市已安装地震预警系统，为应对地震波破坏提供了关键的几秒钟时间

第五节　大地电磁观测与岩石圈流变学

(一) 地球导电性与大地电磁测深反演

1. 地球的导电性

描述岩矿石导电性通常使用电阻率与电导率参数，它们互为倒数。矿物与岩石的导电性具有很大差别，比如纯金属和石墨的导电性很好，具有低电阻、高电导特征；而水晶的导电性则很差，具有高电阻、低电导特征。地球的地壳与上地幔是由多种岩石与矿物组成的，其导电性受到构造特征、物质成分、晶体结构、岩石矿物和密度、温度、压力等多种因素的影响，在估算地壳与上地幔的总体导电性时必须考虑不同的矿物组合与导电机制。由于上、下地壳与上地幔的物质组成及所处物理状态的不同，其导电性具有明显的差异。

沉积盆地或沉积盖层由于孔隙、裂隙发育及水流体的作用而表现为低阻特征；上地壳主要由火成岩与变质岩组成，通常为高阻特征（2000 ~ 5000Ω · m）；相反，下地壳通常表现为低阻特征，其原因尚有不同的看法。有学者认为，下地壳低阻层是相互连通的石墨层导致的（Yardley and Valley，1997）；但大多数学者认为，下地壳的低阻层是下地壳中存在的流体导致的（Marquis and Hyndman，1992）。下地壳低阻层的存在，使得利用大地电磁数据确定上地幔的电阻率变得困难；在下地壳相对缺失的地区，可估算上地幔的电阻率，为 100 ~ 500Ω · m（Jones and Ferguson，2001）。越来越多的探测资料证实，岩石圈普遍存在不均匀性，其各个层圈的导电性也有很大的变化范围。研究表明，地壳中的低阻层可能主要与地下介质出现局部熔融、塑性、流变等物质状态的改变有密切关系（Frost et al.，1989；Nover et al.，1998；魏文博等，2006a，2006b，2006c）。

2. 大地电磁测深

大陆岩石圈导电性结构的研究是地球深部探测的一个重要组成部分，可以为大陆动力学、地质灾害防治、资源勘查与矿床成因研究等提供重要的支撑。大地电磁测深是研究地球深部电性结构与构造的主要地球物理方法，被广泛应用于油气勘探、矿产资源勘探以及深部地球物理调查等领域。在研究壳幔构造方面，大地电磁测深和地震方法一起被视为两大支柱方法，两者相互验证、相互补充，在世界范围内解决大陆动力学问题方面已有许多成功的应用范例。

大地电磁测深（MT）是20世纪50年代初苏联吉洪诺夫和法国卡尼尔分别独立提出的。它是电法勘探中的一个重要分支，属频率域电磁探测法，以天然的平面电磁波作为场源，通过观测相互正交的电磁场分量来探测地下不同深度介质的导电性结构，其方法理论是建立在求解麦克斯韦方程组的基础上的（陈乐寿和王光锷，1990）。大地电磁测深所观测的电磁场中，频率小于1Hz的电磁场信号主要是由太阳风和地球磁场相互作用产生的，而频率大于1Hz的电磁场信号则主要来源于世界范围内的雷电活动。这些电磁波在传播到地球表面时，大部分被反射回空气中，但也有很小比例的电磁波传播到地球内部。大地电磁探测就是通过在地表观测电磁场各个分量的场值，并经过数据处理获得地下介质的视电阻率以及电场与磁场之间的相位差，进而通过反演计算获得地下介质的电性结构。

大地电磁测深经历了早期的“手工量板阶段”（定性或半定量解释）和20世纪70年代以来的“数字化”阶段（定量解释），其核心是大地电磁测深正演、反演及其他资料处理技术的发展。在数字化阶段，许多关键技术得到了发展。其中，数值模拟和自动反演技术成为资料解释中最主要的手段，并出现了各种新的观测方式［远参考道、电磁阵列剖面法（EMAP）等］和新的资料处理方法（Robust方法、张量分解方法等）。使用Robust估计方法取代传统最小二乘处理方法（Egbert and Booker，1986）处理时间序列资料，能最大程度地压制不相关噪声的影响，获得高质量的阻抗张量元素；阻抗张量分解技术（Groom and Bailey，1995；Gary and Jones，2001）能有效分析地下地电构造的复杂程度和提供丰富的构造信息；实用化的二维反演算法多种多样，三维反演正在逐步实用化。目前，大地电磁测深方法已经进入“可视化”的初级阶段；但是，大地电磁测深资料处理与解释的可视化程度远远不够，亟待进一步的推进和发展。

由于具有探测深度大（可探测至上地幔）、不受高阻层屏蔽、分辨能力较强（特别是对良导介质）、等值范围较窄、工作成本低和野外装备轻便（相对地震勘探）等特点，大地电磁测深方法广泛应用于深部探测与矿产勘探，特别是油气勘探等领域。其理论研究、仪器研制、野外采集、资料处理与解释等各方面技术已日臻成熟，并随着电子计算技术等现代科学技术的发展而不断发展，其应用也越来越广泛。

大地电磁仪器设备也在不断更新换代，在国际市场具有竞争力的仪器公司主要有：美国Electromagnetic Instruments（EMI）公司MT-1型大地电磁仪系统，有10个通道，工作频率<0.0001Hz，分辨率为0.1%（幅），0.2（相位）；美国Geometrics；加拿大Geonics；美国Zonge公司的GDP系列多功能电磁系统，可以进行长周期天然场大地电磁测量（严加永等，2008）；德国Metronix；加拿大Phoenix公司的V系列等。已投入商用的几种新仪器有Statoil Marine、CSEM2Statoil、Barringer航空MT系统、DICON、Montason Technology TEM/LOTEM等。在国内，有中国地质科学院地球物理地球化学勘查研究所研制的电磁阵列剖面法（EMAP）14道MT仪等。

3. 大地电磁反演

大地电磁测深工作除了用仪器设备在野外观测电磁场信号外，其重要内容为数据处理和反演。所谓数据处理就是把观测到的电磁场信号经过运算转换为能够反映地下电性分布的曲线、视电阻率曲线和相位曲线，所谓反演就是把这些曲线与反演模型的理论曲线进行迭代拟合，以求出地下的电性结构分布。从维数来说，大地电磁反演主要包括一维、二维和三维反演。通过反演可以得出地下空间真正的电性结构。

如何消除大地电磁信号中的噪声以获得高质量的大地电磁信号，一直是国内外学者关注和研究的热点。Robust 方法根据观测误差和剩余功率谱的大小，对数据进行加权处理，注重未受干扰的数据，降低“飞点”的权，使之对大地电磁阻抗函数的估算影响最小；但该方法无法消除输入端的噪声以及电磁相关噪声对数据的干扰。远参考法将远参考点与实测点的资料进行相关处理，利用远参考点与测点之间噪声的不相关特征压制人文噪声对大地电磁资料的影响。但在干扰严重的地区，难以保证所选的远参考点与测点之间的噪声是不相关的。作为一种非线性信号处理方法，基于数学形态学的广义形态滤波大地电磁资料处理，可以更加精确地勾勒出大尺度强干扰的轮廓特征，已经展现出其在大地电磁时间域信号去噪中的作用（李晋等，2014）。广义形态滤波在滤除大地电磁时间域信号中噪声波形的同时，也滤除了时间域信号中包含有用信息的缓变化。针对这一问题，汤井田等（2014）提出用数学形态学 top-hat 变换对矿集区大地电磁时间域信号进行去噪，利用 top-hat 变换检测波峰、波谷的能力，在去除噪声波形的同时保留时间域信号的缓变化，从而保留曲线的低频信息。

20 世纪 90 年代后期，尤其是近几年，大地电磁解释方面取得的最大进展就是三维正、反演技术，目前正进入商业实用阶段。无疑，三维正、反演是当今电磁领域最热门的研究课题。从实用和反演方法本身来看，大地电磁二维反演已经相当完善。目前国际上比较流行的 MT 反演方法主要包括：①deGroot-Hedlin 和 Constable 的 Occam 反演法；②Smith 和 Booker 开发的 RRI 反演法；③SBI（尖边界：电阻率突变的边界）反演法；④高斯-牛顿和准牛顿联合反演法；⑤零空间反演法；⑥非线性共轭梯度 NLCG 反演法。

（二）大地电磁测深在深部构造研究中的应用

大地电磁测深方法应用于构造研究、深部金属勘探、油气勘探及深部地球物理调查、工程勘探。大地电磁测深方法的反演理论日趋成熟，在深部地质结构探测中起着重要的作用。

1. 国际应用实例

国际上，大地电磁测深已被广泛应用于岩石圈尺度的探测工作。20 世纪 90 年代加拿大进行的岩石圈三维结构研究中，在主要构造区域布设了大量大地电磁测深工作。美国等其他欧美国家也进行了很多这方面的研究工作，对圣安德烈斯活动断裂带的电性结构研究结合地震数据，大体确定了圣安德烈斯断裂带附近地震多发的原因；对美国西北部岩石圈导电性结构的研究，揭示了西北盆山构造的成因、海洋地幔的俯冲以及火山活动中心的迁移。中国台湾也与加拿大阿尔伯塔大学合作布设3条近东西向大地电磁测深剖面，进行了台湾岛的电性结构探测，并结合地震目录数据探讨了台湾地震频发的深部原因，进而分析了欧亚板块与太平洋板块、菲律宾海板块的深部接触关系。法国、美国（作为USArray项目的一部分）等国家近几年来已经开展了岩石圈导电性结构的三维探测。

（1）大地电磁探测深部熔融结构。例如，美国USArray长周期大地电磁测深，使用了与流动地震台站相同的间距（70km），密集区采用约40km的站点间距，在SRP地区则采用约10km的更密集站点间距。其观测系统覆盖了俄勒冈州东部、爱达荷州和怀俄明州、蒙大拿州南部、内华达州北部。USArray的MT数据对于探测挥发物的存在和部分熔融具有较高的灵敏度，从而提供了对构造-岩浆活动区地壳和地幔物理状态的附加约束。他们使用了最近开发的3个三维反演方法、模块化系统来反演解释MT长周期数据。

三维MT反演显示，黄石火山口向西南延伸至少200km，存在一个较大的、相互连接的低阻体（图2-31），与北美地块运动的绝对值方向大致平行［图2-31（a）、（c）］。该

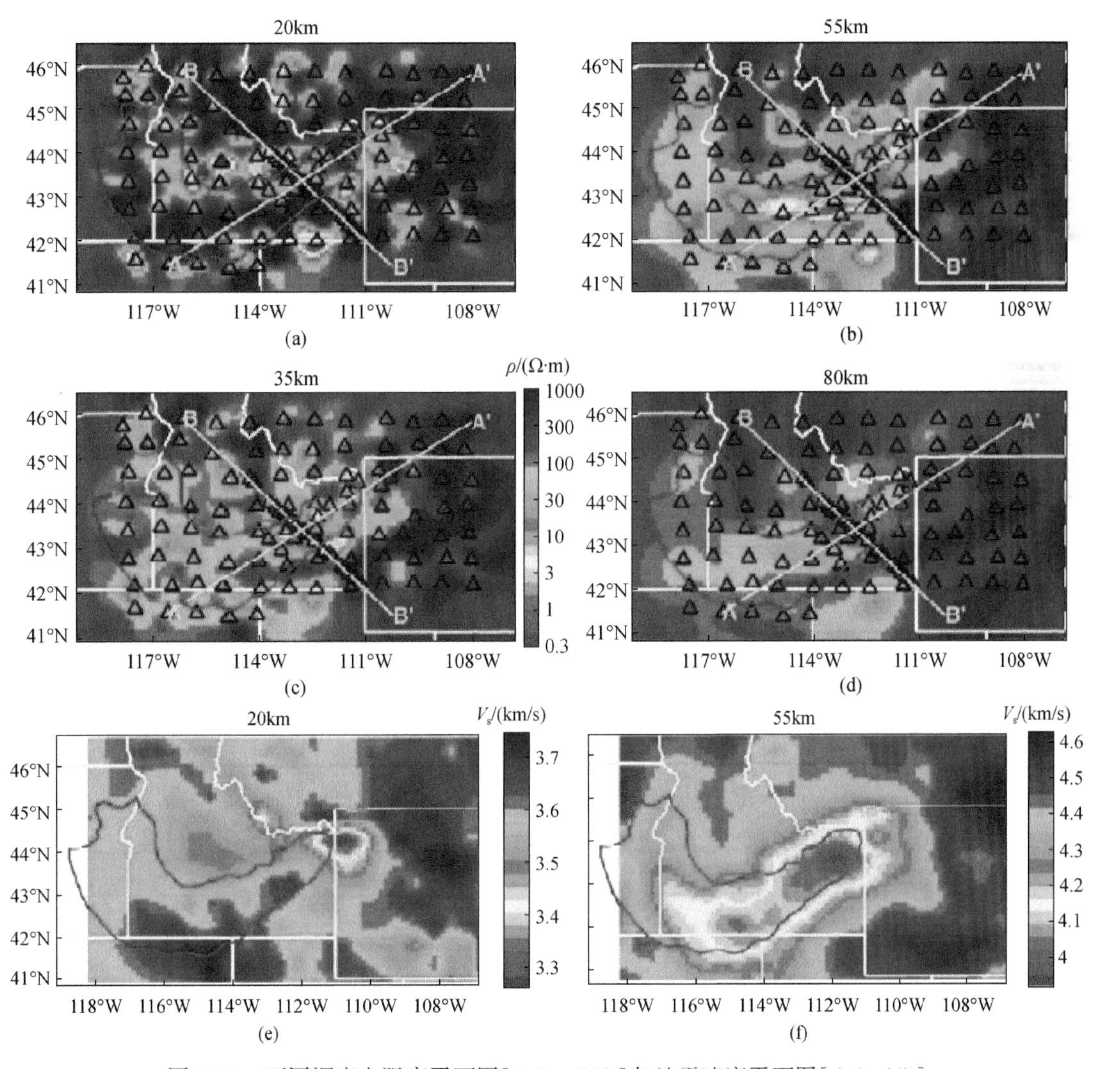

图2-31　不同深度电阻率平面图［（a）~（d）］与地震速度平面图［（e）、（f）］

低阻体顶部的深度变化，除局部地区外，包括黄石火山口的正下方，从 30 ~ 60km，变化至 18km 左右［图 2-31（a）、（b）］。导电性最高的区域厚度为 30 ~ 40km，主要在上地幔顶部，其深度在 80 ~ 100km 范围内。在研究区东部，地幔电阻率超过 600Ω · m。更大范围内的上地幔具有中等偏低电阻率（100Ω · m 左右或更小）。MT 反演推测，SRP 和黄石地区的地壳厚度为 40 ~ 50km。低阻体分布与地震速度结构相一致［图 2-31（e）、（f）］。研究区两条 MT 剖面显示 30 ~ 100km 深度范围内存在一个低阻层通道［图 2-32（a）、（b）］。MT 和地震研究结果一致表明，40 ~ 80km 深度范围（地幔岩石圈）内存在部分熔融。

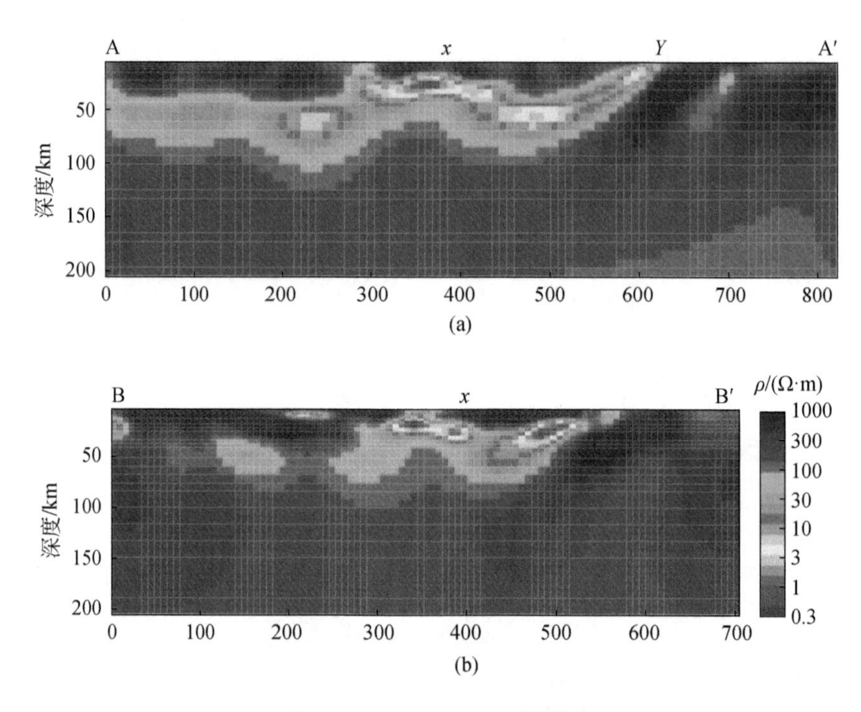

图 2-32　AA′、BB′MT 剖面图

（2）大地电磁测深推断深部地壳与地幔电性结构。加拿大北部元古宙 Wopmay 造山带、辛普森堡盆地大地电磁测深结果的反演给出了研究区电性结构，为地壳/岩石圈结构与演化研究提供了有效的约束（图 2-33 ~ 图 2-35）。

二维 Occam 和 NLCG 反演模型（图 2-36）显示的主要地电结构具有相似性，也有一些小的差异。经过离散处理，NLCG 模型比 Occam 模型更为精细，被认为是整体最优化模型。在深度几千米的浅部，一维反演模型比二维模型具有更精细的参数，因此具有更好的垂向分辨率、可提供地表附近电阻率结构的垂向精细变化；而二维反演包含了横向平滑化，可提供地表附近更精细的电阻率横向变化。

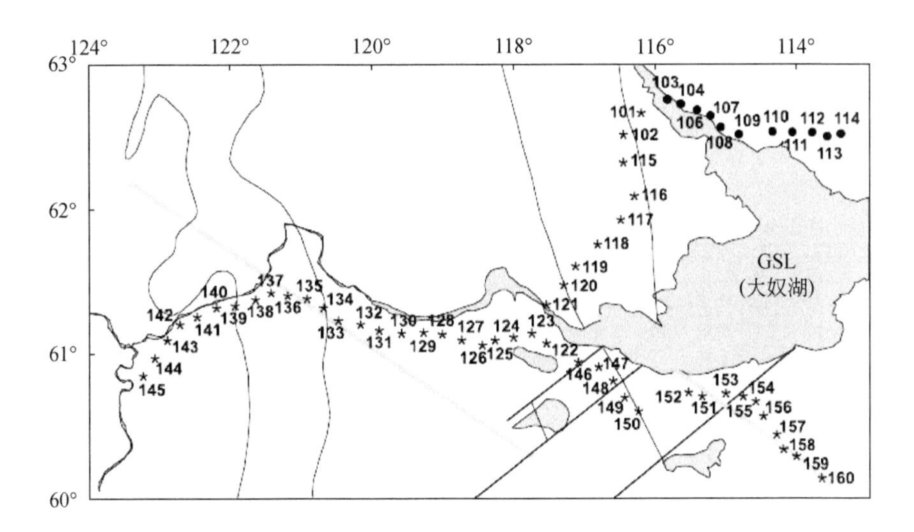

图 2-33　加拿大 Wopmay 造山带大地电磁测深点分布

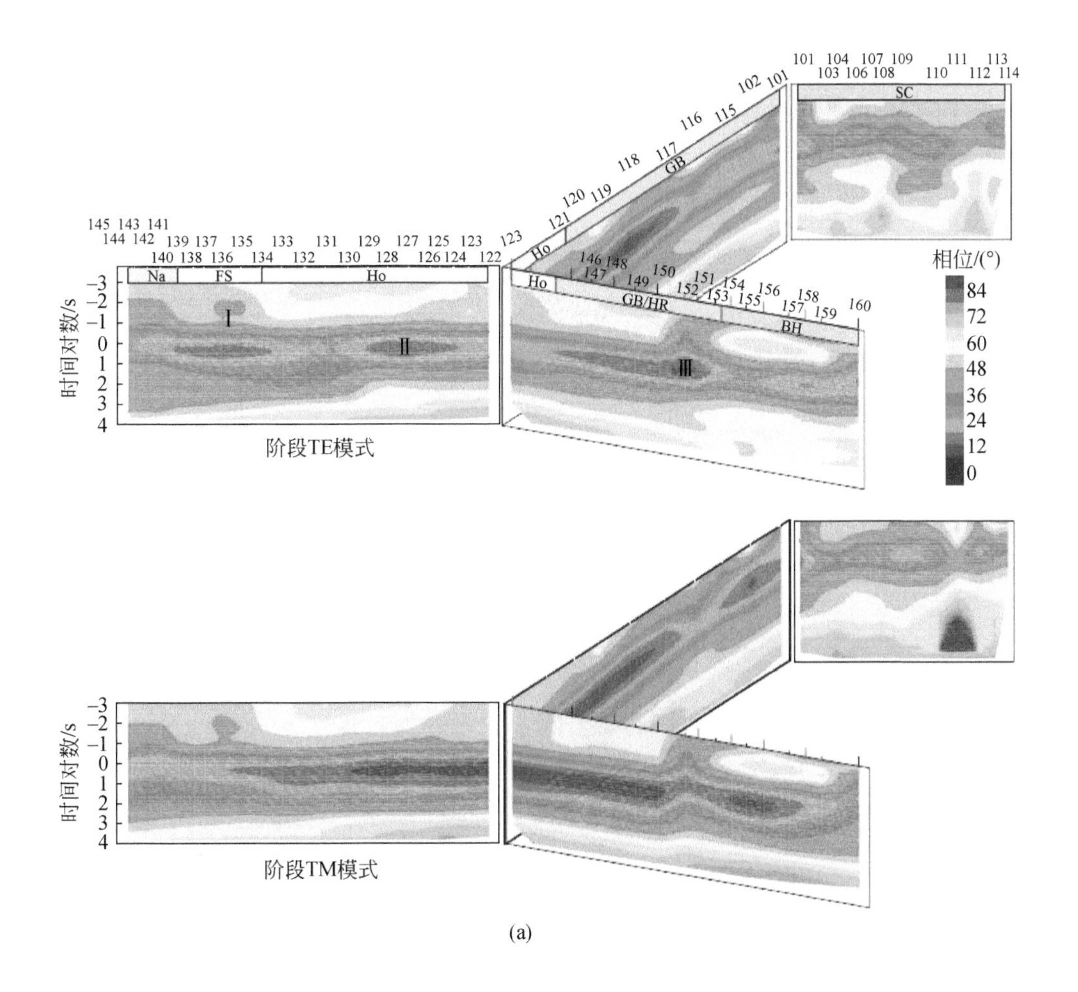

(a)

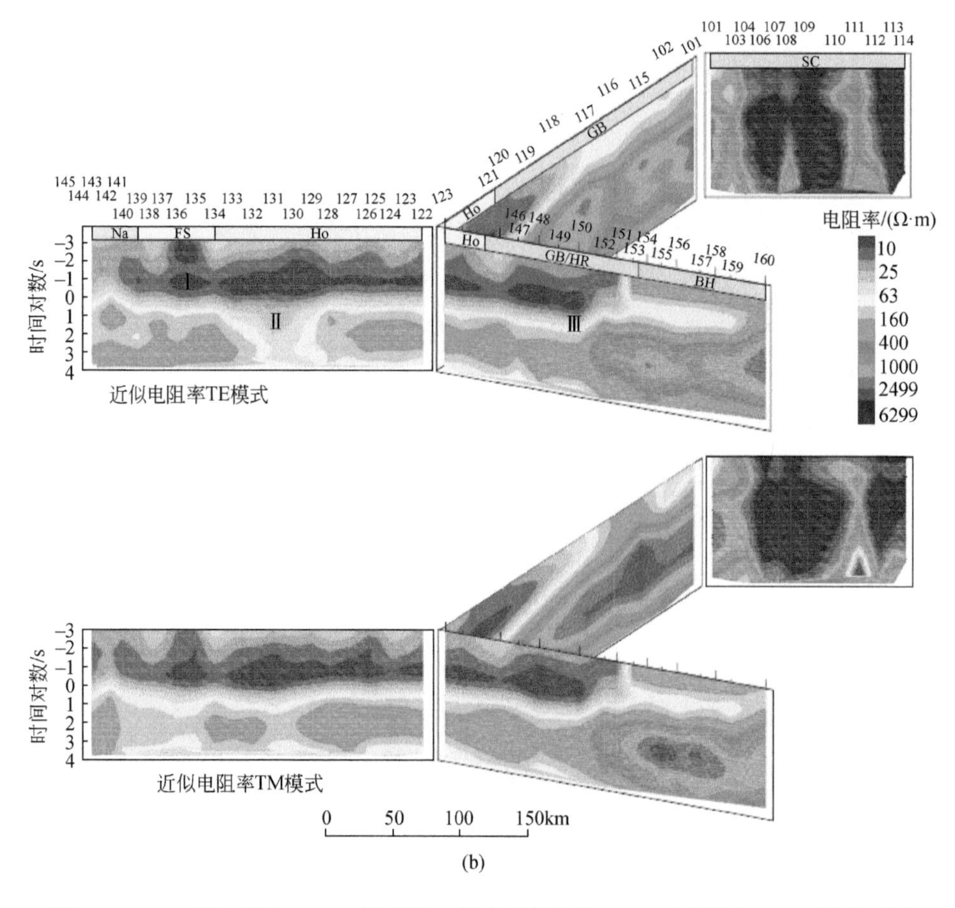

图 2-34　TE（横电波）、TM（横磁波）模式下的相位（a）和电阻率（b）拟断面图

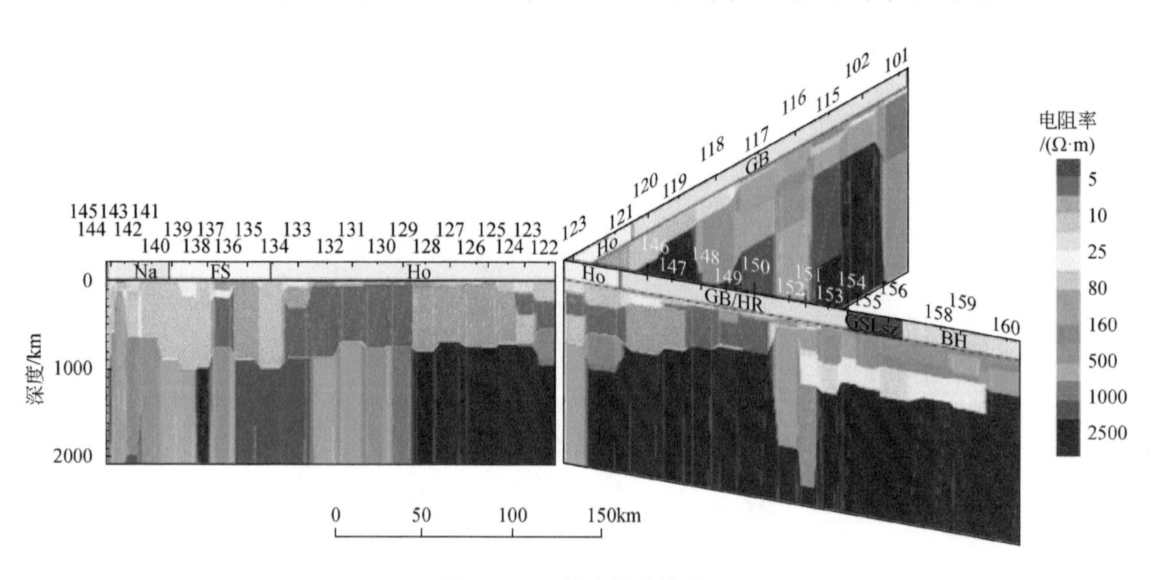

图 2-35　一维电阻率模型

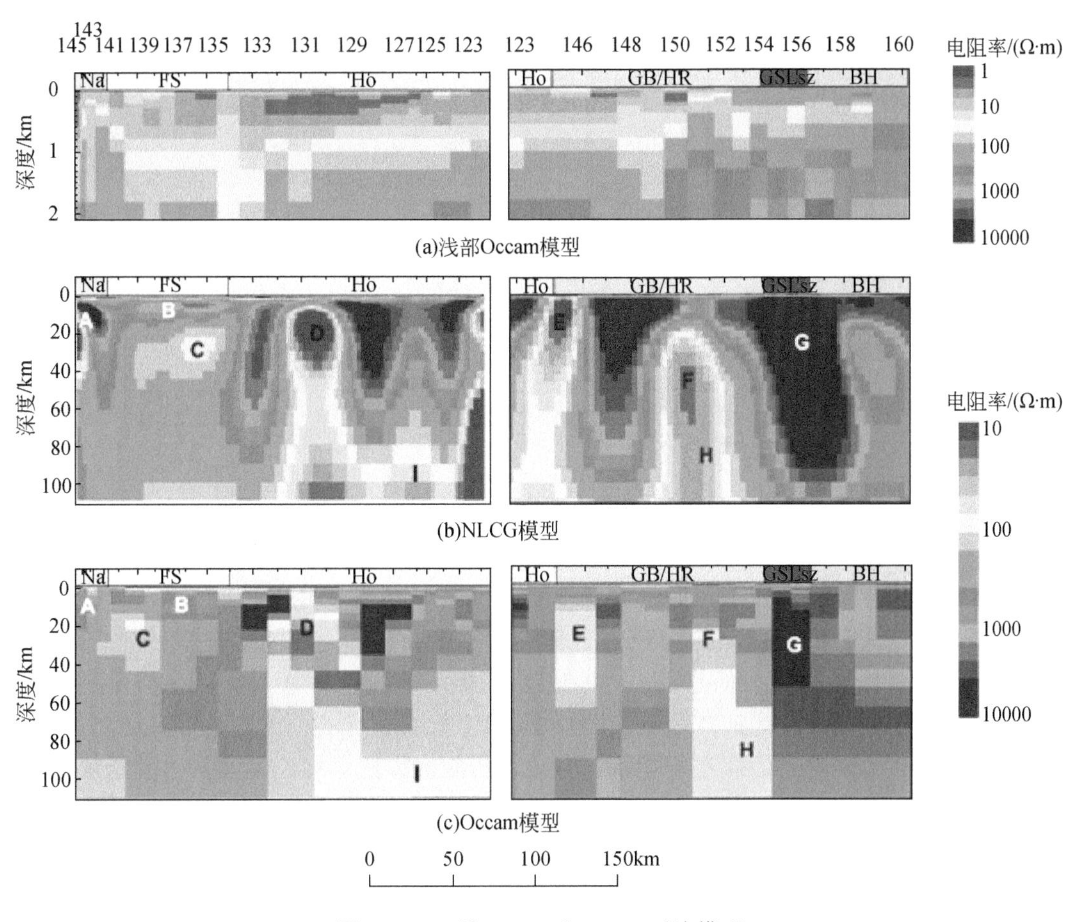

图 2-36　二维 Occam 和 NLCG 反演模型

2. 我国大地电磁测深发展现状

我国大地电磁探测主要是为石油天然气勘探及地球深部结构研究服务。其中用于石油天然气勘探的大地电磁探测频率范围较窄，目标是探测地下几十千米以内的电性结构特征及构造特征。而在地球深部结构探测领域，大地电磁的观测频率范围很宽，探测深度大，最低频率可以达到上万每秒，探测深度可以达到几百千米。正是由于大地电磁有较深的探测深度，所以在地球深部构造研究领域发挥着重要的作用。自 20 世纪 80 年代以来，我国完成了大量的大地电磁剖面探测，具有代表性的有 1980～1981 年中法合作最早在青藏高原开展的亚东—格尔木和格尔木—额济纳旗两条大地电磁测深剖面，揭示了跨越青藏高原的电性结构特征（郭新峰等，1990；朱仁学和胡祥云，1995）。1995 年起，中国地质大学（北京）在青藏高原共完成大地电磁探测剖面 13 条，并完成了几乎覆盖整个青藏高原的大地电磁“标准网”（1°×1°）探测。获得的青藏高原电性结构模型为研究高原的壳幔结构以及高原隆升、演化机制提供了重要的地球物理证据（魏文博等，1997；Wei et al.，2001；谭捍东等，2006；金胜等，2007；叶高峰等，2007）。同时，中国地质大学（北京）

在华北完成了大地电磁“标准网”（1°×1°）和两条大地电磁场剖面探测，为研究华北地区的岩石圈结构特征、岩石圈减薄与克拉通解体提供了电性结构依据。中国科学院、中国地震局等也分别在青藏高原、三江地区、四川盆地等关键地区完成了多条大地电磁探测剖面（孔祥儒等，1996；孙洁等，2003）。在石油勘探领域，中石化与中石油在华南、新疆、青藏高原等地区开展了大量的大地电磁剖面探测。目前，在大地电磁仪器设备、野外数据采集技术、数据处理技术以及反演成像技术等方面，我国已处于国际先进行列，得到国际大地电磁同行的认可与赞许。

（三）大地电磁测深技术发展趋势

1. 大地电磁数据处理的新进展

20世纪80年代初，法国学者Morlet提出小波分析方法，在时间-尺度平面（a，b）（a表示与频率对应尺度因子，b表示时移因子）上描述信号，利用尺度因子的变化改变时间与频率的分辨率。经过几十年的发展，小波分析在理论和方法上取得了突破性的进展，多分辨分析、框架和滤波器组三大理论为其代表，在计算视觉中的多分辨处理、信噪分离、编码解码、检测边缘、压缩数据、识别模式以及解非线性问题、非平稳过程平稳化等方面得到了广泛应用，也为地球物理信号的处理提供了新的途径。宋守根等（1995）提出了用小波分析理论对静态效应进行识别、分离、压制的方法，理论及实例表明是成功的。付彪等（1999）利用小波良好的局部化特性和多分辨性，选用合适的小波和边界条件，得出了单脉冲在水平层状、无耗媒质中的传播和反射问题高频解（奇性解）的解析解。Trad和Travassos（2000）将大地电磁数据成功转换到小波域，并在小波域利用不同尺度进行滤波，然后进行Robust计算，取得了满意的结果。李世雄和汪继文（2000）构造了一种具有频谱紧支集和有解析表达式的小波，提出了具有抗干扰能力的瞬时信号参数快速估算算法。徐义贤和王家映（2000）基于连续小波变换的大地电磁谱估计方法，引入整体平均、小波系数收缩和显著性检验等统计技术，提高了谱估算的精度，有效压制了白噪声和局部相关噪声的影响，并讨论了小波变换中频率与尺度之间的关系。小波变换也成功地用于位场数据区域异常和局部异常分离来确定异常体的边界位置。

无论是地球物理信号本身还是大地介质的响应都具有非平稳特性，因此，小波方法作为处理非平稳信号的一种重要手段，将是今后包括电磁信号在内的地球物理信号处理的重要方法。另外，高阶统计量及非线性预测等现代信号处理方法为噪声及噪声源的分离提供了理论基础。

2. 大地电磁测深反演的发展动态和方向

（1）全面化。各种方法可互相取长补短、不断完善，使得应用条件或范围、功能、效果都得到全面改善。

（2）快速化。这是所有反演共同追求的目标。

（3）非线性化。目前虽是线性反演占主导地位，但它毕竟是近似反演，真正意义的非线性反演，势必增加反演的效果和效率，这显然是地球物理反演的共同问题。

（4）三维化。这是发展的必然趋势，且目前已进入实用阶段，这必将是现在和今后一段时间的热门课题。

（5）可视化。快速、动画、立体显示是计算机发展、市场需要的必然结果，同时它有利于检验反演效果、增加工作效率，进而可推动反演的迅速发展。

（6）系统化。这主要指集数据处理、维性判断、畸变消除及反演于一体的软件系统。它虽然不属于反演方法，但直接决定反演效果。

（7）综合化。和其他地质地球物理资料保持一致是大地电磁测深反演必须遵守的原则，因此和其他资料的联合反演，或用其他资料进行约束反演是一个重要发展方向；包括资料、方法、图形显示与人机对话等方面。人们认识到，不可能存在“一劳永逸”的万能反演方法，必须进行多次、多角度乃至多种反演方法的综合使用。

第六节　重力测量与深部结构反演

（一）重力测量

重力学作为一门古老的学科，从16世纪末至今已有400多年的发展历史。重力的变化即重力场，其空间分布与地下物质密度（质量）分布的不均匀密切相关，而物质密度分布又与地质构造及矿产分布有密切的联系，是重力测量的基础。研究地下物质密度分布不均匀引起的重力变化（称为重力异常），可以了解和推断地球结构构造、勘探矿产资源等。重力学从重力测量开始，到重力场理论研究，再拓展到应用重力资料研究地球外部形状、地球内部结构与构造，进而深入到资源、环境、灾害和空间科学等研究领域。重力测量经济快速，重力数据精度高、覆盖面广，对密度结构反应敏感，因此，重力学方法在地球内部结构研究中仍然具有不可替代的作用，特别是在环境条件恶劣的地区，如青藏高原及海洋地区等，重力学方法的优势更为明显。重力测量一直是岩石圈结构探测的重要内容之一。

由于观测重力数据是地球整体质量对观测点的引力，针对不同的研究内容必须对观测重力数据进行统一归算、改正，得到可对比的重力数据。这些归算、改正包括正常重力改正（纬度改正）、高程改正、地形改正、布格改正、均衡改正等。最终可以得到自由空气重力异常、布格重力异常、均衡重力异常和各种梯度异常。这些重力大地水准面异常所反映的地球内部信息不同，所以它们的研究对象也有所差异，即针对不同的研究对象采用不同的重力大地水准异常进行研究。

近年来，随着航空和卫星重力等现代大地测量技术的快速发展，可以得到大范围高精度的重力场数据，为地球内部构造研究提供了新的资料，使得重力学方法的应用越来越广泛。利用人造卫星和地面重力资料联合解算得到的全球大地水准面异常图（图2-37），全面、细致地描述了地球的形状与内部结构特征。

重力模型是刻画地质构造的有力工具，特别是在尚未进行地形测量或被厚层沉积物填埋的深海盆地区。最新的卫星重力数据揭示了以前未曾认识的海洋构造特征。Sandwell 等（2014）利用卫星 CryoSat-2 和 Jason-1 的雷达测高数据，结合已有数据，构建了一个具有以往模型两倍以上精度的全球海洋重力模型（图 2-38）。他们在墨西哥湾发现了不再活动的扩张洋脊，在南大西洋发现了一个大型扩张裂谷，在低速扩张的洋脊发现深海丘陵构造，并发现了数以千计的海山。由此说明，作为偏远海洋盆地调查的主要方法，卫星重力模型具有重要意义。

（二）重磁反演

重力异常是地下不同深度、规模的地质因素产生的叠加异常，异常分离可以将具有不同“频率”特征的异常分离开，得到单纯由勘探目标引起的异常。重力反演一般需要在异常分离的基础上进行，反演存在着多解性问题，其主要原因是不同埋深、大小、组合的地质异常体可以引起相同的重力异常效应，以及重力数据的不完整性。因此，在反演过程中，需要尽可能利用已有的地质、钻探和地球物理资料来对目标异常体进行约束，从而减少多解性，最后的模型实验说明了反演过程中加约束条件的重要性。不同的重力异常特征对应着不同的深部地质构造特征，可以据此利用重力异常研究区域深部构造。

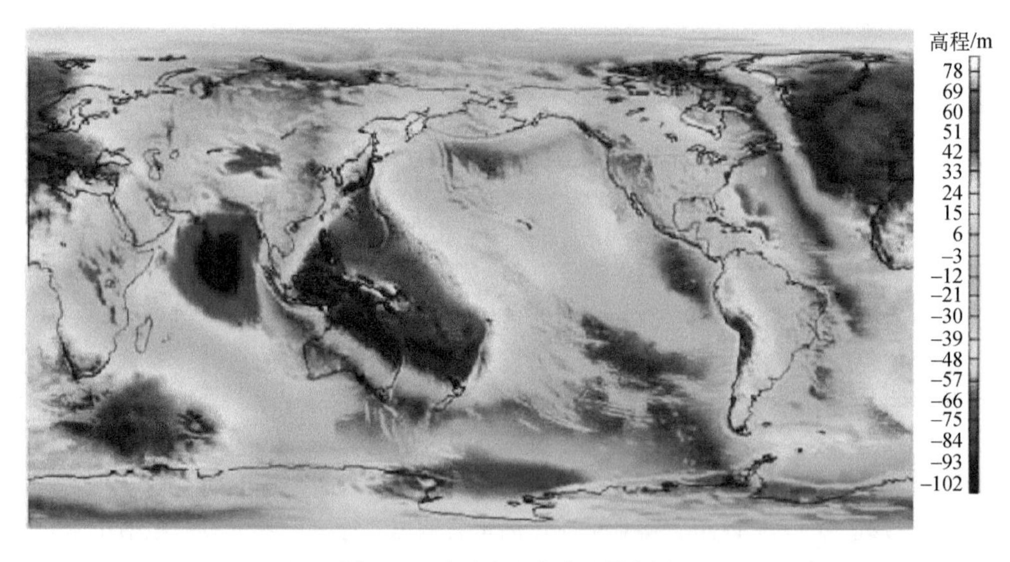

图 2-37　全球大地水准面异常图

近年来国外重力勘探的发展，主要集中在资料处理-显示技术和提出并实施了重力随时间变化的四维重力勘探。由于重力异常是一种体积效应，影响场值的因素众多，因此，重力反演相当困难，重力反演的多解性一直以来是科学工作者的难题之一。近年来国外学者在重磁反演理论方法方面做了许多相关研究，研究成果列举如下：

（1）В. Н. Страхов 研究集体论述了 20 世纪位场解释理论与实践的发展，建议 21 世纪应该建立统一的地球物理资料解释理论和自动解释的逻辑体系与计算技术。他们致力于求解地球物理（特别是重磁勘探）解释中出现的线性问题，提出含有误差数据的维数和超大

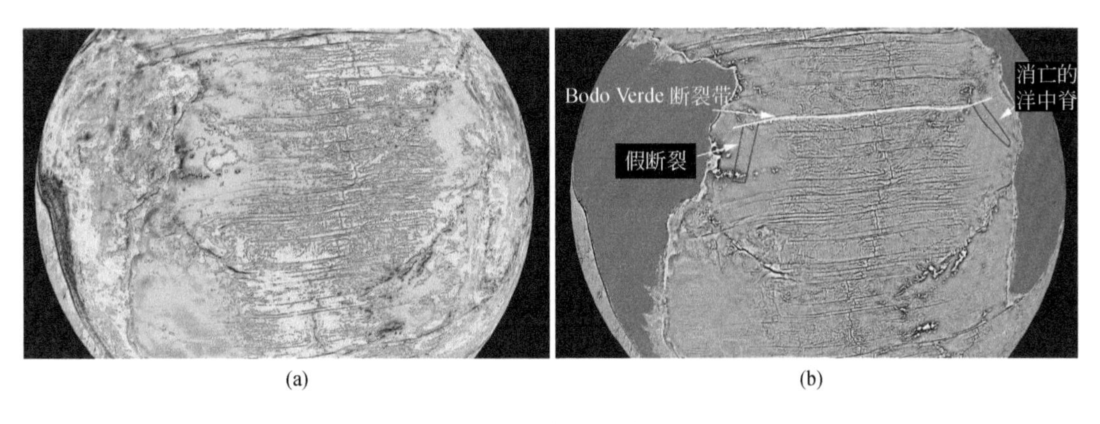

(a)　　(b)

图 2-38　海洋重力图刻画的海洋构造（据 Sandwell et al., 2014）

(a) 卫星雷达测高数据给出新的海洋重力异常图，揭示了海洋盆地（特别是被厚的沉积物覆盖的区域）未曾有过的构造细节；(b) 卫星测高得到的垂向重力梯度（VGG）图，揭示了横穿南大西洋的断裂带（黄线位置）。红线圈出的地区为小幅度异常区，厚的沉积物减弱了盆地基底起伏的重力信息

维数线性代数方程组的稳定解法。

(2) 多面体正、反演理论方法的系列研究。V. Pohanka 和 R. O. Hansen 先后导出了密度为常数或呈线性变化的多面体重力场计算的最佳表达式。D. Tsoulis 等研究了多面体重力场及其导数正演的奇异性问题。重力场 Δg 正演最佳表达式，已经被应用到复杂三维构造重力场的约束反演中。

(3) 起伏地形条件下复杂三度体磁场的反演理论方法研究。W. E. Medeiros 等提出了由具有固定磁化方向、任意形态与变磁化强度分布三度体在起伏曲面上的垂直磁异常分量，同时反演该三度体磁化方向、总磁矩、磁矩中心和主轴方向的反演方法，实现反演的条件也是包围该三度体的大球面不与观测面相交。

(4) 采用多复变函数理论研究重力场的反演理论和方法。就矿体的重力场反演来说，用椭球体或多个椭球组合体近似表示矿体，采用多复变函数理论给出了与椭球体或多个椭球组合体近似的矿体重力场的稳定反演算法。

(5) 适合位场的小波变换反演理论研究。许多学者利用适合于位场的母小波进行重磁场的分解与重构，并进行重磁场的反演；在没有任何先验信息的条件下，根据小波系数的变化特点，确定脉状和阶梯状地质体等简单场源体的位置、厚度、倾斜度以及其尤拉方程的构造指数。

(6) 三维重力反演。基本思路是将地下场源区域规则划分成若干小长方体单元，通过正演拟合反演确定这些单元的密度。这种反演思路的主要问题是计算时间很长和方程组的病态十分严重，解的稳定性很差。也有学者提出在起伏地形条件下，通过以下步骤完成反演，获得地下密度的近似分布：①用高精度的迭代法位场曲化平技术，将起伏地形上的重力异常，延拓到平均水平面；②用切割法对平面上的重力异常进行不同深度层源的切割分离；③用大深度的位场向下延拓的迭代法，将各个切割层在地面的重力异常下延至相应的深度；④用平板公式将重力异常反演为视密度。

(三) 重力测量在深部结构研究中的应用

重力测量应用于基础地质研究，如地壳结构及地球深部构造研究、大地测量研究等，其大部分测量精度达到1～2mGal，分辨率小于10km。由于重力对地球内部密度分布的不均匀最为敏感，因此，利用重力异常研究地球内部密度结构、反演地壳内部的密度异常或横向不均匀性，具有重要的现实意义。

(1) 根据自由空气重力异常推断地壳厚度即莫霍面深度。例如，在大西洋纽芬兰和爱尔兰地区，观测和预测的自由空气重力异常，二者基本一致。重力反演得到沿剖面的密度异常模型。通过每个剖面上自由空气重力异常和异常之间的比较，预测得到密度异常模型，并反演推断了莫霍面深度。

(2) 大洋和大陆的地壳分布。例如，地中海东部地区构造演化对其石油系统的发育具有重要影响。在该地区，大陆海洋边界（COB）、海陆转换（OCT）的结构和地壳内盆地的厚度还存在争议。用来确定地壳厚度的反射地震或折射地震方法，由于受到大面积范围内地壳三维与二维厚度的映射，被认为是不符合实际的。而地中海东部地区三维重力异常反演，成功得到地壳厚度分布。该研究利用原始重力数据进行重力反演，预测地中海东部地壳厚度。结合岩石圈热重力异常校正，新的三维重力反演技术得到该地区莫霍面深度图，显示了地壳基底厚度和大陆岩石圈的减薄。由此，可用来确定地中海东部地区大洋、大陆及海陆过渡地壳结构的分布情况。

第七节　地球结构不对称与时间-深度原理

(一) 地球结构不对称原理

地球的结构包括地质结构（如圈层结构、俯冲带、洋中脊和地幔柱等）、物质组成与物性结构（如化学元素的分布、地震波速度、电性、磁性、密度、温度等）和地球物理场结构（如电磁场等）。从宏观尺度到微观，地球结构均显示显著的不对称性。在地球表层，南、北半球和东、西半球均具有显著的洋陆分布与应力状态上的不对称性。地球内部的地幔柱分布、主要地幔对流形式、地球热结构等均表现为极大的不对称性（Maruyama et al., 2007）。地球的不对称性是解释许多地学观测事实的基础（马宗晋等，2003）。

南北半球之间的不对称性（甚至反对称）：地球北半球表现为以陆地为主的半球，而南半球为海洋半球。从构造变形和应力场分布来看，南半球为表面引张半球，而北半球为表面挤压半球。从热流分布来看，南半球为总体的高热流区，而北半球为总体的低热流区（马宗晋等，2003）。在地球内部的地震波速度结构上，也表现出南北半球之间的差异性。

东西半球之间的不对称性：在北半球，东北半球以欧亚大陆为主体，而西北半球只有较小的北美大陆。东、西半球在地质构造、地震、火山分布等方面，均显示显著的差异。太平洋半球为边缘挤压半球，而大西洋半球为面状引张半球；大西洋中脊两侧和太平洋中脊两侧也均表现为不对称（甚至反对称）的特征（马宗晋等，2003）。

"波茨坦重力土豆"地球模型（图2-39）显示了叠加在地形地貌不对称性之上的地球深部密度不对称性。其上的许多隆起和沟谷与地貌特征相关，如北大西洋中脊和喜马拉雅山脉；但是，许多其他的隆起和沟谷与地貌特征无关，而是受控于地球深部密度的异常增大或降低。前人一系列的研究表明，无论是在垂向上，还是在水平方向上，穿过地心的地球横截面均显示了地球结构的总体不对称特征，包括了南、北或东、西等半球在几何结构上的不对称，以及在物质组成和热结构方面的不对称等，同时也反映了深部作用过程如地幔柱、地幔对流形式等多方面的不均衡性。

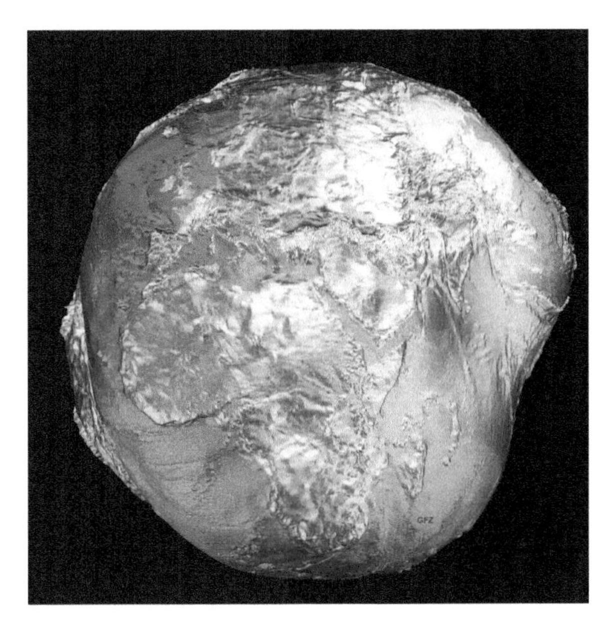

图2-39　"波茨坦重力土豆"地球模型

地球重力场可视化模型［据德国地学研究中心（GFZ）网站］。大地水准面的高度差异为土豆状

（二）地球结构的时间-深度原理

地质学原理给出沉积地层具有上新下老的时间-深度基本结构，先形成的地层位于下部，后形成的地层位于上部，这就是著名的"地层层序律"（汪品先等，2018）。地层层序律也适用于岩浆成因的堆晶岩形成过程，以及火山岩的沉积作用过程。地层层序律主要受控于地球内部重力势能的作用。

在地球深部，先存物质的部分熔融等火成作用普遍发育。基于岩浆作用原理，下部岩体往往具有较新的年龄；受构造运动和剥蚀作用等影响，先形成的岩体总是处在地壳的上部，而地表则具有最古老的深成岩类。深部最新形成的岩浆房中的岩浆岩年龄为零。洋中脊地区的岩浆活动具有这一典型的特征，出现岩浆作用年龄结构上的"上老下新"现象。垂向剖面上的"上老下新"时间-深度关系，也可以转化为水平剖面上的时间变化关系，如洋脊岩浆活动导致的海底扩张及形成的海底磁条带年龄分布，正是剖面上时间-深度关系的平面表现。

构造热年代学的研究表明，通过某一矿物封闭温度所在深度线的地壳冷却剖面，也具有“上老下新”的现象，而在一定的深度（此时的温度达到矿物封闭温度）及之下出现年龄零值。不同测年体系的不同矿物具有不同的矿物封闭温度，使得冷却年龄的分布具有不均匀的三维分布。

在岩石圈尺度上，我国大陆岩石圈的形成时代各异。克拉通岩石圈的形成时代较早，可以追溯到太古宙。中国北方大陆（中亚造山带）形成于古生代，秦岭-大别造山带（中央造山带）形成于中生代早期（印支期），阴山-燕山造山带形成于中生代晚期（燕山期），而青藏高原造山带岩石圈形成于新生代（Dong et al.，2015b；董树文等，2016，2021；Chen et al.，2022）。在年龄结构上，我国大陆在上地壳与下地壳之间、地壳与岩石圈地幔之间，也出现“上老下新”现象，上部地壳构造年代较老，而深部地幔构造年代最新，构成地球深部“上老下新”的构造年代格局（Li，2010；李廷栋等，2013）。

由此可知，地质事件和地质过程作用方式的不同，造成深度上地质体表观年龄的变化规律和地球结构的形成时间及变化规律也有所不同。由此将造成地球三维空间上时间分布的“上新下老”与“上老下新”相对出现的现象，构成地球结构时间-深度的一般性原理。

第八节　深部结构探测发展趋势

地球物理学的基本体系和地球物理探测的工作原理绝大多数在20世纪80年代以前就逐渐认识了。然而，现代制造技术、电子技术、材料技术、信息技术、通信技术、空间技术等相关领域的长足进步，使得今天的地球物理探测技术向多功能化、智能化、网络化、多道化、遥测遥控化发展；仪器指标如测量精度、分辨率、灵敏度、探测深度、抗干扰性能、可移动性能、野外数据采集效率、数据质量等都发生了质的飞跃。近年来国外地球物理大型装备不断推陈出新，不断更新换代，超导技术被应用于地球物理装备，仪器电路的数字化则使仪器性能更稳定、测量精度更高。

进入21世纪，深部探测技术、资源勘查新技术的突飞猛进，正在深刻影响着地球科学各领域向纵深发展。以深反射、天然地震技术为代表的岩石圈深层探测技术取得了巨大进步，法国Sercel公司的408UL、428XL；美国I/O公司的System Four，Image2000；加拿大Geo-X公司的Aries；德国DMT的SUMMIT等全数字、大道数、低噪声、低失真、宽频地震仪器的出现，使反射地震数据采集不再成为困难；振幅补偿技术、层析静校技术、叠前时间偏移、深度偏移技术，转换波处理技术等极大提高了成像质量和可靠性。CGG、Omega、PROMAX、GeoDepth等大型处理软件包为深部探测提供了强大的处理平台。美国的Reftek、英国的Guralp3-ESP和STS-2、法国的Minititan和Hathor等分布式地震记录仪器的小型化和轻便化，使几十台、几百台仪器组成流动台网，使研究像青藏高原、圣安德烈斯断层等异常地区的深部精细结构成为可能，体波层析成像、面波层析成像、接收函数和各向异性处理解释技术极大提高了对深部研究的精细程度。

1. 深地探测技术迅猛发展，探测、观测与监测能力显著提升

半个世纪以来，国际地球深部探测研究已经得到飞速发展。特别是以美国20世纪70年代开始的COCORP计划为标志，全球开展了大量的深地震反射剖面探测技术（CDP）、宽角反射/折射地震剖面（DSS）探测与固定/流动观测台站地震数据采集，以及大量的重力、磁力、大地变形（GPS、InSAR等）等测量，形成了深地探测海量数据资料。未来的深地探测与科学研究，正在发生从短期的探测、长时间的观测到实时监测和实验模拟研究的范式转变。

深地探测发展趋势分析说明，我们现在已经拥有解决未来地球科学挑战的卓越能力。这些能力已经揭示，地球可能是一个远比我们认识到的，或者地球科学前辈想象得到的更为复杂的系统。早期曾经主导地球结构模型的“层状蛋糕”分层理论已经退出，让位给更为实际的复杂，甚至是混沌的地球模型。地球物理学家对于深部地质的“遥感”认知，已经可以与掌握地表地质事实的地面地质学家做更为紧密的对接。只要硬件和算法方面的数字革命继续进行，地球物理方法的探测能力和分辨率将继续发展。毫无疑问，我们现在认为不切实际的探测实验（如果不是不可能），对于下一代地球物理学家来说，将会习以为常（Brown，2013）。

未来的地球深部探测技术装备将会继续朝着小体积、低成本的方向发展，探测装备的部署规模也将越来越大，很可能一次部署上千台仪器，而不仅仅限于目前的上百台规模。尽管成本将会增加，但是深部地质过程的地球物理探测与研究将会越来越三维化，甚至四维成像（考虑时间维）也会变得日益平常（目前，除了资源产业以外，四维成像还相对罕见）（Sens-Schönfelder and Wegler，2006；Lumley，2010）。大尺度、多学科计划将会在全球范围内继续涌现，这是基于发展趋势的合理预见。现在正在进行的和未来的地球深部探测计划（如SinoProbe计划），将汲取其他国家和国际深部探测计划的成功经验，应用最先进的大尺度、多学科、系统性深部探测技术方法。现在还只能是幻想的硬件、软件和分析技术，将在未来的深部探测计划中得到发展和应用。

鉴于计算技术在过去五十多年地球物理和深部探测发展中所发挥的关键作用，可以预见，未来将实现不断提高的计算能力，发展出越来越廉价、功能越来越强大的探测仪器装备，更多精彩的理论，更高的分辨率，规模越来越大的数据库和数值模拟能力。不可预见的是偶然的发现。不过，科学探索的历史告诉我们，偶然的发现更为重要、更具有挑战性。

2. 深地震反射技术已经成为“地球深部探测的先锋”

地壳尺度多次覆盖的近垂直深地震反射剖面产生大量的单边炮集，因浅层折射波的交互覆盖而产生众多的数据集。针对那些只能获得单边、多次覆盖的地震剖面数据集的近海等地区，Rao等（2007）介绍了一种通过模拟和反演单边地震折射初至走时数据而推导浅层速度结构的方法，并将该方法应用于印度地盾西北新元古代马尔瓦尔盆地的炮检距为100m、长12km的剖面上获得的数据集；结果表明，该方法在描述浅层折射层深度、陡倾角和速度方面是成功的，即使缺少常规的相遇折射剖面也是如此。

当前，深地震反射技术已被国际地学界公认为是探测地壳/岩石圈精细结构、揭示地壳变形与大陆动力学过程的有效技术手段，并被称为“地球深部探测的先锋”，其探测的深度达到地壳底界的莫霍面（赵文津等，1996；王海燕等，2006；高锐等，2011a）。

地球物理深部探测在寻找资源与保护环境、监测环境健康方面已经发挥关键作用。地球物理学，包括测震学、地磁学和地电学的许多进展都源于工业勘探，并被广泛应用于工业勘探。例如，20 世纪 60 年代早期，地震勘探刚刚进入数字时代，并且事实上所有反射地震勘探都是二维的；真正的三维反射地震勘探还不实际。如今，三维地震勘探，外加精确成像，已经成为大多数油气勘探的规范，虽然价格昂贵，但是物有所值。海洋环境的多道地震探测取得了显著进展（Canales et al.，2012），尤为突出的是海洋环境的三维地震探测（图 2-40）（DiLeonardo et al.，2002）。由于成本过高，三维地震探测目前还无法在地球深部探测研究领域加以普及。

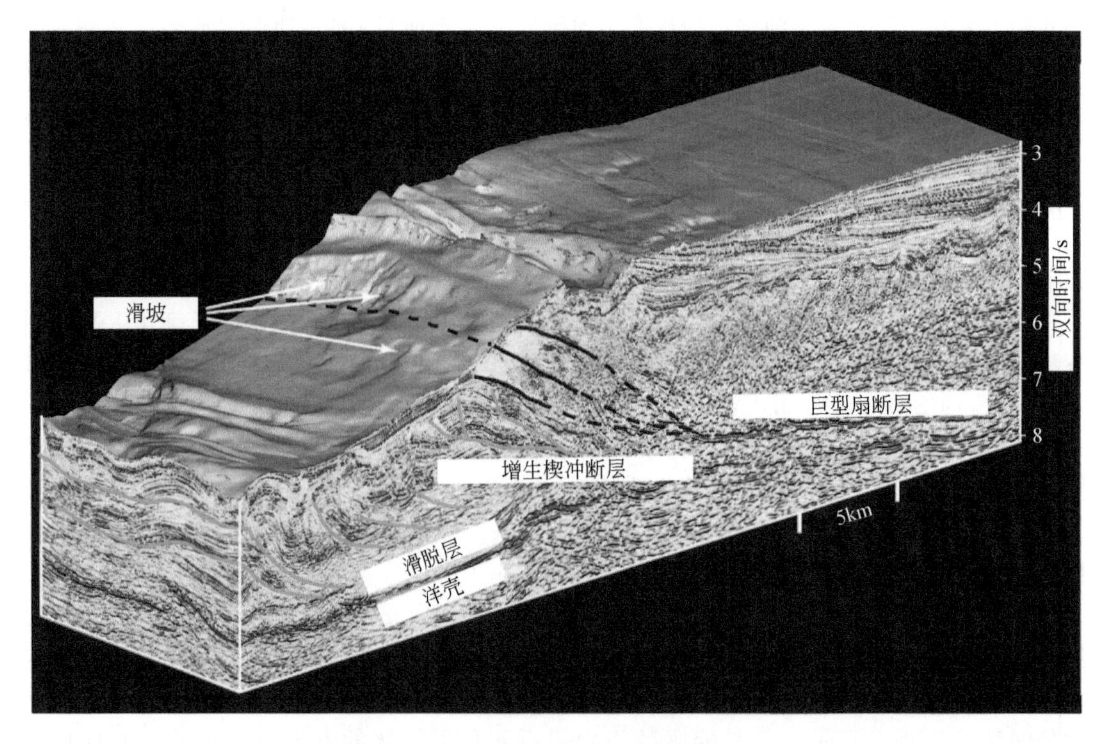

图 2-40　三维地震成像在地球科学研究中的应用（Moore et al.，2007）

三维地震成像已经成为油气勘探的标准，但还是极少应用在近地表和深部科学研究之中。日本中部离岸三维地震反射探测给出了增生楔图像，是三维地震应用于学术研究的实例，其目的是支撑日本地震带 NantroSeize 研究和钻探计划

3. 主动源探测技术与天然地震台阵的结合将是地球深部探测的重要发展方向

主动源技术具有精细探测的优势，可以在地壳尺度进行精细探测；而被动源探测具有深度大、对地球深部物质各向异性具有大尺度分辨能力的特点，可以对地幔进行大尺度成像。主动源与被动源相结合的深部探测，可以进行约束反演、互为印证，获取更为真实的地壳与上地幔结构及其动力学状态（高锐等，2011a）。从美国最大的地学计划（地球透镜

计划）的实施方案中可以看出，针对关键地区，利用流动地震台阵进行科学观测是重要的发展趋势（陈颙等，2005）。天然地震“被动观测”受到台站密度、观测周期等方面的限制，而人工源“主动探测”具有可控激发、位置确定和可以密集观测的强大优势，使得对地探测精度和能力有极大提高，因此，主动探测技术与天然地震台阵的结合将是地壳深部探测的重要发展方向（陈颙等，2005）。

地震层析成像常常只是利用首波（可以是作为首波出现的折射波、直达波、反射波或绕射波等）走时，而地震反射除此之外，还利用了地震波的振幅和相位信息。前者依据的是相邻地层的速度，后者依据的则是相邻地层的波阻抗。近年来，随着层析理论和方法技术研究的不断深入，以及计算机技术的发展，地震层析成像技术呈现出由二维层析向三维层析、由单参数向多参数层析反演、由各向同性介质向各向异性介质等发展的趋势。地震层析成像法已被广泛地用于岩石圈和造山带的深部结构、构造以及地幔热柱等领域的研究（Zhao et al.，2006；Shomali et al.，2006；Zhao，2007；Lei and Zhao，2007；徐义刚等，2007）。

全球地震层析成像的研究已经有几十年的历史，是一个较为成熟的研究领域。但是地震层析成像的研究中，还有许多开放的领域。未来的发展可能主要在有关反演问题的数据、模型、正演理论和反演方法方面。最近几年来，计算能力的提高和数值波场模拟方法的便利，已经使得正演理论和反演方法的实用性得到了改进（如三维有限频率敏感核，伴随矩阵反演技术）。但是，数据覆盖的局限性，以及由此产生的反演问题的调整，意味着理论进展的很大部分体现在最终模型的空白区（即海域）。这说明，就长远来看，通过地球科学家之间的共同努力，在海底布设更多的仪器，以提高数据的覆盖率，将会在地球深部构造研究方面产生巨大的回报。在此之前，模型的改进还将产生明显的效果。例如，各向异性和滞弹性结构，在研究地幔的温度、成分和流变性质等方面，具有重要的制约作用（Panning and Romanowicz，2004）。

基于伴随矩阵（Adjoint）方法的地震层析成像，是基于地球内部三维模型、滞弹性波传播的平行模拟以及伴随矩阵方法的地震层析数值方法。该方法通过“前”波场（从震源向接收器传播）和“伴随矩阵”波场（从接收器向震源回传）的相互作用，为层析反演进行 Frechet 导数计算。其中，波场的计算是通过谱元（spectral-element）方法；由一个目标函数来定义地震的数据记录与相应的人工合成震波图之间的偏差；对于一个给定的接收器，地震记录数据与人工合成之间的差异，具有时间倒转的特征，被用作伴随矩阵的源。对于每一个地震，正常波场与伴随矩阵波场之间的相互作用，被用来构建对有限频率敏感的核（kernel，即由震源与接收器及地震波传播路线组成的核桃仁状区域），并称为“事件”核。可以认为，“事件”核是各个“香蕉-油炸圈”敏感核的加权和，其权重由测量而定。“事件”核的简单加和，构成了总的灵敏度。在地球模型的迭代改进计算中，采用了共轭（Adjoint）梯度算法（Tromp et al.，2008）。

Zhu 和 Tromp（2013）利用伴随矩阵地震层析成像建立了欧洲和北大西洋的三维方向各向异性模型（图 2-41）。该模型很好地解释了相关的构造事件，如北大西洋中脊的伸展作用、地中海的海沟回撤和安纳托利亚（Anatolian）板块的逆时针旋转。在欧洲东北部，快波各向异性轴方向与 350Ma 之前的古裂谷系相一致，说明“被冷冻”的各向异性与克拉通化有关。局部的各向异性强度可用来确定岩石圈强度的脆-韧性转换带。大陆地区的各向异性给出了下地壳韧性流动特征。同时，各向异性组构与大地测量给出的现今地表应变速率基本一致（Zhu and Tromp，2013）。

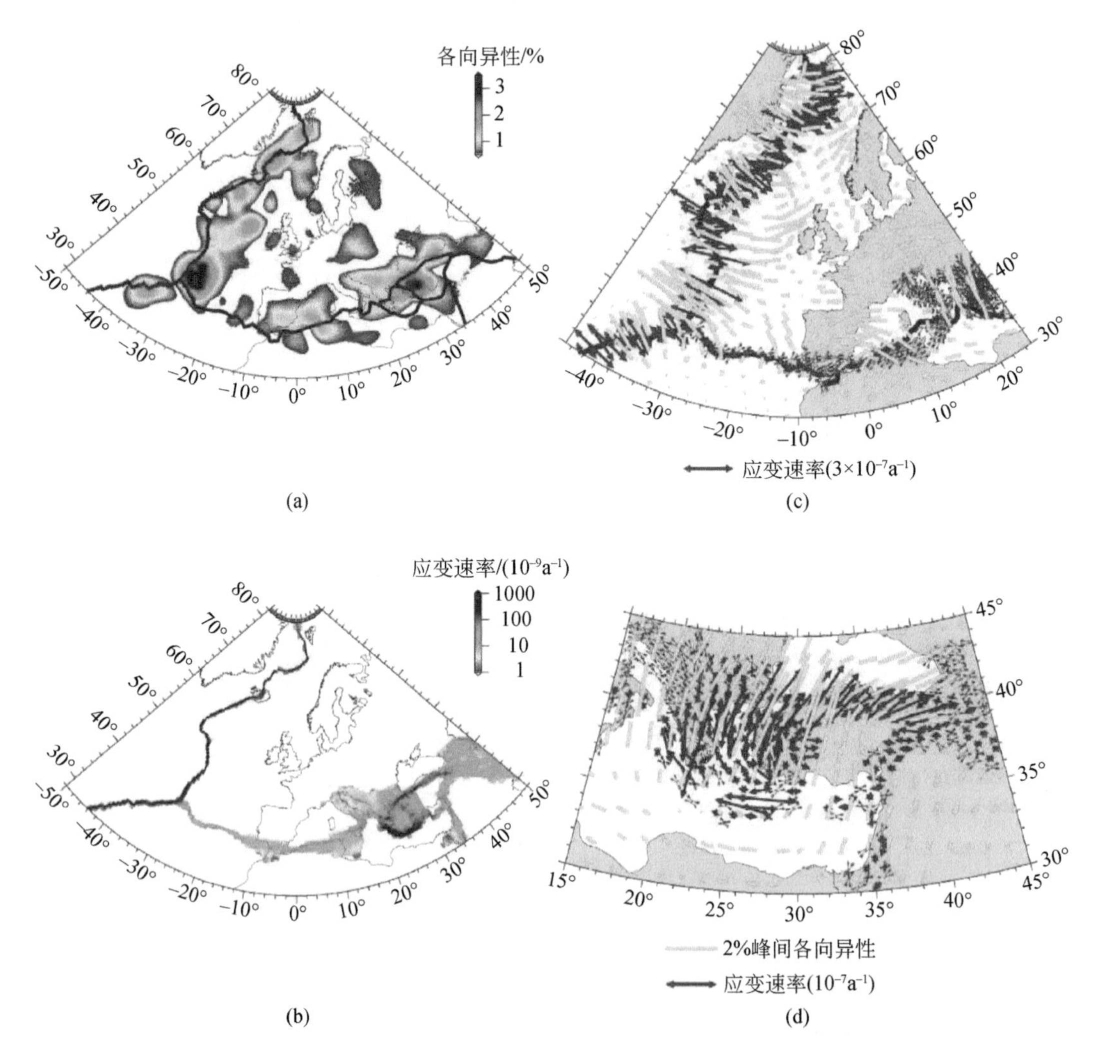

图 2-41　欧洲和北大西洋地区面波方位各向异性与现今应变速率场的对比（据 Zhu and Tromp，2013）
（a）峰间各向异性强度等值线（深度为 75km）；（b）基于大地测量给出的地表应变速率场的第二不变量等值线；（c）和（d）北大西洋中脊（NAR）（c）和 Anatolian/Aegean 地区（d）方位各向异性（深度为 75km）与应变速率的张性分量之间的对比。黄色和红色箭头分别表示快轴和现今应变速率场张性分量。（a）和（c）中的蓝色线给出全球板块边界

随着全球地震台阵和计算机性能的不断增强，科学家现在已经不仅可以采集、解析来自强烈地震的地震信号，而且还能采集来自人类脚下整个“波域”的地震信号——海浪、气候模式、地球与月亮的潮汐摩擦，甚至海平面变化也能获得全球地幔流动模型（赵素涛和金振民，2008）。

4. 深浅联合成像是地球深部探测的重要发展方向

地球深部探测的终极目标，在于帮助人类解决发展中遇到的资源与环境问题。地表是人类活动的主要场所，因此，浅表层的精细探测是地球深部探测的重要补充。正在进行的拓扑欧洲计划就提出其突出的新目标，“通过深部探测连接地球深部和地表变形”。

浅层地球物理勘探将继续广泛使用地震折射、反射及二维层析成像反演技术。超浅超高分辨率地震反射成像是活动断裂带地震灾害与危险性评估的关键手段。层析成像方法也在浅层的二维和三维电阻率成像中使用。探地雷达技术（GPR）（Conyers and Goodman，1997；Daniels，2004），在20世纪60年代早期还处于萌芽期，鲜为人知。但是，GPR已经得到迅速而广泛的应用，现在已经是最广泛应用的浅表探测地球物理方法之一，应用于从考古、土壤污染、建筑到人体分析的各个方面。事实上，GPR或许是当今除了石油勘探工业之外应用最为广泛的地球物理方法（图2-42），它成功解决了岩土工程（管道埋到哪了?）、考古学、地下水、地质和土地纠纷（或许是唯一常在电视警方程序节目提到的地球物理技术）等浅层勘探遇到的一系列问题。GPS和InSAR（合成孔径雷达干涉测量）技术的发展在解决地球表层的变形方面将起着越来越重要的作用。

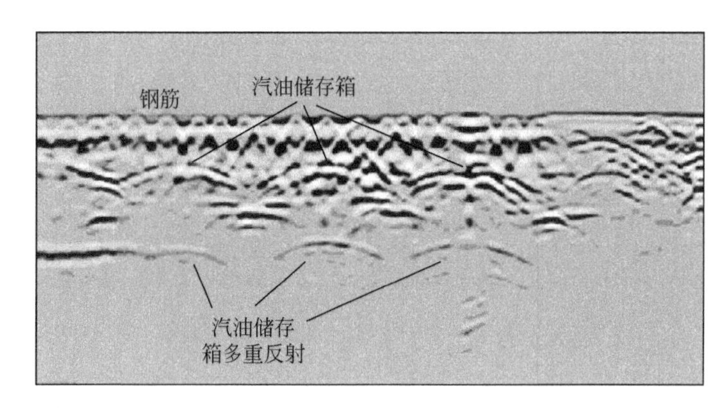

图2-42　为证实移动服务站汽油储存箱的存在而采集的未偏移GPR剖面（据Brown，2013）
低频电磁波回波，清楚地给出了汽油储存箱、地表混凝土公路和服务道的钢筋及其与两侧未受扰动地面的强烈对比图像

5. 全局偏移距采集和全波形处理以实现复杂地区地下构造的可靠成像

法国尼斯大学（University of Nice）GeoAzur研究所SEISCOPE项目组，正致力于将现有地震成像方法推广到多分量全局偏移距数据（global-offset data），以解决地震成像中的种种挑战，如叠前深度偏移的宏模型建立、玄武岩下成像、海上深水环境中的地震成像、复杂构造的成像等。他们采用的主要技术手段包括初至旅行时层析成像、全波形模拟、各向异性黏声波（visco-acoustic）和黏弹性介质的全波形反演等。

SEISCOPE项目于2006年正式启动，目标是评价特定全局偏移距采集观测系统和全波形处理是否能够提供一种替代基于偏移处理的方法，实现在复杂地区（盐下、逆掩断层、山前带、深水）利用地震反射数据进行地下构造的成像。

广角情况下记录的波场给出了介质大尺度变化的信息，而小角度记录的波场则可用于对构造的短波长成分进行成像。因此，如果采集观测系统能够从法向入射到超临界入射这样宽的入射角范围内对入射角精细而连续地采样，那么一定可以找到一种适当的波形处理方法实现对介质各种波长成像，最小的成像波场理论上可以达到仅为最小传播波长的一半。因此，把全波形反演方法应用于全局偏移距地震数据有可能实现复杂地区地下构造的可靠成像。

第三章　地球深部物质探测与研究

第一节　地壳全元素探测与地球化学基准网

（一）地壳全元素探测

化学元素是地球物质组成的最基本单位，被称为地球的基因（王学求等，2011）。矿产资源是由化学元素组成的，环境是受化学元素行为制约的，因此，对元素周期表上所有天然元素在地壳中精确含量和分布的探测，对于了解地球演化、生命起源、解决人类所面临的资源和环境问题具有重大意义（王学求等，2010）。元素的精确含量和分布信息，对开辟找矿新区和“第二找矿空间”（500～2000m）、大幅度提高找矿效率，缓解我国矿产资源极度紧缺的局面具有重要意义。

经历了一个多世纪地质和地球化学家的努力，对地壳物质组成的研究已取得很大进展。迄今为止人类已经发现了元素周期表上104种元素中的约90种元素在地壳中的存在（其他为人工合成的）。但人类至今对这些元素在地球的演化和分布知之甚少（王学求等，2011）。

人们最早以出露于大陆地表结晶岩石的平均值代表大陆地壳的成分，并称为地壳元素丰度（Clarke，1889，1908；Clarke and Washington，1924；Goldschmidt，1933）。Vinogradov（1962）按基性岩与酸性岩1：2、Taylor（1964）按基性岩与酸性岩1：1求得近70种元素的（大陆）地壳丰度。20世纪70年代以来，人们将重点转向实测区域地壳元素丰度研究，并发表了大陆地壳或某一结构层的元素丰度值（Gao et al.，1992，1998；黎彤，1994；Rudnick and Fountain，1995；Wedepohl，1995；鄢明才和迟清华，1997；Rudnick and Gao，2003）。黎彤（1994）根据我国陆壳模型的基本参数，采用结构层质量加权平均法，求得我国沉积层、上陆壳和整个陆壳71种元素丰度值。黎彤和倪守斌（1997）采用模型质量法求得我国大陆地壳78种元素的丰度值。鄢明才和迟清华（1997）提出中国东部主要构造单元大陆地壳76种元素的丰度值。

地壳元素丰度的研究主要基于岩石样品的元素分析。由于缺少地壳全部元素精确含量的直接测试数据，许多数据不具代表性，对元素空间分布的了解非常有限，对地壳总成分和深部地壳成分的估计在总体上仍以假设模型为基础，因此，地壳元素丰度研究存在许多问题（王学求等，2011）。为了克服元素丰度的空间分布局限性，人们开始探索反映元素空间分布的地球化学图，即地球化学填图。地球化学图是应用地球化学的基础，为研究地球化学因素对人类、动物和植物健康的影响，为矿产勘查和土地利用奠定了基础（Webb，1983）。自从《北爱尔兰地球化学实验图集》（Webb et al.，1973）、《Wolfson英格兰和威尔士地球化学图集》（Webb，1978）出版以来，全世界已经完成的区域或国家地球化学填图计划有 50 余项，获得 30～40 种水系沉积物元素的大量数据。1988 年和 1993 年分别启动了国际地球化学填图计划（IGCP259）和全球地球化学基准计划（IGCP360）。

地壳全元素精确分析技术：过去 40 多年，我国先后发展了 39 种元素、54 种元素和 76 种元素的配套分析技术。早期的区域化探扫面计划分析 39 种元素，覆盖面积达 $6\times10^6 km^2$（Xie et al.，1997）。1999 年开展的川滇黔桂四省区 76 种元素地球化学编图试点研究，覆盖面积为 $1.3\times10^6 km^2$（谢学锦，2008）。2008 年以来，SinoProbe 专项开展了我国地壳全元素探测技术与实验示范，以建立我国除惰性气体（主要存在于大气圈）以外的 78 种地壳自然分布元素的地球化学基准网和高精度穿透性地球化学技术体系，解决我国环境地球化学本底和区域背景值，探讨深部找矿的元素深穿透机理；同时建立世界首个“化学地球”软件平台，实现全球不同比例尺地球化学图二维、三维制作和发布展示（董树文和李廷栋，2009；王学求等，2011）。

地壳全元素配套分析方案，以现代先进的大型分析仪器等离子体质谱仪（ICP-MS）、等离子体光学发射光谱仪（ICPOES）和 X 射线荧光光谱仪（XRF）为主，配合其他多种专用分析仪器及技术而组成的方法体系（表 3-1），重点突破了含碳质岩石和有机物土壤的贵金属（金、铂族）元素精确分析技术（王学求等，2010，2011）。在 76 种元素分析的基础上，增加岩石结晶水、二价铁、有机碳和二氧化碳测试指标，再增加土壤 pH 测试，总测试指标达到 81 种，测试元素达到 78 种。其中，二价铁是许多硫化物矿床最重要的指标，结晶水是岩石蚀变的重要指标，二氧化碳是碳酸盐（岩）的重要组成部分（王学求等，2011）。

表 3-1　地壳全元素探测的 81 种指标（含 78 个元素）的配套分析方案

序号	分析方法	指标个数	分析指标
1	ICP-MS（等离子体质谱法）	13	Bi、Cd、Cs、Hf、In、Mo、Pb、Sc、Ta、Th、Tl、U、W
2	ICP-MS（等离子体质谱法）	15	La、Y、Ce、Dy、Er、Eu、Gd、Ho、Lu、Nd、Pr、Sm、Tb、Tm、Yb
3	ICP-MS（锍镍试金法-等离子体质谱法）	7	Ir、Os、Pd、Pt、Rh、Ru、(Re)
4	ICP-MS（等离子体质谱法）	1	Te
5	FU-XRF 或 XRF（溶片-X 射线荧光光谱法对常量氧化物）	20	SiO_2、Al_2O_3、$^TFe_2O_3$、K_2O、Ba、Br、Cl、Co、Cr、Cu、Ga、Nb、Ni、P、Rb、S、Ti、V、Zn、Zr
6	FU-ICP-OES 或 ICP-OES（等离子体光学发射光谱法）	7	CaO、MgO、Na_2O、Be、Li、Mn、Sr
7	ES（发射光谱法）	3	Ag、B、Sn
8	GF-AAS（石墨炉原子吸收光谱法）	1	Au
9	HG-AFS（氢化物-原子荧光光谱法）	2	As、Sb
10	HG-AFS（氢化物-原子荧光光谱法）	1	Se

续表

序号	分析方法	指标个数	分析指标
11	1HG-AFS（氢化物-原子荧光光谱法）	1	Ge
12	CV-AFS（冷蒸气-原子荧光光谱法）	1	Hg
13	ISE（离子选择性电极法）	1	F
14	COL（分光光度法）	1	I
15	GC（气相色谱法）	2	C、N
16	VOL（容量法）	1	Fe^{2+}
17	VOL（容量法）	1	有机碳
18	GR（重量法）	1	H_2O^+
19	VOL（容量法）	1	CO_2
20	pH 计	1	pH

（二）地球化学基准网

地球化学基准网是地球化学基准参考值的网格化表达。通过全球系统的网格化采样、分析，可以获得各个标准网格的地球化学基准参考值（简称“基准值”），以此作为衡量未来全球化学元素含量变化的参照标尺。地球化学基准网，既以数据的形式（基准值）表述元素含量特征，又以图件的形式（即地球化学基准图，简称“基准图”）表述空间分布特征。基准值可作为位置“点”上某种元素含量的参考值，基准图可作为“面”上元素含量变化的参考图。此前，由于沉积物经过自然界均一化过程、具有良好的代表性，其元素含量可作为基准值使用；但是，其缺点是无法解决时间演化和追索矿源层问题。因此，目前一般用地层（以系为单位）或岩石样品建立基准参考值，以反映地质历史（即“深时”）时期的化学元素演化（王学求等，2011，2021）。

我国的地球化学基准网，是参照全球地球化学基准网格、在 1：20 万图幅网格基础上，根据不同时代地层、侵入岩和疏松物的地壳全元素（76 种）分析数据而建立的，从而得到了全世界首张能反映不同时代地层和侵入岩分布的地球化学基准图（王学求等，2011，2021）。既包括以层系、岩体、地块或者构造带为单位的基准图，可以反映化学元素的时空分布与演化；也包括次生介质基准图。基准图多以等量线形式表示。

化学元素的时空分布对于了解元素巨量聚集的时空分布不均一性，研究地壳成分的时间演化、地表环境巨变、生命演化及其与板块构造的关系，以及对成矿省与大型矿床形成的制约作用和圈定大型矿找矿靶区，都具有重要意义。

地质历史时期的集群绝灭是生物演化的转折点。云南禄丰龙产地楚雄-兰坪盆地白垩纪/古近纪（K/T）界面发现的铂族元素高含量异常，可能提供了印度-亚洲碰撞过程中伴随着小行星撞击地球、造成恐龙灭绝的重要证据，是印度-亚洲碰撞的重要地球化学响应（王学求等，2010）。$^{40}Ar/^{39}Ar$ 年代学研究表明，白垩纪/古近纪界面附近的集群绝灭与 Chicxulub（希克苏鲁伯）火流星撞击处在 32000 年间隔之内，Chicxulub 撞击可能触发了早已处在临界状态的生态系统的转变；在火流星撞击之后，西 Williston（威利斯顿）盆地哺乳动物群较低的生物多样性只持续了约 20000 年时间；而大气碳循环受扰动的时间延续了 5000 年以内，比大洋盆地记录的事件恢复时间短 2～3 个数量级（Renne et al.，2013）。

第二节　大陆科学钻探——伸入地下的望远镜

（一）科学钻探的意义

科学钻探通过最先进的现代深部钻探技术手段，获取地下岩石、岩屑、流体；并进行地球物理测井和安放仪器进行长期观测，来获取地球内部的各种地学信息，校正地球物理对深部的探测结果；从而研究地壳的深部物质组成、结构、壳-幔作用以及有关的成矿、流体与地热系统，建立天然、动态和长期的地下观测试验站及地壳深部物质研究基地。科学钻探是获取地球深部物质、了解地球内部信息最直接、最有效和最可靠的方法，是地球科学发展不可缺少的重要支撑，也是解决人类社会发展面临的资源、能源、环境等重大问题不可缺少的重要技术手段，被誉为“伸入地球内部的望远镜”或“入地望远镜”（王达，2002；杨经绥等，2011a）。

（二）大洋科学钻探

科学钻探的兴起始于 20 世纪中叶。1957 年 3 月，美国国家科学基金会（NSF）提出“莫霍计划”（Mohole Project），利用深海钻探在地壳最薄的部位打穿莫霍面，以研究地球年龄、地幔物质组成和内部作用。1961 年，该计划在墨西哥西岸瓜达卢佩海湾（Guadalupe）实施 5 口钻孔，最深的一口从水深 3566m 的洋底向下钻入 183m，钻遇 170m 中新世沉积物和其下的玄武岩。这是人类首次从洋底钻探获取玄武岩样品。

1968 年美国国家科学基金会等启动深海钻探计划（Deep Sea Drilling Project，DSDP）。1968 年 8 月至 1983 年 11 月，“格洛玛·挑战者”号船共完成 96 个航次，钻探站位 624 个，实际钻井逾千口，累计在海底之下钻进 320km，最深海底钻井 1741m，获取岩心 97056m。DSDP 是地球科学史上最大规模的国际合作，证实了海底扩张，建立了板块学说，导致古海洋学新学科的建立，为地球科学带来了一场革命（汪品先，1994）。

1983 年开始新一轮大洋钻探计划（Ocean Drilling Program，ODP），主要由美国国家科学基金会资助，参加国家有澳大利亚、加拿大、中国、韩国、比利时、丹麦、芬兰、希腊、冰岛、爱尔兰、意大利、挪威、葡萄牙、西班牙、瑞典、瑞士、荷兰、土耳其、法国、德国、日本、英国和俄罗斯等。ODP 在地球环境和内部动力学等方面取得了一系列重要成果，例如，将深海沉积物中记录的气候变化与理论计算的地球轨道参数的变化联系起来，论证了轨道参数变化在驱动气候变化中的作用；以地球轨道周期为基础的高分辨率地质年代表，开创了地质年代学的新阶段；证实了十年至千年际的洋流循环变化；建立并量化了 100Ma 来的全球环境变化，发现了全球性瞬时气候事件、全球大洋缺氧事件；发现了气候周期演变中热带碳循环的作用；夏威夷皇帝海岭钻探岩心沉积物和玄武岩样品的测年研究表明，沿着海底火山链或火山脊出现系统的年龄变化，验证了板块构造关于火山链“热点”成因假说，等等（柴育成和周祖翼，2003）。1998年4月，我国作为“参与成员”正式加入大洋钻探计划。2003年，建立在DSDP和ODP基础之上、规模更大、参与更加广泛的综合大洋钻探计划（Integrated Ocean Drilling Program，IODP）正式开始。IODP的目标是地球、海洋与生命的地球系统综合研究。

在2011 Tohoku-Oki地震和海啸之后，日本启动了日本海沟快速钻探计划（JFAST），利用Chikyu号科学钻探船，在发震断裂带进行了海洋科学钻探（IODP343航次）。研究发现，浅部断裂带又薄又弱，导致了巨大滑移的产生（Wang and Kinoshita，2013）。钻探同步测井和岩心样品观测说明，单个的大型板块边界断裂吸收了地震破裂的主要位移量，以及钻井位置上累积的板块间位移；变形局域化为浅震断层厚度小于5m的远洋黏土之中，远洋黏土可能是引发海啸地震的重要区域控制因素（Chester et al.，2013）。

（三）大陆科学钻探

1. 大陆科学钻探的历史

大陆科学钻探始于20世纪70年代。1970年开始，苏联地质部在科拉半岛等地先后施工了若干科学钻探，其中最深的为SG-3井，终孔深度达到12261m。1987～1994年，德国中部Windischeschenbach镇KTB钻探项目，原设计孔深14000m，实际终孔孔深9101m。1992年11月，法国布雷斯特经济合作与发展组织（OECD）大科学论坛提出成立国际大陆科学钻探组织的框架建议。1993年8～9月，德国地学研究中心（GFZ）召开科学钻探国际会议，正式讨论成立国际大陆科学钻探计划（ICDP）。1996年2月26日，在东京德国驻日本使馆，中国地质矿产部、美国国家科学基金会和德国联邦教育科技部的代表正式签署合作备忘录，宣告ICDP成立；中国、美国和德国成为ICDP的3个发起国。目前，ICDP已经有21个成员，包括19个国家成员，以及联合国教科文组织和Schlumberger公司。2006年3月，国际大陆科学钻探中国委员会（ICDP-China）正式成立。

国际大陆科学钻探计划（ICDP）：ICDP的主要目标是通过独特的科学钻探方法，精确了解地壳成分、结构构造和对地球资源与环境起着至关重要作用的各种地质过程。ICDP的最高决策机构是理事会（Assembly of Governors），由每个成员国各派一名代表组成；负责资金筹措、科学监督、重要决策和新成员国的接纳。理事会下设执行委员会（Executive Committee），负责管理事务，由成员国各指派一名代表组成；负责组织科学委员会对项目进行年度评审，向理事会报告上一年度的项目运行情况，包括资金预算和科学进展。执行委员会下设科学委员会（SAG）和项目运作支持组（OSG）。科学委员会由国际知名的同行专家组成，每年召开一次年会，对所有新申报的立项建议进行审查排序，然后向执行委员会推荐。项目运作支持组为执行委员会的服务机构，成员由德国地学中心从事科学钻探有关专业的科技人员组成，负责为执行委员会提供管理服务，并为ICDP资助项目提供钻探、测井、信息技术等支持服务，如专业技术培训等。

2. 国际大陆科学钻探计划的主要研究领域

ICDP已在全球形成宏伟的整合计划，正在实施的ICDP项目已有20余项。ICDP主要是应对社会挑战和需求，包括：①气候和生态系统，如古气候、深部生命、陨击构造、火山等；②地质资源可持续供应，如深部生命、火山、元素循环、板块边界等；③自然灾害，如断层、火山、陨击构造、板块边界等。

ICDP的研究主题有：①与地震、火山爆发有关的物理、化学过程及相关减灾措施；②近期全球气候变化的方式与原因；③天体撞击对全球气候变化及大规模生物灭绝的影响；④深部生物圈及其与各种地质过程（成烃、成矿与地球演化）的关系；⑤安全处置核废料和其他有毒废料；⑥沉积盆地与能源资源的形成与演化；⑦不同地质环境下的成矿作用；⑧板块构造机理，地壳内部热、物质和流体迁移规律；⑨更好地利用地球物理资料了解地壳内部的结构与性质（图3-1）（闵志等，1998；苏德辰和杨经绥，2010；张金昌和谢文卫，2010；杨经绥等，2011a）。ICDP正在与国际综合大洋钻探计划（IODP）联手，一个全面探测、观测与动态监测地球系统的新时代即将来临。

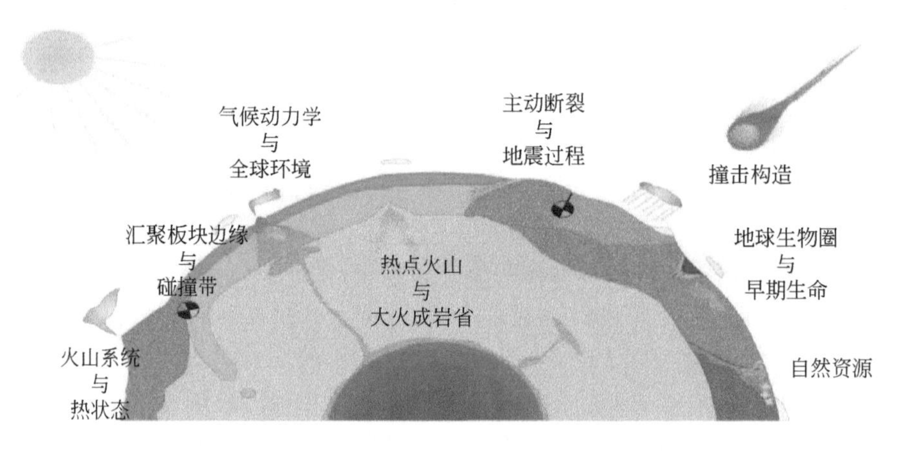

图3-1　国际大陆科学钻探研究主题

ICDP项目的立项遵循全球性原则、国际性原则、钻探工作的必要性原则和社会需求原则，钻探的深度根据实际需要确定，可深可浅。ICDP实行项目负责制，项目均须经过同行评议；项目必须做好钻探深度与经费预算的平衡。ICDP项目的申请过程具有高度的开放性和严肃性。据不完全统计，至2008年，ICDP共接收各种项目建议201项、研讨会立项建议50项（包括不同年份重复提交的项目），已资助科学钻探项目25个、资助研讨会30多个。

1）全球环境与气候变化

最能反映全球或局部气候环境与变化的高分辨率沉积记录大多保存在大陆内部的湖相沉积中，特别是具有较长寿命的湖相沉积中。湖泊沉积物中还保存有地球磁场变化的信息，沿大的断裂分布的盆地湖泊沉积物中还保存有高分辨率地震的时空分布信息（Brigham-Grette and Haug，2007）。主要项目有：美国Chesapeake Bay（2005年9月～2006

年5月)；死海盆地钻探；东非裂谷带附近人类演化与古气候；过去气候变化的高分辨率地质记录；俄罗斯Imandra极地钻探（2007年)；俄罗斯贝加尔湖高分辨率大陆古气候记录（1989～1999年)；加纳Bosumtwi湖钻探（2004年7～10月)；俄罗斯极地冻土层及湖相钻探（2008年10月～2009年5月)；中亚数百万年来气候演化Lake Issyk-Kul钻探；东非裂谷地区Malawi湖泊钻探（2005年2～3月)；危地马拉Peten Itza湖泊钻探（2006年2～3月)；阿根廷Potrok Aike湖相沉积钻探（2008年9～11月)；南太平洋法属波利尼西亚塔希提岛海平面变化钻探（2005年10～11月)；南美秘鲁与玻利维亚交界Titicaca湖泊钻探（2001年4～5月)；土耳其Lake Van湖泊钻探；瑞典Lomonosov Ridge科学钻探(2005年8～9月)；加拿大Mallik气水化合物钻探（2001年12月～2002年3月)；美国新泽西州海岸平原钻探（2009年，与IODP合作)；琉球群岛珊瑚礁钻探（与IODP合作)；美国大盐湖（Great Salt Lake）和熊湖（Bear Lake）钻探（2000年)；中国青海湖环境钻探（CESD)；中国白垩纪松辽盆地大陆科学钻探。我国大陆中生代温室气候的陆相和古生代冰室气候海相沉积保存较好，为开展地球行星表层系统“时间隧道”（沉积记录）大陆科学钻探计划提供了条件。

2）陨石撞击坑及撞击过程研究

陨石撞击坑对地球的形成和后期改造起着重要的作用，也是生命演化的重要因素。陨石撞击产生的大量热能还有可能造成地球沉积物中有机质燃烧、活化、转移，对石油和天然气的形成及保存起着促进作用。有些陨石本身的成分极为特殊和集中，其撞击后会形成特殊的矿产资源，陨石坑形成的特殊环形构造还可形成天然的湖泊或水库，对地方水资源的影响意义重大。目前世界上已经确认的陨石撞击坑大约有170个，其中三分之一在地表可见。大部分裸露地表的陨石撞击坑已经被风化破坏，通过科学钻探获取地下构造的新鲜样品显得至关重要。ICDP资助的有关钻探项目包括：墨西哥Chicxulub陨石坑（三叠纪—白垩纪分界）科学钻探，其中Yaxcopoil-1号孔钻达1511m（2001～2002年)，贯穿了100余米厚的冲击砾岩和冲击凝灰角砾岩；美国Cheapeake湾陨石坑（35Ma）科学钻探（2005年9月～2006年5月)，共钻进1.8km；俄罗斯极地冻土层及湖相钻探（Lake Elgygytgyn Drilling Project，2008年10月～2009年5月)，涉及气候变化和陨石撞击坑（3.6Ma）两个主题，包括3口科学井；加拿大Sudbury陨石坑（1.8Ga）科学钻探；接近北极的Mjlnir陨石坑科学钻探（挪威)。

3）地球生物圈

生物圈的底界已远远超过地球表面，地下生物圈的微生物种类和生物量甚至超过地表生物。地表下微生物可能参与多种地球化学过程，对于元素循环、矿物质形成及变迁以及地下水的演化起着重要作用。深部生物圈的研究是国际科学钻探领域中的热门课题，大陆科学钻探极有可能在地下生物圈研究方面取得重大突破（Horsfield and Kieft，2007)。以探索生物圈为主题的ICDP项目有北欧Collisional Orogeny in the Scandinavian Caledonides(COSC)、以色列死海钻探、深部岩石圈综合研究（德国)、捷克Eger裂谷钻探、芬兰冰期后断裂钻探、美国夏威夷钻探、俄罗斯极地Fennoscandia钻探、俄罗斯科拉超深钻探、加拿大Malik钻探、美国新泽西科学钻探、德国KTB等。

4）火山系统和热流机制、地幔柱和大洋裂谷

活火山科学钻探可以通过原位的测量与取样，了解岩浆在地壳中的物理和化学活动规律，探索地壳结构和岩浆运移条件，研究火山喷发规律，有效监测和预防火山灾害，开发利用火山能源和矿产资源。地幔柱火山活动是影响地球内部结构与成分变化的主要作用，很可能是地心热量损耗的最主要机制和板块运动的最重要驱动因素。地幔柱引起的大规模岩浆聚集对大陆的形成与演化起着重要作用，是大陆动力学研究的主题之一（Hill et al., 1992）。ICDP 涉及火山系统、热流机制或地幔柱和裂谷的项目有意大利 Campiflegrel 火山口钻探、美国夏威夷火山钻探（HSDP）、美国 Koolau 火山钻探（2000 年）、冰岛深部钻探（已完成第一阶段钻探）、法属留尼汪岛 Fournaise 火山深部地热钻探、美国长谷火山钻探（1998 年）、俄罗斯 Mutnovsky 火山科学钻探、芬兰 Outokumpu 深部钻探（2004 年）、美国蛇河科学钻探、日本云仙火山钻探（2003 ~ 2004 年，钻达活火山通道）、德国 KTB 等。

5）活动断裂科学钻探

大地震后的断裂带科学钻探，是研究地震形成机制和捕捉余震直接信息的有效方法，也为提高地震监视和预警能力提供了极佳的机遇。1995 年 1 月日本神户大地震后，同年 11 月对野岛断裂（Nojima Fault）进行了科学钻探。此后开展的有美国圣安德烈斯断裂观测计划（San Andreas Fault Observatory at Depth，SAFOD；2004 ~ 2007 年）、中国台湾车笼埔逆冲断裂（Chelungpu Fault）、希腊裂谷环境 Aigion 正断层、南非太古宙活化断裂（Pretorius Fault）和日本俯冲带逆冲断裂（Nankai Thrust）等科学钻探项目。

6）汇聚板块边界和碰撞带

板块俯冲和碰撞是地球上最为重要的地质过程。现代汇聚板块边界和碰撞带周围存在着大地震、海啸、火山喷发等重大地质灾害隐患。相关的科学钻探项目国外有挪威加里东碰撞造山、希腊 Hellenic 俯冲带科学钻探、捷克 Eger 裂谷钻探、日本 Nankai 海槽钻探、波兰 Orava 深部钻探和德国 KTB 等，国内有中国大陆科学钻探工程（CCSD）一井和台湾车笼埔钻探等。

7）自然资源

不同地质环境下形成的矿床是 ICDP 的主题之一，资源开发与科学钻探之间的合作日渐增多。例如，加拿大 Mallik 天然气水合物钻探项目（2001 年 12 月 ~ 2002 年 3 月）和冰岛深部钻探项目（IDDP）。

3. 大陆科学钻探的成就（不限于 ICDP）

大陆科学钻探实施 40 多年来，迄今为止已有 13 个国家实施了 22 口大于 4000m 的科学深钻，目前完成的超深钻（大于 8000m）有苏联的科拉（井深 12261m；使用 Uralmash 15000 型钻机）和德国的 KTB（井深 9101m；使用 KTB 型钻机）两口（董树文和李廷栋，2009）。美国已研制出液压顶驱组合式取心钻机——DOSECC 型专用钻机，利用该钻机已完成 4500m 的科学深钻。

1）全球环境与气候变化

大陆科学钻探是获取关键层位连续沉积记录的关键技术（王成善等，2008）。古气候

研究需要获取高质量的古气候沉积记录。全球海相沉积物分布相对广泛和连续，而且成熟的大洋钻探（DSDP/ODP/IODP）获得了丰富的古气候研究成果。反之，陆相沉积相对局限且不连续或风化较为严重。与地表露头相比，地下具有时代古老、时间精度高、连续的地质记录，尤其是前白垩纪以及陆相沉积保存较好。因此，大陆科学钻探项目对于古气候研究有重大意义（Soreghan et al.，2004）。大陆钻探获得的岩心样品没有遭受地表风化，可以更广泛地应用地球化学替代性指标以及地质年代学技术进行古气候重建。除此之外，通过岩心连续取样可以进行厘米级的高分辨率研究，还原气候快速变化时期的古环境。同时岩心和地表露头数据结合可以共同揭示沉积过程和盆地演化过程。

美国大盐湖（Great Salt Lake）和熊湖（Bear Lake）科学钻探岩心碳氧同位素研究结果（图3-2～图3-4），给出了近280ka以来连续的古气候记录和冰期/间冰期级别的古水文波动（Schnurrenberger and Haskell，2001；Bright et al.，2006）。Haug等（2001）应用大陆科学钻研究了卡里亚科盆地钛和铁浓度，为全球亚太地区气候远程对比提供证据（图3-5）。

2001年塔希提岛海平面变化钻探岩心中发现了上一次大冰期前连续的热带冰期记录，可能包含500ka以来热带安第斯和相邻亚马孙盆地的气候记录，为确定南美地区千年和轨道级别的气候变化规律提供了重要证据。西非加纳Bosumtwi（2004年）湖泊沉积物提供了非洲大陆1Ma以来完整的高分辨率气候变化记录。东非裂谷Malawi湖泊钻探（LMDP，2005年），可精确获得过去100ka以来连续的气候变化记录。危地马拉Peten Itza湖相沉积是研究最近200ka以来10a级气候变化最好的场所。

低纬度冰芯可以提供热带地区过去气候变化的独特信息。持续后退并变薄的秘鲁Quelccaya冰盖（海拔5670m）冰芯给出了过去约1800年高分辨气候变化的记录。其中，O同位素比值（$\delta^{18}O$）与热带东太平洋海面温度有关，而铵和硝酸盐浓度记录了热带安第斯地区热带辐合带迁移的作用。冰盖后退边缘湿地植物的放射性碳定年数据显示，至少在6ka之前，冰盖还没有变小（Thompson et al.，2013）。

2）陨石撞击坑及撞击过程研究

俄罗斯极地冻土层及湖相钻探，湖中钻探深度为315m，岩心中发现了不同级别冷暖变化规律，在底部发现了陨石撞击形成的角砾岩。

3）地球生物圈

前人认为，生物圈的下限可以达到1000m左右（Rochelle et al.，1994），生物在自然界中的生存温度上限为121℃（Kashefi and Lovley，2003）。根据中国大陆科学钻探工程主孔（CCSD）地下微生物研究获得的微生物生物量变化剖面，发现主孔岩石中有多种微生物，用磷脂酸分析方法发现微生物的可检测下限为4500m，采用DAPI染色方法可检测到微生物的深部下限是4803.71m；而根据测温结果，地下4500～4800m井段的温度为130～140℃（苏德辰和杨经绥，2010）。Takano等（2005）报道，西太平洋APSK05孔岩心中发现有生物酶的活动，其温度上限为308℃。

4）火山系统和热流机制、地幔柱和大洋裂谷

夏威夷科学钻探已经获得的科学结果表明，钻探可以系统获取岩浆演化过程、地幔结构、岩石圈动力学以及地下火山环境的热、成岩、水文和微生物演化方面的信息，科学钻

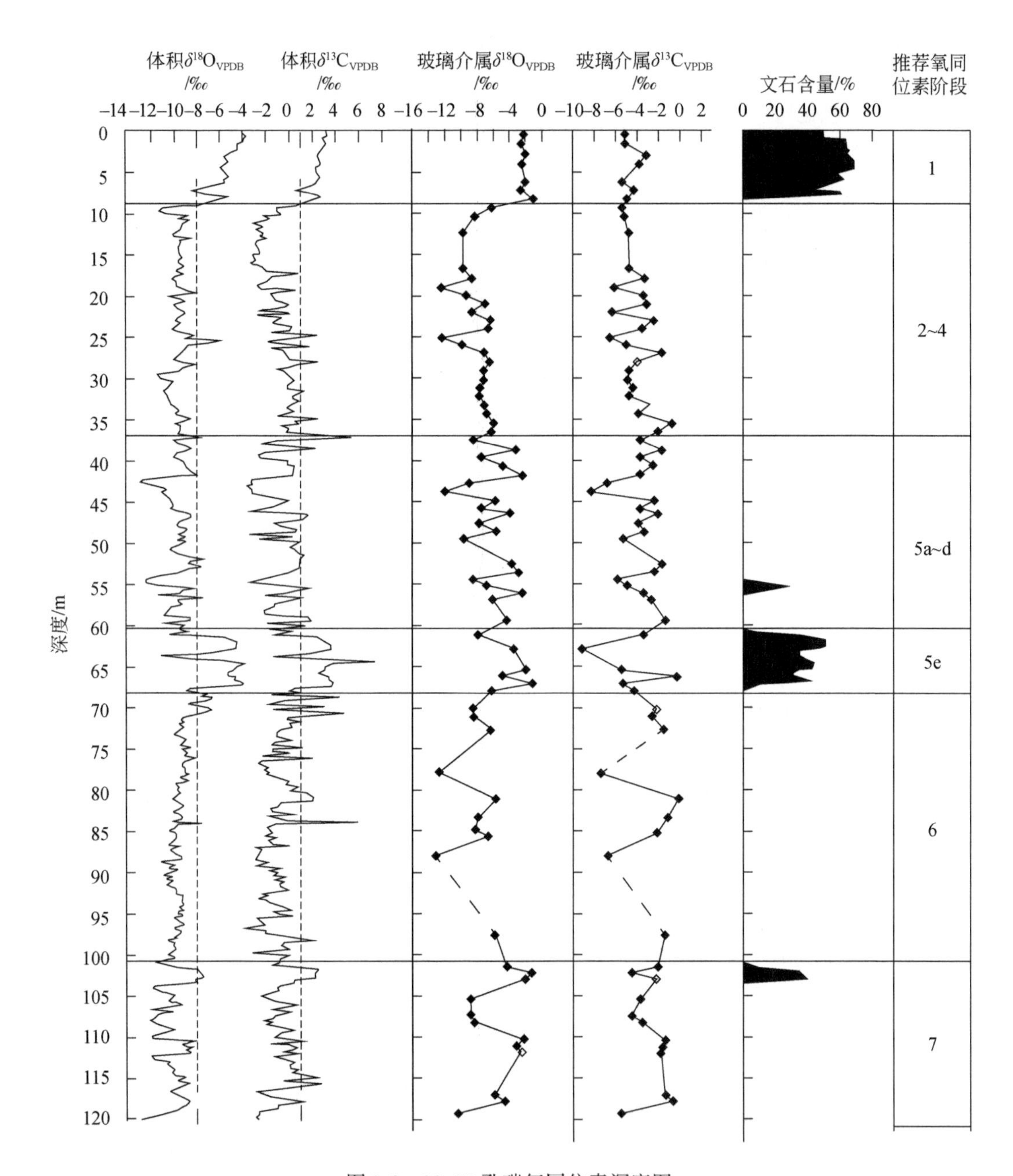

图 3-2　00-1E 孔碳氧同位素深度图

探提供的这些信息对发展和验证地幔岩浆活动模型至关重要。

5）*活动断裂科学钻探*

震后科学钻探研究已在断裂带热异常、流体作用、矿化作用、余震监测等方面取得了初步成果。日本 1995 年 Kobe 大地震后 Nojima 断裂带科学钻探首次获取了震后断裂带的物理特性和断裂带愈合的过程。1999 年台湾集集大地震后的车笼埔断裂带科学钻探确定了地

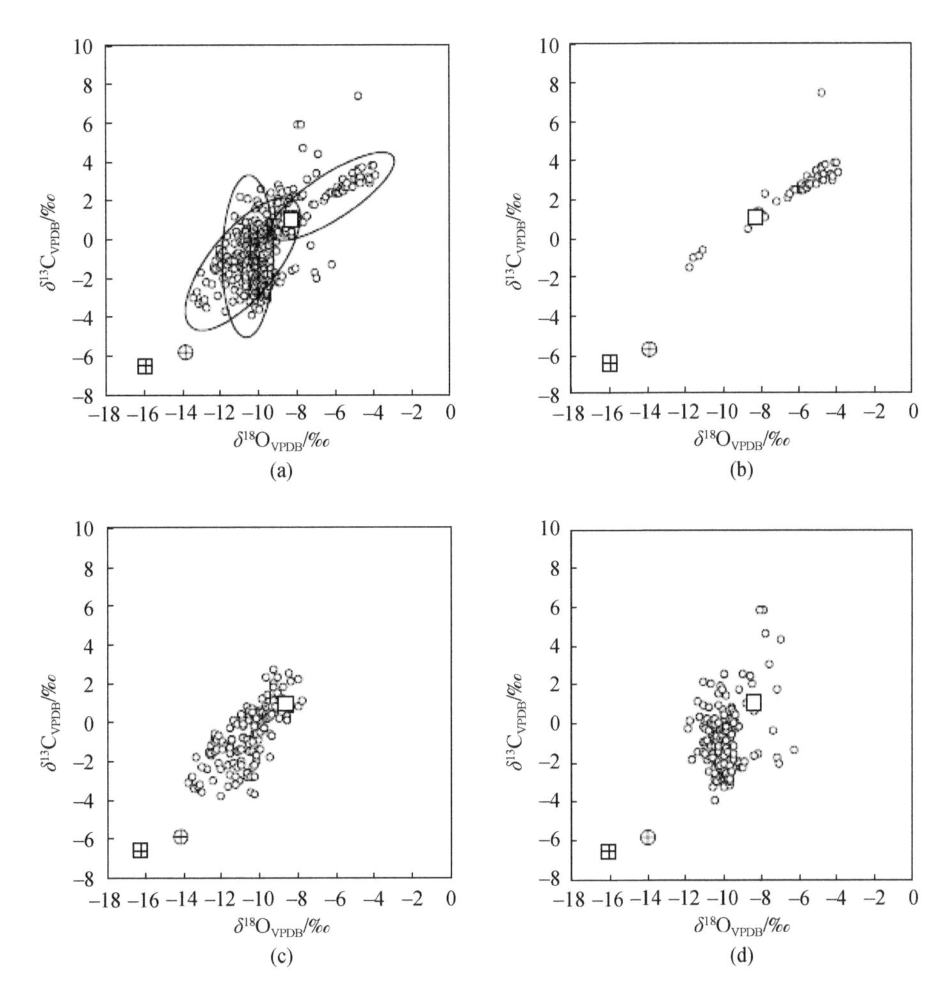

图 3-3　00-1E 钻孔碳酸盐沉积物碳氧同位素交汇分析图

震破裂主滑移带和实现了空中监测。

6）汇聚板块边界和碰撞带

中国大陆科学钻探工程（CCSD）一井就建在我国华北地块与华南地块碰撞造成的大别-苏鲁超高压变质带上，取得了突出成果。

7）自然资源

科学钻探揭示幔源无机成气（油）的可能性。20 世纪 70 年代以来，大陆科学钻探计划揭示了重要的无机生油信息。俄罗斯、瑞典等国的科学钻探已发现来自地幔的流（气）体，并有油气的显示。德国 KTB 也发现深源气（3434m），揭示流体随着深度不是减少而是增加，运移方式由裂隙运移转化为晶格内及颗粒边界运移，随深度增加，H、He 和 CH_4 气体含量也增加，为流体来源于地幔提供了更多的证据。乌克兰第聂伯-顿涅茨盆地深钻 3100～4000m 的前寒武系变质岩中意外发现 5 个大型生、储油层，形成产量 2.19×10^6t 的工业油田；油气中含大量微量金属，Ni/V 值高；微生物、细菌分析发现所谓生物标示分

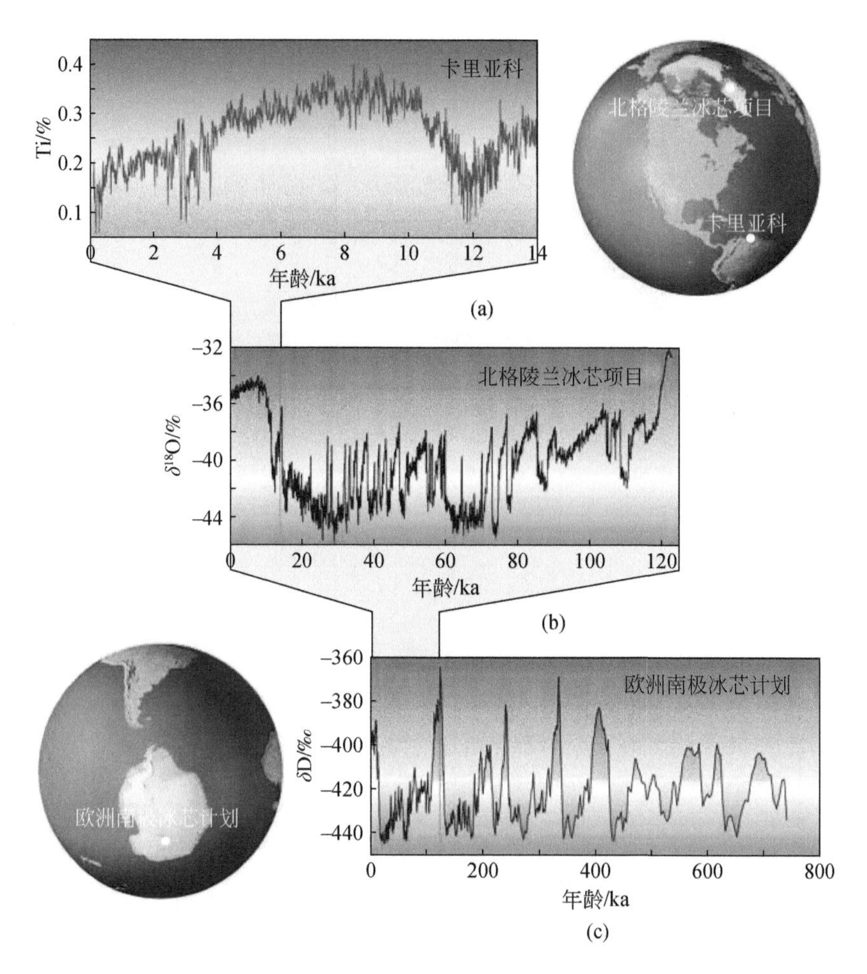

图 3-4　不同时期的全球气候变化

(a) 卡里亚科盆地钛浓度在全新世的变化（Haug et al., 2001）;（b）格陵兰岛氧同位素值冰期变化;（c）南极洲雪佛兰冰芯钻孔气候变化在时间尺度-氘同位素测量

子连 ppm（百万分之一）级都达不到；大量氦气（He）来源于深源（上地幔），是随碳氢化合物、CO、烃类、氮等深部流体上涌。中国大陆科学钻探（CCSD-1）3000m 钻孔地下流体异常发现 H、He 和 CH_4 气体含量随深度增加以及初步确定幔源气体的存在；CCSD-1 钻孔附近的响水断裂和郯庐断裂为来自地幔的流体提供了可能的直接通道；来源深部的无机成因的二氧化碳气藏（田）在郯庐断裂两侧的渤海湾、松辽、苏北和东海等含油气盆地均有分布。苏北黄桥二氧化碳气田是我国目前开发利用的最大气田之一，在济阳拗陷已发现二氧化碳气藏 6 个，探明储量 $1.00\times10^{10}m^3$ 以上。这些结果表明来源深部的气藏（或幔源烃）具有较大的勘探前景；使传统的生物成因油气观受到了严峻挑战，而非生物成因油气研究成为关注的焦点。实验和计算表明，非生物成因油气不仅通过费托合成反应可以生成，还可在热液等适当条件下（如 200～400℃，50MPa，铁镍矿作为催化剂），通过碳酸溶液的加氢反应生成。洋中脊、大陆超基性岩和前寒武纪地盾等可能满足上述条件。由于

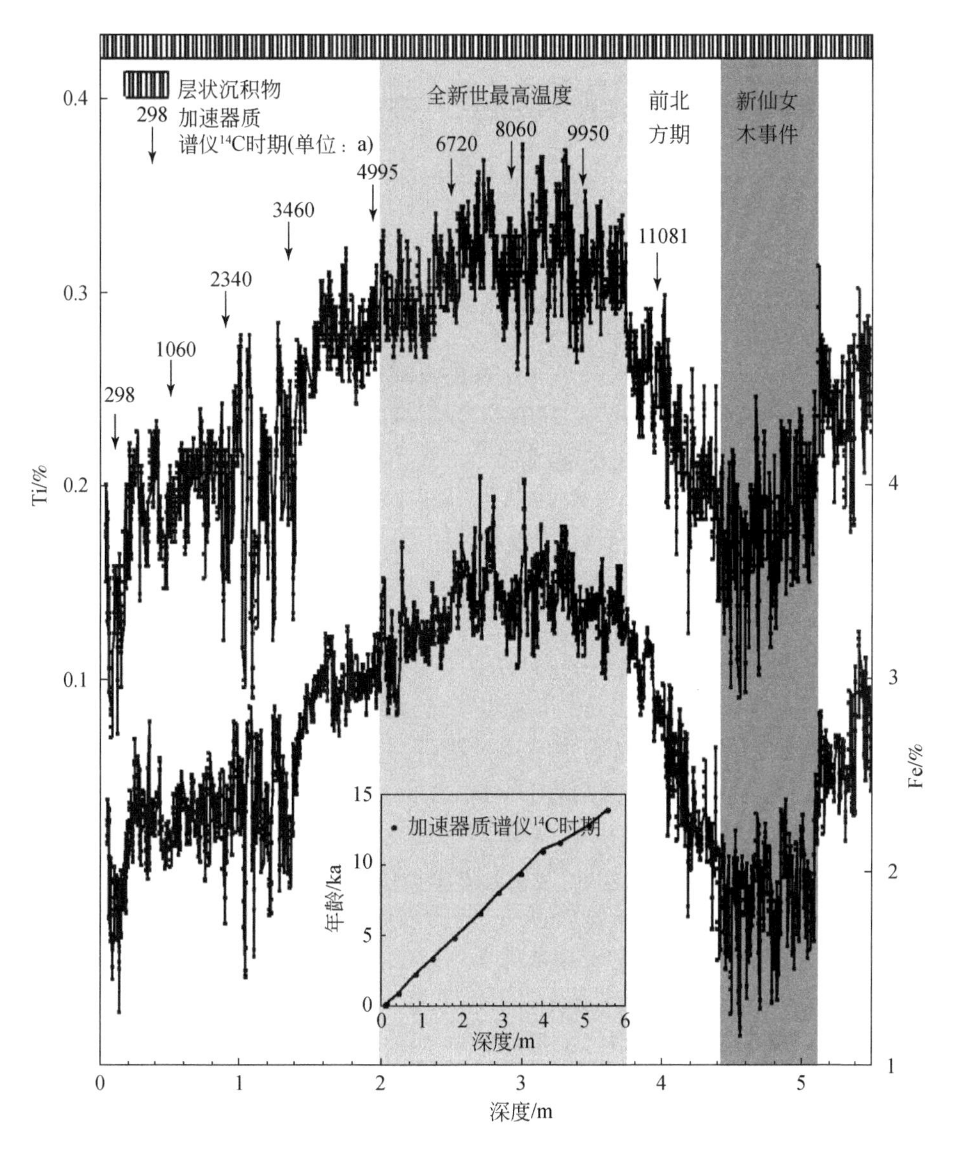

图 3-5　卡里亚科盆地大洋钻井平台钻孔钛、铁浓度图

超壳流体上升，携带大量热能，加速油气的生成，同时携带大量具有明显幔源特征的烃。因此，幔源流体对烃类的生成具有重要影响。

大陆超深钻探成功开拓深层油气资源新领域。苏联在含油气盆地中打过超深钻，开采了 75 个 6km 以下的油藏。2003 年美国壳牌石油公司在墨西哥湾的外陆架实施一口 25000ft（7～8km）的石油钻井。

超深科学钻探揭示深部成矿作用。科拉（Kola）超深钻孔（SG-3）位于俄罗斯北部的科拉（Kola）半岛，是世界上少数几个超深钻之一，SG-3 钻孔井的岩心取到 12.25km。SG-3 为研究上地壳中反射波的产生、成分变化、剪切带、流体和变质岩相的变化提供了可能（梁慧云和李松林，2004）。SG-3 超深钻井在 6～10km 深处发现了硫化物矿化细脉，在 10km 上下发现了在变质基性岩中有 Cu-Ni 硫化物和基性岩中的 Fe-Ti 矿化，在 9.5 ~ 11km 处发现了含大量银的自然金。

2009 年启动的冰岛深部钻探项目（IDDP），为研究活岩浆、开发高温地热提供了独特的机遇。

4. 我国大陆科学钻探研究的进展

1）中国大陆科学钻探工程

中国大陆科学钻探工程（CCSD）是国家“九五”重大科学工程，是近期实施的 ICDP 计划中最深的科钻井，被誉为中国第一井。井孔周围建立了世界一流的科学钻探现场和深部物质研究平台（许志琴等，1996）。2001 年 8 月 4 日，CCSD 在东海县安峰镇毛北村正式开钻，2005 年 4 月 18 日顺利完成现场施工，钻孔深度为 5158m。中国大陆科学钻探工程取得了重要创新性成果：建立了 CCSD 钻孔 5km 系列“金柱子”，包括岩性、地球化学、构造、岩石伽马、矿化、岩石物性、流体等剖面；首次在国内完成了长井段岩心深度和方位测井归位及结晶岩区的三维地震探测，揭示了孔区附近精细的地壳结构；在主孔、卫星孔以及区域范围内不同岩性的锆石中普遍发现柯石英和超高压矿物包体，表明苏鲁地区曾发生巨量的大陆地壳物质深俯冲至 100km 以下的地幔中并经历了超高压变质作用的壮观地质事件；确定了超高压变质年龄以及与构造抬升有关的退变质年龄；在主孔岩屑中发现一批新的异常地幔矿物，在主孔榴辉岩中发现金刚石，在主孔中新发现 400m 厚的金红石矿层；发现了地下气体地球化学异常与印度尼西亚苏门答腊 9.3 级地震之间的对应关系；CCSD 主孔 3000m 钻孔地下流体异常发现 H、He 和 CH_4气体含量随深度增加以及初步确定幔源气体的存在；围绕 CCSD 进行的区域地震层析剖面揭示钻孔附近的响水断裂和郯庐断裂为抵达地幔的超岩石圈断裂（或地幔断裂），为来自地幔的流体提供了直接通道的可能；在不同深度、不同岩性中发现大量极端条件下形成的微生物新家族，并成功培植微生物活体；提出了新的陆陆碰撞深俯冲剥蚀模式（许志琴，2004；许志琴等，2005；刘福来等，2006；王汝成等，2006；杨文采等，2008）。

CCSD 为探索深部地下微生物的垂直分布、生物量和生物多样性等重大科学问题提供了宝贵的机会。由于地温梯度的存在，CCSD 主孔 5000m 处的温度大约为 140℃，超越了目前“微生物生存温度上限为 121℃”的共识。

杨文采等（2008）通过对 CCSD 主孔地质及地震反射资料的综合研究，发现甲烷、二氧化碳与氦等气体异常与三分量地震反射带有关，在水平分量剖面上尤其明显。主孔岩心地震波速测量结果表明，尽管结晶岩孔隙度低（仅为 1% 左右），其中微裂隙含气会引起地震波速（尤其是 S 波速度）与饱水岩样相比明显降低，导致充气结晶岩石产生明显的地震响应，因此，地震方法可用于探测中地壳的天然气床。

大陆科学钻探和深反射地震为主导的详细综合地球物理调查，为研究苏鲁超高压变质带地壳上地幔组构提供了难得的基础资料。在大陆科学钻探取心、测井和地面三维地震观测的同时，还在 5000m 钻孔中用三分量数字检波器，对地表激发传播到井中的地震波场作垂直地震剖面（VSP）观测，近距离、高精度和高分辨率地观测井周围由于超高压变质带的构造特征和岩性特征引起的波场变化。通过零偏移距和非零偏移距 VSP 调查，首次在超高压变质带取得了深度达5000m的精细横波速度和泊松比等地球物理属性数据，做出了钻井岩心柱、测井、VSP纵波速度、横波速度和纵横波速度比、VSP上行波和地面地震资料的桥式综合对比图，使不同尺度的地质和地球物理调查资料互相连接在一起。零偏和非零偏VSP观测可以标定主孔地质剖面各深度地质体的地震反射特性、井旁地震剖面上各个同相轴的地质属性，并对井旁局部地质构造作精细成像。由此观测取得的横波速度资料，成为建立孔区横波速度模型主要的资料来源（朱光明等，2008）。

中国大陆科学钻探工程项目在钻探、测井、地球物理、分析测试以及信息技术等方面取得了丰硕的工程技术成果：研发了一整套独具中国特色的硬岩深孔钻探技术体系，发明了具有自主知识产权的井底动力驱动冲击回转取心钻探技术；开发了国内第一套人机联作岩心空间归位、特征参数提取及统计功能的成像测井-岩心扫描图像综合处理系统，首次系统分析了超高压变质岩的测井响应特征等。中国大陆科学钻探工程的实施不仅对我国科学钻探工程技术进步有巨大推动作用，还推动了地学各领域及交叉领域的相关技术的进步（王达等，2007）。

2）青海湖环境钻探项目

青海湖国际环境钻探是ICDP项目之一，也是中国环境科学钻探计划的重要组成部分。青海湖是位于亚洲内陆的我国最大的内陆咸水湖，处于东亚季风湿润区和内陆干旱区的过渡带上，对气候和全球环境变化十分敏感，是研究我国西部环境变化、青藏高原隆升过程、环境效应及与全球联系的极佳场所（安芷生等，2006）。

该项目采用美国湖泊钻探公司（DOSECC）GLAD800钻探系统在青海湖钻取岩心。2005年7月21日开钻，到9月5日结束，钻探累计进尺547.855m，取得岩心323.255m。为弥补湖上钻探不足，在青海湖南岸二郎剑和一郎剑补充了陆上钻探，进尺分别为1108m和648m。该项目实施为青海湖地区环境的形成演化、生态环境的退化治理与重建、环境承载力提高以及未来环境预测等提供重要的基础理论与数据，为我国干旱-半干旱地区生态环境未来十年尺度演变趋势的预测做出了重要贡献。

3）白垩纪松辽盆地大陆科学钻探工程

该工程由国际大陆科学钻探计划（ICDP）、科技部973计划和中国地质调查局等共同资助。白垩纪作为地质历史时期“温室气候”典型范例时期，提供了温室气候条件下地球气候系统运作和变化的良好档案。中国白垩纪大陆科学钻探工程，成为全球首例以陆相白垩系为目的层段的全取心科学钻探，构成全球首个近乎完整的白垩纪陆相沉积记录（王成善等，2008）。该工程包括两个阶段。第一阶段为2006～2007年实施的“松科一井”上白垩统钻探取心工程，总计获取岩心长2485.89m。第二阶段为2014～2018年实施的“松科二井”下白垩统钻探取心工程，完成钻井深度7018m，成为亚洲最深科学钻探井。松科二井获得了全球最完整最连续白垩纪陆相地层记录、气候变化主要控制因素和气候波动重大事件三项重要证据，首次实现了对白垩纪最完整最连续陆相地层厘米级高分辨率精细刻画，重建了白垩纪陆相百万年至十万年尺度气候演化历史，建立了白垩纪陆地古气候演变规律。该工程也为多井深部地下实验室提供了重要基础。

4）汶川地震断裂带科学钻探

2008年汶川大地震（7.9级）之后，我国科技部、国土资源部和中国地震局快速组织实施了国家科技支撑计划“汶川地震断裂带科学钻探（WFSD）”项目。WFSD 计划在发生地表破裂的地震断裂带（映秀-北川断裂带和安县-灌县断裂带）上盘不同位置实施数口中-浅科学群钻（600～3000m）。WFSD-2 钻孔位于映秀-北川断裂带上盘，在 WFSD-1 钻孔北西向约 300m 处，设计孔深 3000m，于 2009 年 7 月 5 日在四川省都江堰市虹口乡八角庙（映秀-北川断裂同震地表破裂带南段位移量最大地区）钻探现场正式启动。泥石流、强暴雨和断裂带岩层十分破裂而频繁导致施工中断，在 1369. 80m 钻探遇阻，并于 2011 年 2 月 19 日从孔深 675. 05m 进行侧钻（WFSD-2-S1），终孔深度为 2283. 56m（张伟等，2013）。WFSD-3 钻孔的 GPS 坐标为 31°23′50. 24″N、104°06′10. 07″E，海拔 850m。该钻孔于 2009 年 12 月 8 日开钻，2012 年 2 月 21 日钻达 1502. 30m，超过设计孔深而终孔，终孔顶角约 7. 6°，方位角约 203°。WFSD-3 钻进的地层非常破碎，在实施过程中发生了 2 次特大事故，分别在 788. 00m、1096. 00m 处进行了 2 次侧钻（杨光等，2013）。

断裂带中流体的流动受渗透率的控制。渗透率的大小也表征了地震后岩石的破坏程度。汶川地震发震断裂带内科学钻探深井 18 个月的水位观测（Xue et al.，2013），给出了渗透率急剧降低的结果，指示了发震断裂愈合的过程；而由于远震的触发，发震断裂的愈合过程受到多次的破坏，渗透率发生相应的突然升高。由此，断裂带内深井原位渗透率观测，揭示了大地震之后发震断裂的愈合、破坏和再愈合过程。

5）纳木错钻探计划

青藏高原是名副其实的“亚洲水塔”和地球第三极，纳木错湖面海拔约 4730m。纳木错钻探计划（NamCore）是国际大陆科学钻探计划（ICDP）项目之一，也是第二次青藏科考的组成部分，由中国科学院青藏高原研究所组织实施。该计划启动于 2019 年 7 月。2020 年 8 月，成功获取水下长达 144. 79m 的岩心，钻探深度达 153. 44m。这是我国获取的青藏高原湖泊最长岩心，有望重建近 15 万年的连续气候环境记录，对理解长时间尺度下西风-季风协同作用具有重要意义。同时，钻探计划的成功实施，表明我国已经具有在深水区域获得长尺度、高取心率湖泊岩心的能力。

6）新元古代地质研究综合钻探

新元古代（1000～541Ma）是地球历史上最具变革的时代，它始于中元古代延续了 10 亿年的简单真核生物时期，经历了至少两次的全球冰期气候（即“雪球地球事件”），以及后生动物进化、罗迪尼亚超大陆的形成与裂解、全球碳循环的高幅度波动、氧浓度上升和多样性生态系统的出现。新元古代地质研究综合钻探（GRIND-ECT）计划以巴西西部科伦巴群、中国华南陡山沱组和灯影组、纳米比亚南部 Nama 群等埃迪卡拉系—寒武系过渡地层（ECT；约 560～530Ma）为目标，旨在揭示新元古代地球系统剧烈变革的驱动因素，建立 ECT 相关地层的核心网络，以促进高分辨率、强时间约束的地质生物学、地层学和地球化学数据库的建立，并为未来研究提供遗产档案。

第三节　岩石探针与深部物质组成

（一）岩石探针

岩浆岩是板块运动过程与大地构造事件的记录。通过岩浆岩形成过程的物理化学条件反演，可以获得关于地球及其变化的信息。同时，岩浆在上升过程中可以对它穿过的不同圈层岩石进行采样，并带到地壳上部或地表。这些来自地球深部的“样品”，被称为深源岩石“包体”或“捕虏体”；它们可以提供地球内部，特别是地壳与上地幔的直接信息。因此，岩浆岩及其所携带的深源岩石包体就被形象地称为探测地球深部的“探针”和“窗口”，简称“岩石探针”（莫宣学，2011）。其中，花岗岩类岩石是构成大陆地壳的重要组成部分，其岩石组合、岩浆源区及成因研究蕴含着探索大陆动力学的重要信息，是探索大陆地壳生长与破坏、地壳物质再循环和壳-幔相互作用的关键（郑永飞等，2013）。其中，花岗岩类的成因更多地受“反鲍文系列”壳幔岩浆混合作用与演化的影响（Chen et al.，2015）。深源岩浆岩（如玄武岩、富碱斑岩、金伯利岩等）（图3-6）中的捕虏体提供了地幔组成的信息。玄武岩成分对盖层效应（即岩石圈厚度）敏感，可能记录有喷发时岩石圈厚度的信息，岩石圈盖层厚度控制了地幔熔融程度、熔体提取深度和玄武岩成分；与俯冲带有关的陆、弧玄武岩的成因是俯冲板块脱水导致地幔楔熔融与岩石圈盖层厚度效应的共同结果（牛耀龄，2022）。

岩石探针提供的深部信息包括：反演壳幔物质组成与结构，建立区域壳幔岩石学柱状剖面；反演壳幔热结构和热状态；估算地壳、岩石圈厚度及空间变化；反演软流圈顶面埋深、温压、物质状态、流体或熔浆含量等；反演壳幔氧化-还原状态；反演壳幔深部流体特征与地幔交代作用；通过同位素测年获得岩浆岩及深源包体的年龄，为研究地球深部过程提供了时间坐标，估算壳幔性质随时间的变化，反演壳幔深部过程（莫宣学，2011）。例如，华北克拉通不同时代的岩石圈地幔具有不同类型的橄榄岩包体（图3-7）和Os同位素演化特征（图3-8）（吴福元等，2007）。被幔源岩浆捕获并快速带到地表的麻粒岩捕虏体，代表了岩浆活动时的下地壳组成，这些捕虏体能带来最下部陆壳物质成分、变质作用、地球物理等方面的直接信息（侯青叶等，2010）。

（二）地幔柱和大火成岩省

20世纪80年代以来，人们开始关注大量的洋壳板块俯冲之后的去向、归宿和状态，对板片行踪的讨论兴盛起来。主要存在三种不同意见：第一种认为板片不能潜入下地幔；第二种认为可以俯冲到下地幔；第三种观点介于其间，认为不同的岛弧同时潜入和未潜入下地幔的情况都有。地震层析成像可以反映深、浅地幔柱三维视角图，揭示了全球具有大约32个地幔柱；其中，有的形成于2900km深处，有的形成于不到1000km（Nataf，2000）。例如，地震层析成像揭示冰岛之下为一个短的地幔柱，只有660km（Montelli

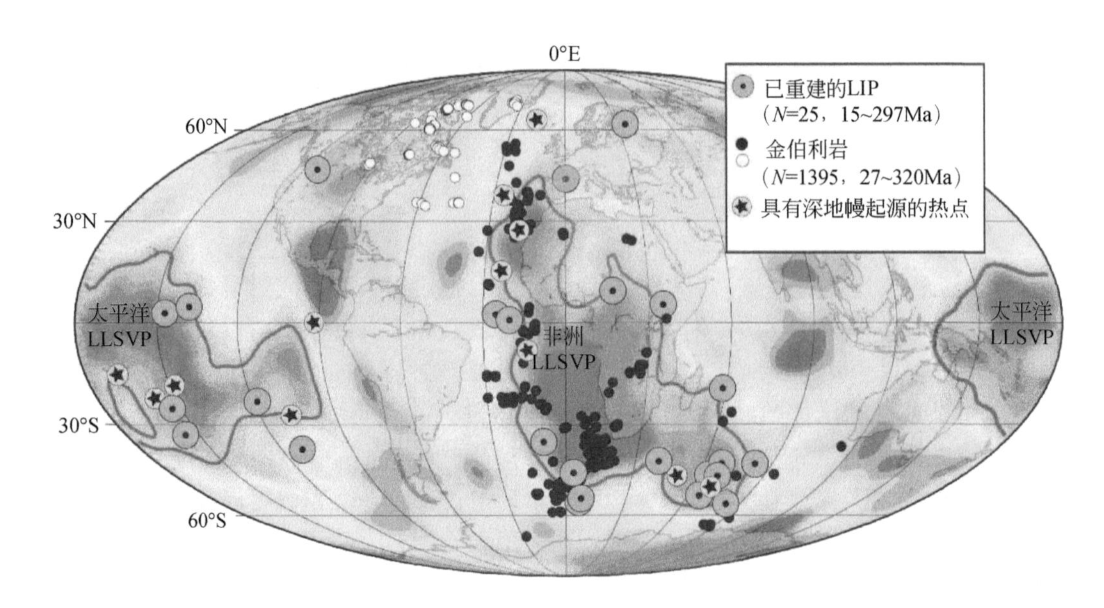

图 3-6 大火成岩省、金伯利岩筒和活动热点分布（据 Kerr，2013）
上升地幔柱可能是连通大型火山喷发［大火成岩省（LIP）］、含金刚石的金伯利岩筒喷发、热点与下地幔底部两堆大型低剪切波速省（LLSVP，图中粉红色区域）之间关系的关键

et al., 2004）。根据地幔柱、底部和所在板块的关系，全球热点地幔柱可以区分为以下不同的类型，包括：①静态垂直的地幔柱；②地幔柱底部相对位置固定，但与板块运动方向斜交；③地幔柱、源区和板块都在运动。

在深海大洋中，不同级别的地幔柱构造表现为不同尺度的大火成岩省。这些与地幔柱相关的火山活动，使得洋底地形地貌变得复杂，甚至使得洋中脊扩张经常发生偏斜，出现不对称。大火成岩省研究的前沿、目标与研究方法包括（Ernst et al., 2005）：①地幔柱和非地幔柱成因调查——关键问题的检验；②大火成岩省的定量化研究。

大火成岩省成因调查的目标在于确定和检验关于 LIP 成因的不同假说，包括：①深部地幔柱；②转换带边界地幔柱；③裂谷作用；④从厚的到邻近薄的岩石圈的边界-对流；⑤陨石撞击。研究方法包括：确定 LIP 的鉴别特征，如隆升的存在/缺失、隆升的范围和时间、火山边界的长度、裂谷作用的时间、大岩墙群的辐射作用、冲击特征的存在/缺失、下伏地幔的地震学特征。

大火成岩省的定量化研究，包括：①LIP 侵入和喷出相组合的原始体积和分布范围。目标是确定 LIP 的大小范围和源区模型；探讨随时间的变化。研究方法是确定属于 LIP 的附属单元；通过板块构造重建 LIP 残片的原始大小。②LIP 熔体产出速率。目标是分析 LIP 事件向地壳转移质量的速率；探讨随时间的变化。研究方法是测年，并精确确定 LIP 成分的体积。③LIP 垂向系统的形态。目标是确定岩浆从软流圈进入地壳/岩石圈的入点位置；确定岩浆在地壳中是如何分布及在何处分布。研究方法是圈定通道岩墙群、岩席和层状侵入体的形态。④LIP 地幔源区的性质。目标是确定不同的地球化学省对 LIP 的贡献。研究方法是利用不相容元素和同位素地球化学。⑤LIP 与金属矿床的关系。目标是改进 PGE-

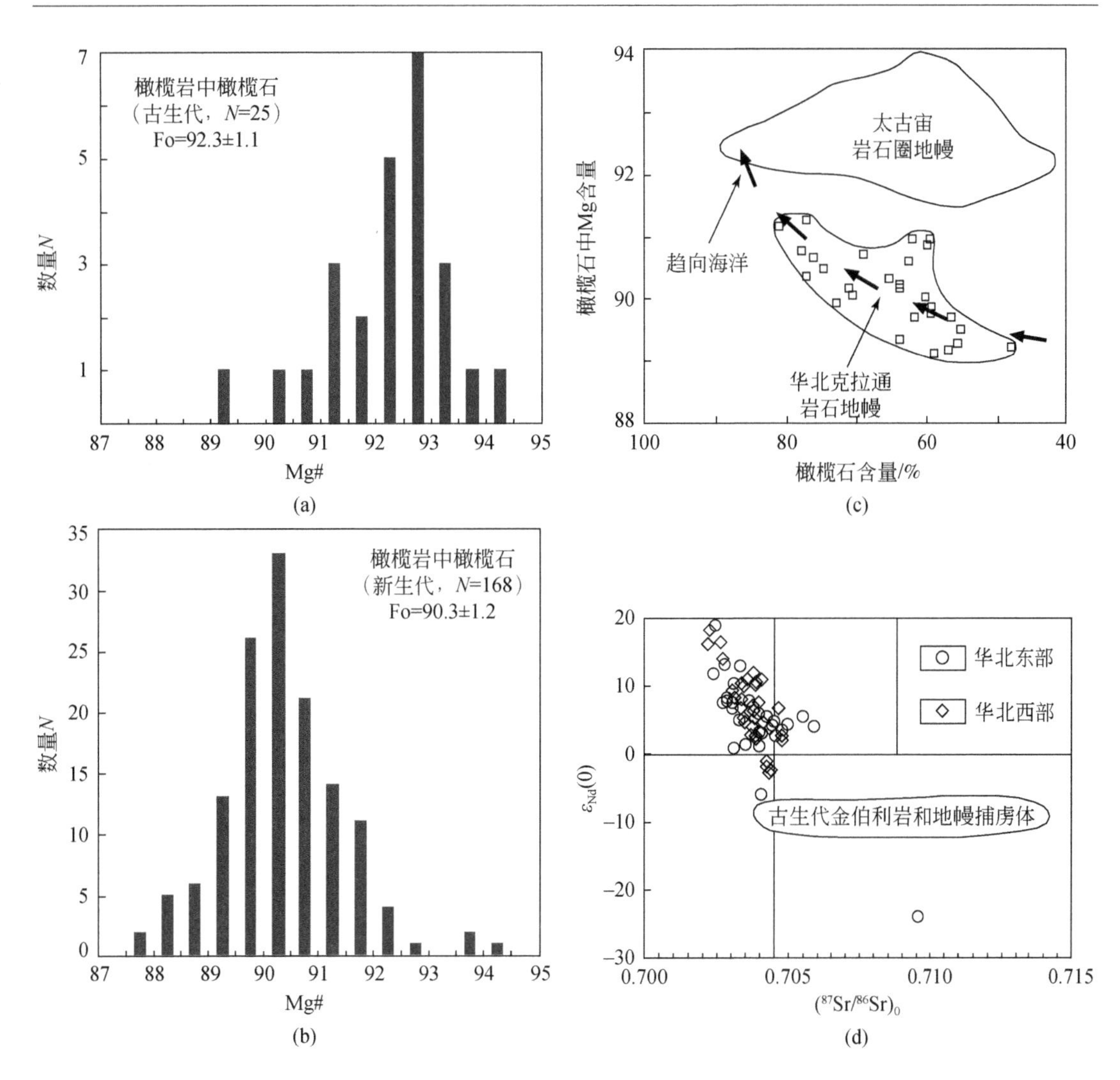

图 3-7　华北克拉通橄榄岩包体地球化学特点

Ni-Cu 勘查模型；应用于金刚石勘查。研究方法是金属矿床特征与改进的 LIP 垂向系统认识的集成。⑥确定 LIP 的时空分布（太古宇到现今）。目标是检验 LIP 与超大陆裂解、年轻地壳形成、气候变化、集群绝灭及磁性超时代的关系；分析 LIP 的周期性；确定 LIP 系列。研究方法是 LIP 的高精度测年；通过板块构造对 LIP 残片的重建（从 LIP 序列中分离独立的 LIP 残片）；LIP 记录的时间序列分析。⑦地球、金星、火星、水星和月球上 LIP 的特征、成因和分布范围的对比。目标是板块构造行星（地球、早期火星?）与非板块构造行星（特别是金星和火星）记录的比较；更好地认识地幔对流过程。研究方法是四个类地行星及月球上 LIP 组成成分和相关特征的填图；在地球上寻找类似于金星光环的记录。

三叠纪末期与大火成岩省有关的溢流玄武岩火山作用可能是引起生物绝灭的重要因素。Blackburn 等（2013）给出中央大西洋岩浆岩省（CAMP）溢流玄武岩火山作用及其延续时间的锆石 U-Pb 年龄，显示最早的 CAMP 火山作用年龄（201. 566±0. 031Ma）与生物

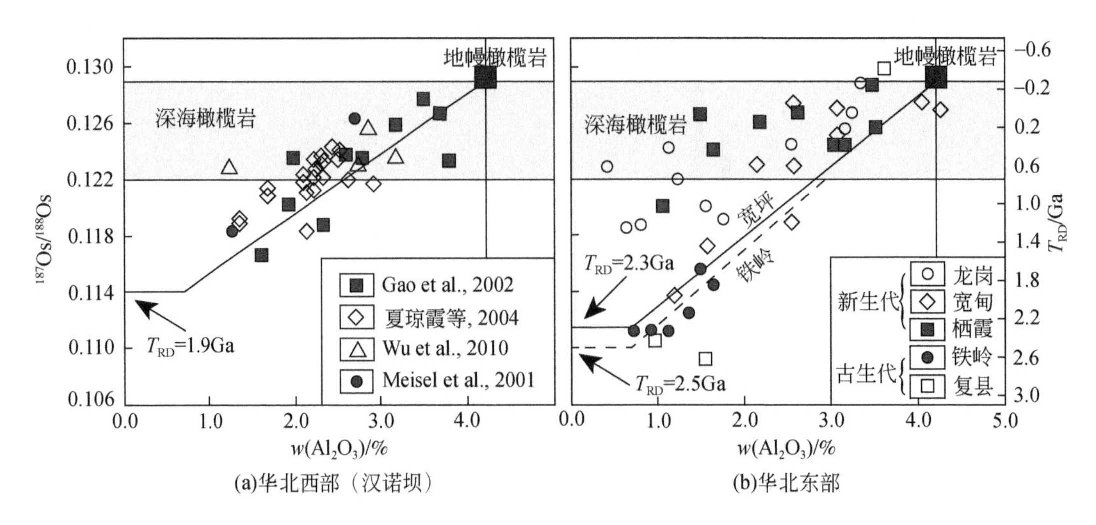

图 3-8　华北克拉通地幔橄榄岩包体的 Os 同位素特征

绝灭的时间相一致；在之后的约 60 万年时间间隔内共发生了 4 次岩浆喷出和大气变化旋回，即使在生物恢复过程中还曾发生广泛的火山作用。

（三）出露地表的地壳剖面或高级变质地体

出露地表的地壳剖面或高级变质地体，如角闪岩相、麻粒岩相地壳剖面或榴辉岩相高级变质地体，是研究深部地壳物质组成、变质过程与演化的理想样品，提供了地壳（特别是下地壳）形成与演化的年龄、温度-压力和化学组成等多方面信息（高山，1999），由此可以构建高级变质地体或地壳剖面的 P-T-t 轨迹。若高级变质地体或地壳剖面经历了等温减压过程，表明其在地壳深部驻留的时间非常短暂、在高温高压变质之后迅速折返到地表。相反，若高级变质地体或地壳剖面经历了等压冷却过程，并且该过程持续了至少 100Ma，则可能形成于地壳加厚过程、在地壳深部驻留了一定的时间（侯青叶等，2010）。由高级变质地体获得的下地壳总体成分相当于花岗闪长质或英安质，SiO_2 含量为 64% ~ 66%，Na_2O+K_2O 为 4. 1% ~5. 2%，接近 Rudnick 和 Gao（2003）的推荐值。

第四节　地壳地球化学模型与岩石圈三维化学结构

（一）地壳地球化学模型

根据被广泛接受的地球分异演化模型（图 3-9）（Hawkeworth and van Calsteren，1984；Taylor and McLennan，1985），只有上地幔参与了地壳的形成；由于地壳的分出，上地幔相对下地幔变为贫化地幔，而下地幔仍处于原始地幔状态（高山，1988）。

大陆地壳物质成分的多变性，直接制约了人们对地球动力学过程的认识。大陆地壳通

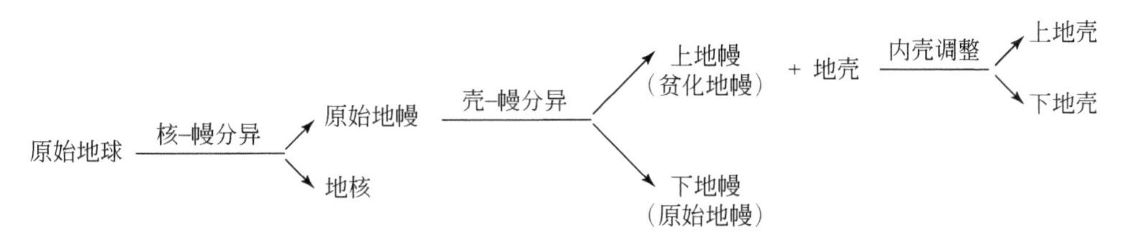

图 3-9　地球分异演化模型

常可分为上、中、下三层。中、下地壳又被称为“深部地壳”，其研究很大程度上依赖于多解性的地球物理解释。近年来，不同学者从不同角度对地壳物质成分进行了研究，建立了化学地球参考模型 GERM（geochemical earth reference model）（Staudigel et al.，1998），为研究地球不同圈层及地球化学储库的化学性质和物质交换提供了参考。

为构建针对我国大陆特点的地壳地球化学模型，SinoProbe 专项开展了地球化学走廊带探测，结合地球物理断面资料构建地壳地球化学模型，在模型基础上选择代表性岩性测试元素含量，给出我国上、中、下地壳的总体物质成分参考值，探索恢复过去地壳的物质成分（王学求等，2011）。

（二）岩石圈地幔的分类与组成

岩石圈地幔是岩石圈的重要组成部分，是浅部地壳与深部地幔联系的纽带。目前我们对大陆形成机制的认识在很大程度上取决于对岩石圈地幔的了解（Carlson et al.，2005；Sleep，2005）。三维地震层析成像的应用、超高压矿物相变、地幔对流的实验和理论模拟以及全球范围地幔地球化学研究的最新进展，揭示了岩石圈深部结构及组分的不均一性（周新华，1999）。地幔橄榄岩块、幔源火山岩中的捕虏晶及地幔岩捕虏体记录了地幔源区的物质组成与温度、压力等信息，其微量元素和同位素地球化学特征可用来示踪深部地质过程（邓晋福等，2004）。

从地球化学角度考虑，地球在演化过程中发生分异时主要表现为地幔发生部分熔融。除硅以外，地幔主要由铁和镁组成，在部分熔融过程中，由于铁具有相对镁较低的熔融温度而优先熔出，剩下富镁的残留。但由于镁的密度相对铁较小，因而残留漂浮在早期形成的地壳之下，即岩石圈地幔。古老的岩石圈地幔有可能发生较高和/或多次熔体抽取而使其残留具有较高的镁含量。这与地球早期的太古宙由于具有较高的地热梯度而发生较高程度部分熔融，从而使所形成的岩石圈地幔具有较高的镁含量相吻合。而在显生宙期间，地球的地热梯度明显降低，所产生的年轻岩石圈地幔的镁含量明显降低，且由于其较年轻，相对经历的熔融次数要少，从而显示出与古老克拉通地幔不同的特点（吴福元等，2007）。

岩石圈地幔主要分为大洋型与克拉通型两类（图 3-10）（Boyd，1989）。大洋型岩石圈地幔以深成橄榄岩、蛇绿岩和阿尔卑斯型橄榄岩为代表；大陆型岩石圈地幔以 Kaapvaal 克拉通低温橄榄岩为代表（表 3-2）。根据上覆地壳经历最后一次主要的区域构造热事件的时间，可以将地壳分为 Archon（古老的）、Proton（较老的）、Tecton（年轻的）三类

（图 3-11）（Griffin et al., 1999, 2009），相应的岩石圈地幔具有不同的常量元素特点（表 3-3）（Griffin et al., 1999）。其中，Archon 是指经历最后一次主要构造热事件的时间在 2.5Ga 之前；而 Proton、Tecton 分别是指经历最后一次主要的构造热事件的时期在 2.5 ~ 1.0Ga 和小于 1Ga。

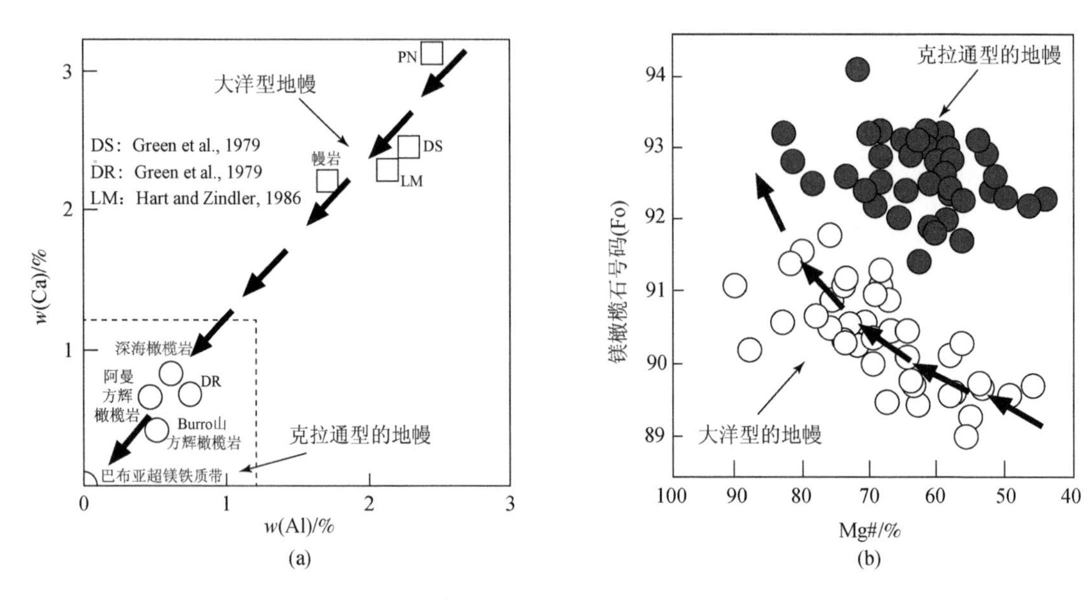

图 3-10　大洋型地幔与克拉通型地幔判别图（据 Boyd, 1989）

（a）Al-Ca 判别图；（b）Fo-Mg#判别图

表 3-2　大洋型岩石圈地幔与克拉通型岩石圈地幔的区别

项目	大洋型岩石圈地幔	克拉通型岩石圈地幔
岩石类型	二辉橄榄岩为主	方辉橄榄岩为主
矿物	富橄榄石	富顽火辉石
Mg#	90.5 ~ 91.5	91.5 ~ 93.5
Mg/Si	较高	较低
Ca/Al	较高	较低
Mg/Fe	较低	较高
$^{187}Os/^{188}Os$	高	低
平衡温度/℃	>1100 ~ 1200	<1100 ~ 1200
密度	较大	较小
产出位置	大洋、太古宙克拉通边缘	太古宙克拉通

总体上看，古老岩石圈地幔亏损程度最大，而年轻岩石圈地幔相对古老岩石圈富集。富集过程主要与地幔交代作用有关（茹艳娇，2010）。地幔交代作用分为显交代作用和隐交代作用两种类型。前者表现为在地幔包体中出现含挥发分相矿物，包括角闪石、金云母、磷灰石和碳酸盐及钛铁氧化物等。后者表现为不形成交代矿物，而是主元素、微量元

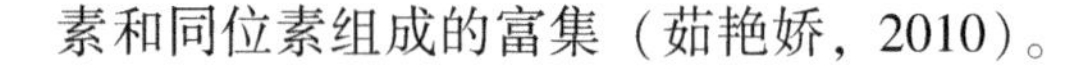
素和同位素组成的富集（茹艳娇，2010）。

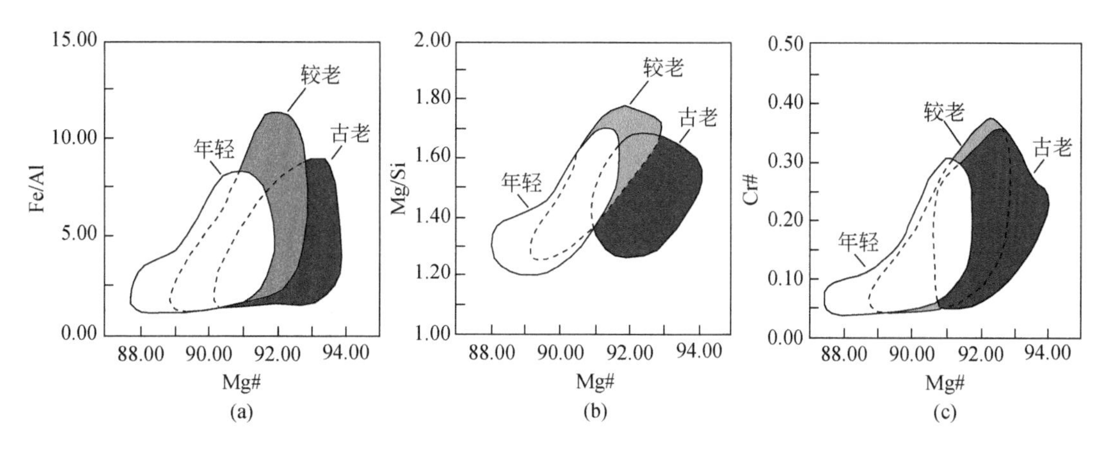

图 3-11　岩石圈地幔分类图（据 Griffin et al.，1999）

表 3-3　Archon、Proton、Tecton 岩石圈地幔常量元素相关性一览表　（单位:%）

Archon	Proton	Tecton
$MgO=48.3-3\ (Al_2O_3)$	$MgO=49-3.1\ (Al_2O_3)$	$Al_2O_3/1.5$ $MgO=46-1.9\ (Al_2O_3)$
$FeO=5.9+0.5\ (Al_2O_3)$	$FeO=7.4+0.21\ (Al_2O_3)$	$FeO=8$
$Cr_2O_3=0.12+0.16\ (Al_2O_3)$	$Cr_2O_3=0.375+0.2\ (Al_2O_3)$	$Cr_2O_3=0.4$
$CaO=0.6\ (Al_2O_3)$	与 Tecton 相同	$CaO<2.5$; $CaO=0.88\ (Al_2O_3)$; $CaO>2.5$; $CaO=0.5+0.7\ (Al_2O_3)$
$MnO=0.07+0.017\ (FeO-4)$	与 Tecton 相同	$MnO=0.13\%$
$TiO_2=0.04\ (Al_2O_3)$	与 Archon 相同	与 Archon 相同
$Na_2O=0.07\ (Al_2O_3)$	与 Archon 相同	与 Archon 相同

中国东部陆壳之下的岩石圈地幔可能是大洋型的，存在岩石圈地幔拆沉和减薄作用。例如，浙江宁海、福建明溪、闽清、龙海、雷州半岛徐闻、海南文昌的幔源捕虏体以二辉橄榄岩为主，橄榄石和其中的单斜辉石的 Sr、Nd 同位素表明，捕虏体所代表的地幔是大洋型的；吉林汪清、吉林双辽七星山、辽宁宽甸地区和吉林龙岗金龙顶子等地区新生代玄武岩中的幔源捕虏体也以二辉橄榄岩为主（任向文和吴福元，2002）。中国东部岩石圈地幔或其中部分与上覆地壳的年龄不一致，反映了壳幔之间的解耦作用（任向文和吴福元，2002）。

（三）岩石圈三维化学结构

国内外有关岩石圈三维化学结构的研究还处于探索阶段。通常可以采用不同的元素和同位素地球化学指标，结合同位素地质年代学数据，来研究岩石圈尺度的三维地球化学组成与四维演化。路凤香等（2006）采用“点-线-面”相结合的方法，以典型地区的岩石圈柱状剖面为“点”建立基础框架，选择与地学断面相一致或接近的剖面为“线”进行岩石地球化学综合研究，选择能反映岩石圈块体性质、化学组成与演化以及构造归属等内容的地球化学参数进行“面”上地球化学图件编制，通过点-线-面的结合，初步建立了我国秦岭-大别-苏鲁地区的岩石圈三维化学结构模型。

(四) 化学地球的初步构想

地球是一个充实的三维化学体。“化学地球”的最初构想可能来自“谷歌地球”的表达方式，其目的是为用户提供基于空间地理坐标与区域地质单元的地球化学数据多层次（全国、区域、局部）检索、查询、统计，以直观的操作界面、便捷的操作方式，让用户了解不同地质单位或空间位置的地球化学特征（王学求等，2011）。为此，SinoProbe专项“化学地球”团队开发了基于GIS的海量地球化学数据库平台——“化学地球”软件，采用Window XP操作平台、基于ArcGIS Server 9.3平台、Microsoft.net、Framework 2.0和ASP.net 2.0构建，应用C#语言开发、集SQL Server Express 2005数据库的优势，采用软件工程的结构化设计模式，在系统立足整体的同时使各子系统具有相对的独立性，以达到系统设计模块的完备性和稳定性、功能的实用性、操作的可视化之目的。“化学地球”软件构建的“化学地球”已经将地球化学的思维拓展到“全球一张地球化学图”，将极大促进全球地球化学基准网的建立以及人类对化学元素的利用，尽管它还只是一个用化学元素含量覆盖的地球表面。

在“化学地球”软件平台、“全球一张地球化学图”和虚拟现实的基础上，采用“点-线-面相结合”的岩石圈三维化学结构构建方法，增加深度方向上（如钻孔、岩石圈柱状剖面等）的岩石样品采集分析，以化学元素的分布充填三维地壳、岩石圈乃至整个地球，将能够形成真正意义上的、不同尺度的三维地球化学真实模型，包括地壳、岩石圈和地球的三维化学模型，这将是“化学地球”充实模型的未来发展趋势。

第五节　高温高压与深部流体作用下的物理化学模拟实验

(一) 地球压力模型与高温高压实验装置

地球内部是一个复杂的高温高压系统，其温度和压力从地表的常温常压连续过渡到地核的极端高温和高压（地球核心的温度为6000℃，压力约360万个大气压）（龚自正等，2013），可称为“极端条件下的天然高温高压实验室”。在人类无法对地球深部进行直接取样和观测的条件下，高温高压模拟实验成为探索地球内部物质的组成、性质和状态以及深部地质过程的一个重要窗口和手段（图3-12），其成果不仅是检验地球科学新理论、新观点、新概念的重要依据，而且是科学阐明地球物理信息和模型的支柱。美国*Science*杂志更是将超高压合成方法列为当今科学领域中最重要的实验技术手段之一。

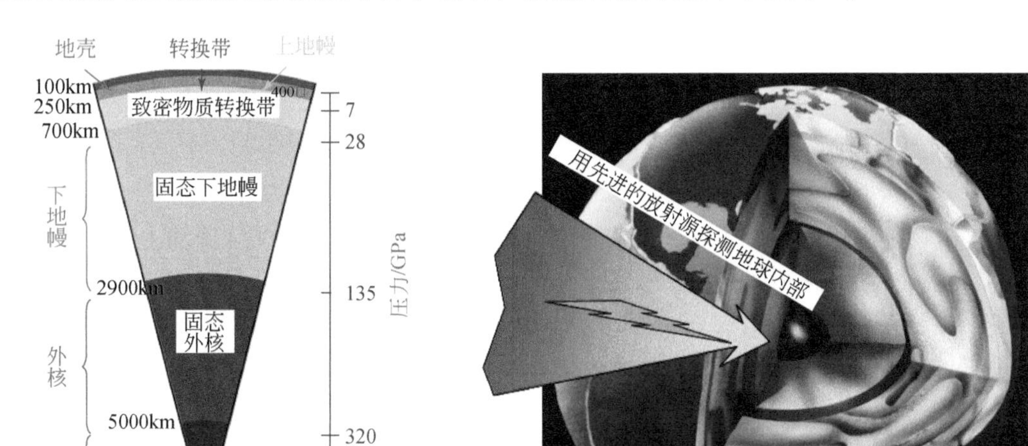

图 3-12　高温高压实验是探测地球内部的重要手段

20 世纪 60 年代以来高温高压实验技术逐渐被引入地球科学。板块运动的驱动力和机制的探索为高温高压实验技术开辟了前景，尤其是多面砧压机、金刚石压腔技术以及 Griggs 和 Paterson 型流变仪的应用，为研究天然矿物和岩石的物理和化学性质、流变性质、力学强度、高压结构和相变等提供了重要手段。澳大利亚 Ringwood 教授、日本 Akimoto 教授和美国毛河光教授等领导的科研团队利用静态超高压技术建立了地幔橄榄岩的相变模型和下地幔钙钛矿+方铁镁矿模型。20 世纪 80 年代以来，美国和日本科学家先后开展“地球内部物质科学”（1982 年）和“地球物质研究”（1984 ~ 1986 年）专题计划。

美国地球科学材料性质研究联盟（COMPRES）是一个社团性质的联盟，其目的是促使地球科学研究者在世界级仪器设备上创建新一代高压科学。COMPRES 项目为矿物学家提供了先进的高温高压实验环境，其测试条件可以达到地球深部；并促进了矿物学界与材料科学界的交流。美国华盛顿卡内基研究所（CIW）地球物理实验室是世界上负有盛名的高温高压实验室，其实验条件可以达到地核，而地幔条件下的矿物学更是常规研究。金刚石压腔静高压实验技术和高压原位测量方法的进步，促进了高压矿物物理实验研究的发展，获得了大量系统的有关地幔和地核矿物高压相变和物理特征的实验资料，给出了地幔和地核物质组成及结构状态的基本框架。

目前国际上先进的高温高压实验技术已经能够完成从地壳至地核的实验研究：模拟岩石流变学，5GPa 流变仪和 D-DIA（已达到 300km 深度）；模拟矿物相变，Walker 型、Kawai 型等大腔体高压装置（已达 200 ~ 1000km），金刚石对顶砧压腔（已达 2800 ~ 6000km），模拟核幔边界和地核成分；就位观察地球深部矿物相变、晶体结构及物理化学状态变化特征：同步辐射光源（SRF）和金刚石对顶砧压腔与大腔体压机结合应用研究。

超大型多顶砧压力系统，如德国 Bayreuth 地球物理研究所 5000t 大压机和日本爱媛大学地球动力学研究中心 6000t 大压机，不仅可用于大体积高压矿物样品的超声波波速、电导率、热导率和密度等参数的原位测定，也可用于超硬特种性能材料的合成研究。

（二）地幔矿物学

地幔矿物学研究地幔的矿物组成及其流变学性质等，具有深刻的地球动力学意义，是矿物学热门和尖端研究领域之一。橄榄石、辉石、石榴子石和斜长石等是构成地球上地幔岩石的主要造岩矿物。20 世纪 60 年代以来，由于技术突破和实验矿物学（岩石学）的发展，目前对地幔过渡带和下地幔存在的矿物相已经有了一定的认识，积累了大量的地幔矿物相平衡和地幔组成体系的信息和数据，包括矿物和岩石的高压实验结果（费英伟，2002）。美国地球深部合作研究委员会于 1994 年提出“地幔的矿物学模型”，随后有学者提出克拉通和裂谷地区的地幔矿物分带（Haggerty，1995）。陨石冲击熔脉中发现了多种地幔过渡带和下地幔的高压矿物等类型（谢先德等，2001），为地幔矿物学模型的修改提供了新的依据，推动了高压矿物学的新分支——“动态高压矿物学”的形成与发展。

亚稳定橄榄石的相转变可能触发冷的俯冲岩石圈内的深部地震（400 ~ 700km 深度）。高压（2 ~ 5GPa）、高温（1000 ~ 1250K）和差应力作用下的锗橄榄石（Mg_2GeO_4）变形实验显示，破裂发生在橄榄石开始向尖晶石转变的时候；随着破裂的动态扩展，产生强烈的声发射现象。显微构造观测证实，在地震应变速率作用下，动态弱化过程中产生超塑性的尖晶石纳米晶体反应产物（Schubnel et al.，2013）。

从地壳深部到下地幔的中部（大约 1800km），矿物和岩石虽然经过多次相变，但在常温常压下确立的物理化学规律和原则仍旧有效。到了下地幔下部（1800km 以深），人们所熟知的物理化学规律开始被颠覆，元素的性质和化学行为完全超乎现有的认知（朱日祥等，2021b）。例如，铁的性质类似镁，氢的行为类似锂。当一个体系的两端处于不同的物理化学条件下，即能产生极端大的势能差，从而为地球演化提供目前尚未认知的动力引擎（Mao et al.，2017）。主流的观点认为下地幔（660 ~ 2900km，24 ~ 135GPa）由布里奇曼石和铁方镁矿构成，占地球总体积的 55%，物质成分单调。但是，随着 X 射线光谱学技术的突破以及与同步辐射的结合，却发现了超高压下地幔矿物铁的磁旋配对和布里奇曼石在超高压下的分解，以及赤铁矿遇水合成过氧化铁并释放氢、留下巨量的氧（Hu et al.，2017，2020），证实了过氧化铁是核幔边界的重要矿物，由此可以解释核幔边界上超低速度带（ULVZ）观测到的许多令人困惑的地震学性质（Liu et al.，2017，2019）。

一般认为，含有铁方镁石$(Mg,Fe)O$ 和其他硅酸盐（如顽火辉石[$(Mg,Fe)SiO_3$]）组合包裹体的金刚石来自地球的下地幔。Liu（2002）认为，金刚石中矿物包裹体组合并不代表下地幔矿物组合；金刚石中的铁方镁石很可能是下地幔条件下菱铁镁矿[$(Mg,Fe)CO_3$]脱碳反应中歧化的结果，同时形成金刚石。与铁方镁石共生的顽火辉石等包裹体可能是下地幔主要矿物——$(Mg,Fe)SiO_3$-钙钛矿退化变质而来。

地幔中铁的分配说明深部下地幔存在不连续性分带现象（Badro et al.，2003）。实验表明，在 60 ~ 70GPa 压力范围（相当于地球下地幔 2000km 深度附近）下，铁方镁石

($Mg_{0.83}Fe_{0.17}$)O 中 Fe 的自旋态从高自旋向低自旋转变，说明了 Fe 在铁方镁石和镁硅酸盐钙钛矿之间的分配系数可能增加了几个数量级，使得钙钛矿相中的 Fe 减少（Badro et al., 2003）。由于铁自旋态的分异，下地幔因此可以分成两个层：上层可能为混合相层，在镁硅酸盐钙钛矿和铁方镁石之间具有大致相同的 Fe 分配；下层可能主要由几乎不含 Fe 的钙钛矿和富 Fe 的铁方镁石组成。这种分层对地震波在地球最下部地幔中的传播性质可能具有重要的影响（Badro et al., 2003）。

先前的下地幔钙钛矿模型认为，下地幔至 D″层顶部均由铁镁硅酸盐[$(Mg,Fe)SiO_3$]组成，名义上含有 10% 的 Fe。Zhang L 等（2014）激光加热金刚石压砧腔体实验表明，在压力 95～101GPa、温度 2200～2400K 条件下，含铁钙钛矿变为不稳定，失去铁而成为近于无铁的镁钙钛矿（$MgSiO_3$），同时形成六方结构的富铁钙钛矿相。该实验表明约 2000km 以深的神秘地震可能与钙钛矿相变有关；同时，下地幔可能含有一些以前未曾确定的主要矿物相。

最下部地幔物质控制了核幔边界上超低地震速度带的性质。以往的研究采用下地幔总体成分进行部分熔融实验，但是未能解释这个带的地震学性质。Andrault 等（2014）采用洋中脊玄武岩（MORB）进行熔融实验，在压力达到核幔边界（135GPa）条件下，MORB 开始熔融的温度为约 3800K，比地幔固相线低约 350K。产生的富 SiO_2 流体，一部分残留在 MORB 物质中，另一部分与周围的富 MgO 地幔反应而固化（Andrault et al., 2014）。

（三）地核矿物学

地核由熔融的外核和固态的内核组成。地核矿物主要为金属（以铁为主）及金属互化物，是太阳星云中星际物质直接冷却凝聚而形成的，它们在地球形成过程中仅参与了重力分异作用并作为重物质沉入地核（施倪承等，2004）。20 世纪 70 年代以来，实验静压达到了 500GPa 以上，使得地核条件下的矿物学研究成为可能。同时，通过高温高压实验，科学家也对地核的物质组成进行了估计。

美国华盛顿卡内基研究所（CIW）的研究表明，氧可能是地球外核的轻元素之一。地球内地核可能存在相当数量的 S 和 Si（Li et al., 2001；Lin et al., 2003）。CIW 地球物理实验室对 Fe-S 二元相靠近纯铁端元组分在压力 7～25GPa、温度 1223～1473K 条件下的实验研究表明，25GPa 压力下接近低共熔温度的固体铁中可以溶解多于 1%（原子百分比）的硫（Li et al., 2001）。硫的加入引起固体铁晶格参数不可忽视的变化（Li et al., 2001）：24.2GPa 下，淬火固体铁的单位晶胞体积比纯铁大 1.2%，ε-Fe 的 c/a 值比纯铁大 0.5%。这些结果支持了地球内核含有相当数量硫的假说。Lin 等（2003）利用高压金刚石压腔和实时 X 射线能谱分析，研究了 3 种 Fe-Si 合金（$Fe_{85}Si_{15}$、$Fe_{71}Si_{29}$和 ε-FeSi）在 55GPa 静压（室温或高温）下的性质：Fe-Si 合金中 Si 对 Fe 的置换降低了合金的密度，但没有显著改变其可压度。其计算表明，如果地核的外核 Fe 中含有 8%～10%（重量）的 Si 和内核 Fe 中含有约 4%（重量）的 Si，将会与地震资料得到的约束条件相吻合。因此，地核中可能含有轻元素 Si。

地核处在 136～364GPa（100GPa 约等于 100 万个大气压）的极端高压范围内。压力在330GPa极端条件下铁的熔融温度，可能接近地球内核边界（ICB）的温度。而如此极端的静态地核压力和温度，可以通过两个宝石级单晶金刚石和一个激光加热系统在实验室加以实现（图3-13）。地核极端条件下熔融点温度的精确测定是一个极大的挑战。Anzellini等（2013）利用原位同步加速器X射线衍射对激光加热金刚石压砧腔体内（压力达到200GPa）的铁熔融温度进行了精确测定，由此外推到330GPa，得到内核边界铁的熔融温度为6230±500K，支持核幔边界上高的热流和可能的地幔部分熔融，为地核温度、地球热总量、地磁场的形成和地球行星的热演化等提供了重要的约束。不过，就最终的研究目标而言，除了铁在地核条件下的熔融温度，330GPa条件下轻元素在液态和固态铁之间的分馏，也是确定地核温度的重要约束。这只能依靠对实验装置的进一步改进，以实现与内核边界相当的稳定，同时高压和高温条件下的原位X射线衍射和谱学观测（Fei，2013）。

（四）高温高压实验发展趋势

1. 国际高温高压实验研究发展趋势

地球深部物质状态与高温高压实验研究的发展趋势，将解决深部地质与大陆动力学所面临的一系列问题：大陆深部物质结构、物理状态与上地幔相变过程及其对地球物理探测成果解释的约束；大陆-大陆深俯冲过程超高压岩石的成因；地震机理和地震预测预警；流体（特别是水合熔体）对大陆俯冲带和上地幔结构演化的影响；国家急需金属矿产资源的成矿实验；大陆造山带和克拉通地震波各向异性与大陆深部物质流变性质关系。

地球科学中的高温高压实验研究，涉及复杂的实验技术、观测方法、边界条件设定以及实验结果的解释等方面，其中，实验技术（即高温高压条件，特别是静态高温高压条件的获得）是关键。为了在模拟地球内部复杂的物理化学环境下进行物质多种性质的研究，需要将多种测量技术，如温度、压力、氧逸度等条件控制技术、计算技术等运用到高温高压实验研究中。高温高压实验技术将向着在更高压和更高温条件下提供原位研究手段的趋势发展。

以往的高温高压研究着重在合成高压矿物及其物性测量，以解释地球物理观测得到的深部结构。未来的研究将通过发展原位测试技术，测定高温高压下岩石矿物的物理化学性质与行为，探索其调控的地球深部过程，从而揭示地球深部在地球演化中的作用，推动重建四维地球系统（朱日祥等，2021b）。

2. 我国高温高压实验研究现状与发展趋势

长期以来，我国在高温高压实验技术和地球深部物质状态实验研究方面的进展相当迟缓，与国际先进水平有比较大的差距。主要原因是，对高温高压实验在解决地球深部核心科学问题上的重要性和意义认识不足，科研和仪器经费不足。近年来，北京高压科学研究中心的建立，具备了利用金刚石压砧（DAC）技术模拟下地幔甚至地核的条件，可开展高压物理、高压化学、超硬材料、高压技术和深地科学研究，使我国成为国际高温高压实验研究的重要力量。

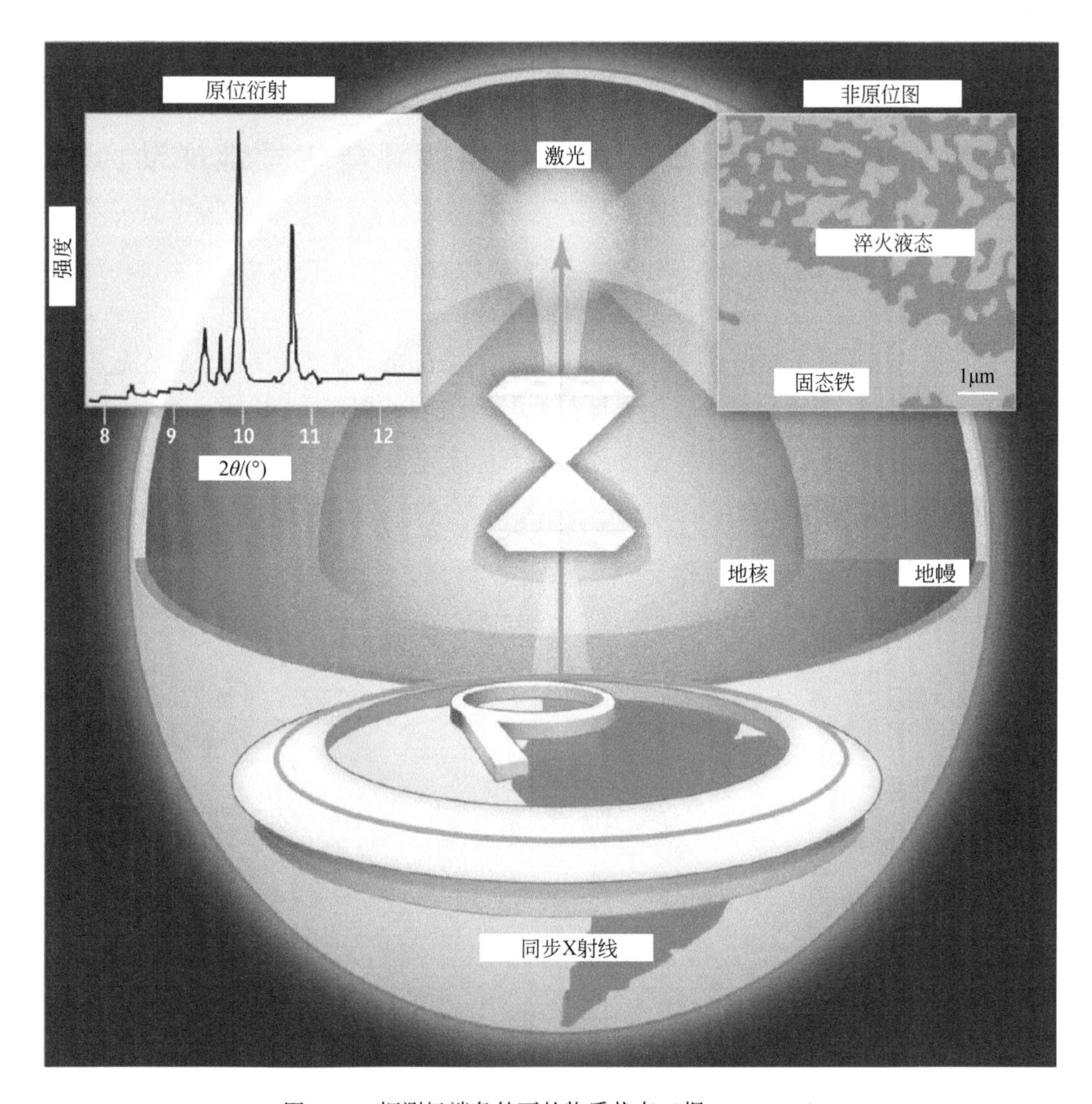

图 3-13　探测极端条件下的物质状态（据 Fei，2013）

利用激光加热技术在金刚石压砧腔体中实现地核物质的熔融实验，并通过原位同步加速器 X 射线衍射和冷淬样品的组构分析来检测地核矿物的熔融

与静态高压实验的研究进展不同，我国在动高压实验技术方面已经有了长足的进步。动高压是利用脉冲加载原理产生超高压的一种技术，它利用爆炸或高速撞击方法产生高压或超高压环境，同时伴随有相应的温度升高，是一种人工施加压强和升温的瞬态过程。20 世纪 80 年代末，我国开始了动高压物理在地球科学和空间科学中的应用，并开展了地球内部几个重要界面物质的高温高压物性研究，在下地幔矿物（Mg，Fe）SiO_3 钙钛矿结构、MgO-FeO 体系的高压相变和高压状态方程、铁的高压熔化线、外地核轻元素、地外物体撞击地球等研究方面取得了重要进展，为修正下地幔矿物学模型、解释下地幔地震波速的径向不连续界面（包括 670km、1700～2000km 的地震波速度不连续界面和 D″区）、限定外地

核中的轻元素、研究地外物体撞击地球效应与对策，提供了重要依据（龚自正等，2013）。

第六节　地球化学示踪、深部物质循环与化学地球动力学

（一）同位素与地球化学示踪

地球物质包括地球深部物质的地球化学示踪，其基础是元素（含同位素）在地质历史时期（即“深时”）的迁移记录，即地球物质对元素的“记忆”，简称“地球的记忆”（图3-14）。

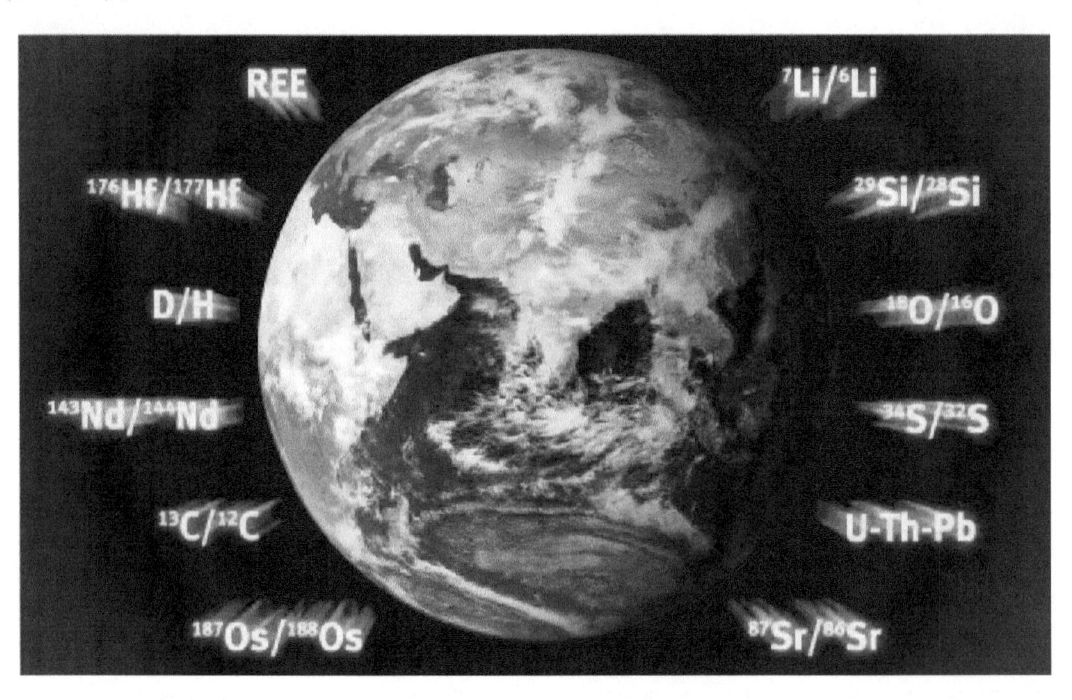

图3-14　地球的记忆（据 *Elements* 杂志）

1. 稳定同位素示踪

稳定同位素示踪方法极大地推动了地球物质循环、矿床成因研究与矿产勘查的进步。碳同位素对于区分有机碳和无机碳的效果很好，有机碳 $\delta^{13}C$（相对于 PDB）小于−15，而无机碳大于−10；由于地壳和地幔具有很不相同的 He 同位素组成，He 同位素可以示踪壳源物质混染，陆壳 $^{3}He/^{4}He<0.1Ra$，MORB 的 $^{3}He/^{4}He$ 为 8 ~ 9Ra（张洪铭和李曙光，2012）。Ca 和 Mg 同位素作为新兴的非传统稳定同位素，在示踪壳源物质循环方面已经受到越来越多的重视（Li et al., 2010；Huang et al., 2011；张洪铭和李曙光，2012）。

锆石微量元素和 Hf 同位素组成对示踪岩浆成因有独特的优越性。具有明显分馏效应的硫同位素以各种含硫矿物广泛赋存于热液成矿作用过程中，硫同位素示踪是研究热液矿床成矿物质来源的主要方法之一。氧同位素变化的研究，可获得流体的时间累积流量、流动方向和来源以及流体渗入的尺度和强度等信息（Baumgartner and Valley，2001）。氢同位素分馏存在显著的压力效应，氢同位素组成变化可作为地质压力计使用（魏春生等，2001）。研究氢、氧同位素沿流体通道的空间变化与时间演化，可揭示成矿流体的来源、运移、沉淀、后期改造等演化轨迹和矿床成因（杨利亚等，2013）。

2. 核幔边界物质示踪

认识地幔底部化学反应的一个可能方法是，尝试区分外核独特的地球化学或同位素标志，并以此鉴定来自核幔边界的地质样品。亲铁元素及相应的长寿和短命同位素体系是地核示踪的最佳选择。目前，已经有几个同位素体系被用来研究核幔边界的金属-硅酸盐反应特征。^{187}Os 和 ^{186}Os（长寿命 ^{187}Re 和 ^{190}Pt 衰变产物）双富集与一些幔柱火山岩中观察到的地球内核结晶引起的元素分馏作用相一致。如果这些同位素标志源于外核，它们可能指示在地球形成的最早 2Ga 年内结晶的地球内核的重要部分。两个短寿命同位素体系，$^{107}Pd-^{107}Ag$ 和 $^{182}Hf-^{182}W$ 也被认为是核幔相互作用的可能标志，特别是后者。地球化学示踪的综合研究有可能最终确定或者否定核幔边界的物质交换。

（二）深部物质循环

地球深部物质循环是塑造宜居地球的关键（朱日祥等，2021b），具有重要的研究意义。从地表到地核的全球物质循环，可能主要受板块构造和地幔柱构造的控制（图 3-15）（Maruyama et al.，2014）。热和化学不均一性是地幔与地核动力学的基本驱动力。全球水循环和碳循环是贯穿地球表层系统，并深入地球内部的“红线”。水（和 H）是决定岩石圈-软流圈边界结构的重要因素，而矿物相变在控制地球物质的密度和塑性流动性质方面起着重要作用。深部地球化学库、俯冲板片的停滞作用、上地幔与下地幔之间可能的成分差异、热和化学驱动力对内核成核作用导致的地核对流转换等，均是地球深部物质循环、地幔与地核动力学研究的内容。

1. 深部水循环

水是生命的基础，也是地球内部动力学的控制因素。由于 H_2O 储集能力的改变而驱动的含水熔融作用，可能会出现在地幔中不同的构造环境下，包括大洋玄武岩源区以及更深的地幔过渡带之上和之下的区域（图 3-16）（Ohtani，2005）。上地幔 $50\times10^{-6}\sim200\times10^{-6}$ 的 H_2O 含量，可能来源于几个源区的混合，如深部地幔、岛弧或洋岛之下，并包括含水部分熔融的残余。与地幔过渡带（像一块吸水的海绵一样）的储水能力相比，该带之上和之下区域的储水能力相对较弱，可能会导致含水熔融作用，使得物质上涌到 410km 之上，或下沉到 670km 之下。即使下沉的岩块具有正常的上地幔水含量（$50\times10^{-6}\sim200\times10^{-6}$），下地幔明显偏低的储水能力（$<20\times10^{-6}H_2O$），将驱动熔融作用的发生。如果实验

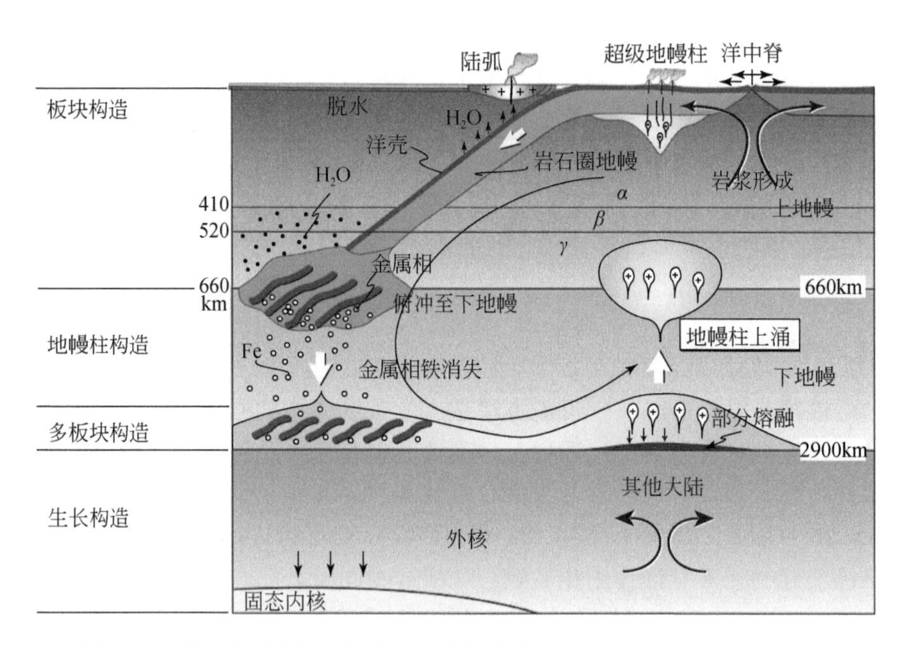

图 3-15　从地表到地幔底部的全地球物质循环（据 Maruyama et al., 2014）
图解给出了一个板片的再循环

能证实下地幔非常低的储水能力，将会对“下地幔存在大洋岛玄武岩富 H_2O 源区”的观点提出挑战（Hirschmann, 2006）。

板块俯冲和岩浆活动控制着地球深部的水循环（Cai et al., 2018）。地幔熔体和地幔水可能促进了地幔的流动，因此，地幔水被称为板块构造的燃料（Bolfan-Casanova, 2005）：地幔中储集的水使得地震波在通过地球内部时速度减慢。地幔中可能的含水熔融区包括：①俯冲带之上的地幔楔；②OIB 源区的较深部位；③MORB 源区的较深部位；④410km 不连续面之上的普遍熔融作用；⑤410km 不连续面之上局部上涌区的熔融作用；⑥670km 不连续面之下下沉区的熔融作用（Hirschmann, 2006）。①、②、④区域熔融的残余，可能成为上地幔的主要来源。

地球深部的主要矿物相（橄榄石、辉石、石榴子石等及其高压相变产物）是理想化学式中不含 H 的“名义上无水矿物”，以缺陷形式存在于它们结构中的 OH/H_2O（统称为结构水）的发现是近二十年来地球科学领域最重要的进展之一。从天然样品的观察和高温高压实验结果来看，地球深部矿物中普遍含有结构水，其总量可能远远超过了水圈。水在深部地球不同圈层中的分布可能具有时间上和空间上的不均一性。在板块俯冲过程中，即使温压条件超过了含水矿物的稳定范围，名义上的无水矿物（如石榴子石、辉石等）也可以携带大量的水（质量分数为万分之几）进入深部地球，构成了壳幔之间水循环的重要途径（夏群科等，2007）。

地球上的水来自何处？高温高压实验表明，地幔矿物中可以含有一定量的水（Shieh et al., 1998, 2000），高压下熔融的铁中也可以溶解约 4% 的 H（Okuchi, 1997）。Shieh 等（1998, 2000）有关利蛇纹石和叶蛇纹石的高温高压实验显示，E 相、高含水 B 相和 D 相

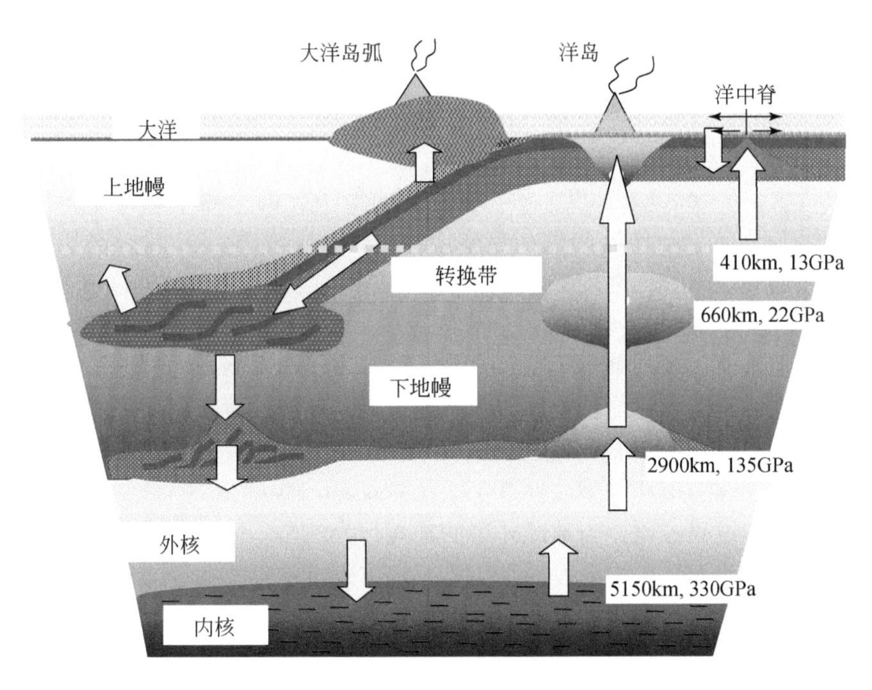

图 3-16 全球水循环的概略模式（据 Ohtani，2005）
箭头表示水或氢元素的迁移方向

都是在地幔的高温高压条件下稳定的致密含水镁硅酸盐相，并存在含 H_2O 的未知相。

1100℃和 100kbar（即约 10GPa）条件下水在斜方辉石中的溶解度研究表明，纯的顽火辉石具有与橄榄石相类似的储水能力；地幔中的含铝斜方辉石可能会溶解比现有水圈总量更多的水（Rauch and Keppler，2002）。斜方辉石中 Al 的置换机制，即 Al 在四面体和八面体中的分配，将影响斜方辉石中水的逸度。

成分与天然橄榄岩相同的人工合成下地幔矿物可以溶解相当数量的 H，富含 $MgSiO_3$ 的钙钛矿和镁方铁矿中都可以含有 0.2% 的 H_2O，而富含 $CaSiO_3$ 的钙钛矿可以含有约 0.4% 的 H_2O。合成的 Mg-钙钛矿和镁方铁矿中含有 OH。地球的下地幔可能储存有比海洋多出约 5 倍的 H_2O。因此，如果真是这样，下地幔中的 H_2O 完全满足形成水圈的需要，地球上的水可能来自下地幔（Murakami et al.，2002）。

也有的观点认为，可能是地表的水（板片和沉积物中的水）通过板块俯冲而被循环进入下地幔，斯石英可能在其中起了重要的作用（Panero et al.，2003）。在下地幔温压条件下，含有 0.2%（重量）H_2O 的天然“无水”玄武岩形成的相组合中，SiO_2 斯石英是 H 的重要携带者（可含有高达 500×10^{-6} 的氢氧化物形式的 H_2O），而共生的(Mg,Fe,Al,Ca)SiO_3 钙钛矿只含有不到 50×10^{-6} 的 H_2O。在 28～60GPa 下，通过高压矿物组合的部分熔融，残余斯石英中的 H_2O 浓度增加 100×10^{-6}～400×10^{-6}。部分熔融过程中残余斯石英中微量 Al 含量的增加，可能增加了其与 H 结合的能力。因此，地球历史上“无水”成分的俯冲洋壳为下地幔带来了丰富的再循环水，其中俯冲斯石英带来的水量可能相当于现今大气圈含水量的约 100 倍（Panero et al.，2003）。

深部上地幔水的存在将影响地幔过渡带的地震不连续性特征。van der Meijde 等(2003)给出了地球深部的上地幔存在水的地震证据，地震波反演观测得到了410km深处附近存在20～35km厚的地震不连续（层）的证据，说明该处很可能含有700×10^{-6}（重量）的水。

地幔过渡带（410～660km深度）高的矿物储水能力，说明地球深部H_2O库存在的可能性，也可能引起垂向流动地幔的脱水熔融。Schmandt 等（2014）通过高压实验、数值模拟和北美大陆密集地震阵列地震 P-to-S 波转换记录，检验了物质从地幔过渡带向下地幔流动的可能效应。实验表明，含水林伍德石相变为钙钛矿和(Mg,Fe)O的同时产生了颗粒间熔体，并导致地震波速度的突然降低；这与660km以深的部分熔融相一致。结果说明，地幔过渡带存在大面积的水化作用，而脱水熔融可能是地幔过渡带圈闭H_2O的主要途径。

实验研究表明，以约1800km深度为界，固体地球大致可以分为两个物理化学性质显著差异的区域，即地球内带和外带（图3-17）（Mao and Mao，2020）。地球内带主要受压力导致的物理和化学过程控制，与地球外带的常规行为截然不同。由此形成地球内带与外带之间的巨大物理和化学势，为引发地球历史上的重大事件提供了基本驱动力。内带与外带之间的主要化学载体之一是含水矿物中的H_2O，它们通过俯冲下沉而进入内带，释放氢气，留下氧元素以生成超氧化物，并在核幔边界上堆积富氧层，导致地球内带的局部净氧气增益。下地幔底部富氧堆积物最终可能达到超临界水平，从而触发富氧物的喷发，引发地幔的化学对流、超级地幔柱、大火成岩省、极端气候变化、大气氧含量变化和生物大灭绝（Mao and Mao，2020）。

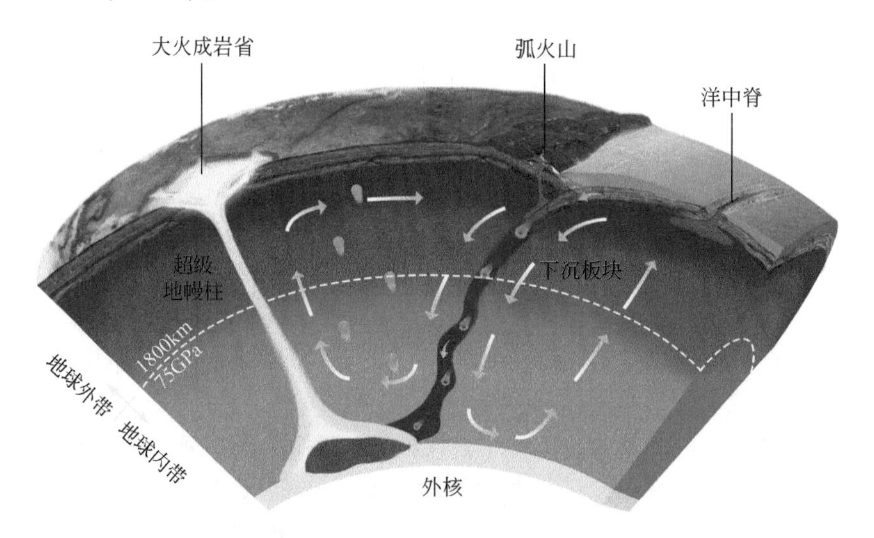

图3-17　地球深部物理化学特异性分带（据 Mao and Mao，2020）

以大致深度1800km为界，分为地球内带和外带。蓝色液滴表示矿物中的水随着下沉板块到了地球内带，与深部下地幔的Fe反应，形成FeO_2H_x，并释放氢（绿色液滴）

深部地幔可能存在许多由超离子态组成的“质子河”。黄铁矿型FeO_2H_x（$x\leqslant1$）是核幔边界上可能的含H矿物相，是地球深部地幔中的氧化铁-氢氧化物；在核幔边界条件下，温度超过超离子化过渡温度 T_{tr} = 1700 ~ 2000K，具有超离子化特征。FeO_2H_x（或 FeOOH）高度扩散的超离子氢在晶格中自由移动，具有高的电导率，提供了电荷和质量传输的新机制，决定了地球的导电性和磁性地球物理行为，以及地球深部地幔的氧化还原、氢循环和氢同位素混合的地球化学过程（Hou et al.，2021）。“质子河”模式提供了地幔最深部水循环的新途径（图 3-18）（Komabayashi，2021）。

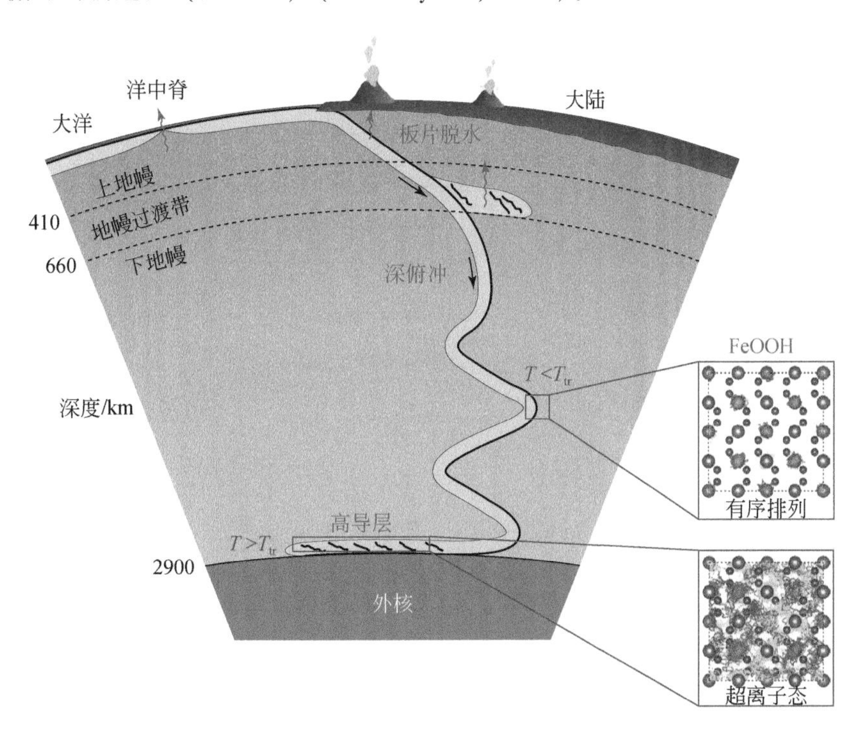

图 3-18　地幔中的水循环（据 Komabayashi，2021）

下到地幔过渡带的深部水循环以液态水的释放（蓝箭头）为特征。将水传输到更深而进入最下部地幔，则依赖于高压含水相，如 FeOOH（在俯冲下去的玄武质地壳和沉积物中稳定，用粗黑线表示）（Hou et al.，2021）

2. 深部碳循环

深部碳循环是全球碳循环中的重要组成部分，是地球表层系统与地球壳幔系统甚至地核之间的碳循环。全球碳循环的研究是应对全球气候变化（特别是温室效应）的重要举措，前人的研究主要聚焦在大气、海洋和地壳浅表环境，并取得了大量成果。例如，人们认识到，火山喷发的气体，特别是 CO_2，可能是导致地质历史上雪球事件结束的原因。近年来的实验研究表明，除了大型沉积盆地外，活性的玄武质岩石被认为是未来储存 CO_2 的重要场所（Gislason and Oelkers，2014）。但是，地球深部在全球碳收支方面到底起着什么样的作用？长期以来，人们对此并无定量的分析，因此，也没有认识到地球深部过程对全球碳循环的重要影响，关于从地壳到地核的地球深部碳循环、碳行为和碳储的认识还比较肤浅（图 3-19）。

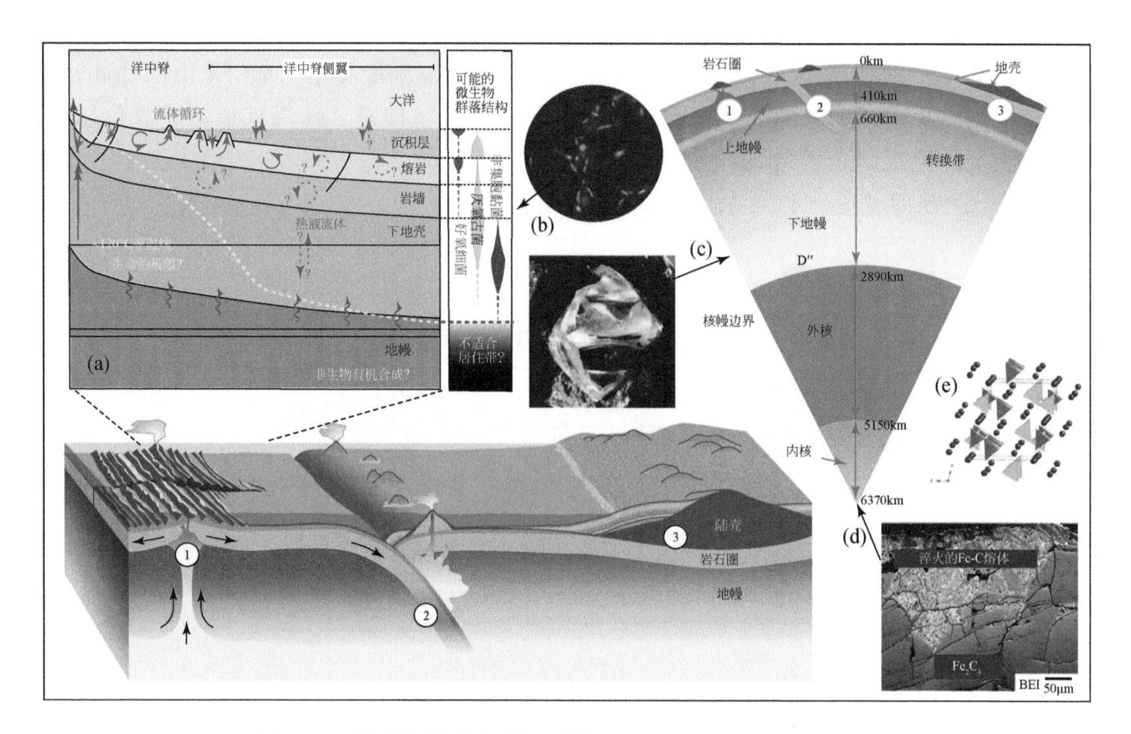

图 3-19　地球深部的碳循环（据 Hazen and Schiffries，2013）

还没有给出定量估计的碳储包括：(a) 洋中脊两翼的微生物群落结构，以及其他的生物圈深部环境；(b) 荧光显微镜照片显示从蛇纹岩环境提取的铁还原生物富集培养基；(c) 金刚石及其包裹体提供的地球深部信息，与此有关的理论和实验研究可以推测碳在地球更深部的作用；(d) 理论上，碳化铁（F_7C_3）是可能的地球固体内核组成物质；(e) 实验研究表明，可能存在与高压菱镁矿Ⅱ相结构（深度超过 1800km）类似的含碳镁-铁合金

地球上最大的碳库存在于岩石之中。地球深部可能含有超过 90% 的地球碳（表 3-4）。关于深部碳的基本问题有（Hazen and Schiffries，2013）：地球深部到底储存有多少碳？其储存方式（即碳储或碳库）是什么？在各种碳储之间，碳是如何迁移的？地球深部（包括深部地壳）与地表之间是否存在显著的碳交换（碳通量），究竟是什么途径主导着深部碳循环？非火山成因的碳通量占多大比例？区域变质作用和深部流体运移过程中的 CO_2 释放与退变质过程中的碳汇有多大作用？板块构造是如何通过俯冲带和弧后、洋中脊火山作用发挥其在地球碳循环过程中的核心作用的？深部微生物具有怎样的性质和分布范围？是否存在深部非生物成因的甲烷和其他碳氢化学物？生命起源过程中有没有深部有机化学作用？

前人研究认为，由于板块俯冲过程把大洋底部的碳酸盐岩带到地幔中，然后再通过火山作用以 CO_2 气体形式释放到大气中，是深部碳循环的主要途径。近年来，有关深部碳存储总量、通量及存在形式，洋壳俯冲过程中碳的行为，含碳地幔的熔融，C、Ca 和 Mg 同位素示踪深部碳循环的原理和途径，以及火山作用释放的 CO_2 中与俯冲相关的碳和原始幔源碳的比例等方面取得了重要进展（张洪铭和李曙光，2012）。不同学者给出的地幔碳浓度值差异比较大，为 $20\times10^{-6}\sim1300\times10^{-6}$，反映了地幔碳储库的规模还是一个不定值：地幔碳存储总量暂估为约 10^{23} g，深部碳循环通量暂估为约 10^{13} g/a（Dasgupta and Hirschmann，2010；张洪铭和李曙光，2012）。

表 3-4　可能的地球深部碳库

库	成分	结构	碳含量/%	深度/km	丰度
金刚石	碳	钻石	100	>150	<<1
石墨	碳	石墨	100	<150	<<1
碳化物	碳化硅、碳化铁、碳化三铁	碳硅石、陨碳铁	25～50	?	?
碳酸盐	碳酸（钙、镁、铁）	未知	20	?	?
合金	铁、镍	铁镍合金	少量?	?	?
硅酸盐	镁-硅-氧	多种形式	微量?	?	?
氧化物	镁-铁-氧	多种形式	微量?	?	?
硫化物	铁-硫	多种形式	微量?	?	?
硅酸盐熔体	镁-硅-氧		微量?	?	?
碳氢氧氮流体	碳-氢-氧-氮		变量	?	?
甲烷	甲烷		20	?	?
甲烷水合物	水+甲烷	化合物	变量	?	?
碳氢化合物	烷烃		变量	?	?
有机物	碳-氢-氧-氮		变量	?	?
深部生物	碳-氢-氧-氮-磷-硫		变量	?	?

资料来源：Hazen and Schiffries，2013。

2007 年，深部碳观测计划（Deep Carbon Observatory，DCO）开始了与深部生物圈有关的能源、气候、环境等问题的研究，旨在探索发现地球深部碳的总量与分布特征，碳库之间和内部碳的迁移与运动方式，深部有机碳与无机碳存在的形式，以及深部碳在研究生命、地球和太阳系起源方面的作用。目前已经有 50 多个国家 1000 多名科学家加盟该计划，使之发展成为一个国际组织。

DCO 计划在以下 4 个方面取得突破：①深部生物圈，致力于评估深部微生物和病毒生物圈的性质和分布范围，探索地球深部生物圈的进化与功能多样性以及与碳循环之间的关系；②深部碳库与碳通量，致力于识别主要的深部碳库，以确定库与库之间的碳通量与迁移机制，估算地球碳总量与总的碳收支；③深部能量，致力于提升对地质历史时期控制地壳和地幔中的无机和有机成因碳氢化合物产量和生产速率的地质环境和地质过程的基本了解，从多时间尺度（地质历史时期一直到现在）、多空间尺度（分子到全球）来研究地下深部有机质的产生速率、总量与反应活性，以及控制这些有机质物理化学特性的环境条件与过程；④极端物理化学条件下的碳行为，致力于提高对极端高温、高压条件下碳（包括在地球深部和其他行星内部发现的碳）的物理和化学行为的理解。

深部碳科学的跨学科领域融合了从事地球深部碳研究的化学家、物理学家、地质学家和生物学家的知识。通过野外考察、实验研究和计算模拟的深度融合，超越传统科学的学科界限，深部碳观测计划正在从根本上改变我们对地球深部碳的认识，在深地生物圈、俯冲带生物学、金刚石和碳的地幔动力学、深部地幔 CO_2 和碳酸盐的存在形式、地球深部碳与水的关系、地球深部非生物成因甲烷等的形成、深部碳循环研究等方面取得了重要进展。

在地球的形成与演化过程中，与碳有关的几个重要化学反应可能控制了地球内部的碳循环。在地球早期的吸积过程中，金属-硅酸盐分配反应促进了地球内部的碳捕获，从而在地核中封存了大量的碳；与铁-碳液相化合物有关的冷冻反应，可能有助于地球内核和地核发电机的生长，由此可能控制了地磁场的形成；氧化还原熔融/冷冻反应在很大程度上控制了现代地幔中碳的迁移，而深部地幔中碳酸盐与硅酸盐之间的化学反应也促进了碳的流动性及氧气的形成，在地球深部碳循环中起到了重要作用（McCammon et al., 2020）。核幔边界条件下 Fe-C 共熔合金的研究表明，俯冲的大洋岩石圈可以通过深部碳循环而到达核幔边界，成为超低速度带（ULVZ）的重要组成部分（Liu et al., 2016）。

中国地质科学院地质研究所杨经绥团队在西藏罗布莎蛇绿岩铬铁矿中发现地幔过渡带（深度>400km）矿物（如呈斯石英假象的柯石英和青松矿）基础上，提出蛇绿岩型金刚石新类型和铬铁矿深部高压成因模式，证实板块俯冲的物质再循环过程，为雅鲁藏布江谷地及类似构造环境下铬铁矿找矿突破提供了战略方向（Yang et al., 2007）。金刚石是一种典型的高压矿物和深部碳库。前人的研究表明，地球上可能存在三种类型的金刚石，即金伯利岩型、超高压变质型金刚石和陨石成因金刚石。近年来的研究表明，蛇绿岩中普遍含有金刚石，蛇绿岩型金刚石成为第四种类型的金刚石，可能形成于 410～660km 深度范围的大洋地幔转换带环境（图 3-20）（Yang et al., 2014）。

地球深部碳循环的研究表明，地球系统的主要碳库处在地球深部，深地过程是重要的碳汇过程，也是火山作用等地质碳排放的深部根源，地球科学尤其是深地科学研究，在实现国家碳达峰碳中和“双碳”目标的进程中，必将发挥重要的基础性作用。

3. 大陆下地壳物质的再循环

大陆地壳的生长曲线显示，地球早期历史时期形成的大部分大陆地壳是缺失的，地球早期的地壳可能由于俯冲而进入地幔深部。核幔边界（CMB）条件下的相转变实验研究表明，洋中脊玄武岩（MORB）、斜长岩、英云闪长岩-奥长花岗岩-花岗岩（TTG）等物质，均可以被俯冲而带入核幔边界，形成 D'' 成分层（Komabayashi et al., 2009）。

大陆软流圈物质的上涌和下地壳物质的拆沉，可能是地壳物质再循环的一个重要途径。大陆下地壳镁铁质岩石拆沉到下伏的对流地幔之中，曾被认为是引起大陆地壳化学成分不寻常演化的原因之一。华北克拉通晚侏罗世高镁安山岩、英安岩、埃达克岩（高 Sr，重稀土元素和 Y 含量低的硅质熔岩）具有榴辉岩部分熔融成因，并与地幔橄榄岩反应的化学和岩石学特征。具有类似特征的埃达克岩和一些太古宙富 Na 的 TTG 系列花岗岩类，可能是板片熔融体与地幔楔相互作用的结果。华北地区的晚侏罗世岩浆岩（熔岩）携带了太古宙继承锆石，Nd、Sr 同位素组成叠置有华北克拉通下地壳来源的榴辉岩捕虏体特征。因此，华北晚侏罗世熔岩可能是古老的镁铁质下地壳拆沉进入对流地幔然后熔融，并与橄榄岩反应的产物，而与板片熔融体的地壳混染有较大区别，从而提供了华北克拉通岩石圈

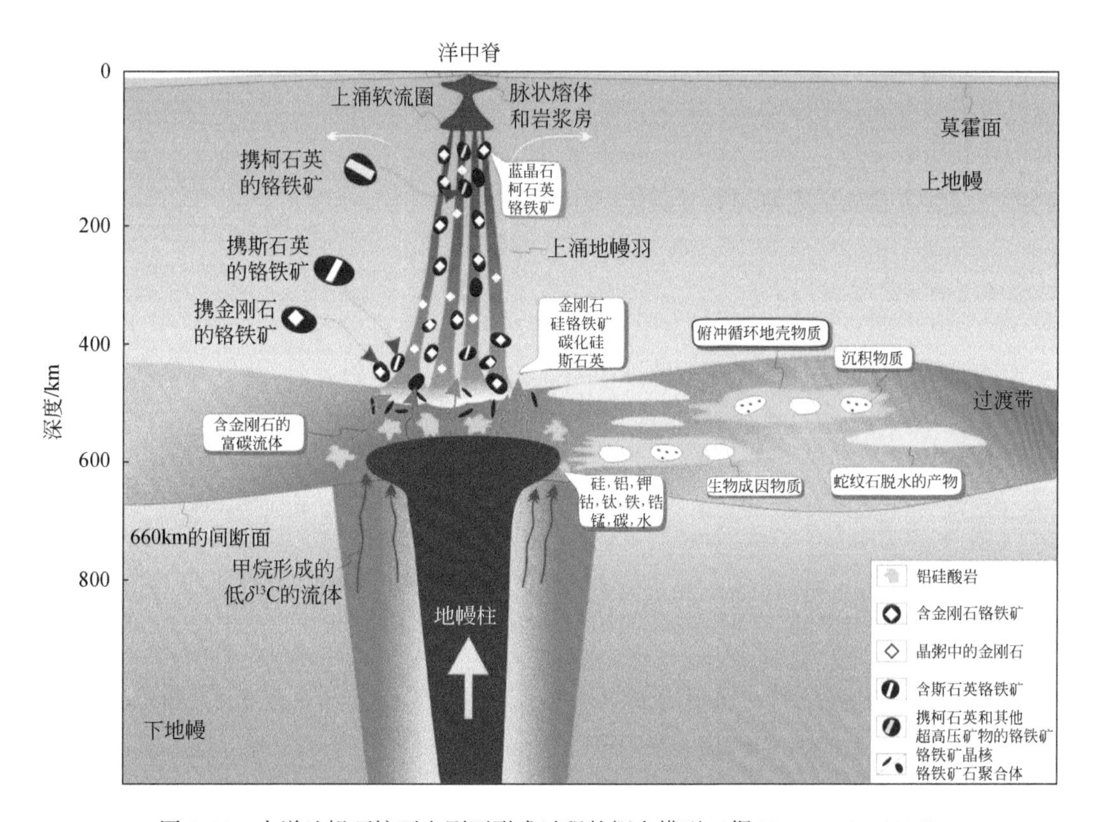

图 3-20　大洋地幔环境下金刚石形成过程的概念模型（据 Yang et al., 2014）

减薄的时间制约（Gao et al., 2004）。

在扬子克拉通西南缘，非弧成因的长英质岩浆侵入活化的古岩浆弧之中，形成有潜力的金成矿系统。作为非弧成因的富金斑岩矿床，北衙金矿的形成，提供了富集金属的大陆下地壳再循环的过程（Hou et al., 2017）。

4. 地球深部物质的特异性与新陈代谢

地球深部的主要矿物相（如橄榄石、辉石、石榴子石等及其高压相变产物）是理想化学式中不含 H 的“名义上不含水矿物”。以缺陷形式存在的结构水的发现，颠覆了经典含水矿物的深度界线，从而认识到地幔过渡带（深度为 410～660km）是一个巨大的水储库。同时，地球深部也是最大的地球碳储库，可能含有超过 90% 的地球碳；金刚石是一种典型的深部碳库。近年来超高压实验研究的结果表明，超高压条件下的部分元素可能将发生超离子化，形成异常的物理化学性质，如异常的密度和化合性质等。地球深部极端环境下物质变化的临界与超临界状态的存在，成为深部物质研究的亮点。

地球物质的深循环和全地球的年龄分布，显示了地球具有生命体的新陈代谢特征。在威尔逊旋回的大陆裂解、海底扩张、板块俯冲、大陆增生、碰撞造山、剥蚀夷平与克拉通化等各个阶段，大陆内部的金伯利岩岩筒侵入、大陆裂解、海底扩张与洋脊岩浆活动、大洋板块的俯冲、地幔柱和火山作用等，均体现了地球内部与表层在垂向上的能量与物质交换，构成了地球物质深循环的体征表现；而地球元素的同位素特征，则代表了地球上分布物质的“基因”和地球记忆。正如 Lovelock（1972）提出的“盖亚假说”，认为地球本身就是一个具有自我调节能力的巨大有机体。地球表层物质的深循环，最深可达核幔边界或更深。热和化学不均一性可能是地球物质深循环的主要驱动力。矿物相变在控制地球物质的密度和塑性流动性质方面起着重要作用。

（三）化学地球动力学

化学地球动力学是地球化学与地球动力学之间的交叉学科，是 20 世纪末期地幔地球化学研究的热点和前沿，通过研究地球各圈层内部的化学结构和过程以及不同圈层之间的化学相互作用，从而从本质上研究和认识发生在地球内部的各种地质作用（Allègre，1982；Zindler and Hart，1986；李曙光，1998；郑永飞等，1998，2013；郑永飞和陈江峰，2000）。化学地球动力学是认识地球内部化学组成与演化规律的重要途径。它综合应用主微量元素地球化学、同位素地球化学以及地球物理手段研究地壳、地幔和地核的化学组成及其相互作用过程，从物理和化学过程的本质上探讨地球及其各组成部分的起源和演化、相互关系以及对资源、环境和自然灾害的制约（郑永飞等，1998，2013）。

在地球演化的早期阶段，地幔不断地发生部分熔融，相当部分容易进入液相的元素随着熔融作用不断地移出地幔源区进入岩浆，从而使地幔亏损了 Si、Al、Ca、Na、K 等组分，形成了化学上的亏损地幔。如果地幔中加入了上述元素，则形成富集地幔。根据同位素和微量元素组成，可以划分出多种地幔端元或储库；地幔端元之间的混合作用，解释了各种幔源岩浆岩同位素和微量元素组成的不同（Allègre，1982；Zindler and Hart，1986）。俯冲板块和其脱水/熔融产物存在于不同深度地幔中，最终演化形成各类地幔端元（朱日祥等，2021b）。这些地幔端元主要包括：

（1）DM 亏损地幔，是洋中脊玄武源区的主要成分，具有低 Rb/Sr、高 Sm/Nd、$^{143}Nd/^{144}Nd$值高、$^{87}Sr/^{86}Sr$ 值低、$\varepsilon_{Nd}(t)$ 为高正值、$\varepsilon_{Sr}(t)$ 为负值的特征。

（2）EM Ⅰ型富集地幔，具有 Rb/Sr 值较高、Sm/Nd 值较低、Ba/Th 和 Ba/La 值高、$^{87}Sr/^{86}Sr$值变化大、$^{143}Nd/^{144}Nd$ 值较低的特点。对于给定的$^{206}Pb/^{204}Pb$，其$^{207}Pb/^{204}Pb$ 和 $^{208}Pb/^{204}Pb$值高。

（3）EM Ⅱ型富集地幔，具有 Rb/Sr 值高、Sm/Nd 值低，以及 Th/Nd、K/Nb 和 Th/La 值较高的特点。$^{143}Nd/^{144}Nd$ 和$^{87}Sr/^{86}Sr$ 值均高于 EM Ⅰ。EM Ⅱ具有壳幔相联系的交代成因。EM Ⅱ与上部陆壳有亲缘关系，可能代表了陆源沉积岩陆壳、蚀变的大洋地壳或洋岛玄武岩的再循环作用，也可能是大陆岩石圈进入地幔与之混合的结果。

（4）HIMU，即高 U/Pb 值的地幔，U 和 Th 相对于 Pb 富集的地幔。HIMU 的成因可能是由于蚀变的大洋地壳进入地幔并与之混合，丢失的 Pb 进入地核，地幔中交代流体使 Pb 和 Rb 流失。

（5）PREMA，即流行地幔或普遍地幔。特点是$^{206}Pb/^{204}Pb$ 为 18.2～18.5，高于 DM 和 EM Ⅰ，低于 EM Ⅱ和 HIMU 地幔；$^{87}Sr/^{86}Sr$ 低于 EM Ⅰ和 EM Ⅱ，高于 DM。$^{143}Nd/^{144}Nd$ 高于 EM Ⅰ和 EM Ⅱ，低于 DM。

（6）FOZO 地幔集中带。处在 DM-EMⅠ-HIMU 构成的成分三角形底部，是 DM 和 HIMU 的混合物，可能源于下地幔，由起源于核幔边界的地幔热柱捕获。

目前，化学地球动力学研究的主要领域是地幔地球化学，以及花岗岩研究和变质化学地球动力学。从地球形成到地核–地幔–地壳分异的角度来说，一般假定原始地幔（PM）在地球化学上是均一的，地壳物质的加入被认为是引起地幔不均一性的基本原因；幔源岩石中不同的同位素体系可能示踪的是地幔源区形成的不同历史，而地幔源区的多阶段演化则可能会抹去幔源岩石同位素组成所记录的原始信息；地幔源区不均一性被认为是洋岛玄武岩（OIB）地球化学组成差异的根本原因（郑永飞等，2013）。地壳组分加入地幔的主要方式是板块俯冲作用，其次是地壳拆沉和混染作用等。俯冲作用被认为是地球成分分异的主要驱动力和地幔不均一性的最基本原因，俯冲隧道内外的各种壳幔相互作用被认为是导致地幔不均一的关键过程（郑永飞等，2013）。

化学地球动力学的基础是深部物质的地球化学示踪与探测研究。具有纳米分辨率的二次离子质谱（NanoSIMS）可以用来对高温高压实验中产生的、具有复杂矿物组合的微量样品进行化学成像，被认为是深部物质地球化学反应和过程研究的一个窗口（Badro et al., 2007）。同步加速器高能 X 射线仪器可以同时进行衍射分析和直接对样品成像以确定应力和应变（Bass and Parise，2008）。中子衍射也为深部物质研究提供了很好的分析工具。尽管如此，发展诸如“全束”（total beamlines）的多学科全分析技术（即使在美国）也已经非常必要。

有待深入研究的化学地球动力学领域包括：①原始地幔的地球化学组成；②正常 MORB 型地幔在整个地幔中所占有的比例；③大洋玄武岩地幔源区的岩石学性质（非橄榄岩占多大比例）；④大陆岩石圈地幔的组成、演化及形成机制（包体橄榄岩在多大程度上代表由弧下地幔转化所形成的大陆岩石圈地幔）；⑤不同时空条件下，大洋和大陆俯冲板片对地幔不均一性的贡献（俯冲进入软流圈地幔的大洋和大陆岩石圈地幔的行为和效应是什么）；⑥板内玄武岩成因及与板片俯冲、软流圈上涌等构造过程的关系（俯冲隧道过程与地幔楔性质对地幔源区的支配作用是什么）；⑦花岗质岩石形成过程的地球动力学机制（软流圈地幔上涌引发地壳熔融的证据是什么？花岗岩形成过程中是否存在地幔物质的贡献，是解决花岗岩成因的关键）；⑧冥古宙至今花岗岩类组成演化及其与壳幔系统演化的关系（地幔热梯度变化对地壳熔融体制的影响表现在哪里）；等等（郑永飞等，2013）。

第四章　深地资源探测技术与应用

第一节　深地资源：从深部地下空间到超深层油气

什么是深地资源？简单地说，深地资源就是处在深地环境下的自然资源，包括可见、不可见的，以各种形态存在的、可开发的自然资源，如深部地下空间、矿产资源（含油气资源和水资源等）、深部热能（如干热岩等）、深地生物资源等。城市地下60m以深的空间系统、500m或1000m以深的金属矿产资源成矿系统，均属于深地资源的范畴。6500m以深的油气资源，基本上属于超深层油气系统的范畴。可以说，依据人类利用地球的能力提升，深地资源的深度也将不断向深部延拓。

（一）深部地下空间利用

深部地下空间具有资源属性，是自然资源的重要组成部分，深部地下空间全资源利用发展势头强劲，深部灾害与环境评估是其制约因素。其中，城市地下空间的精细探测正在朝无损、非扰动、高精度、高分辨、多方法综合解释等方向发展，其开发利用更是将地下空间赋予可观的资源经济价值。利用深部地下空间进行储能发电、废物处置和碳存储，也已进入商业运营或进一步开发的阶段。深部地下空间利用由单一空间资源转向多层次、多功能空间资源综合开发，形成地下生态建设发展的态势。深部地下实验室、国防军事地下空间利用等地下特殊空间利用也成为趋势。

深部地下空间可提供精确实验要求的极低宇宙线本底和极低背景噪声环境，以及高地应力、高地温和高渗透压等深地极端环境，使得深部地下实验室可进行天体物理、粒子物理、核物理、生命科学、地球科学和深部岩体力学等多学科重大前沿领域的科学实验（陈和生，2010）。基于我国四川锦屏山隧道群建设的锦屏山深地实验室（CJPL），是目前国际上最深（>2500m）的地下实验室，开展了关键反应$^{12}C(\alpha,\gamma)^{16}O$、$^{13}C(\alpha,n)^{16}O$慢中子俘获s⁻过程关键中子源反应和$^{19}F(p,\alpha)^{16}O$等重要$(p,\alpha)$反应在伽莫夫能区的直接测量，将$^{25}Mg(p,\gamma)^{26}Al$等重要$(p,\gamma)$反应的直接测量推进到更低的能区，建立低本底高灵敏度中子探测器，将有效提升我国暗物质直接探测和无中微子双贝塔衰变等基础前沿研究水平，同时也为建设“极深地下极低辐射本底前沿物理实验设施”提供了基础。

（二）成矿系统与成矿作用

成矿系统是指在一定的时-空域中，控制矿床形成和保存的全部地质要素和成矿作用动力过程，以及所形成的矿床系列、异常系列构成的整体，是具有成矿功能的自然系统

(翟裕生，1999；翟裕生等，2004，2010)。成矿系统具有以下多个关键要素，构成成矿系统的“源（源区）-运（通道）-储（场所）”（翟裕生，1999；Drummond et al.，2000；翟裕生等，2004，2010；吕庆田等，2019，2020)：①成矿物质或成矿流体；②成矿时间；③成矿空间，包括有利的地壳/岩石圈结构、成矿流体通道和矿石堆积场地；④成矿能量、动力学背景或构造事件，包括促使岩浆/流体运移的驱动力（过程）和汇聚机制；⑤促使矿质沉淀的地球物理化学过程，也即成矿作用过程；⑥矿床形成后剥蚀、保存和再富集过程。其中，成矿作用是一种复杂的动力学过程，是地球多尺度物理、化学和动力学过程多因耦合与临界转换的结果，是一个特殊的地质过程（翟裕生等，2004；吕庆田等，2019)。成矿系列和矿床模型是成矿作用的高度总结，是成矿系统的重要组成部分。

成矿系统具有“源-运-储”多级套合和多尺度组合的结构，囊括了整个时空维度上的岩石圈矿化轨迹，包括流体、金属来源、能量驱动、矿石堆积场地（即矿体或矿床）以及贫化流体的出口等（图4-1)，其形成与地球系统重要时期和特定事件中的过程相关，可视为成矿系统的自组织过程（图4-2)。相较于单个矿床，在成矿系列和矿床模型基础上建立的成矿系统，可为勘查者提供更大的目标，从而可以转化为勘查系统（翟裕生等，2010；吕庆田等，2019，2020)。

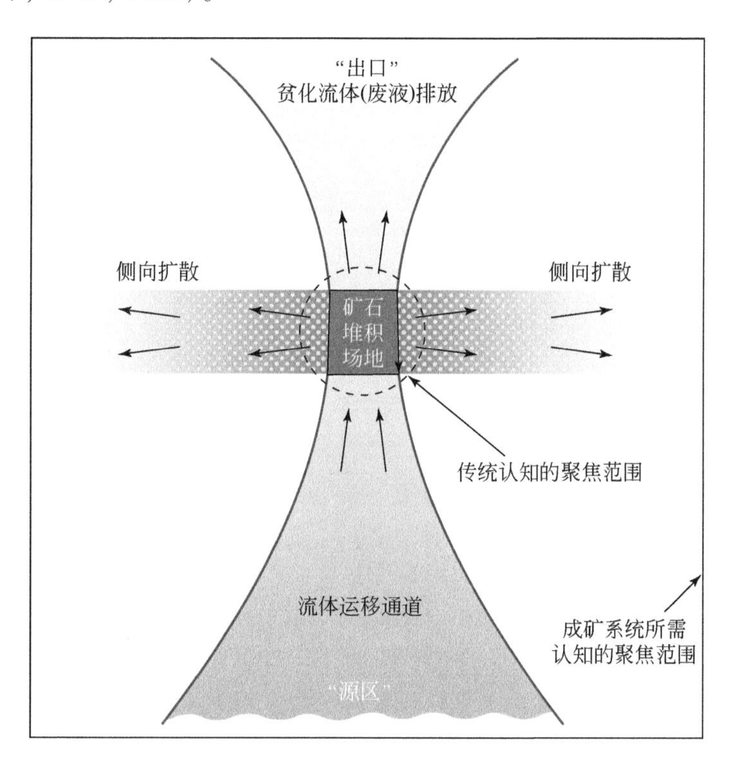

图4-1　成矿系统的概念模型（修改自UNCOVER Group，2012)

按照含矿介质与成矿机理的不同，可以划分出岩浆成矿系统、热液（水）成矿系统、沉积成矿系统、变质成矿系统、生物成矿系统和改造成矿系统等成矿系统基本类型，并根据矿源场、中介场和储矿场的不同，细化成矿系统或子系统的划分（翟裕生等，2010)。

矿床学研究显示，矿床是地质作用和构造热事件的结果，受深部过程的控制（翟裕生等，2010）。

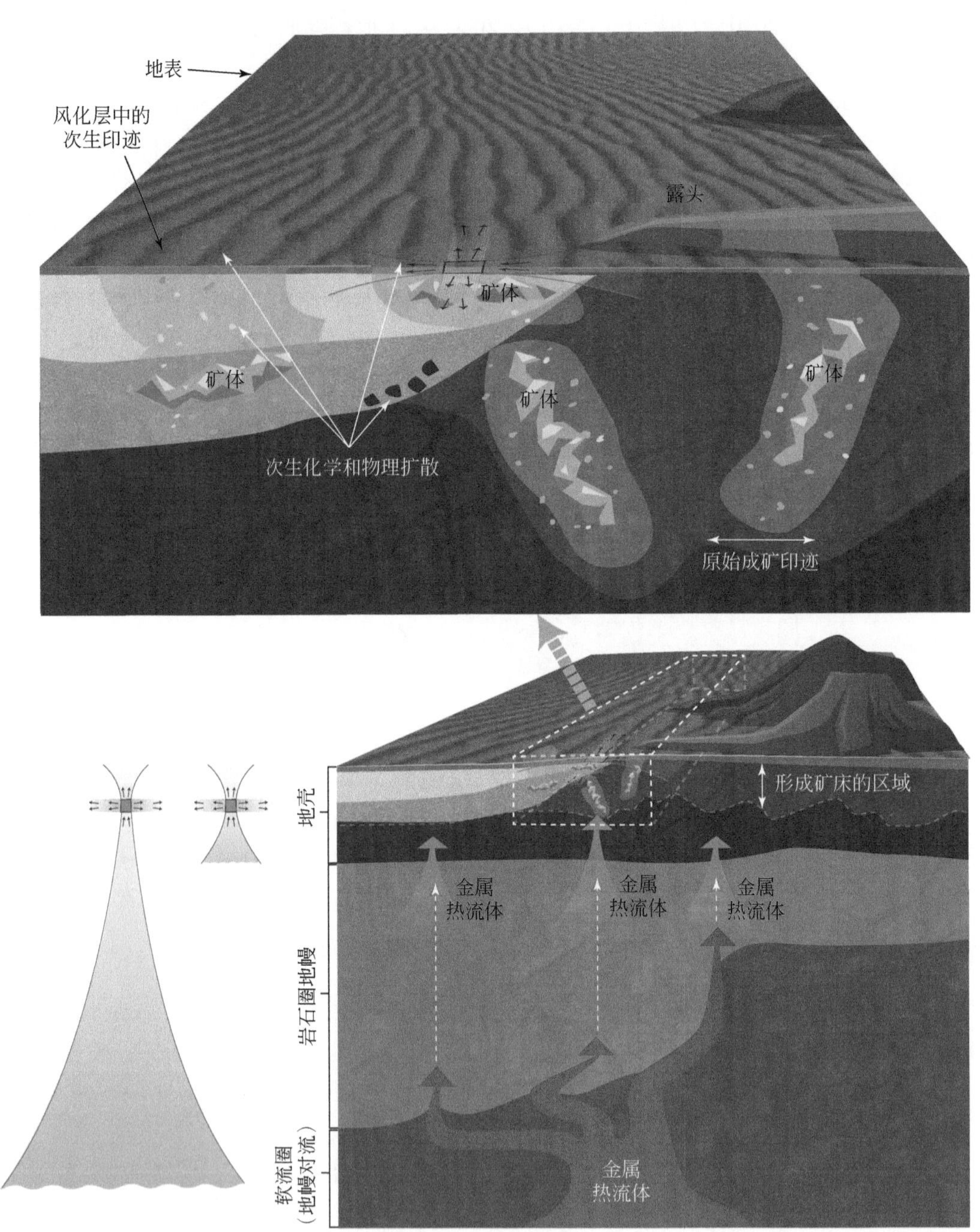

图 4-2　成矿系统的形成过程示意图（修改自 UNCOVER Group，2012）
上图为下图的局部放大

构造动力是控制成矿系统成生和破坏的基本因素之一，而动力系统转换与成矿具有密切的关系（邓军等，2001，2019），由此形成成矿构造体系。成矿构造体系即控制成矿作用的构造体系，是统一的地质作用过程中形成的构造体系与成矿系统的有机结合体。构造与成矿之间的紧密联系构成了成矿构造体系，具体表现为同一区域内一套具有成因联系与时空演化序列的构造体系与矿床系列的组合（陈宣华等，2009）。不同的构造体系和动力体制产生不同的构造环境，形成不同的成矿系统。为此，也可以通过大地构造背景或地球动力学环境的研究，提出一定空间范围内成矿系统的构造分类，如伸展、挤压、走滑、隆升、沉降、剪切和撞击等构造成矿系统（翟裕生等，2004，2010）。

构造体系与成矿作用的复合形成复合成矿系统。复合成矿系统是复合造山构造转换时空域中不同时期多种成矿作用或者同一时期不同成矿作用复合而形成的矿化网络，以及控制其形成与保存的全部地质要素构成的具有成矿功能的自然系统（邓军等，2018，2019）。复合成矿系统具有多源复合的成矿物质来源、复合造山的成矿驱动机制、成矿流体运移的构造活化控制、构造转换复合的成矿机理、矿床破坏再生的变化过程与多类型矿种共存的保存条件（邓军等，2018，2019）。

亚洲大陆是在西伯利亚、印度、阿拉伯、华北、塔里木、华南、印支等多个克拉通基础上，通过显生宙多阶段板块汇聚与碰撞拼贴而形成的，具有复杂的大地构造背景、构造事件、断裂构造体系、动力学系统与演化历史（Chen et al.，2022）。由此可以初步构建我国从成矿域、成矿系统、亚系统和成矿带到矿集区不同尺度的成矿构造体系划分（图 4-3），以便进一步阐明构造、沉积、岩浆、变质与成矿作用的关系。

我国大陆及周边可以划分为两类主要构造单元，即主要由造山带组成的构造域和以稳定地块为主的克拉通，构成我国大地构造划分的一级构造单元。其中，主要的构造域或成矿构造体系包括古亚洲洋构造域、特提斯构造域和西太平洋构造域，主要受中生代古特提斯洋关闭与华南–华北碰撞动力学系统、中特提斯洋关闭与拉萨–羌塘碰撞动力学系统、中北亚陆内挤压与走滑作用动力学系统和新生代印度–亚洲碰撞动力学系统、西太平洋动力学系统、阿拉伯–亚洲碰撞动力学系统的控制。与之相对应，可划分出主要的构造成矿域，包括中亚（古亚洲洋）成矿域、特提斯成矿域和西太平洋成矿域，并划分出青藏高原碰撞造山成矿系统、华北克拉通成矿系统、华南陆内成矿系统、北方西部增生造山成矿系统和北方东部复合造山成矿系统等（图 4-3）（董树文和陈宣华，2018；陈宣华等，2021）。

华北克拉通成矿系统内部还包含克拉通化之前的造山成矿系统，以及与克拉通破坏有关的陆内成矿系统。华北克拉通虽然是古老大陆地块，但在岩石圈的大规模减薄与破坏过程中，产生了金成矿作用，形成了中国最重要的金矿类型——华北克拉通破坏型金矿（朱日祥等，2015；底青云等，2021）。

华南陆内成矿系统是我国与中生代岩浆岩有关有色金属、稀土金属、稀有金属、铀等矿床成矿系列发育最完善的地区之一，形成了以武夷–云开构造–岩浆–成矿带为中心、向东、西两侧对称分布、成岩成矿时代逐渐变年轻的区域性分带格局（陈毓川和王登红，2012）。华南板内（陆内）的钦杭成矿带中的绝大多数矿床形成于中晚侏罗世至白垩纪（毛景文等，2011）。

成矿系统演化过程中，各种物理化学作用对地壳和岩石圈地幔进行了“强烈”改造，在一定的空间范围内留下了各种物理、化学和矿物学的“痕迹”或蚀变晕（吕庆田等，

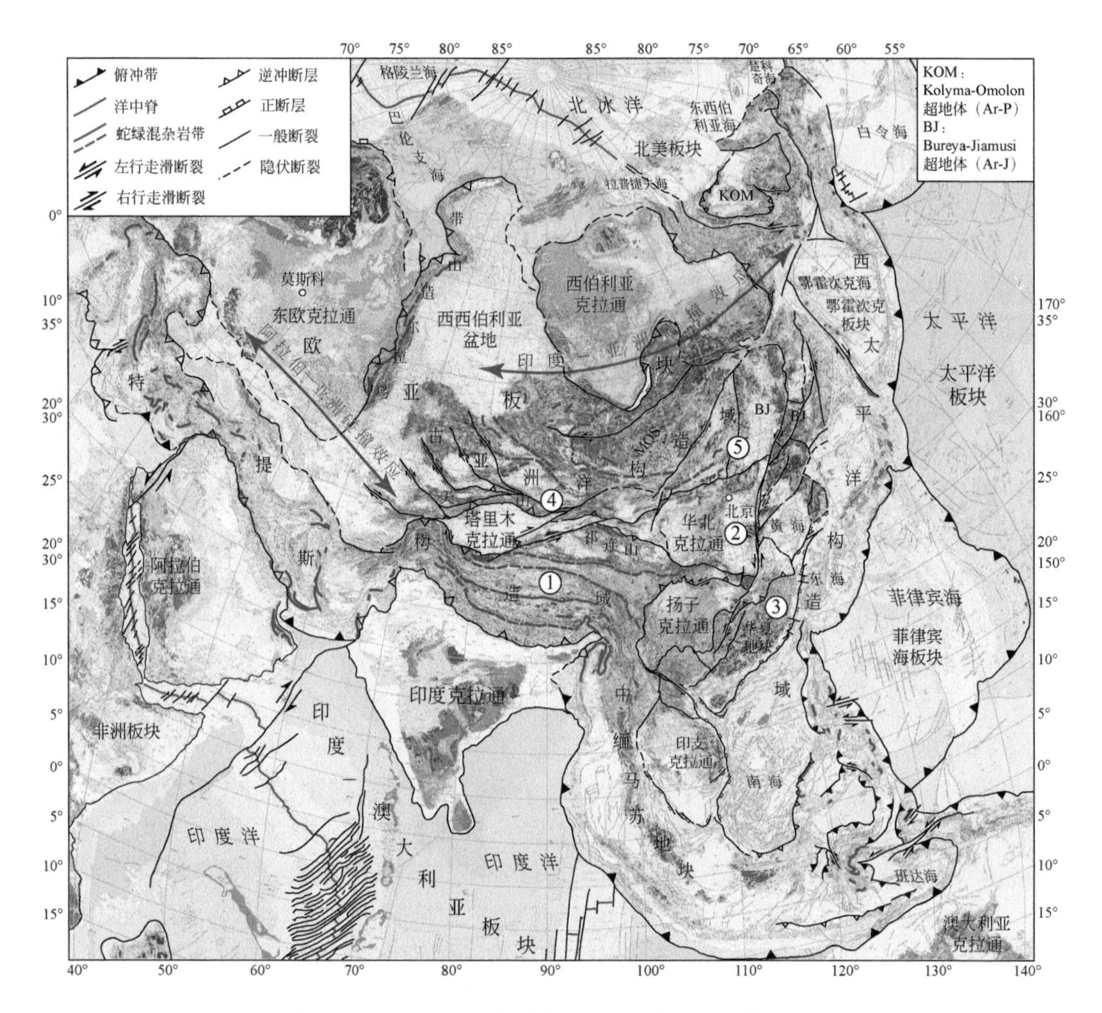

图 4-3　亚洲大地构造纲要与我国主要成矿系统分布

（修改自陈宣华等，2017，2019a，2019b，2021；Chen et al.，2022）

亚洲地质底图据任纪舜等（2013）。印度-亚洲碰撞和阿拉伯-亚洲碰撞效应影响区域修改自 Yin（2010）。MOS. 蒙古-鄂霍次克缝合带。成矿系统：①青藏高原碰撞造山成矿系统；②华北克拉通成矿系统；③华南陆内成矿系统；④北方西部增生造山成矿系统；⑤北方东部复合造山成矿系统

2019，2020），它们改变了原来区域的地球物理和地球化学性质，如速度、电性、密度、磁性等，可以通过各种现代地球物理、地球化学手段进行探测，从而达到解构成矿系统的空间结构和成矿作用过程、揭示矿致异常和矿床（点）的目的。

大陆成矿理论：中国地质科学院地质研究所侯增谦团队建立了大陆碰撞成矿理论体系新框架，阐明了碰撞造山带成矿系统发育的深部机制与区域成矿规律，创建了大陆碰撞型斑岩铜矿、铅锌矿及造山型金矿成矿新模型，成为国际同领域研究的新成就（侯增谦等，2007）。中国地质科学院陈毓川和王登红团队在南岭于都-赣县矿集区实施的资源科学钻探，证实了“五层楼+地下室”深部成矿模式，发现深部厚大矿体与新类型矿床重要找矿线索等（王登红等，2010，2013，2017）。中国地质科学院矿产资源研究所毛景文团队发

现东部板内燕山期成矿受控于板缘块体之间的相互作用，建立了中国东部板内燕山期大规模成矿动力学模型，华南与华北地块的成矿时限基本一致，为中晚侏罗世—早白垩世（165±5～135Ma，挤压构造体制）和早白垩世晚期—晚白垩世早期（135～80Ma，伸展构造体制）两个阶段（毛景文等，2011）。中国科学院朱日祥团队构建了大洋板块俯冲背景下的稳定克拉通破坏-岩浆-成矿理论框架，建立了克拉通破坏成矿理论；他们认为，华北克拉通早白垩世金矿床不属于“造山型”，而是“克拉通破坏型”，其与“造山型”金矿床的本质区别在于成矿的伸展构造背景和成矿流体来源主要与来自克拉通破坏相关的岩浆活动有关（朱日祥等，2015）。中国地质大学（北京）成秋明团队建立了以非线性分形奇异性理论为核心的深部矿产资源定量预测评价理论与方法体系，提出“分形密度”“分形导数”概念和计算模型、多因耦合-自组织临界转换与深部地质异常形成及成矿机理。

成矿系统的“末端”效应：对于内生金属矿来说，成矿系统的“末端”就是岩浆/流体系统的“末端”，远超出矿床和矿体本身（吕庆田等，2020）。成矿系统的“末端”一般在0～10km深度的垂向空间上，是围绕在矿石沉淀堆积场地而形成的末端地区，包括贫化流体，即“废液”的排放区与侧向扩散区域（图4-1）。“末端”效应在矿床周边留下了大量印迹，包括大规模的围岩蚀变和次生变化等，成为找矿勘查的重要标志和线索，也是成矿系统转化为勘查系统的主要依据。重、磁、电等物探异常和地球化学元素异常，也可以看作是成矿系统“末端”效应（印迹）的地球物理与地球化学响应（吕庆田等，2015，2020）。

（三）地热资源

地球是蕴藏着巨大热能的储热体（王安建等，2008）。地球热结构显示，地球是一个持续保持高温的炽热行星，其中温度超过1000℃的部分占地球总体积的99%，而低于100℃的部分只占0.1%。因此，地下热资源是近乎取之不尽的能源，潜力巨大。地热热源包括外部热源（宇宙热源）和内部热源（行星热源）。内部热源包括放射性衰变产生的热能、地球的残余热、地球物质的重力分异热、地球转动热、天然核反应物、外成生物作用及人类活动等（王安建等，2008）。其中，放射性元素衰变产生的热能可能是最大的地热热源，从地球内部通过热传导释放到地表。国际能源署（IEA）、中国科学院和中国工程院等机构的研究报告显示，世界地热能基础资源总量为1.25×10^{37}J（折合4.27×10^{8}亿t标准煤），其中埋深在5000m以浅的地热能基础资源量为1.45×10^{36}J（折合4.95×10^{7}亿t标准煤）。中低温（25～150℃）地热能资源分布广泛，高温（>150℃）地热能则集中分布在大西洋中脊、红海-东非裂谷、环太平洋、地中海-喜马拉雅四大高温地热带（中国21世纪议程管理中心，2019）。我国大陆干热岩地热资源基数总量为2.1×10^{25}J，可采资源量的上限为8.4×10^{24}J，下限为4.2×10^{23}J，中值为4.2×10^{24}J（汪集旸等，2012）。据中国地质调查局预测，我国深层地热资源具有优势，若能利用3～10km深度的地热能2%，就可保障我国能源使用数千年（董树文和陈宣华，2018）。

如何利用地球深部的热资源呢？目前，人类还只能利用地球浅部大约5km以浅的地热资源。地热能提供了可用于发电和加热设施的可持续能源，包括浅层地热能热泵和中深层地热能供暖等。过去几十年来全球地热能的利用得到稳步增长；在冰岛、新西兰、东非、德国、智利和澳大利亚，地热能开发利用更是达到了前所未有的程度。研究表明，地热资源的利用取决于地下的温度和深度情况（图4-4）。由于干热岩、增强型地热系统（EGS）和热的沉积盆地（与油气伴生）开发所需要的地温梯度值最低，因此，与传统的地热直接利用和水热型地热发电厂相比，干热岩、增强型地热系统（EGS）和热的沉积盆地将是目前至不远的将来利用深度最深、最有前景的地热资源。EGS的开发利用主要采用水压致裂来增加渗透率，对环境的影响非常低。

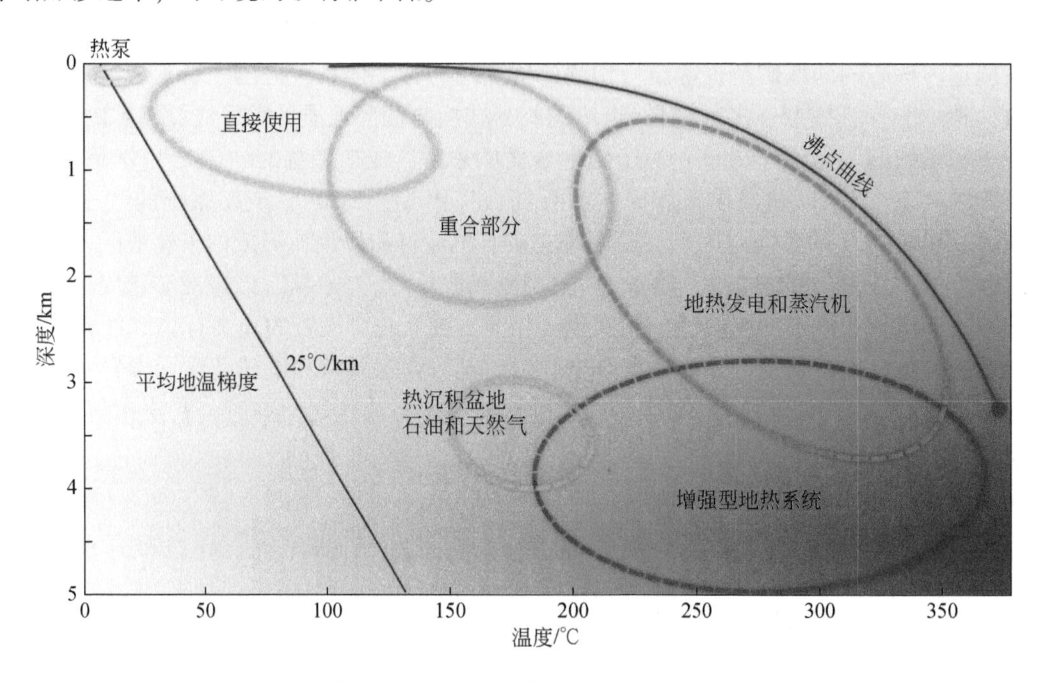

图4-4　不同地热装置的温度和深度范围（据Moore and Simmons，2013）
所有椭圆的左边为现今不经济的区域。沸点曲线是地热系统应用的上限温度

目前，法国的莱茵（Rhine）地堑（2.5MW）和德国的Landau（3MW）、Insheim（4.5MW）都建立了干热岩和增强型地热系统（EGS）热储之上的小型发电厂。地热资源的调查表明，南澳大利亚存在约4km深处温度达到250℃的放射性成因热花岗岩（区域面积达到约2000km²），被认为是增强型地热系统（EGS）开发的最理想地区之一。近年来，美国也在几个关键地区进行了EGS资源调查。同时，热的沉积盆地（一般伴有油气产出）具有高的地温梯度，也是未来十年很有前景的大型地热开发目标区；这些盆地在3～4km深度的温度往往超过150℃，并具有高的渗透率；单个盆地的面积大于100km²，是100～1000MW级地热发电的潜在基地。在全球，深的沉积盆地和EGS热储具有地热开发的最大潜力；与油气伴生的热水也是一种丰富的地热资源（Moore and Simmons，2013）。

建立深部矿产资源开采和地热开发系统“共建-共存-共用”的关键理论与技术体系，实现深部矿产资源和地热资源共采，是深部采矿可持续发展的重要举措，也为深部高温岩层地热开采提供了全新技术手段（蔡美峰等，2021）。

（四）深层超深层油气资源

依据钻井工程标准，油气资源埋深为4500～6000m的为深层、大于6000m的为超深层（赵文智等，2014）。传统油气有机成因理论关于油气“死亡线”的推论认为，温度超过120℃后，液态石油将分解为天然气，也即约4000m深度是液态石油的“死亡线”；天然气的“死亡线”为约8000m，温度超过180～200℃，天然气将分解为甲烷和石墨(图4-5)。

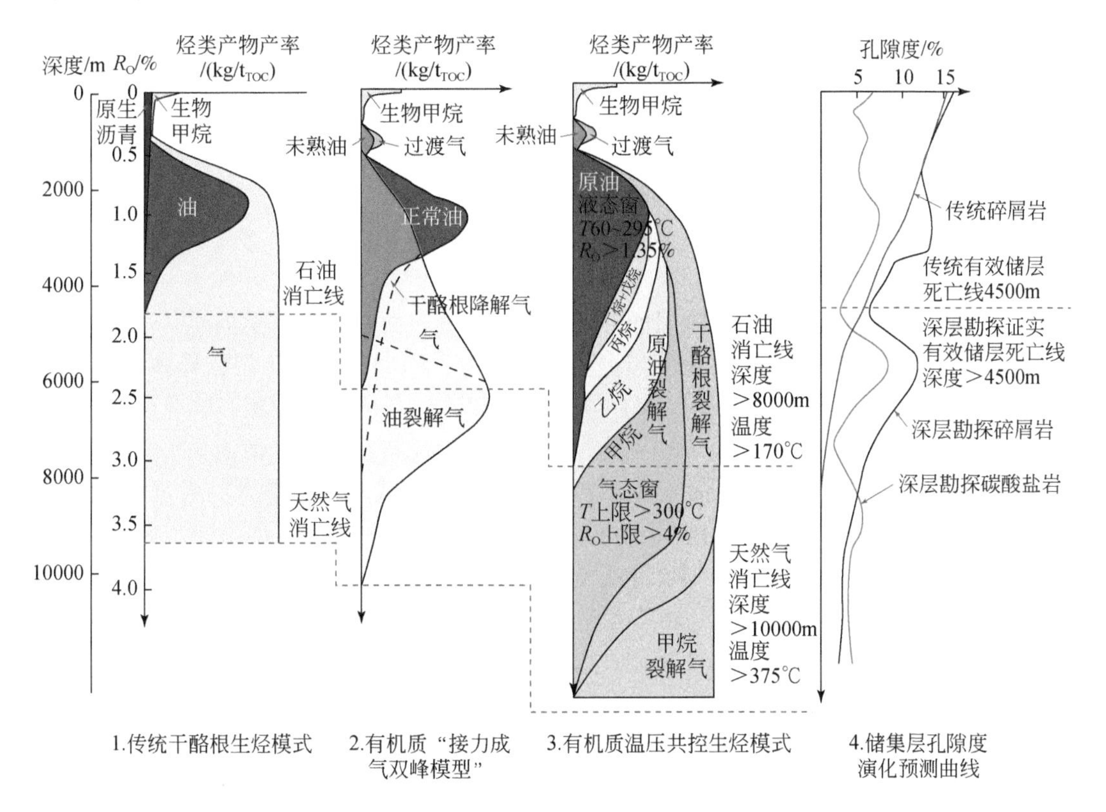

图4-5　有机质生烃理论研究进展（据Tissot and Welte，1978；赵文智等，2005，2011；张水昌等，2021；徐安娜等，2022修改）

近年来，我国三大克拉通盆地深层-超深层油气勘探实践的深度，已突破传统石油地质理论的油气“死亡线”和储层“致密线”。赵文智等（2011）认为，传统干酪根生烃模式是基于干酪根初次裂解生排烃过程建立的，未考虑压力对有机质初次裂解成油后的油二次裂解成气和催化作用的影响。基于大量地球化学分析实验和生烃动力学模拟，超深层高温和高压双重作用以及多期构造演化对有机质生烃过程的影响作用巨大，高压异常可抑制两类烃源灶（干酪根与液态烃裂解）热演化过程，进而抑制烃类生成和分解，使得生烃作用迟滞，导致深部晚期仍可规模生烃，从而突破了传统干酪根生烃模式的油气“死亡线”(Tissot and Welte，1978)，由此提出接力生气和温压共控多阶段、多途径复合生气模式

(图 4-5)(赵文智等，2011)。

迄今，全球共发现埋深大于 6000m 的工业性油气田 160 多个，其中，元古宇源岩工业性油气田/藏有 200 多个，主要分布在被动陆缘、前陆盆地和裂谷盆地的克拉通深层奥陶系至中、新元古界。超深层和中、新元古代海相油气勘探已成为全球关注的重点领域。我国近年重点含油气盆地的勘探，特别是塔里木、四川和鄂尔多斯三大古老克拉通盆地的油气勘探逐渐向深层-超深层和中、新元古界层系拓展，深层超深层油气勘探成为现实领域。

我国含油气盆地深层多处于叠合盆地下构造层，通常存在多套、多种赋存形式的烃源。深层烃源岩现今多处于高过成熟阶段，地质历史上经历了较完整的生烃过程，深层天然气的来源既包括了干酪根直接裂解生气，也包括了早期形成的聚集型古油藏、源内滞留液态烃和源外分散液态烃在高温演化阶段裂解生气（赵文智等，2014），同时可能还存在无机成因气的加入。由于深层-超深层碳酸盐岩仍可发育规模有效储层，具备大面积、规模成藏的有利条件，深层-超深层碳酸盐岩是我国陆上油气勘探发展的重要接替领域（赵文智等，2014）。在塔里木盆地库车地区，由于深化了盐相关构造样式研究，提出了“盐上顶篷构造，盐层塑性流变，盐下冲断叠瓦”的构造模型和应力控储的观点，裂缝决定高产，储层埋深下限已超过 8000m。

盆地深部地质作用与深层超深层油气资源的形成分布面临许多科学问题，主要有：深部地质作用下有机质成烃化学动力学与多元生烃潜力；深部高温高压超临界体系流体-岩石-烃类相互作用机理及超深层储层的有效性；深部油气系统中烃类相态转化、运聚成藏及保存机制；深部特殊地质环境下油气共伴生资源的形成与富集等（何治亮等，2020）。

深层-超深层已成为国内外油气资源发展的最重要领域之一，潜力巨大（张荣虎等，2020）。烃源岩在高压下的热演化已成为超深层油气资源评价与成烃理论研究的焦点（顾忆等，2019）。塔里木盆地顺托果勒低隆具有“大埋深、高压力”特征，寒武系海相烃源岩在燕山期以来仍具有形成高成熟液态烃的地质条件。由于处于构造长期稳定的封闭体系和晚期低地温场背景（地温梯度小于 2.0℃/hm），流体压力长期持续大于 60MPa，烃源岩母质类型在高压条件下抑制明显，构成烃源岩高压生烃演化抑制模式，其生油窗范围及潜力远高于传统的理论计算值，超深层油气潜力巨大（顾忆等，2019）。

储层构造动力成岩作用是沉积岩层在从松散沉积物到固结形成沉积岩石直至遭受浅变质前的过程中所发生的构造活动与成岩作用的耦合，主要研究沉积物沉积以后构造变形与沉积物的物理、化学变化的相互作用关系，其关键驱动力是构造作用（包括挤压、伸展和走滑），可以发生在弱成岩-固结成岩和构造抬升-剥露的各个时期。储层构造动力成岩作用研究的关键在于厘清 3 个关系：构造成岩作用与储层致密化、裂缝化的量化关系；构造成岩作用与流体-岩石相互作用的耦合关系；构造成岩作用与储层断层带、裂缝带的时空关系。储层构造动力成岩作用在多学科交叉、多方法融合和多领域应用的基础上逐步形成了新的地质理论体系和技术方法系列，可为认识超深层碳酸盐岩储层、低孔裂缝型砂岩储层、规模优质砂岩储层、非常规储层的形成机理提供地质理论基础，还可为复杂储层质量评价预测、天然裂缝及其有效性评价提供有效途径和技术方法。

深层-超深层及中、新元古代地层埋深大，时代老，经历过高温高压条件，遭受过多期构造运动改造，目前勘探程度低，钻遇井点少，重、磁和地震资料有限，且品质差，缺少超深层高温高压实验设备，缺少可供地质解释的高分辨率地球物理资料，面临许多科学技术难题。中国石油集团东方地球物理勘探有限责任公司近年在我国三大古老克拉通盆地针对超深层油气勘探开展了重磁电震技术的联合攻关试验，初步形成一系列有特色的有效技术。

第二节　金属矿地震勘探方法与应用

(一) 反射地震方法

反射地震方法借助震源激发能量，带动周边质点产生震动效应，地震波在地下介质传播过程中，当遇上波阻抗差异界面，即不同弹性介质的交界面时，便发生反射现象。通常情况下，利用反射波的传播时间、强度、频谱、相位及波长等多维因素，即可判断地下存在的不同介质及其属性。为提高地震记录的信噪比，反射地震常采用水平叠加方法进行野外施工，以压制多次波和各种随机干扰波，提高地震记录的信噪比，改善地震反射剖面质量。

反射地震的数据处理，包括常规处理、精细处理与特殊处理。常规处理主要包括线性动校、一次静校正、球面扩散补偿、噪声衰减、地表一致性振幅补偿、反褶积前剩余静校正、反褶积测试、剩余静校正试验、叠后修饰处理等。在精细定义观测系统基础上，精细处理主要包括各种静校正、剩余静校正、叠前时间偏移、叠前叠后去噪、精细速度分析、叠加成像等。

矿集区地下地质条件复杂，可能存在高陡倾角断层、断面等，速度纵横向变化较大，速度拾取有一定难度。为提高浅层与矿体紧密联系的地震偏移成像质量，准确收敛绕射波，使有效波归位，需采用针对性的特殊处理，以取得好的效果。特殊处理技术主要有分频提高信噪比、无射线层析成像静校正、高精度交互速度分析及剩余静校正、DMO（倾角时差校正）叠加成像、起伏地表叠前时间偏移等技术。

反射地震方法主要适用于层状介质的勘探，如油气、煤田、钾盐、砂金和层控或沉积金属矿床，以及工程地质和水文地质勘探，也已推广应用于非沉积地层的准层状介质中的金属矿勘探，以及与围岩有较大密度或速度差的矿脉横向延伸追踪。在金属矿勘探中，反射地震法主要应用于探测控矿构造，圈定含矿构造的形态，勘探沉积或层控金属矿床，寻找隐伏岩体、侵入岩体和喷发岩筒，或研究基岩起伏与深部构造（徐明才，2009）。

速度变化和密度差异是影响地震反射系数的主要因素（Milkereit and Eaton，1998）。加拿大、澳大利亚和南非等国十分重视金属矿地震方法技术研究，相继开展了金属矿岩石波阻抗及反射系数、金属矿（块状硫化物）散射波场模拟、反射地震直接探测金属矿体试验、井中地震成像和三维金属矿地震成像等研究。例如，三维地震反射清晰揭示了南非Witwatersrand 盆地 1000～3000m 深度的含金矿层的空间结构；反射地震技术成功追踪到加拿大 Thompson 镍矿带太古宙基底之下的含矿层。在加拿大新不伦瑞克省 Halfmile 湖地区，三维地震勘探直接发现火山成因块状硫化物矿床。加拿大 Sudbury Cu-Ni 矿集区，地震勘探揭示了 Sudbury 杂岩体的深部结构，成功发现 1800m 深的块状硫化物矿体散射场

(Milkereit et al., 1996)。

在西澳东戈尔德菲尔德（Eastern Goldfields）矿田，反射地震勘探确定了金的控矿构造框架，进而模拟地壳深部流体运移的路径和过程。结果显示，东戈尔德菲尔德成矿省的上地壳部分发育有许多断层，但只有少数几条断层穿透了滑脱面，成为地壳深部流体向上运移的主要通道，并在流体运移过程中发生交代和耦合作用，从而具有地震反射性；矿化流体沿着这些贯穿上地壳滑脱面的主断层向上，流入上地壳的绿岩带中，在断层系统的顶壁断块内聚集成矿（Drummond et al., 2000）。因此，以矿体周围的控矿构造等较大尺度的地质体为目标，如控矿断层、重要岩性接触带等，可极大地增加发现深部新矿体的机会(周平和施俊法，2008)。

反射地震技术可精确确定主要容矿层位空间分布和褶皱、冲断和侵入构造等形态，首波地震层析技术可揭示浅表岩体形态，“岩体+赋矿层位”找矿模型具有巨大潜力（吕庆田等，2003，2004a，2005）。在长江中下游地区，吕庆田等（2004b）发现下地壳普遍存在似层状强反射，可能与岩石圈地幔拆沉而引起的基性或超基性岩浆底侵有关。随着金属矿勘探深度的不断增加，高分辨反射地震在精细揭示控矿构造、追踪矿层、直接发现深部(深度>1000m）矿体方面已显示巨大优势，成为深部金属矿勘查最有前景的技术（吕庆田等，2010a)。

硬岩区反射地震数据采集、处理和解释面临各种挑战。吕庆田等（2015）在长江中下游矿集区立体探测探索研究中，形成了适合火山岩、灰岩等硬岩地区的反射地震数据采集集成技术和适合于矿集区和复杂地表的地震数据处理技术流程，实现了矿集区硬岩高质量反射地震成像技术的集成创新。

（二）折射地震方法

折射地震的观测系统具有多种形式，如完整对比和不完整对比观测系统。在利用折射地震研究盐丘、陡构造及断层等特殊地质体时，多采用非纵测线观测系统。折射地震资料的处理、解释包括折射波的识别和对比，综合时距曲线的求取和折射界面的绘制等。早期的金属矿地震勘探广泛应用折射地震法，主要用于含矿基岩或基底和控矿构造的填图、风化壳研究等。折射地震方法也用于工程勘探，以确定大坝、高层建筑、大型机场、高速公路、港口等工程的基岩埋深、覆盖层厚度以及基岩岩性变化等；也用于油气勘探中的近地表调查或深部构造研究等。在构造变形和断裂发育地区，金属矿折射地震方法的应用受到一定限制。当探测的地质界面形状比较复杂、高速层之下出现低速层时，折射地震的应用也受到限制（阎嶷和敬荣中，2011)。

（三）散射地震方法

任何由地球三维非均匀性引起的地震波的变化都可称为地震波散射；而狭义的地震波散射现象是指由地球三维非均匀性引起的、超越几何光学领域的地震波场畸变。入射波与地下非均匀介质相互作用产生地震散射波，含有地下介质不均匀性信息。散射波的传播符合惠更斯-菲涅耳原理，绕射波、反射波、回转波和直达波都是散射波的特例（朱光明，1988）。散射波地震方法主要用于探测块状硫化物矿床。散射成像在金属矿地震勘探中具有较好的应用前景（阎颋和敬荣中，2011）。

（四）地震层析成像

地震波速度是物质、温度和流体的综合反映（吕庆田等，2015）。地震层析成像主要利用地震记录首波的走时反演地下速度结构，从而揭示深部可能的结构与物质组成。与反射地震方法相比，地震层析成像的垂向分辨率较低，水平分辨率较高。因此，在金属矿勘查中，地震层析成像主要用于根据介质速度的差异探测地质构造、隐伏岩（矿）体和断层的分布、围岩与矿体的接触带、推断岩性等，适用于规模较大的不规则矿床探测。

地震层析成像通常不直接用于找矿，而是与反射地震法联用。利用反射地震初至波层析成像，可精确反演 1200m 以浅深度范围内的速度结构和地层构造信息，也为反射地震剖面解释提供有效信息，为反射地震数据的地形校正和偏移处理提供必要的速度资料（周平和施俊法，2008；阎颋和敬荣中，2011；刘振东等，2012）。由此，层析成像准确刻画地下隐伏侵入岩体的空间形态，结合地球化学分析异常和重磁探测等信息，可以预测隐伏矿床，提出深部找矿靶区（刘振东等，2012）。

（五）井中地震方法

金属矿勘探的井中地震方法包括跨孔地震层析成像、井-地地震层析成像、垂直地震剖面（VSP）等。在陡倾角构造发育地区（倾角>65°），地面地震勘探受采集方式和处理方法的限制，应用效果不理想。VSP 技术通过在井中接收，使来自陡倾角和翻转构造、传播方向朝下或者与地面平行的反射信息得以记录，可替代地面地震勘探对地下构造进行成像。早期 VSP 技术主要用于获取地下速度信息，建立地面地震资料与井钻遇地层界面之间的联系，优化复杂地区地震资料处理。

由于金属矿勘探中多数探井不是垂直井，可以使用井下地震成像技术（DSI）来取代 VSP（Eaton et al.，1996）。在加拿大魁北克省西北部 Normetal 铜-锌矿附近，利用多方位角动源（多井源距）DSI 方法对深度大于 500m 的陡倾角火山岩构造进行成像，检测出高波阻抗特征的太古宙辉绿岩矿脉，验证了 DSI 方法对井孔未钻遇矿体和地下岩性分界面的刻画能力（Perron and Calvert，1998）。DSI 方法也是确定结晶岩中裂缝带位置和方向的有效方法（Cosma et al.，2003）。

（六）金属矿地震勘查发展趋势

金属矿地震勘探技术具有探测深度大、分辨能力高和轻便快速的特点，已日益显示其深部资源勘查的潜在优势，并逐渐发展成为一种在研究程度较高矿区寻找深部隐伏矿的有效手段，具有广阔的发展前景和应用空间（吕庆田等，2005）。经过几十年的发展，国际金属矿地震勘查形成了以二维、三维、垂直地震剖面为主的地震反射方法系列，提出地震散射法，并取得一定的试验效果。金属矿地震找矿的应用范围得到扩展，不再局限于矿体本身，控矿构造（如断层）、蚀变晕、矿体接触带、重要岩性标志层等大型深部构造成为地震间接找矿的目标体（周平和施俊法，2008）。硬岩区地震找矿是一种新兴技术。金属矿三维地震探测技术是其重要发展方向（勾丽敏等，2007）。但是，复杂条件下的金属矿地震探测技术要达到实用化和成熟化，仍面临着许多挑战。

第三节　大深度非震物探技术与金属矿勘探

传统物探已形成重、磁、电等多方面具体方法，对不同物性矿化体有着较好针对性。例如，激发极化法（IP）已从传统时间域演变为复电阻率或频谱多频 IP 技术，并用于区分蚀变、硫化物矿化和人工引起的电磁耦合异常（袁桂琴等，2011）。传统物探的缺陷在于探测深度有限，其有效探测深度一般小于 300m。为有效探测深部隐伏矿体，需加大探测深度，提高分辨率，研制形成深度大、分辨率高、效率高、轻便化、抗干扰的物探新仪器新方法。目前，金属矿勘查常用的非震物探方法有瞬变电磁法（TEM）、可控源音频大地电磁法（CSAMT）、高精度磁法、井中物探及大比例尺航空物探等（戴自希和王家枢，2004；滕吉文，2006；王志豪等，2006；周平和施俊法，2007）。加拿大 EM-57、EM-67 系列已成为时间域电磁仪的代表（严加永等，2008）。

（一）地面非震物探方法

1. 瞬变电磁法

瞬变电磁法（TEM）的探测深度与垂向分辨率明显大于传统的直流电法、激电方法。1991 年澳大利亚用该方法发现欧内斯特亨利（Ernest Herry）黄铁矿型铜矿，埋深近百米（戴自希和王家枢，2004）。近年来研制的实用化单分量和三分量高温超导磁强计-瞬变电磁仪，大大提高了瞬变电磁法的勘探深度和水平分辨率，为危机矿山探边摸底和寻找深部隐伏矿提供了新技术手段，探测深度可达 500m。

2. 可控源音频大地电磁法

可探源音频大地电磁法（CSAMT）为一种主动源大地电磁测量方法，通过逐步改变发射机与接收机的频率，对不同深度进行取样，其探测深度可达 1km（戴自希和王家枢，2004）。1981 年日本九州岛发现的菱刈金矿床，就是在 CSAMT 识别低阻和高阻异常带后经钻探验证的（戴自希和王家枢，2004）。

3. 人工源大功率极低频电磁测量

人工源大功率极低频电磁测量是采用人工方法产生 0.1 ~ 300Hz 强电磁场信号，可在地面与电离层之间的波导中传播至数千千米，抗干扰能力强，电性结构探测精度高，深度达到10km。可用于金属矿、石油、地下水勘查及环境和灾害监测。

（二）井中物探与测井方法

井中非震物探方法主要包括井中磁测（含磁化率测井）、井中瞬变电磁法、井中激发极化法、井中大功率充电法、井中声波法、超声波成像测井和X射线荧光测井等。测井参数主要包括自然电位、自然伽马、电阻率、声波速度、密度、井径、井斜、井温、超声波成像、极化率、磁化率和井中三分量磁测等（周新鹏等，2014）。井中瞬变电磁法是找矿效果较好的一种方法，探测深度可达约3000m，可探测井周半径约300m范围内的良导体（张洪普等，2009）。超声波成像测井常用于井旁地质构造和地应力分析，精细刻画孔壁裂缝、破碎带等地质特征（邹长春等，2014）。X射线荧光测井可原位测定井中岩石的金属含量，现场实时提供结果，计算线储量。

井中物探免除了地形、覆盖层等干扰因素影响，可获取井壁四周和钻孔底部信息，有助于发现井旁或井底的盲矿。跨孔层析成像技术，可用于评价孔间矿化和蚀变带的空间分布特征（袁桂琴等，2011）。加拿大萨德伯里铜镍矿区采用深部钻孔加井中瞬变电磁测量组合方法，在20世纪八九十年代相继发现一批深部铜镍硫化物矿床，包括埋深1280m的林兹里（Linsley）铜镍矿床、埋深2400m的维克多（Victor）铜镍矿床和埋深约1500m的新麦克里达（New McCeedy）铜镍矿床等（戴自希和王家枢，2004）。

（三）航空物探方法

航空物探主要有航空重力、航空磁测、航空电磁、航空放射性等方法，具有远距离快速获取地质信息的能力，可用于区域控矿因素研究，以确定隐伏矿靶区。航空物探综合站是航空物探方法的集成平台，一次测量可得到电性、磁性和放射性等多组地球物理特征参量，可用于推断、圈定区域岩体岩性与区域构造等目标特征。

1. 航空重力测量技术

航空重力测量可分为重力加速度测量和重力加速度梯度测量两大类，包括重力标量和重力矢量（比力）两类测量系统，广泛应用于石油天然气、钾盐、地热和地下水及固体矿产资源勘探等。重力场的空间分布，特别是地质构造引起的密度（质量）分布不均匀与重力变化，即航空重力异常，是航空重力测量的基础。

英国ARKEX公司研制的超导航空重力梯度测量系统，使测量精度提高了10倍。澳大利亚BHP Billiton公司航空重力梯度张量测量系统（Falcon）脱胎于美国军事技术。加拿大GEDEX公司高分辨率航空重力梯度仪（Gedex HD-AGG）探测深度为12km，极大提高了固体矿产和油气的勘查深度和勘查效率（严加永等，2008）。

2. 高分辨率航空磁测方法

高分辨率航空磁测方法通常采用光泵磁力仪或梯度仪，灵敏度为0.001nT或更高，采样率为0.1s或更高；采用实时数字磁干扰补偿技术，磁补偿标准差优于0.08nT。高分辨率航磁测量需要进行有效的飞行高度随地形起伏的控制，飞行高度一般不超过150m（袁桂琴等，2011）。澳大利亚合作研究中心矿产勘查技术部研制的世界上最先进的航空矿产勘查系统（TEMPEST）使用高灵敏度磁探头测量地质体产生的微弱二次磁场，探测深度可达300m。中国国土资源航空物探遥感中心已形成一整套中高山区航磁测量系统与解释处理方法技术（熊盛青，2009）。航磁测量在地质调查和深部找矿中已发挥重要作用（熊盛青等，2008）。

3. 航空电磁测量技术

航空电磁测量技术（即航空电磁法，AEM）的移动平台主要是固定翼飞机、直升机、无人机和飞艇等。按发射电磁信号的特点，航空电磁法分为时间域和频率域两类。时间域发射断续的脉冲电磁波，主要测量发射间隙的二次电磁场，又称为航空瞬变电磁法。频率域发射连续的交变电磁波，同时测量二次电磁场。常用的航空电磁测量系统包括固定翼时间域（测量深度约500m）、直升机时间域（深度约300m）和直升机大吊舱频率域航空电磁系统。与频率域相比，时间域航空电磁法的勘探深度更大、数据信息更丰富（图4-6）（袁桂琴等，2011）。中国地质科学院地球物理地球化学勘查研究所研发的固定翼时间域航空电磁勘查系统已取得关键进展（胡平等，2012）。

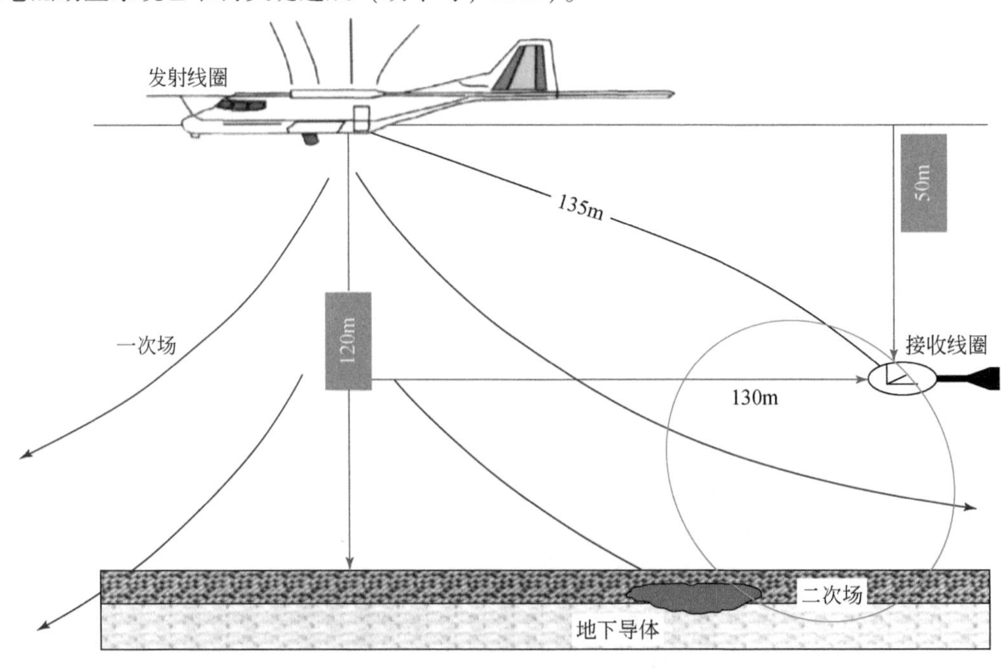

图4-6 固定翼时间域航空电磁法测量原理图（据袁桂琴等，2011）

4. 航空放射性测量技术

航空放射性测量技术始于20世纪50年代，从初期采用NaI（Tl）探测器的四道航空伽马能谱仪，发展到如今带有自动稳谱装置、数字化程度高的多道伽马能谱仪（256道或更多道）。航空放射性测量主要用于铀矿普查与详查、钾盐找矿、放射性污染调查、监测与环境辐射评价、地热和地下水勘探、核爆监测和核应急测量等。我国已累计完成中比例尺区域航空放射性测量约 $4.00 \times 10^6 km^2$（袁桂琴等，2011）。

（四）金属矿非震物探技术发展趋势

随着GPS和电子技术的进步，重、磁勘探技术在测量精度、数据容量、定位精度等方面有了很大提升。场源参数成像、三维正/反演技术已达到实用化程度。在数据处理和解释方面，分析信号（梯度模）、欧拉反褶积、多尺度边缘检测、场源参数成像（SPI）、三维人机交互正反演等技术为重、磁勘探定量定性解释提供了可靠工具。小波多尺度变换将重磁异常分解到不同尺度空间，可有效分离具垂向叠加重磁异常（尚世贵等，2014）。线性反演、约束最优化反演和拟BP神经网络反演等在三维反演算法中的应用，使反演的未知数个数、收敛速度和解的稳定性有了很大提高。重磁电综合地球物理处理解释和可视化软件系统，如Geosoft公司Oasis montaj地球科学软件平台，几乎涵盖了固体矿产勘查需要的所有先进技术，为资源勘查提供了先进、便利和高效的工作平台。

国际非震物探技术方法已成为有效的找矿方法，空间物探、海洋物探以及航空物探、地面物探和井中物探等，构成了找矿勘查的立体物探体系。更强大、更复杂的航空物探方法（如Falcon、MegaTEM、SPECTREM、TEMPEST、HOISTEM、NEWTEM和Scorpion等）已成为矿产勘查的重要生力军，使得区域填图和靶区圈定的工作效率得到极大提高；电磁法和重磁法物探呈现出向数字化、智能化、多功能化、集成化方向发展的趋势，电磁法及重磁法的组合已成为重要的矿产勘查手段（严加永等，2008）。

我国正在研制探测深度达1500m、可实时变频、密集频点连续发射、多测点阵列同步宽带接收、多方法（CSAMT、IP、AMT）有机结合的中、大功率人工源多功能电磁法探测系统，以实现资源勘查中的大深度高分辨探测。目前，SinoProbe专项应用于矿集区立体探测的无人机航磁探测系统，在低磁无人机制作、高可靠性自驾导航仪研制、氦光泵航空磁力仪与超导航空磁力仪研制以及配套的数据预处理系统开发方面均取得了重大阶段性成果（黄大年等，2012，2017）。智能化、可靠性、多分量的航磁张量探测技术研究以及系统联调进展顺利，成为无人机航磁探测系统的突破性亮点。

第四节　深部找矿中的深穿透化探方法与深部钻探

（一）深穿透地球化学

1. 深穿透地球化学原理

找矿实践集中在地表及几千米深度之内。我国地质找矿工作经历了找露头矿、找浅埋矿、找深埋矿、找大型和超大型矿的几个阶段。出露区经历了人类肉眼上千年的找矿历史和一个多世纪的系统地质勘查，找到新的矿产地的可能性越来越小，寻找新的大型矿床的最大机遇是在隐伏区（含盆地）。对金属矿而言，中国约占1/2的陆地被盆地和各种覆盖层掩盖，成为找矿的处女地或甚低工作区。据统计我国500m深覆盖区（含盆地）面积为$5.0\times10^5\sim8.0\times10^5 km^2$，相当于我国已调查、勘探的陆地面积的1/5，是一片极具潜力的金属矿产的新区或找矿新空间。一般来说，在地质理论的指导下，传统的物探、化探、遥感方法具有一定的寻找隐伏矿床的能力。十多年来，物探、化探、遥感技术的发展，揭示了它们进行深部探测的更大潜能，呈现了良好前景。

地球化学方法被公认为是贵金属、稀土、有色金属等的最有效的勘查技术之一。地球化学方法的基础是元素的存在形式和迁移机制（谢学锦和王学求，1998）。深穿透地球化学，是通过研究成矿元素或伴生元素从隐伏矿向地表的迁移机理和分散模式，含矿信息在地表的存在形式和富集规律，发展含矿信息采集、提取与分析、成果解释技术以达到寻找隐伏矿的目的（王学求，1998）。

通过地表覆盖物（包括大气、水、土壤、植物和地气等）进行深穿透地球化学勘查的元素叠加含量异常形成机理，主要有：①风化过程中元素的物理和化学释放；②离子扩散作用；③氧化还原电位梯度；④蒸发作用；⑤毛细管作用；⑥植物的根系吸收；⑦地下水循环；⑧地气流与气体搬运（图4-7）（王学求等，2011）。同时，细粒物质、干旱蒸发碱性障和氧化障对元素具有捕集作用，可能阻碍元素的迁移。由此，形成了针对深部矿勘查的深穿透地球化学探矿方法，主要有地气测量法（如地气法、地球气法等）、土壤测量法（如活动态金属离子法、酶浸析法等）、电地球化学法、植物测量法（如元素有机态法）（Alpers et al.，1990）、水化学法（如元素测量、硫酸根测量等）、大气测量法等，也包括元素分子形式法（MFE）、离子晕法等，以及以上方法的综合利用（谢学锦和王学求，1998；谢学锦等，2002；李惠等，2006；王学求等，2010，2011）。深穿透地球化学方法具有探测深度大（可达数百米）、可探测来自深部矿体的直接信息、探测的信息微弱可靠等特点。

2. 深穿透地球化学勘查方法

1）地气测量法

广义的地气测量法包括测量地气中有关金属含量的地气法（GEOGAS）、地球气纳微金属测量（NAMEG）、气溶胶测量、纳米物质测量、常规和烃类气体测量方法等，其原理均是基于气体对金属的搬运，或认为金属具有类气体性质，且测量指标为直接指标。

狭义的地气测量法发展于20世纪80年代的瑞典。在不同覆盖条件、常规土壤测量无效的情况下，地气测量均可发现清晰的金属元素异常，异常强度高，且与矿体空间位置相吻合；显示出地气测量法在厚覆盖条件下对隐伏金属矿的独特作用（高玉岩等，2011）。液体捕集剂和ICP-MS分析方法提高了地气测量法捕集效率和分析可靠性，为地气测量法的标准化和工程化提供了技术支持（高玉岩等，2011）。南岭成矿带湖南黄沙坪和广西大厂的矿致地气异常特征的研究，表明可通过地气异常判定隐伏矿体的成分特征；地气异常的元素组合反映了围岩和岩浆活动的信息（周四春等，2012）。

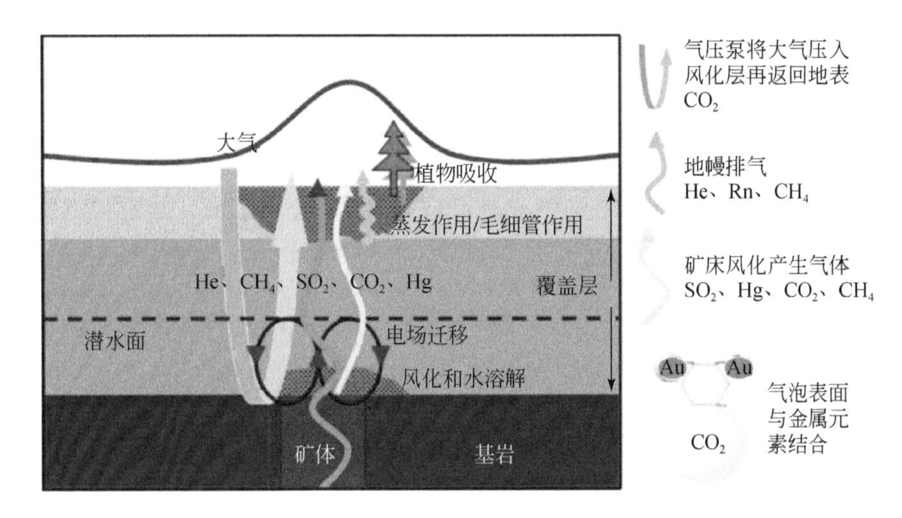

图 4-7 干旱荒漠区深穿透地球化学迁移模型（据王学求等，2011）

地球气法（NAMEG）。地球气（Earth Gas）是一种以微气泡形式携带超微细颗粒金属达到地表的深部气体。地球气可能不是局部的，而是全球性的（王学求和谢学锦，1995）。在各种尺度上分析带至地表的地球气的方法称为地球气法。20 世纪 90 年代初，我国研制了动态地球气纳微金属测量法；已在我国山东金矿、乌兹别克斯坦穆龙套金矿和澳大利亚奥林匹克坝铜-铀-金矿的战略性找矿中进行了该方法试验（谢学锦等，2002）。

2）土壤测量法

土壤测量法包括测定与矿体上方土壤中活动态金属有关的方法、元素有机质结合形式法（MPF）、热磁地球化学法、酶提取法、金属活动态测量法、活动态金属离子法等，探测的是直接指标。土壤测量过程中可以采用细粒级分离、磁性分离非晶质铁锰氧化物等物理分离提取技术。

（1）活动态金属离子法（MMI）。20 世纪 90 年代由澳大利亚研制（Mann et al., 1998）。我国也于 80 年代末开始研制金属元素活动态提取方法（MOMEO）（Xie，1995）。用一种或几种弱的金属试剂提取活动态的金属离子，主要分析 Cu、Pb、Zn、Cd、Ni、Au、Ag 和 Pd 等。所获得的地球化学异常重现性较好，探测深度为 700m，已开始应用于隐伏区的矿产勘查。

（2）酶浸析法（ENZYME LEACH）。20 世纪 90 年代由美国和加拿大研制（Clark et al., 1990）。运积物土壤中非晶质所吸收的微量元素能反映深部基岩的地球化学特征，由此可进行隐伏区矿产勘查。该方法在冰积物覆盖区尤为有效，探测深度在 300m 以深。

3）电地球化学法（CHIM）

始于 20 世纪 70 年代的苏联。主要包括元素赋存形式法、热磁地球化学法、扩散提取法和部分金属提取法等。其中，部分金属提取法是其核心，亦称电提取技术。元素赋存形式法、热磁地球化学法和扩散提取法又称偏提取（partial extraction）技术。电地球化学法能反映深部矿化信息，探测到覆盖层（厚度>150m）和基岩（厚度>500m）之下的深部矿化，目前正得到迅速发展。

4）生物测量法

测量的对象包括植物、细菌等。

每种方法都不可能具有广谱的适用性，对不同的矿种、不同的景观条件、不同的勘查阶段都有其一定的适用范围。CHIM和MMI提取的是离子态的形式，故对于那些易呈离子形式的金属元素（贱金属和多金属矿）比较有效；MOMEO提取的不仅是离子态的形式，还包括超微细的金属，故对于不宜形成离子形式的金矿效果突出；Enzyme leach（酶提取技术）只提取非晶质锰的氧化物，所以在氧化环境条件下比较好；MPF只提取有机质结合形式金属，所以对有机质发育地区效果较好；CHIM由于受到仪器和供电条件的限制，无法应用于区域工作；Geogas（地气）的累积提取也无法应用于大规模的区域工作，而快速动态提取（NAMEG）就可以应用于区域工作。因此对不同的方法不能一概而论，要考虑它的具体情况。将这些方法对不同勘查阶段、不同景观条件、不同矿种的适用性很好地加以研究，根据不同情况选择使用不同的方法，以达到最佳的找矿目的（王学求等，2011）。

3. 发展趋势

自20世纪70年代始，国际勘查界均在致力于研究探测深度更大的、获取直接信息的地球化学找矿方法，深穿透地球化学技术成为深部找矿的必不可少手段（王学求和叶荣，2011）。国际勘查地球化学家协会组织了由国际著名的26家矿业公司参加“深穿透地球化学方法对比计划”。澳大利亚“玻璃地球”计划将深穿透地球化学的地下水化学测量和活动金属离子测量作为查明1km以内的金属矿产资源的主要研究内容之一。

我国在深穿透地球化学研究领域取得了多项原创性技术，发展了细粒级采样与分离技术、元素活动态提取与测量技术、动态地球气纳微金属测量技术、电地球化学提取与测量技术和地下水化学测量技术等，我国的纳米微粒分离技术和金属活动态提取技术走在国际前沿；重点建立了元素活动态提取技术的标准化流程；初步建立了含矿信息向地表迁移的深穿透地球化学模型；地气测量方法在方法技术研究和找矿应用方面都取得了较好的进展。同时，地球化学找矿方法也在向“三维”（空间）甚至“四维”（辅以时间维）和“多元”（即多参数）的方向发展；地球化学采样介质的多样性和地球化学示踪多参数，将成矿成晕机制与化探找矿有机结合起来，从而将建立深部矿体与地表地球化学示踪指标之间的内在联系，有助于预测和判别矿山深部和外围找矿前景。

目前，深穿透地球化学技术的发展趋势是：①将地表采样与钻探取样相结合，建立覆盖区（含盆地）元素从深层向表层传输和分散的三维模型，为盆地及覆盖区地球化学勘查提供理论支撑；②发展专用提取试剂、专用设备，并使技术标准化与可操作化；③建立能适应各种复杂景观、各种比例尺和各种矿种的技术系列，将探测技术扩展到盆地砂岩型铀矿寻找；④利用空气动力反循环钻探地球化学粉末取样技术（RAB），有效探测深度可达400m或更深；⑤探测有效深度向500m以下至1000m发展（王学求等，2011）。

（二）金属矿深部钻探

20 世纪 80 年代中后期，北美大陆内部地质－地球物理－地球化学等综合研究表明，形成密西西比河谷型铅锌矿床的成矿流体横向运移超过 300km。90 年代爱尔兰中部石炭纪喷气沉积型矿床的研究，证明形成某些铅锌矿床的成矿流体横向迁移超过 100km。八九十年代苏联、瑞典等国在古老地盾上的深钻研究发现，地壳深部（分别为>7km 和>4km）存在大量自由流体，并有矿质沉淀现象。俄罗斯科拉超深钻（SG-3 井）在深度 9.3～11km 处发现热液金矿化和银富集。90 年代欧洲中部海西带结晶基底波希米亚地块的德国深钻研究，发现地下 9km 深处仍和上部一样，含有大量的高矿化度自由流体，并正发生着生物－流体成矿作用（严加永等，2008）。

由于认识到浅部细脉浸染型金矿（化）可能只是作为其深部更为强烈的脉状金矿化的衰弱相或边缘相而存在，美国内华达卡林金矿带自 1987 年以来执行了深钻计划，先后在矿区深部发现一系列高品位大型金矿床，1987 年首先在矿区深部（550m）粉砂质灰岩中发现高品位、大吨位的波斯特－贝茨硫化物金矿床（Au 311t@ 12g/t），1989 年又在 398m 深部发现米克尔矿床（Au>140t@ 21.6g/t），20 世纪 90 年代在浅部科特兹金矿近侧深部发现派普荆恩矿床（Au 115t@ 7.2g/t）和其南部的南派普莱恩矿床（Au 136t@ 1.6g/t）。近年来，又在深度 450m 以下发现了“高沙漠”金矿（Au>60t@ 10.3～20.6g/t）和“绿松石岭”金矿（Au 155t@ 12g/t）。据评价，卡林金矿带深部仍有巨大的找矿潜力（严加永等，2008）。

加拿大地盾南部萨德伯里矿区的勘查工作开始于 19 世纪中叶，最初是利用基础地质工作方法发现了镍山、小斯托比两座矿山；20 世纪四五十年代运用地面磁法加钻探方法，发现了林兹里 1 号和埋深 1280m 的林兹里 2 号矿带；20 世纪 80 年代，矿区大力提倡并实施井中瞬变电磁测量，发现了维克多主矿体（储量 680 万 t）和深部埋深 2400m 的底板矿带（储量 420 万 t）；1991 年在东麦克瑞迪，同样运用井中物探加深钻的方法发现了埋深 1000～1500m 的底板矿，储量增加 680 万 t。1990～1992 年，作为 LITHOPROBE 计划的一部分，运用高分辨率反向地震与重力测量的组合，沿萨德伯里地区的 4 条剖面采集了>100km 的常规可控源数据和 40km 高频地震数据，分析图像清晰地表明盆地深部构造的不对称性，还提供了本区深部岩性界面及岩性单元厚度等重要信息，为找矿工作的开展提供了参考。井中物探法（井中瞬变电磁测量）使钻孔的勘查半径由几厘米扩大到 200～300m，增加了几千倍；并且成功地在接触带以下发现大量很富的底板型矿床（严加永等，2008）。

第五节　矿集区立体探测与隐伏矿体三维预测

（一）矿集区立体探测

矿集区是“矿床（点）集中分布区”的简称（Derry，1980），是成矿系统的集中体现，客观反映大量矿床（点）及其在空间的自然分布特征，不受构造界限控制，从而弥补了矿床学家应用地质因素研究成矿规律的不足（陈毓川等，2006）。裴荣富等（1999）、毛景文等（1999）、谢学锦等（2002）、赵鹏大（2002）、陈毓川等（2006）提出了对矿集区概念的不同认识，对应着不同的空间分析内涵。

随着地表矿、浅部矿及易识别矿的日益减少，资源勘查逐渐向隐伏矿和深部矿拓展，探测大型矿集区的精细结构、查明深部控矿规律、发展深部资源探测技术，已经成为当前和今后矿产资源领域研究的重要任务。吕庆田等（2011a，2011b，2014，2015，2017）建立了矿集区立体探测的基本思路，分为三个层次（图 4-8），开展矿集区立体探测与重要异常的钻探验证，其目标是查明重要成矿带形成的深部构造背景、动力学过程和矿集区形成的深部控制因素，预测未发现的矿集区；揭示典型矿集区三维结构及主要控矿构造和地质体的空间分布，阐明成矿元素迁移-富集机制及控制因素，建立区域成矿模式，预测新的深部找矿靶区；建立典型矿床（田）三维地质-地球物理模型，总结典型矿床的成矿与深部找矿模式；验证地球物理异常，了解矿集区元素垂向分布，建立地球物理异常解释“标尺”。

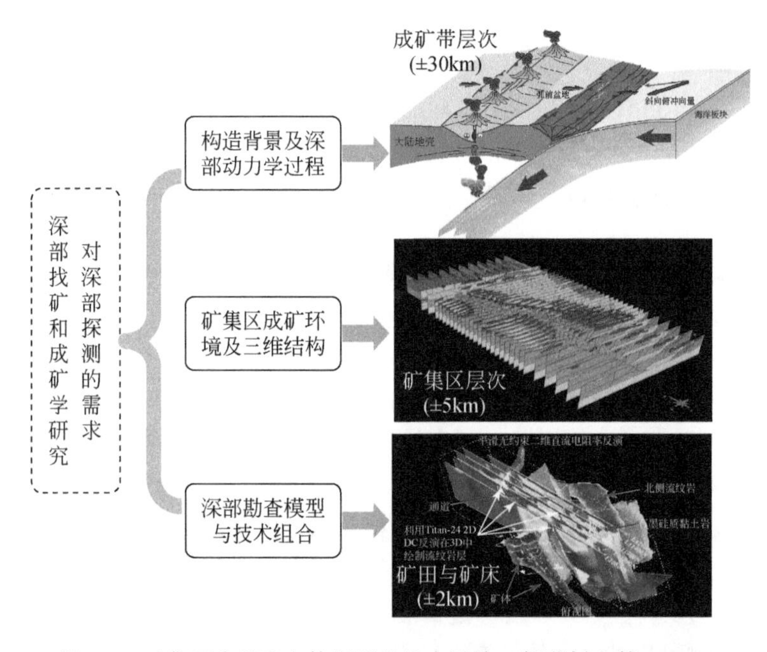

图 4-8　矿集区多尺度立体探测的基本思路（据董树文等，2021）

矿集区立体探测的三个层次分别为（图 4-8）（吕庆田等，2011a，2011b；董树文等，2021）：第一层次（10～50km 深度），为跨成矿带地学断面的综合地球物理探测，旨在结合区域构造、岩石和成矿规律，综合分析成矿带深部构造背景，认识矿集区形成的动力学要素，预测新的矿集区；第二层次（2～10km 深度），为矿集区三维立体探测与建模，旨在揭示矿集区结构框架和主要容矿、控矿构造的空间分布，认识成矿系统形成机制，预测深部成矿靶区；第三层次（2km 以浅），为重要类型矿床（田）综合探测与找矿模型的建立，旨在深部成矿预测与重要异常的钻探验证。第三层次探测又可分为两个深度空间，分别为第一（0～500m）和第二（500～2000m）深度空间，后者也被称为“第二找矿空间”，存在巨大的找矿潜力（滕吉文，2009，2010）。围绕矿产资源“新区”（第四系覆盖区）和“第二找矿空间”的深部找矿勘探，已成为全球矿产勘查的一个主要方向（翟裕生等，2004；吕庆田等，2005，2007）。

深部矿床的示踪标志是成矿系统深部探矿需要解决的基本问题（翟裕生等，2004）。吕庆田等（2007）在分析长江中下游成矿带成矿规律的基础上，按照“缺位”预测原则，提出了“成矿系统分析+立体填图+钻探验证”的深部找矿基本思路。地球物理勘探方法具有大探测深度、高精度和高分辨率的特点，是第二深度空间找矿勘探的有力手段（严加永等，2008）。大地电磁（MT）和反射地震可以很好地对成矿系统内部的“路径”或“通道”进行成像；同时，区域重磁场中的线性构造也是成矿系统“路径”的良好指示（吕庆田等，2019）。

不同层次、不同深度、不同方法的深部探测技术和现代地球物理正、反演技术的巨大进步，极大提高了深部结构、构造探测的精度和分辨率，使深入认识成矿过程和实现深部找矿全面突破成为可能。地震学技术在深部资源勘查中具有不可替代的优势（吕庆田等，2005）。深地震反射剖面可用于揭示矿集区的全地壳精细结构和莫霍面的错断（高锐等，2010）。利用反射地震探测沉积层控矿床和控矿构造、用散射波法探测与矿体有关的地下局部不均匀体（周平和施俊法，2008），可以取得良好的应用效果。非地震方法，如电磁法、感应极化法、位场技术等，其探测深度一般小于500m，是近地表矿产勘探的主要手段（周平和施俊法，2008）。利用航空电磁法、磁法和重力方法，可以开展华北克拉通破坏型金矿矿集区尺度的浅层（1500m）异常区探测，即矿集区尺度的快速高效探测；而通过地面可控源电磁法和地面大地电磁法，可开展矿区尺度的大深度（5000m）探测和矿体定位（底青云等，2021）。矿集区异常分离后的剩余重力异常和剩余磁异常是寻找铁矿的重要综合信息标志，高背景场的低缓磁异常和重力异常的叠加地段，仍然具有较大的找矿潜力（刘彦等，2012）。深部资源钻探可直接验证重要异常和成矿靶区，揭示地壳浅层金属垂向变化规律，建立深部勘查地球物理异常解释“标尺”（吕庆田等，2011a）。

（二）矿集区“透明化”

地质找矿从地表浅部走向地下深部，从平面二维走向空间三维，从常规地质找矿走向地物化遥综合探测，已经成为矿产资源勘查的必然趋势，是实现地质找矿新的重大突破的有效途径。大量的实际情况表明，重要矿集区的深部具有良好的成矿地质条件和巨大资源潜力，是取得地质找矿重大突破的优选地段。500m以深，不仅地质构造环境复杂，而且现有的探测仪器分辨率不高等诸多技术问题，严重制约着深部资源的勘查开发。500～1000m开发将成为今后一个时期勘探的重点，而1000～3000m也将成为金属矿床新的深部找矿空间。

矿集区“透明化”的基本思路是，将成矿作用纳入大陆演化动力学的整体框架下进行深入研究，通过对地壳不同尺度结构的立体探测、三维模型的建立，强化对成矿系统和过程的全面理解。近年来，成矿背景和成矿动力学过程研究逐渐成为新的国际前沿，人们逐渐认识到成矿的深部控制因素的重要性，把成矿机制与壳幔相互作用等深部过程密切结合、成矿过程与重大地质事件的发生、发展和演化密切结合，寻找内在关联；更加关注板块边缘成矿、板块边缘动力学对成矿作用的影响研究；板内伸展体制成矿作用，与幔源岩浆底侵和地幔柱活动有关的板内成矿作用等成为新的研究热点。例如，澳大利亚自20世纪90年代初实施了国家四维地球动力学探测计划，在探测板块边界、地壳三维结构和壳幔过渡带及上地幔结构的同时，开展了全国主要成矿带和大型矿集区的三维结构探测，通过高分辨率地震反射技术，重、磁三维反演和构造动力学模拟技术，获得了主要成矿带的地壳结构、成矿系统结构和矿集区热-变形-流体控制成矿的演化过程，并通过综合分析回答成矿系统相关的5个问题，把5个问题转换成可以图示的参数，编制综合成矿预测图，预测新的矿集区。在西澳 Yilgarn 克拉通，穿过东部金矿省（Eastern Goldfields Province）的反射地震剖面清晰地揭示出成矿系统的空间结构。这里的金矿都分布在东倾的 Ida 断裂和西倾的 Bardoc 断裂之间，矿床受深部与两断裂相连的次级断裂控制。与其他断裂不同的是，这两个导矿断裂具有强反射特征，并穿过基底到达地壳更深处。成矿流体从地壳深部首先通过 Ida 断裂运移到地表，随后沿 Bardoc 断裂运移到其他次级断裂而成矿；另外一个例子，在 Mt. Isa 成矿带，反射地震剖面揭示在 Mt. Isa 大型银铅锌矿床旁边的 Adelheid 断裂具有强反射特征，而其他不成矿的深大断裂则不产生反射。把具有强反射特征的断裂连起来，就构成了成矿系统的结构框架，在此基础上开展成矿流体模拟，可以完整地重现成矿流体的运移、汇集和成矿过程。

"透明化"矿集区，综合地球物理探测、立体填图和成矿系统分析，已经成为解决成矿学基础地质问题和深部找矿的重要手段。加拿大把大型矿集区深部精细结构探测列入其国家岩石圈探测计划（LITHOPROBE），并成为其主要组成部分。该计划利用反射地震技术，对各种构造环境下的矿集区开展深部结构探测研究，其目的是：研究成矿过程和大型矿集区形成的深部地球动力学背景；揭示控矿构造的空间形态，可能的情况下直接探测块状硫化物矿体。例如，在加拿大安大略省和魁北克省 Abitibi 绿岩带的深部结构探测揭示出控矿构造的深部延伸，并在深部矿体上发现了强反射。该绿岩带中火山成因的块状硫化物矿床占有相当重要的地位，矿床受控于流纹岩-玄武岩界面，穿过该绿岩带 Ansil 和 Bell Allard 矿床的反射地震剖面，成功揭示出同火山沉积的断裂和"双峰"岩石组合的分布，并在 Bell Allard 矿体上记录到地震强反射，为寻找深部矿体指明了方向。

目前，国际上出现两种明显的深部找矿思路：其一，通过高分辨率反射地震技术，向深部追踪地表已经发现的控矿构造，从而发现深部矿体；其二，通过综合探测、立体填图和成矿系统分析，预测并寻找深部矿床。前者已有很多成功的例子；后者最成功的例子是在西澳 Menzies-Norseman 成矿带进行的三维立体地质填图和深部成矿预测。该工作综合使用地震反射剖面、钻孔资料、重、磁模拟，以及地表地质图和区域 P-T 演化历史，建立三维地质模型，给出所有岩石单元的空间分布，尤其是与成矿密切相关的绿岩带及绿岩带中的主要断裂和岩体的空间分布，提出深部地壳剪切带与绿岩带底部滑脱带的交叉部位控制该地区金矿的形成的认识，并成功预测出4个金矿体。还通过立体填图，对科马提岩型镍矿的控矿地层提出了新认识，改变了原先认为容矿地层底部为 NNW 向的认识，从而扩大了镍矿的资源储量。

矿集区岩（矿）石综合物性参数的测试分析，为地球物理标尺建立和资料处理解释提供了可靠的物性依据（李建国等，2013）。研究表明，可以利用重力资料研究花岗岩的分布，并利用磁力资料推断有磁性的花岗岩（刘金兰等，2014）。重力异常的归一化总水平导数垂向导数和欧拉反褶积垂向一阶导数反演，可推断断裂构造的平面位置和平均深度。重磁异常的垂向一阶导数，可推断花岗岩体的平面位置。重磁剖面的 RGIS 软件 2. 5 维人机交互正反演，可推断花岗岩体的断面位置。RGIS 软件三维重磁模型编辑模块，可展示花岗岩体的空间位置（王万银等，2014）。

地质信息和物性参数约束下的三维重磁反演、构造信息提取和岩性识别，能够降低反演多解性、提高分辨率、优化反演结果，是现阶段开展矿集区三维密度和岩性填图、发现深部矿产的最有可能途径（严加永等，2014；郭冬等，2014）。基于地球物理反演的三维地质-地球物理建模技术，已经成为目前深部找矿勘查的主要技术；在构造模式、钻孔资料和反射地震剖面的约束下，可实现矿集区 5km 以浅的“透明化”（吕庆田等，2015）。

（三）隐伏矿体三维预测

隐伏矿体三维可视化预测的基本思路为：在地质数据集成和成矿系统分析的基础上，通过连续地质体（含矿化体）的三维建模与离散化，研究开发地质形态分析、地质场模拟、成矿信息三维定量分析提取等技术；建立控矿地质因素场模型，定量分析控矿地质因素和矿化分布之间的关联关系→建立反映控矿变量到矿化变量映射关系的立体定位定量预测模型，对预测区三维空间中的矿化分布进行定位定量预测→采用三维可视化模型表达预测成果（毛先成等，2010）。

基于三维可视化技术和矿集区“透明化”的三维可视化隐伏矿体预测的基本流程为：①前期已有地质研究资料和矿区生产资料的收集与整理；②借鉴基于二维 GIS 成矿预测方法建立研究区的找矿模型，系统建立大比例尺成矿控制条件的描述性模型；③使用合适的三维地质建模软件建立研究区三维地质模型；④建立三维可视化预测模型；⑤三维成矿信息的统计预测；⑥矿产资源储量评价。

第五章　深部过程的构造物理与数值模拟

地球科学研究范式正在发生从问题驱动向数据驱动的重大转变，数据革命促使从专家学习到机器学习和人工智能的转变（朱日祥等，2021b）。一直以来，地质过程的物理模拟和数值模拟都是构造建模的基础（贾承造等，2014），而物理模拟和数值模拟的基础是力学模型（Nieuwland，2003）。力学模型的完善、计算机技术快速发展、物理模拟装置改进及先进三维监测技术的广泛采用，推动着物理模拟与数值模拟从简单构造到复杂构造，从层状均质到盐等流变物质，从二维到三维、四维（动态）的应用方向发展。模拟技术可通过现今测量到的地质信息和参数来推演和恢复构造变形的形成和发展过程，分析构造变形过程中的动力学和流变学特征，从而达到深入理解构造变形和深部过程的机理（贾承造等，2014）。

第一节　地质过程与构造高差

（一）构造高差原理

地球内部普遍存在构造高差。构造高差是两个地质点之间的构造高程之差，是地质过程和构造运动造成的两个地质点之间的构造高程之差，反映了构造势能（含重力势能）的差别，是驱动构造运动的重要动力（陈宣华等，2017，2022）。构造高程则是地质点所在构造形成时的有效深度，通常用高程（或海拔）的负值来表示。构造高差是构造地貌特征的反映（Cotton，1950；Davis et al.，2012；Zhang et al.，2017；Cao et al.，2019；Hilley et al.，2019；Obaid and Allen，2019；Simoes et al.，2021），也是构造变形而引起高程变化的反映（Ufimtsev，2006，2007；Rowland et al.，2007；Eichelberger et al.，2017；Zuffetti et al.，2018；Szymanowski et al.，2019）。

通过设置一个共同的构造高程零点，可以计算两个地质点之间的构造高差。计算公式如下：

$$TR_{A-B}=H_A-H_B+F(X_{A-B})+F(Y_{A-B})+F(Z_{A-B})+F(\cdots)$$

式中，TR_{A-B}为地质点 A 与地质点 B 之间的构造高差；H_A为地质点 A 的构造高程；H_B为地质点 B 的构造高程；$F(X_{A-B})$为基于变量 X_{A-B}的构造高差补充项；$F(Y_{A-B})$为基于变量 Y_{A-B}的构造高差补充项；$F(Z_{A-B})$为基于变量 Z_{A-B}的构造高差补充项；$F(\cdots)$为基于其他变量的构造高差补充项。X_{A-B}、Y_{A-B}、Z_{A-B}等可以是与时间(t)、密度(ρ)、温度(T)等有关的变量。一般来说，$F(X_{A-B})$、$F(Y_{A-B})$、$F(Z_{A-B})$和 $F(\cdots)$是 H_A-H_B的函数，即 $F(X_{A-B})=(H_A-H_B)\cdot X_{A-B}$，其他以此类推。

岩石密度（ρ）是计算构造高差所需要的一项重要参数。在只考虑岩石密度和深度变化的时候，可以通过下式，计算地壳内部两个地质点之间的构造高差：

$$\mathrm{TR}_{A-B}=(H_A-H_B)\cdot G_{A-B}/\rho_c$$

式中，H_A和H_B分别为地质点 A 与 B 的海拔的负值；G_{A-B}为地质点 A 与 B 之间在垂向上的单位面积岩石柱重量，与岩石密度有关，可以用 A 与 B 之间的平均密度来表示（$\rho_{average}$）；ρ_c为地壳平均密度。根据全球地壳模型 CRUST1.0 计算的地壳平均密度 $\rho_c=2830\mathrm{kg/m^3}$（Tenzer et al., 2015），可以作为计算构造高差的一个参考系数。由此计算的 TR_{A-B}单位为 m，为经过地壳密度校正的壳内地质点构造高差值。图 5-1 给出构造高程与经密度校正的构造高差计算一般图解。

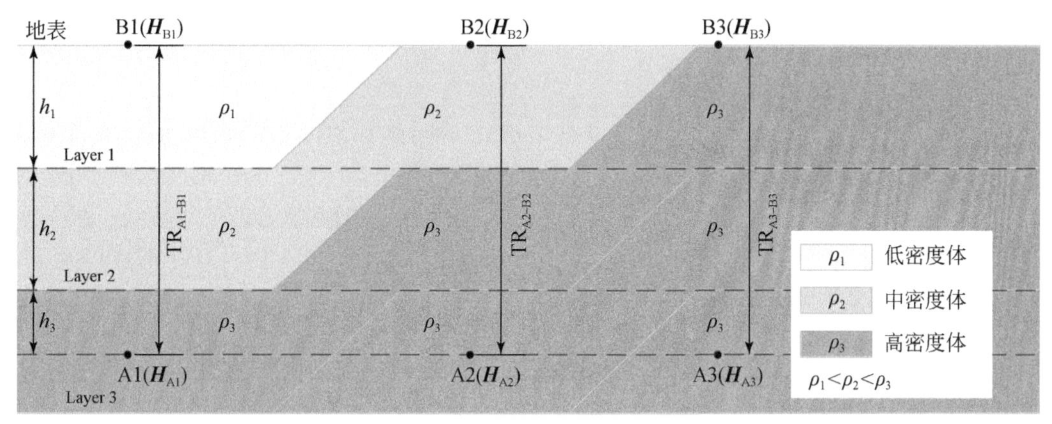

$H_{B1}=H_{B2}=H_{B3}=0;\ \rho_1<\rho_2<\rho_3$

$H_{A1}=(h_1\cdot\rho_1+h_2\cdot\rho_2+h_3\cdot\rho_3)/\rho_c;\ H_{A2}=(h_1\cdot\rho_2+h_2\cdot\rho_3+h_3\cdot\rho_3)/\rho_c;\ H_{A3}=(h_1+h_1+h_1)\cdot\rho_3/\rho_c$

$\mathrm{TR}_{A1-B1}=H_{A1};\ \mathrm{TR}_{A2-B2}=H_{A2};\ \mathrm{TR}_{A3-B3}=H_{A3}$

$H_{A1}<H_{A2}<H_{A3};\ \mathrm{TR}_{A1-B1}<\mathrm{TR}_{A2-B2}<\mathrm{TR}_{A3-B3}$

图 5-1　构造高程与构造高差计算图解

图中给出经密度校正的构造高程计算公式。以不同密度体ρ_1、ρ_2、ρ_3的高度h_1、h_2、h_3为代表，B1 与 A1、B2 与 A2、B3 与 A3 之间具有各自不同的地壳结构；ρ_c为地壳平均密度

由于构造高程是一个随时间变化的物理量（即时间函数），因此，构造高差也是一个具有时间含义的物理量。构造高差相对时间的变化率记为 R_{TR}，可表达为

$$R_{TR}=\mathrm{d}(\mathrm{TR}_{A-B})/\mathrm{d}t$$

式中，t 为造成构造高程的时间差。

（二）沉积、岩浆与变质作用构造高程的厘定及构造高差的形成

在一个静水沉积盆地，沉积物的不断充填，形成沉积地层柱，使得原先沉积的地层处于构造高的位置（以深度为正值），构成了与正在沉积地层（构造高程约为零）之间的构造高差。随着沉积作用过程的渐进发展，原先沉积的物质具有越来越大的构造高程（即有效深度），造成其与地表沉积物之间的构造高差不断升高。

岩浆侵位的过程是一个岩浆物质的构造高程不断下降，也即与地表的构造高差不断缩小的过程；而岩浆的喷出将造成岩浆物质（火山岩）具有与地表一致的构造高程，即构造高程归零，与地表的构造高差消失。岩浆的侵位与喷出，是岩浆物质的构造势能释放，同时也造成了其与源区物质之间的构造高差。

进变质作用导致变质程度的提升，将引起构造高程的不断增加。反之，退变质作用将导致变质岩石向浅表的折返与构造高程的减小；抬升剥蚀并出露地表的变质岩石，其构造高程归零。

（三）构造运动过程中构造高差的形成

1. 变形岩石的构造高程

前人研究表明，不同类型的变形岩石出现在不同的深度和构造作用域（Rutter and Brodie，1992）；由此，可以用来确定变形岩石的构造高程。例如，Sibson（1977）提出断层的双层模式，将断层形成环境分为上部脆性域和下部准塑性域两部分。脆性域（0～10/15km）上部0～4km，形成断层泥和未黏结的断层角砾。下部4～10/15km形成碎裂岩和断层角砾岩。准塑性域（10/15km以下）形成糜棱岩和变余糜棱岩。Mattauer（1980）根据岩石的变形机制，将地壳划分为三个构造层次：上构造层次（海平面以上）为脆性变形机制，形成脆性断裂区；中构造层次（0～3.5km）为弯滑变形机制，形成同心、等厚褶皱。岩石未经压扁，褶皱无轴面劈理。下构造层次（3.5～11km）分上、下两段：上段（3.5～10km）为压扁机制，形成不等厚褶皱，褶皱伴随轴面面理（板劈理和片理）。下段（>10km）为流动机制，形成流动褶皱和深熔花岗岩。

大量的实验研究，得到了有关地壳的流变学分层信息（如图5-2右侧的完整岩石模式）（Kohlstedt et al.，1995）。断层核（Fault core）流变学模式（图5-2左侧剖面）（Bos and Spiers，2002），给出了断层发育的深度范围，其中的中地壳“摩擦-黏滞”域较宽。暴露地表的古断层核地质调查与相似断层岩的实验研究表明，岩石蚀变弱化作用首先发生在中地壳断层网络的单个矿物颗粒上（形成绢云母和黏土等），它们的相互连接将这一效应传播到更大尺度，导致了宏观断层的形成（Holdsworth，2004）。

构造层次和构造变形分层模式的建立，以及不同层次和深度上岩石变形特征的界定（包括一系列变形温压计），可以用来大致确定不同类型构造变形及其载体（即变形岩石）的不同深度范围，从而给出其大致的构造高程，用于构造高差的分析。

2. 断裂运动过程中构造高差的形成

正断层和拆离断层作用造成原来处在同一高程上的上盘具有比下盘较高的构造高程，从而形成正的构造高差，与断层的垂向断距相当。例如，环鄂尔多斯盆地分布的新生代裂谷系，如银川裂谷系、汾渭裂谷系等，其裂谷内部基底也具有与周缘山系之间巨大的构造高差，并形成显著的构造地貌特征。我国西北地区广泛发育的白垩纪断陷盆地，其盆地基底与周缘山系之间的构造高差，近似等于盆地内部的同时代沉积地层厚度。在青藏高原北缘的阿尔金山东段，中生代拉配泉拆离断层的南北向两期拆离作用（220～187Ma和约

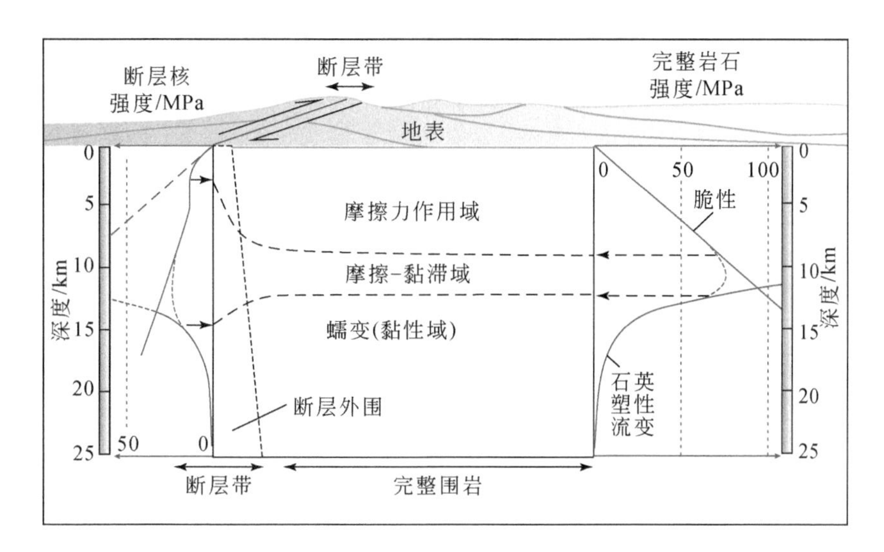

图5-2　断层微观物理学与构造高程（据 Holdsworth，2004）
右侧为基于传统脆-塑性流变学的实验强度-深度剖面（Kohlstedt et al.，1995）；左侧为直立断层带的强度剖面，其中，具有弱的、充满流体的蚀变断层带特征的中地壳“摩擦-黏性域”范围变宽（Bos and Spiers，2002）

100Ma），造成断层北侧太古宇—元古宇变质基底与南侧侏罗纪盆地沉积之间的巨大构造高差（Chen et al.，2003）。

逆断层或逆冲断层造成原来处在同一高程上的断层下盘与上盘之间具有正的构造高差。随着逆冲断层从深处成核部位向上部的逐步扩展，构造高差也逐渐增大。在山前冲断构造带，各种断层相关褶皱和三角带构造的发育，使得褶皱的沉积盖层可以是连续的，但是，逆冲断层的上盘与下盘之间却存在着较大的构造高差（罗金海等，1999；陈宣华等，2019a）。例如，在青藏高原东南部，玉龙逆冲断层带山前具有1.8～2.4km的地貌高差，其大部分可能形成于晚渐新世至早中新世（28～20Ma）的逆冲断层作用过程中（Cao et al.，2019）。

走滑与平移断层对构造高差的贡献较小，其断层两盘的构造高程可以仅有细微的差别。不过，大型走滑断层的发育过程，可能将在较大程度上引起断层两侧的构造高差。例如，阿尔金断裂走滑过程中伴随的隆升作用，有可能为柴北缘和南阿尔金超高压变质岩石的折返和出露地表做出贡献，其中，阿尔金断裂可能起到了类似剪刀型断层的作用（杨经绥和李海兵，2006）。喀喇昆仑断裂的走滑作用过程，可能伴随了两侧地块的相对抬升，导致高喜马拉雅超高压变质岩石的折返和剥露（杨经绥和李海兵，2006）。中国东部巨大的郯庐断裂，其左旋走滑位移伴随的抬升运动，可能是导致大别-苏鲁超高压变质带超高压变质岩石的最后折返和剥露的重要因素（杨经绥和李海兵，2006）。

活动构造和地震活动过程中的断裂作用也将产生构造高差。例如，在伊朗-伊拉克交界的 Lurestan-Kurdistan 地区，一条大的壳内断层控制了 Zagros 山脉的山前主要地貌特征的发育，在2017年11月12日更是发生了大地震（M_W=7.3），产生局部约1m的地表抬升。构造地貌分析和计算模拟的结果显示，山脉的生长和缓慢隆升主要受连续变形的控制，而山前显著的构造高差主要形成于地震伴随变形过程中的偶发性增长（Basilici et al., 2020）。

3. 褶皱变形过程中构造高差的形成

褶皱构造变形，包括向斜和背斜的形成，在原先平坦的同时代沉积地层之间造成了构造高差。其中，背斜构造的核部具有比两翼较低的构造高程，形成负的构造高差；向斜则反之。褶皱构造的振幅，代表了褶皱变形的最大构造高差。

在断层相关褶皱形成过程中，断坡的高度决定了褶皱的振幅，也决定了褶皱引起的构造高差（Rowland et al., 2007）。单斜构造是一种特殊的褶皱形态。在科罗拉多高原的周缘，单斜构造非常壮观，其高差通常超过1km，甚至可高达3km（Davis et al., 2012）。在怀俄明西南部，Absaroka逆冲断层吸收了几十千米的走滑位移量，也造就了一系列具有几千米构造高差的褶皱（Davis et al., 2012）。在加利福尼亚Parkfield的Kettleman山附近，Kettleman北的穹状背斜具有约1250m的构造高差，而整个复背斜的构造高差高达约6km（Davis et al., 2012）。

4. 构造变形的沉积响应与构造高差的形成

在山前冲断带等构造部位，生长地层是对褶皱和逆冲断层等构造作用的沉积响应，记录构造变形（如褶皱翼旋转）的时间，也可以用于褶皱生长速率和冲断速率的定量计算（Suppe et al., 1992；罗金海等，1999；Bernal and Hardy, 2002；何登发等，2005；陈宣华等，2019a；张义平等，2019）。

处在我国中央造山带中部的南秦岭与四川盆地北缘，存在中生代两期构造事件。其中，三叠系生长地层是印支期构造挤压事件（即印支运动）的沉积响应（图5-3中GS1）（张义平等，2019），使得四川盆地成为米仓山陆内造山带的前陆盆地。侏罗系生长地层记录了燕山期构造挤压即燕山运动的构造变形（图5-3中GS2），四川盆地成为燕山期类前陆盆地。隐伏逆冲断层作用将元古宇米仓山杂岩抬升至2km海拔高山之上，与四川盆地前寒武纪基底之间产生大于14km的构造高差（图5-3）。隐伏逆冲断层作用导致了米仓山背斜和大两会背斜的形成，使得米仓山背斜核部已剥蚀的晚古生代—早中生代沉积与四川盆地中生界底部之间存在至少19km的构造高差（图5-3中TR_1+TR_2）。在米仓山背斜与大两会背斜之间，更是存在大约5km的构造高差（图5-3中TR_1）。

5. 板块俯冲作用与陆陆碰撞过程中构造高差的形成

大洋板块的俯冲具有与逆冲断层类似的构造效应，使得俯冲洋壳等物质的构造高程（即深度）不断升高，其相对于某一不变点的构造高差也在不断增大。在安第斯地区，Nazca板块在南美板块之下的俯冲，导致大型逆冲断层系和阶梯状地貌的发育，造成了切穿地球表面的最大构造高差（垂向13km）、大逆冲地震事件（M_W>8.5）和典型的安第斯造山带（Armijo et al., 2015）。

东亚大陆是全球构造最复杂、构造地貌最丰富、地质灾害最严重、气候环境最多变的地区之一，发育了晚白垩世—古新世新特提斯洋板块向北俯冲、新生代印度-亚洲大陆碰

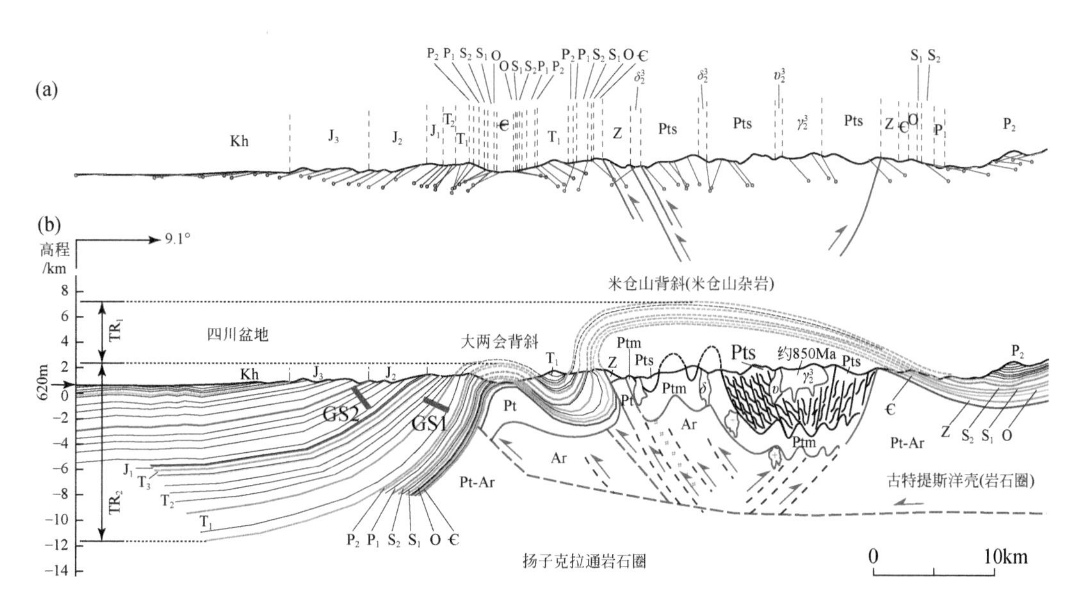

图 5-3　四川盆地北缘逆冲断层、褶皱作用与生长地层的构造高差分析（修改自张义平等，2019）
（a）实测剖面上的地层产状；（b）构造地质剖面。地表以上虚线部分为通过平衡恢复剖面的推测地层。GS1. 印支期生长地层；GS2. 燕山期生长地层；TR_1. 米仓山背斜与大两会背斜之间的构造高差（约 5km）；TR_2. 四川盆地北缘三叠系底面的构造高差（约 14km）

撞和中-新生代太平洋板块持续向西俯冲等作用过程（张培震等，2014）。新生代印度-亚洲大陆碰撞及印度板块的持续楔入，导致青藏高原南部和中部地壳增厚，形成“原青藏高原”等显著的高原隆升地貌（张培震等，2014），造成了青藏高原与周缘盆地系之间的显著地形高差；由此造成了高原内部与周缘盆地之间构造高程的变化，它们之间的构造高差在不断增大。中-新生代太平洋板块持续的向西俯冲和印度板块的持续向北楔入，造成东亚大陆与周缘块体之间的巨大构造高差，可能是该地区构造失稳与地震活动频繁的内在原因。

（四）平衡地质剖面与构造高差

构造高差分析方法可用于平衡地质剖面的制作与构造合理性检验，以避免某些原理性概念性失误的出现。例如，通过地震反射剖面上断层上盘与下盘之间的构造高差估算，Eichelberger 等（2017）研究了直接确定断层轨迹的方法，通过构造高差的分析，估算断层的深度、位移、倾角和平行层理的应变。

构造解析是一种分析和解释构造要素的空间关系和形成规律的方法学，包括对构造现象的几何学、运动学和动力学的分析（马杏垣，2004）。平衡地质剖面技术为构造解析提供了基本的思路与方法（Dahlstrom，1969）。平衡剖面恢复的关键，在于所制作的平衡剖面能够反映真实的地质构造形态，具有“平衡”的特征，可以反映研究观测得到的构造现象以及可能的运动学构造演化历史（Wilkerson and Dicken，2001）。

利用构造高差分析的原理，可以较为直观地理解逆冲断层带地震剖面解释和挤压构造相关平衡地质剖面制作应该遵循的一些基本原则（陈宣华等，2010）：逆冲断层作用造成的年老地层与年轻地层之间构造高差逐渐减小的趋势，使得逆冲断层总是由下向上切过越来越年轻的地层，老地层总是处在逆冲断层的上盘，上盘断坡与下盘断坡一般可以较好地对应，逆冲断层上的位移量总是保持相对不变；逆冲断层的垂向断距需要由主拆离断层面上的近水平位移来吸收。地质平衡剖面的形成过程，就是地质历史上的构造高差即历史构造高差趋零演化的结果。地质剖面的平衡恢复，实际上就是构造高程恢复与构造高差填平的过程。

祁连山北缘榆木山地区长期以来被认为主要是新生代印度–亚洲碰撞的远程效应与青藏高原北东向扩展的结果。基于构造高差原理的野外地质调查与构造填图表明，榆木山地区发育早白垩世早期的挤压构造变形、早白垩世晚期的右行走滑断裂与伸展断陷作用，地壳缩短主要发生在早白垩世早期；新生代以来的地壳缩短只发生在局部，其总量较小（图5-4）（陈宣华等，2019b；Wang et al.，2021）。这一认识为青藏高原东北缘中、新生代构造演化提供了重要约束。

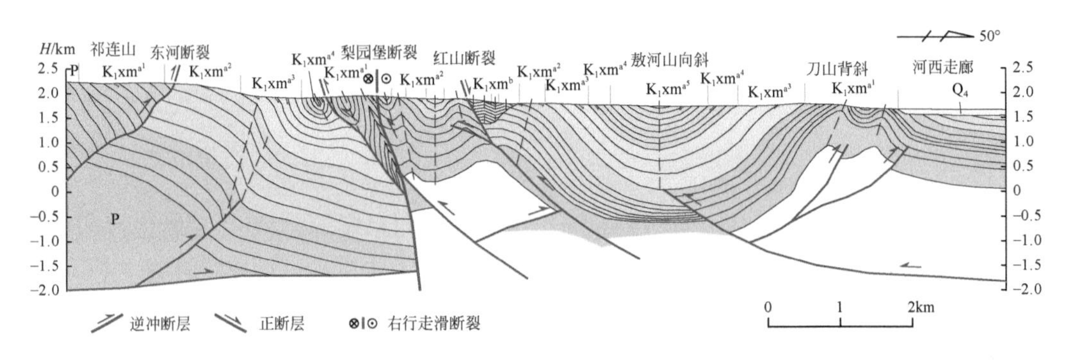

图 5-4　祁连山北缘梨园堡地区早白垩世构造变形特征（修改自陈宣华等，2019b；Wang et al.，2021）

Q_4. 全新统；K_{1xm}. 下白垩统新民堡群；P. 二叠系

（五）地质热年代学与构造高差

不同的同位素测年体系的不同测年矿物具有不同的封闭温度（Reiners et al.，2005；陈宣华等，2010），使得地质热年代学可以通过封闭温度指示的冷却历史这一桥梁与构造高程（即相对深度）相联系，从而成为厘定不同时代相对构造高程与构造高差的重要方法。这正是构造热年代学的本质所在。矿物封闭温度成为标定构造高程的一个重要参考。由于具有精确定年的优势，地质热年代学在构造高差分析中的应用十分广泛。其中，低温（如 U-Th/He、磷灰石裂变径迹等）、中温（$^{40}Ar/^{39}Ar$ 等）与高温（锆石 U-Pb）热年代学分别适用于浅表、上地壳和中地壳地质过程的构造高差分析。在地表，^{10}Be 定年可以给出地表暴露的年龄，由此估算剥蚀速率和地形高差的形成过程（Hilley et al.，2019）。

锆石 U-Pb 测年体系具有较高的封闭温度（约 900℃），可以提供有用的高温热历史信息（Reiners et al., 2005）。例如，在中亚造山带西部的西准噶尔地区，红山岩体内部发育了多期似岩墙状安山质暗色条带。U-Pb 测年给出不同的锆石结晶年龄（为 319～295Ma），厘定了从先于红山岩体发育的赞岐岩质火山岩，到红山岩体侵入及后期的赞岐岩质伸展岩墙群发育的过程（马飞宙等，2020），反映了成分相似的多期赞岐岩质暗色条带之间存在着显著的构造高差，为该地区洋陆转换研究提供了高温热年代学依据。

在特定的地温梯度下，逆冲断层的上盘在穿越特定的矿物封闭温度（T_C）或部分退火带所代表的深度（D_{TC}）或深度范围时，将开始计年。而这时，其下盘岩石尚处在温度高于 T_C 或部分退火带温度的深度域。由此推论，穿越某一 D_{TC} 线或部分退火带深度域的逆冲断层，其上盘总是具有比下盘更为年轻的冷却年龄（图 5-5）。处于较深部位的上盘岩石，如图 5-5 中 A1 点，在抬升至 A2 的过程中可以穿越多个测年体系的封闭温度，由此可取得多个阶段的年龄记录；而下盘处于同一构造高程的岩石（B1 点），在抬升过程中记录的年

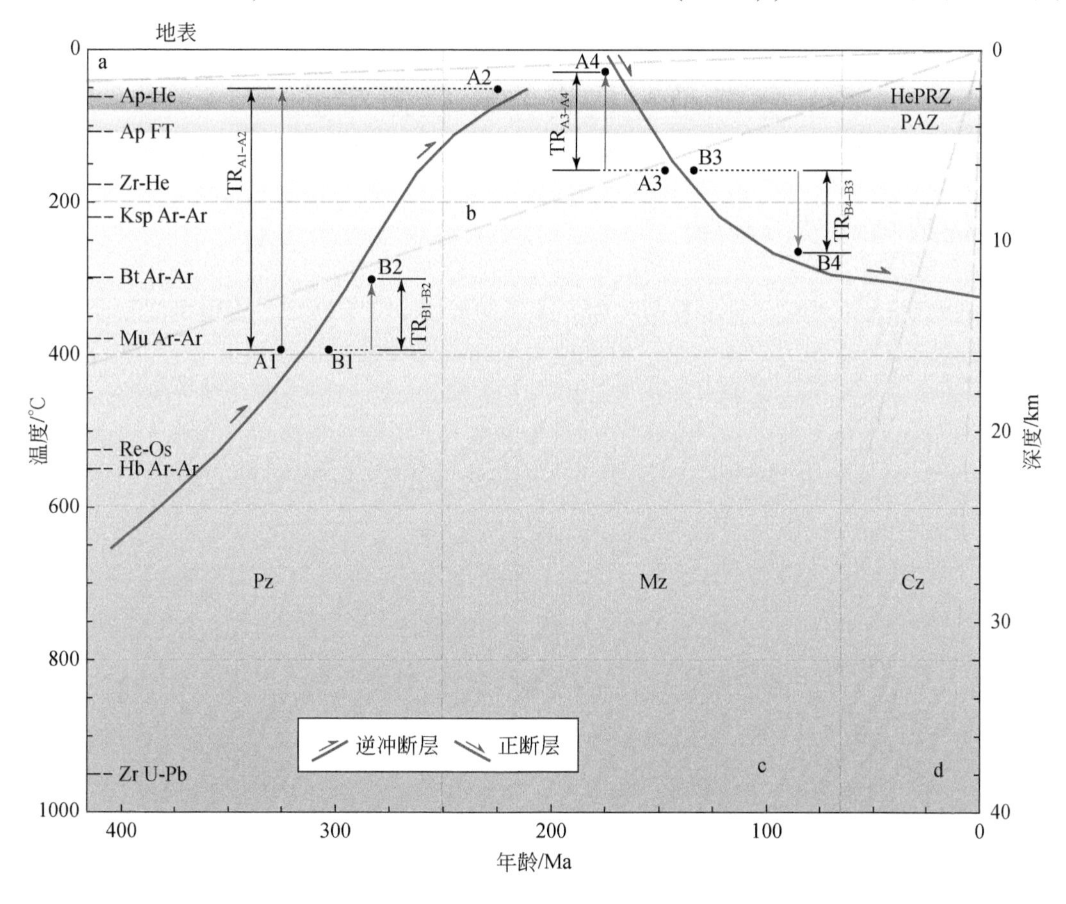

图 5-5 断层作用造成上、下盘岩石之间的构造高差与冷却年龄的差异（示意图解）

矿物封闭温度据 Reiners 等（2005）、Reiners 和 Brandon（2006）及引用的相关文献。按照地壳近似平均地温梯度 25℃/km设置深度。年龄仅为参考。a、b、c、d 分别为冷却速率 0.1℃/Ma、1℃/Ma、10℃/Ma 和 100℃/Ma 线。矿物代号：Zr. 锆石，Hb. 角闪石，Mu. 白云母，Bt. 黑云母，Ksp. 钾长石，Ap. 磷灰石。Ar-Ar. $^{40}Ar/^{39}Ar$ 测年；Re-Os. 辉钼矿铼锇同位素定年；FT. 裂变径迹热年代学；He.（U-Th）/He 定年。PAZ. 磷灰石裂变径迹部分退火带；HePRZ. 氦部分保存带

龄较少，或没有可以计年的年龄，或由于没有抬升甚至下降而使得某些测年体系的年龄归零。例如，磷灰石裂变径迹（AFT）测年和热历史模拟结果给出了柴达木盆地东部基底剥露程度和相对构造高程随时间的变化，反映了柴东基底逆冲断层系晚中生代—早新生代和晚渐新世—早中新世两期断裂活动的规律性变化（蒋荣宝等，2008）；其中，逆冲断层的上盘总是具有与其相邻的断层下盘相比更为年轻的 AFT 年龄。

正断层和拆离断层的作用与逆冲断层正好相反，将造成断层下盘的岩石具有更为年轻的冷却年龄；上盘岩石则发生沉降（图 5-5）。断层下盘岩石（A3 点）由于抬升而穿越某些测年体系的封闭温度或部分退火带，记录了新的年龄；而初始处于同一构造高程的断层上盘岩石（B3 点），由于构造沉降而保持或重置某些测年体系的年龄（地表不可见）。例如，在青藏高原北缘的阿尔金山东段，钾长石 $^{40}Ar/^{39}Ar$ 测年记录了拉配泉拆离断层的南北向两期拆离作用的时间（220 ~ 187Ma 和约 100Ma）（Chen et al.，2003），反映了拆离断层下盘太古宇—元古宇变质基底与上盘侏罗纪盆地沉积之间的构造高差变化的历史。

第二节　构造物理模拟实验

（一）构造物理模拟技术

构造物理模拟实验是研究和模拟自然界地质构造现象变形特征、成因机制和动力学过程的一种物理实验方法，广泛应用于构造地质学和石油构造地质学领域及石油勘探领域，是油气勘探研究由定性描述跨入半定量分析乃至定量分析的有效途径（时秀朋等，2007）。构造物理模拟的基础是基于相似性理论的力学模型（Twiss and Moores，2007）。构造物理模拟，就是在实验室（如砂箱等）条件下，利用满足相似强度比例的实验材料和动力参数，再现构造变形。中国石油大学（华东）任旭虎等（2011）按照相似性理论，结合地质学、机械设计、电气控制成果，设计并研制了大型构造物理模拟实验装置系统。该系统可满足现代盆地构造演化研究的需要，为复杂受力条件下的构造物理模拟实验提供了技术手段。

构造物理模拟已经被证明是一种模拟逆冲褶皱系统演化过程的强有力工具，在推覆体或双冲构造、冲断带的反转与基底卷入、挤压造山作用与表面过程、挤压地区构造转换带及地幔对流与板块碰撞俯冲等方面取得了很大进展（宁飞和汤良杰，2009）。近年来，国内外在构造物理模拟研究中已取得了长足的进步，构造地质模型也已从简单的单层或双层模型发展到复杂的多层模型（Buiter and Schreurs，2006；Graveleau et al.，2012），从二维剖面的构造分析发展到三维模型的盐构造、盐流动变形（Dooley et al.，2009；谢会文等，2012）以及盐下构造分析等；并结合三维激光扫描、立体摄像、粒子成像测速（particle image velocimetry，PIV）、X 射线断层扫描（CT）等技术的应用（Graveleau et al.，2012），朝着动态的构造形变监测、构造应变分析和四维构造变形模拟的方向发展（贾承造等，2014）。

粒子成像测速（PIV）是 20 世纪 70 年代末发展起来的一种测速方法；它利用高分辨

率相机获得一系列图像，再通过一系列计算分析得到图像上各点的速度矢量，从而获取运动对象的速度场（White et al.，2003；Adam et al.，2005）。该技术广泛应用于流体力学、岩土力学和空气动力学研究（Raffel et al.，2007），最近十多年才被应用到构造物理模拟实验中。粒子成像测速技术的应用，可以更好地认识和理解褶皱冲断构造实验模型的运动学过程、褶皱和逆冲断层发生及发展机制。沈礼等（2012）设计完成了三种滑脱层性质不同的双滑脱层模型的物理模拟实验，并运用粒子成像测速计算出实验过程中各阶段模型剖面上的速度场分布，进而对褶皱冲断带的运动学过程和变形机制进行了讨论。实验结果表明，双滑脱层模型中，基底滑脱层控制了整体的构造样式，浅部滑脱层决定局部的浅层构造；该结果得到了龙门山褶皱冲断带南段双滑脱体系构造的验证。PIV 分析显示，逆冲断层的产生经历一个平行层缩短的变形过程，塑性层上的变形传递得更快更远。

中国地质大学（北京）构造模拟实验室将粒子图像测速系统应用到砂箱构造物理模拟实验中，实现了对其实验过程的全程监测，可以得到砂粒瞬时的运动速度、切应变率、涡度，以及各层位的应变变化过程等，从而有助于实现对构造变形几何形态、运动学和动力学的定量模拟研究，模拟结果对于解释构造变形过程和机制具有重要的意义（董周宾等，2014）。

（二）研究实例

1. 高角度逆冲断层

Keep（2003）对澳大利亚 Tasman 造山带构造变形进行了物理模拟。与许多著名造山带相反，Lachlan 褶皱带 Subprovince 西部地区的构造极性指向后陆，而不是前陆；高角度逆断层和褶皱指向东部的造山带和岩浆活动中心区域。构造物理模拟结果显示，构造变形的样式主要受大洋岩石圈与克拉通岩石圈之间的强度变化梯度控制；在没有俯冲大洋岩石圈的条件约束情况下，可以产生不同方向的褶皱带构造极性。

2. 反转裂谷盆地

反转裂谷盆地具有构造复杂性，是反射地震剖面解释中的难点。Konstantinovskaya 等（2007）利用多层硅树脂-砂模型和 CT 扫描，进行了先是伸展，然后发生同轴缩短的实验，模拟了反转裂谷盆地中的侧向变形转换带和断层重新活动，验证了反转地堑的构造模式，为地震剖面解释和油气勘探提供了依据。其中，转换带的存在影响了伸展作用过程中的裂谷传播和断裂运动学。在缩短过程中，在转换带的脆性层和韧性层中分别出现不同方向的前锋冲断带和褶皱轴。CT 扫描显示，裂谷边缘陡立正断层（倾角为 58°～67°）在挤压缩短过程中重新活动、变为逆断层。持续缩短过程中，重新活动的断层发生旋转；在达到 100% 反转的时候，断层倾角变为低角度（19°～38°）。断层的旋转可能是反转过程中深层褶皱和抬升作用的结果。缩短作用的晚期阶段，在反转地堑的外部产生一些新的低角度逆冲断层（倾角为 20°～34°）。缩短过程中，前缘断坡发生侧向传播，穿过了转换带构造。倒转过程中，裂谷构造中的沉积层在深部经历了侧向挤压，并被向上、向外挤出，形成了近地表的局部伸展；裂谷及其边缘的岩层发生了褶皱或旋转和倾斜作用。模拟结果可用来预测在盆地形成和反转过程中聚集水热流体的基底不连续位置。

Likerman 等（2013）进行了南美 Patagonian Andes 南部地区沿走向变化的构造物理模拟。该地区是在一个裂谷区之上叠加形成的造山带；伸展作用发生在中、晚侏罗世，随后是晚白垩世—新近纪的构造挤压。砂箱物理模拟证实了前人提出的构造模型，褶皱冲断带的宽度和构造域的侧向位置沿走向发生了显著的变化，可能反映侏罗纪伸展沉降中心的一级控制作用，挤压过程中形成了正反转盆地；物理模拟结果与野外观测及地震反射剖面给出的构造剖面高度一致（图 5-6）。

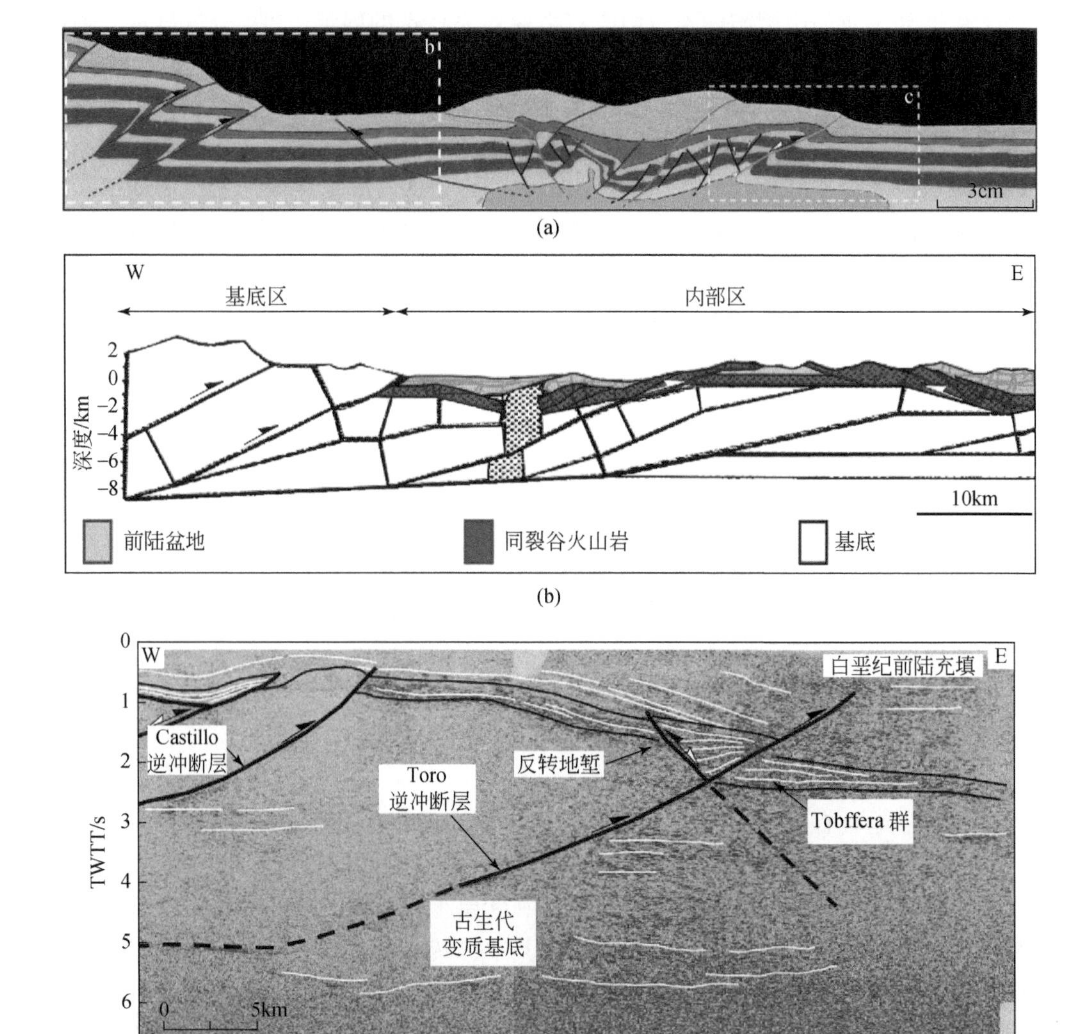

图 5-6　南美 Patagonian Andes 南部构造物理模拟剖面（据 Likerman et al., 2013）

（a）与挤压方向平行的构造物理模拟剖面及断裂构造样式解释；（b）与模拟剖面对比的区域平衡剖面；（c）与模拟剖面对比的区域二维地震反射剖面和构造解析

3. 岩石圈构造变形

Moore 等（2005）对大陆岩石圈碰撞变形过程中浮力作用（表示为岩石圈地幔单位面积的纯浮力质量 M_B）和力学分层效应（即地壳与岩石圈地幔的耦合程度，表示为修正的 Ampferer 比值 Am）进行了物理模拟。该实验的动力学特征表达为一个 Rayleigh-Taylor 型比值（ϕ_{CLM}）。实验结果显示，具有正浮力的岩石圈地幔模型（$M_B>0$，$\phi_{CLM}>0$）产生透入性的山根形式和一个宽的变形带；相反，与地壳强耦合的、具有负浮力的岩石圈地幔（$M_B<0$，$0>\phi_{CLM}>-0.2$，$Am>10^{-3}$）产生了局域化的山根和更窄的变形带；与地壳弱耦合的、具有负浮力的岩石圈地幔（$M_B<0$，$\phi_{CLM}<0$，$Am<10^{-3}$），给出同碰撞的拆沉和一个宽的变形带。大陆岩石圈的同碰撞拆沉作用可能是大陆板块内部浮力差异造成的，而不是来自对面楔入板块作用的结果。Rayleigh-Taylor 不稳定性控制了与地壳强耦合的、具有负浮力的岩石圈地幔模型的慢速汇聚变形（$M_B<0$，$\phi_{CLM}>-0.2$）的构造形式。随着岩石圈地幔密度随深度的增加，地壳与岩石圈地幔之间的耦合程度（Am）在对下部岩石圈变形形式和地壳变形带宽度方面的控制作用越来越小。

Dombrádi 等（2010）通过在热的、软弱的潘诺尼亚岩石圈内部设置板内挤压构造应力，并不断改变变形样式及相应的地表过程，对潘诺尼亚盆地第四纪反转过程中的岩石圈褶皱作用进行了数值模拟。结果显示，岩石圈对挤压作用的最初响应是出现大尺度褶皱变形，褶皱波长为 350～400km，其振幅足以造成大尺度的地壳垂向运动，包括地块的抬升与下沉；褶皱之后，出现地壳的差异运动，影响了现今地貌和景观过程。模拟结果和应力分析说明，尽管亚得里亚（Adriatic）微板块与欧洲板块之间的汇聚速率较低，但是，软弱的潘诺尼亚岩石圈却使盆地反转过程中触发挤压应力的机制有效。同时，地壳厚度和强度是控制区域变形样式的关键因素，影响了盆地反转的时间和范围。不同厚度和强度的地壳变形模型模拟实验，解释了盆地内部出现的多波长褶皱作用和异常抬升-下沉速率。由于设置了楔入体斜面，他们还模拟了侧向挤出作用引起的水平运动，在褶皱地层之中形成了复杂的内部结构。构造物理模拟实验，结合以前的数值模拟，揭示了潘诺尼亚盆地系统发生的大尺度岩石圈褶皱作用与地形演化之间的联系。

4. 物理模拟与数值模拟的结合

构造物理模拟与数值模拟的结合，是模拟实验的一个发展趋势。Rosas 等（2012）利用这两种模拟方法的结合，研究了非洲与欧亚板块交界处、Iberia 西南部 Cadiz 湾地区大型活动逆冲断层与走滑断裂构造之间的干涉作用及地震活动性。该地区发育具有右行走滑-逆冲性质的斜冲断层。模拟结果显示，断层经历了一定程度递进旋转的构造几何与运动学；在不同的岩石圈深度，逆冲与走滑断裂构造干涉作用的表现有所不同，其中，上地壳表现为干涉断裂形式，岩石圈地幔表现为深部地震的活动性；中间的下地壳-上地幔无震带（软化层）深度域，由于断层相关破裂中的流体渗漏作用而广泛存在蚀变/蛇纹石化。因此，该地区只具有中等程度的地震活动性（$M_W<6.0$），震源性质主要为逆冲与走滑破裂的干涉作用。

第三节　地球动力学数值模拟

（一）数值模拟的基础

地球动力学是地球科学与力学相结合的跨学科研究分支，它从地球整体运动，地球内部和表面的构造运动探讨其动力演化过程，进而寻求它们的驱动机制。它的核心内容是从力学分析的角度探讨地球各圈层的发展演化特征（石耀霖等，2011）。20 世纪 70 年代初板块学说的建立和兴起，以及 GPS 为主的大地测距技术的日臻完善（党亚民，2004；顾国华等，2001；邓起东等，2002；Gomez et al.，2007），世界及中国大陆地壳运动观测网络的建立（黄立人和郭良迁，1998；李延兴等，1998；石耀霖和朱守彪，2004），全球数字化台网的建立（乔书波等，2004），国际深海钻探计划、大陆科学钻探计划、地学大断面计划等多学科的联合研究已经取得了很大的进展。但是，在确定作用于板块上的力以及板块内部的力学响应的动力学研究方面仍存在问题（King et al.，1994；Micklethwaite and Cox，2006）。因此，基于大规模并行计算的现代数值模拟技术和相关的岩性参数测定和流变性质研究，可以帮助我们对于地球的认识从运动学阶段进入动力学阶段（石耀霖等，2011）。

高性能数值模拟技术，已经成为继理论分析和科学实验之外人类认识自然的不可或缺的第三种手段。在固体地球科学和地球动力学研究中，数值模拟研究还相对薄弱，但正是如此，才有巨大的发展潜力、孕育着重大突破的可能性。数值模拟的力学模型来自岩石和地层结构的力学参数（Buiter and Schreurs，2006）。它基于数学关系模型和有限元、差分元、边界元、离散元等网格单元的计算，利用高性能计算机完成。理论上，它可以模拟各种背景条件下褶皱、断裂、裂缝、盆地、地幔柱等不同尺度地质体形成过程中的应力应变场以及各种变形（如脆性、韧性或塑性变形）过程中的微观扩散过程和宏观结构，但这需要严格的数学、地质、岩石力学、材料力学等边界参数限制。相较于物理模拟，它可实现从微尺度（矿物结构变形）到大构造尺度（岩石圈和地球尺度）构造变形的模拟，也在三维应力和应变结构的可视化分析中具有突出的优势。目前，国内对结合三维地震构造解释的数值建模和构造恢复（管树巍等，2010；管树巍和何登发，2011）已在逐步开展。通过各种先进科技手段的高分辨率大陆深部探测和地表高精度长周期对地观测（党亚民，2004；Zhao，2004），佐以多尺度超大规模并行数值模拟技术（Abe et al.，2004），揭示大陆演化奥秘，并获取资源成矿、地震灾害等科学问题的深刻认识，是世界发达国家地学研究中的前缘课题（Hardebeck and Michael，2004；Cowgill et al.，2004a，2004b；Jamieson et al.，2004；徐锡伟等，2005；石耀霖等，2011）。与构造物理模拟相结合的三维盆地动力学（含沉积地层序列）的数值模拟是一个重要发展方向（Nieuwland，2003；Zhu et al.，2013；贾承造等，2014）。

大陆岩石圈的流变结构是开展大陆动力学过程模拟计算的必要前提，而地下温度分布将强烈地影响岩石的流变性质（臧绍先等，1994；Bailey，2006；叶正仁和 Hager，2001；

金振民，1997）。因此，把野外数据和实验室数据结合起来，综合实验室数据、观测数据和科学研究结果数据，并综合其他关键性的约束条件，建立三维岩石圈温度分布模型（安美建和石耀霖，2007），进而建立区域的岩石圈结构和流变模型，是目前和今后就东亚大陆区域动力学的实际科学问题进行（超）大规模数值计算模拟的前期关键性基础工作（石耀霖等，2011）。数学物理方程（组）选择和建立的关键，涉及牛顿流体（地幔）与非牛顿流体（地壳）方程、温度场（能量方程）、壳-幔热化学演化方程、质量守恒方程等强耦合数学物理方程的选择、建立与实际科学问题的正确描述和表达（石耀霖等，2011）。

时空多尺度与强耦合是中国大陆壳幔耦合演化过程的典型特征。因此，若要从根本上解决这些科学问题，传统的简单建模，简单分析已经不能适应目前开展相关领域科学研究的合理需求。取而代之的应该为通过严谨的地球动力学和计算数学建模，并以超大规模并行数值模拟技术为最基本手段，开展数值模拟试验和分析，从时空多尺度的角度，深入考察大陆深部地幔对流与岩石圈非线性强耦合关系的多种地球动力学演化模式，并定量化地研究中国大陆壳幔耦合的各种物理过程和各个圈层的相互耦合作用、了解壳幔耦合的动力学过程的基本特征，识别决定性因素和关键性控制参数，并给出合理的定量化地球动力学的科学解释（石耀霖等，2011）。

国际地球动力学数值模拟研究，涉及地球整体及不同的地球圈层，涉及不同的空间尺度和时间尺度（Townend and Zoback，2004；Dzwinel et al.，2005），近年来取得突出进展的领域包括：地核发电机模拟计算解释地磁场的起源和反转、变化；地幔对流的计算解释全球板块构造的一些重大基础问题；岩石圈动力学计算模拟解释世界上大规模地质构造过程的形成和演化机理；计算模拟地壳应力场形成和演变的控制因素；地震的孕育和发生过程的力学过程等。地球动力学计算组织（CIG）是一个成员性的国际组织，旨在为计算地球物理和相关领域开发软件，为地幔、地核对流和地震波传播计算提供统一的尖端计算系统。目前，针对地球动力学演化的各种数值模拟软件有 ANSYS、COMSOL、FLAC 等。

近几年来，中国科学院大学计算地球动力学重点实验室在应用大规模并行有限元数值模拟技术研究地球动力学科学问题方面，积累了很好的技术和人才基础。普通问题并行数值模拟规模可以达到几百万三维有限元网格规模，经过专门设计的软件包，研究的规模问题可以更大，达到千万网格量级；适时提出了在我国大陆深部精细探测的基础上，建立大陆深部地幔对流与岩石圈耦合关系的多尺度、高分辨率超大规模并行有限元数值模拟分析。

（二）大陆动力学与岩石圈动力学

1. 大陆地壳的热结构

基于 Crust2.0 地壳模型、球坐标系和三维有限元模型，Sun 等（2013）利用我国大陆及邻近地区的地形、地面年平均温度和从地震速度得到的地幔温度等资料作为约束条件，应用观测得到的热导率和 P 波速度-热产出经验公式，计算了我国大陆地壳的热结构模型，并将地面热流测量值作为对比。模拟结果显示，前寒武纪克拉通之下的温度较其他地区可能低100～300℃，青藏高原之下莫霍面温度为800～1000℃，前寒武纪克拉通（如印度板块、四川盆地、华南、华北和塔里木地块）之下莫霍面温度为500～700℃。中朝克拉通东部之下60km以深的热状态反映了克拉通破坏；青藏高原腹地（特别是羌塘）之下的热结构与下地壳或上地幔物质的向东流动相一致；火山分布与大陆地壳或上地幔高温区相一致；在造山带，存在一系列明显的热转换带；大陆地壳东部与西部的热转换带位置，与南北地震带的位置相一致。

2. 继承性因素在地质过程中的作用

继承性因素是否控制构造变形过程的作用，是地球科学长期悬而未决的问题。Manatschal等（2015）认为，继承性因素是存在于模型中的“基因代码”，而随后的地质地球物理过程则是“获得性”的外在因素。他们将继承性因素分为三类，分别为结构、成分和热继承性，并进行了继承性因素控制过度伸展裂谷系（如Alpine Tethys、Pyrenean-Bay of Biscay和Iberia-Newfoundland裂谷系）的结构和演化的数值模拟。这几个裂谷系均是在Variscan（海西）岩石圈之上发育起来的，缺乏岩浆作用。结果表明：①继承性构造并没有显著地控制破裂发生的位置；②继承性热状态可能控制了裂谷系的形式和结构，特别是控制了构造颈缩部位的结构；③构造颈缩部位的结构也受到韧性层在解耦变形过程中的分布和作用的影响，然后受到地壳热结构和继承性成分组成的控制；④相反地，过度伸展域的构造变形受到了微弱水化矿物（如黏土、蛇纹岩）的强烈控制，这些微弱水化矿物是变形过程中相伴生的流体和化学反应使得长石和橄榄石分解而形成的；⑤继承性构造，特别是软弱带，控制了局地尺度的应变位置，在裂谷发育的早期阶段起着重要作用；⑥继承性地幔组成成分和裂谷相关地幔过程可能控制了地幔流变学、岩浆总量、热结构和最后裂谷作用的位置。由此说明，继承性和裂谷引起的过程，都在岩浆活动不明显的North Atlantic-Alpine Tethys裂谷系演化过程中起着显著的作用；在裂谷演化过程中，由于物理状态的改变，继承性因素的作用也在发生变化，而裂谷作用本身引起的过程（如蛇纹岩化、岩浆作用）将越来越重要。因此，不仅要确定一个裂谷系的“基因代码”，更要理解它是如何与裂谷及其演化过程发生相互作用的。

在构造反转情况下，先存不连续面的重新活动取决于许多构造的、地层的和力学的因素；其中，一个基本的因素是先存不连续面的产状与新的应力场的关系。Di Domenica等（2014）研究了构造反转过程中断层重新活动的力学分析和数值模拟，并应用于意大利Apennines中北部地区。该地区发育了新生代的正断层作用及之后反转为逆冲的断裂作用。他们通过力学（滑移趋势分析）和数值模拟（应用COULOMB 3.3软件）重建三维应力场，评估一些重要参数（如断层走向、倾角和力学参数）在断层重新活动过程中的作用。结果表明，先存断层的产状与应力主轴的关系是控制构造反转现象的主要因素，而其他的力学和几何因素只起次要的作用。数值模拟很好地再现了通过地质调查与构造解析获得的新近纪—第四纪变形历史。

3. 岩浆房变形与应力场

Currenti和Williams（2014）应用脆性破裂准则和有限元方法，对侵入到非弹性域的挤压岩浆房破裂条件（如几何形态、参考应力状态、孔隙流体压力、岩石流变性质、地形地貌等）进行了应力-应变分析，并用于岩浆房地震活动性和火山灾害的评估。数值模拟的结果显示，由于岩浆房周围韧性变形壳的形成和应力释放可能会阻碍岩墙破裂的发生，超压岩浆房的生长扩大导致在没有明显地震情况下显著的地表变形。在挤压应力体制下的球形岩浆房，韧性变形壳的形成和平缓地形的支撑，使得岩浆房系统易于形成并处在较稳定的状态；反之，在伸展应力体制下的拉长椭球形岩浆房，由于陡立的火山地貌和高的孔隙流体压力降低了岩浆房所能承受的超压范围，更容易发生破裂。

大多数浅成的岩浆房曾被认为是岩席演化的结果。Barnett 和 Gudmundsson（2014）对岩墙如何偏斜而形成岩席，然后演化为浅成岩浆房的过程进行了数值模拟。结果显示，可能是由于岩墙遇到了软弱岩层接触带而阻止了它的扩展，岩墙发生偏斜、岩浆注入软弱岩层之中而成为岩席。由岩席演变而来的岩浆房可以有多种形态。不过，多数浅成岩浆房趋向于长期保持岩席形态或扁平的椭圆形态。快速的岩墙注入和足够的岩浆补给也是岩浆房保持部分熔融状态的非常必要条件。

4. 大陆碰撞带

与线性造山带不同，大陆碰撞带构造结具有特殊的性质。Li Z H 等（2013）进行了俯冲/碰撞过程中大陆角（侧向的大陆/大洋过渡带）动力学的三维高分辨数值模拟。结果显示，大洋俯冲带（持续俯冲带和后撤海沟）和大陆碰撞带（板片撕裂和地貌抬升）具有不同的变形样式；板片撕裂出现在深度 100 ~ 300km 处，其深度取决于汇聚速率。模型给出叠置地壳由大陆碰撞一侧向俯冲一侧被侧向挤出。模拟结果与阿拉伯-亚洲碰撞带西角及印度-亚洲碰撞带东角的情况相吻合。挤出构造可以是由上部的地形和重力势驱动，也可以是由下部的海沟后撤及软流圈地幔回流而驱动的，说明深部地幔动力学与浅部地壳变形之间存在紧密的联系。

5. 高压超高压构造推覆体

Schmalholz 等（2014）进行了构造推覆体的运动学和动力学二维数值模拟，并应用于阿尔卑斯（Alps）西部的高压超高压构造推覆体研究（图 5-7）。他们设置的岩石圈模型具有一个带有软弱的和强硬的包裹体的地壳；模型中包含了热-力学耦合，以及一个由于黏滞加热和热软化作用而形成的地壳尺度剪切带。地壳条件的测试结果表明：①剪切带的厚度和应变速率与数值解及采用的数值模拟方法（有限元和有限差分法）无关；②剪切带在大变形过程中是稳定的，并可以旋转；③数值算法保留了所有的热和机械能；④大变形过程中实现了总的水平作用力的平衡。岩石圈缩短的数值模拟结果显示，剪切带附近发育了一个褶皱推覆体；地壳内部的应力由 30°摩擦角加以限定。显著的构造超压（P_0）出现在强硬的下地壳岩石和强硬包裹体之中，也出现在局部被强硬地壳岩石包围的软弱包裹体之中。这说明，不需要一个封闭的强硬“容器”，也可以在软弱岩石中产生显著的 P_0。模拟结果显示，最大 P_0 值为约 2. 2GPa，对应的偏应力值为约 1. 5GPa、深度为约 42km；在地壳深度内，褶皱推覆体形成过程中出现的最大压力为约 3. 4GPa、最高温度>700℃。数值模拟的温度-压力轨迹显示，地壳岩石可以在小于 50km 的深度下发生超高压变质作用。

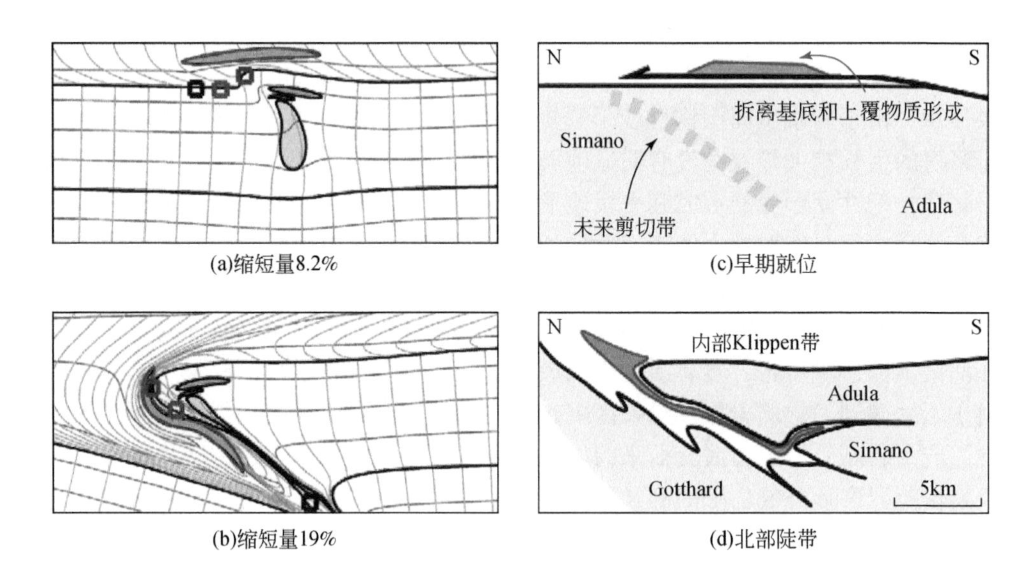

(a)缩短量8.2%　(c)早期就位

(b)缩短量19%　(d)北部陡带

图 5-7　阿尔卑斯西部构造推覆体运动学与动力学二维数值模拟（据 Schmalholz et al., 2014）
(a) 和 (b) 给出褶皱推覆体运动学演化、包裹体变形和三个标志点在两个不同缩短量阶段运动方式的数值模拟结果。黑线为模型单元之间的界线，灰色线代表被动网格（非数值网格）。(c) 和 (d) 给出 Adula 推覆体和内部 (Internal) 飞来峰带演化的解释框架。Internal 飞来峰（类似于 (a) 和 (b) 中带红边的椭圆）可能由下伏的 Adula 基底拆离而来，并在褶皱推覆体形成过程中被拖曳至 Adula 推覆体之下

6. 大陆碰撞过程中盐的作用

Zagros 褶皱冲断带形成于阿拉伯与中伊朗之间的大陆碰撞过程中；其沉积层序中含有几个特征的软弱盐层，可能是控制褶皱和冲断构造样式的重要因素。Ghazian 和 Buiter (2014) 应用二维热-力学数值模型，模拟了盐在东南 Zagros 褶皱冲断带形成中的作用。岩石圈尺度数值模拟的结果显示，底部厚层 Hormuz 盐层使得上部的沉积层与下部基底（及上地幔）发生脱耦，而构造变形主要为沉积层中发育的指向海沟的剪切带；模拟结果与实际观测相一致。岩石圈尺度模拟的运动学结果和热结构又可作为初始模型，进行上地壳尺度的数值模拟，以调查底部和中间软弱层、盐强度、底部地层倾角和侧向盐分布对 Zagros 褶皱带变形样式的影响。结果显示，除了沉积盖层底部的 Hormuz 盐层之外，至少还需要一个中间的软弱盐层，才可以形成 Zagros 东南部褶皱为主的构造变形。在上地壳尺度模型中，如果设置一个底部软弱盐层和三个中间软弱盐层（黏度为 $5\times10^{18}\sim10^{19}$ Pa·s），基底倾角为+1°（指向海沟），得到的模拟结果与现今地貌及沉积地层褶皱形态可以很好地吻合。

7. 伸展盆地与裂谷系

Kusznir 等认为简单剪切/纯剪切耦合模型（CSSPSM）可以广泛应用于大陆伸展沉积盆地演化的研究；通过不同加载下的岩石圈流变学、热结构和均衡响应，来确定岩石圈伸展过程中的沉积盆地几何形态与地壳结构。Chen (2013) 开发了 MATLAB 代码和

MODBAS 软件，用来模拟基于 CSSPSM 模型的伸展沉积盆地——珠江口盆地（PRMB）的形成过程。结果显示：①PRMB 之下的岩石圈有效弹性厚度非常小（<5km），说明南海北部边缘的大陆地壳非常软弱；②模型预测与实际观测的基底之间存在明显的不匹配，说明存在小尺度的地幔对流。

亚丁（Aden）湾发育斜向裂谷系，主要受三个方向的断裂控制：WSW 走向（垂直裂谷的走滑）、WNW 走向（平行裂谷）、EW 走向。其中，最早发育的是垂直裂谷的走滑和 EW 走向的断裂；随后的活动颈缩带发育平行裂谷的断裂；最后阶段又是垂直裂谷的走滑和 EW 走向的断裂，发育在裂谷边缘地区。Brune 和 Autin（2013）采用 SLIM3D 有限元模型（包含真实的弹塑性-黏性-塑性流变学和一个自由面），通过岩石圈尺度的三维数值模拟，给出了亚丁湾裂谷系由于局域和远场构造应力的相互作用而产生多个方向断裂的演化过程，从而证实和拓展了前人有关岩石圈尺度斜向裂谷发育过程的构造物理模拟结果。

8. 地震活动性与地震波传播

严珍珍等（2014）利用 Centroid Moment Tensor（CMT，质心矩张量）震源机制解作为震源项，以地震波传播理论为基础，基于横向各向同性 PREM 地球模型，考虑地表地形及海洋等特性，利用谱元法结合高性能并行计算，对 2011 年 3 月 11 日日本东北部 M_W 9.0 级特大地震激发的地震波传播进行了数值模拟，显示了全球地震波传播形态。理论模型走时曲线与实际观测数据的拟合对比，验证了模拟结果的可靠性。海洋的存在对地震波强地面运动存在明显的影响，沿海地区的地震灾害评估应考虑海洋效应。数值模拟结果可以较准确重现长周期理论频率值，可用于地球自由振荡研究。

9. 同震电磁场

动电学效应是引起地震与电磁能量之间的耦合的一个机制。Ren 等（2012）采用点源堆垛方法与 Luco-Apsel-Chen 普适反射-发射方法相结合的关键技术，模拟了由于多孔介质的有限破裂而产生的、与地震波相伴随的同震电磁场。在近场模型中，点源逼近不能获得精确的结果；破裂起始点的位置和破裂速度明显地影响了同震电磁场。不同的介质性质对地震波和同震电磁场具有不同的影响。模拟结果说明了方法的有效性。

10. 岩石圈结构三维建模与可视化

三维建模与可视化是研究岩石圈构造的重要手段。余接情等（2012）基于面向球体流形空间的非收敛、非叠置、正交、经纬一致性的球体退化八叉树格网（SDOG），提出了岩石圈实体及场对象的三维流形表达与建模方法，并结合 SDOG 的多层次/分辨率特性及岩石圈属性的多语义性，设计了多尺度岩石圈模型，实现了多尺度建模、数据组织与多模式可视化。结果表明，SDOG 方法有效克服了现有全球三维格网方法的格网缺陷，真实、自然地反映了岩石圈的球形特征，为岩石圈空间建模、数值模拟、数据共享的统一空间格网提供了新的解决方案；随着尺度模型的演进，可渐次呈现更详细的板块划分、更精细的圈层结构与边界形貌及更丰富的属性。

（三）地幔动力学

大陆深部地幔对流与岩石圈耦合演化过程是涉及地球浅部与深部、大规模成矿作用、生命重大演化与地质灾害的世界级系统地球科学过程。对它的研究成果，可以进一步增进对中国及邻区大陆岩石圈的物质、结构与状态的认识。研究它的地球动力学演化过程，还可以进一步研究这一地区在东亚大陆整体演化系统行为中局部岩石圈的动力学过程，从而探索地球内部圈层相互作用及演化对矿产资源的控制机理，为固体地球系统科学理论的深入完善及矿产资源的可持续探测做出创新性贡献（石耀霖等，2011）。瑞士苏黎世联邦理工学院的 Paul Tackley，科罗拉多大学博尔德分校的 Shijie Zhong，亚利桑那州立大学坦佩校区的 Allen McNamara，Caltech 的 Gurnis，均是近年来地幔动力学模拟领域的佼佼者。

1. 太平洋型汇聚板块边缘

Gorczyk 等（2007）应用一个自弯曲板片俯冲带的耦合岩石学-热机械模型，模拟了活动大陆边缘的岩浆活动（图 5-8）。该模型的原型为化石太平洋型汇聚边缘，具有宽的、发育成熟的弧前增生楔系统；板块耦合的程度取决于板块汇聚速率与水的迁移速度的比值（R_{H_2O}）。在汇聚速率相对较低（$R_{H_2O}<4$）的模型中，普遍存在随着海沟后退而发生的叠置板片的拆沉作用；当汇聚速率相对较高（$R_{H_2O}>4$）时，出现持续的板块耦合作用。随着俯冲板块长度的增加，板片弯曲度也随之增加。俯冲的晚期阶段出现板片角度的周期性变化，往深处更为明显；在俯冲速率较小和较强的大洋地壳情况下更是如此。他们的模拟结果给出与实际观测相对应的两个不同的岩浆形成区域：①在耦合板块的持续汇聚过程中，如智利中部的晚古生代大陆边缘，在俯冲开始的时候，由于短暂的板片倾角变陡，出现最大的熔体产出率（岩浆活动）。然后，由于板片倾角逐渐变缓，熔体产出率快速下降；因此阻碍了下一步部分熔融地幔楔的进一步形成。②在板片拆沉和海沟后撤过程中，出现最高的熔体产出率。当伸展作用随着板块的解耦而出现时，最终形成显著的弧后盆地，如智利最南部的中生代大陆边缘。这时，由于板片倾角保持稳定，软流圈地幔流上涌至扩张中心，熔体产出增加，有利于形成含水的板片部分熔融地幔柱。

2. 岩石圈减薄与克拉通破坏

乔彦超等（2013）通过数值模拟方法对华北克拉通岩石圈热对流侵蚀的减薄机制进行了计算，证实了原来稳定的克拉通（初始底边界为约 1673K），在底部温度扰动升高后，由于浮力驱动的小尺度地幔对流加剧能够使岩石圈发生大规模减薄（速率为 mm/a 量级），减薄的时间尺度在十几百万年。通过不同端元的计算得到岩石圈最多从 200km 减薄到 100km，至少减薄到 126. 25km，符合地球物理观测结果。模拟显示，初始参考等效黏滞系数和底边界温度是影响减薄速率的重要因素。

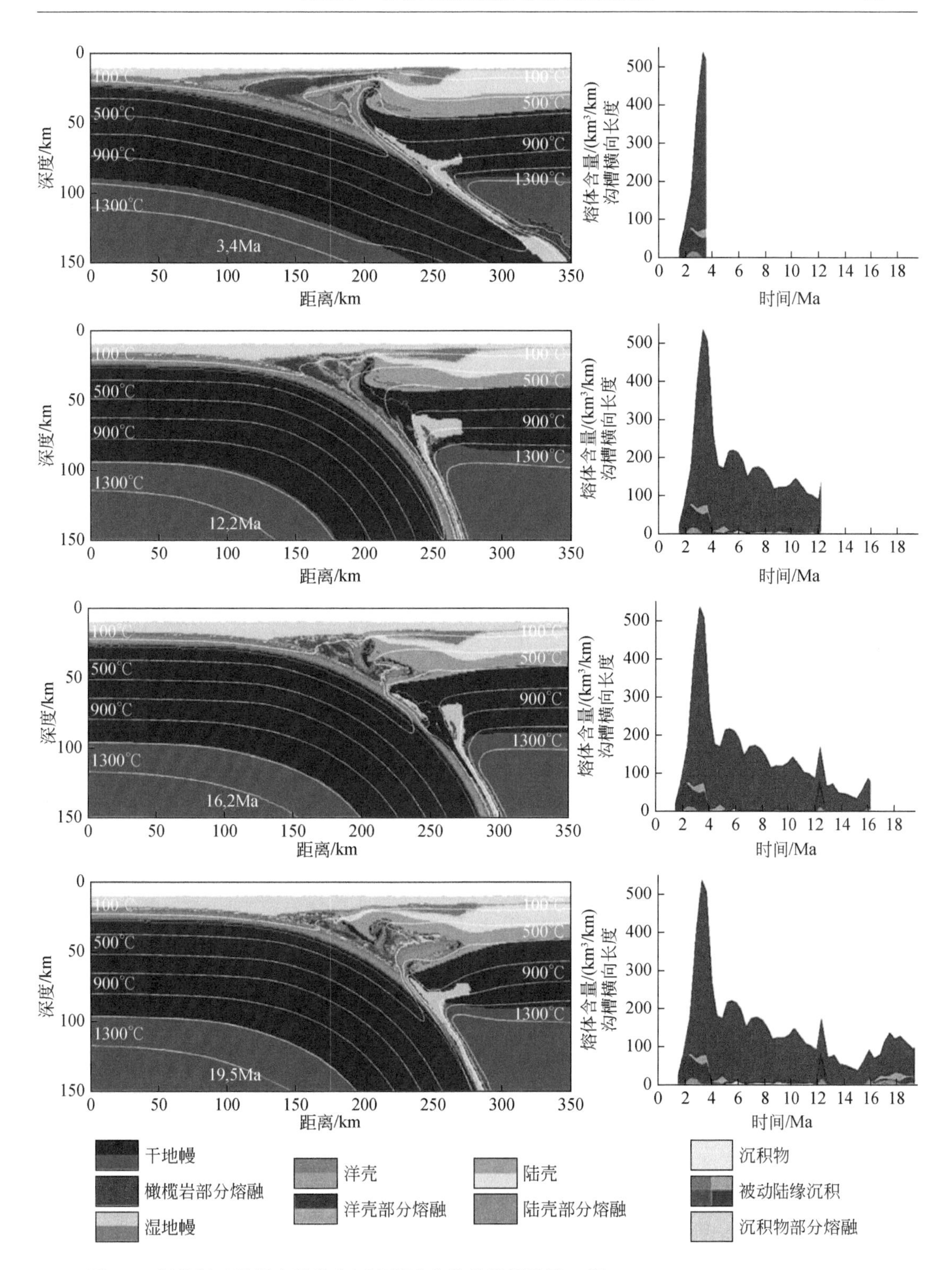

图 5-8 板块间连续耦合的稳态汇聚域演化数值模拟结果（据 Gorczyk et al., 2007）（左）岩石圈岩性组成随时间的演化；（右）地幔楔中的熔体含量（单位为 km^3/km，分母为侧向海沟长度）随时间的变化。部分熔融岩石处在超覆板块岩石圈之下的深部地幔楔之中

3. 地幔柱与洋中脊

前人认为，由于不同时代海底的叠置作用形成横跨转换断层的岩石圈厚度变化，可能会阻碍地幔柱沿洋中脊轴向的扩散。这种“转换断层坝”机制可能出现在几个地幔柱-洋中脊体系，如 Reunion 热点-中印度洋脊、Amsterdam-St. Paul 热点-东南印度洋脊、Cobb 热点-Juan de Fuca 洋脊、冰岛热点-Kolbeinsey 洋中脊、Afar 地幔柱-亚丁湾洋中脊、Marion/Crozet 热点-西南印度洋脊。Georgen（2014）应用三维有限元数值模拟方法，检验了地幔柱和洋中脊相互作用的“转换断层坝”机制；结果显示，转换断层对地幔柱发散和上地幔动力学的影响是复杂的，应充分考虑具体的几何关系。

4. 非洲大陆深部地幔对流

近年来地震层析成像研究给出了非洲大陆之下第一个集成热和化学异常特征的全三维深地幔结构图像。基于地震层析模型，Forte 等（2010）通过地震-地球动力学-矿物物理联合模拟，研究了非洲大陆之下的深部地幔热化学对流模型，得到了与基本的地表约束条件极其一致的结果（图 5-9）。地表约束条件包括重力和地形异常等，以及由此获得的地球内部密度（成分）和热分布的不均一性。地幔对流模型预测，在晚新生代火山作用的主要中心，包括 Kenya 穹窿、Hoggar 杂岩、Cameroon 火山带、Cape Verde 岛和 Canary 岛之下，均存在软流圈上涌。非洲西部大陆边缘 Cape Verde 岛之下的“西非超级地幔柱”甚至延伸到核幔边界，可以与“南非超级地幔柱”相媲美；它们一起成为非洲之下大规模深部地幔流的两个主导因素。软流圈地幔流模型也得到了剪切波分裂地震方位各向异性的检验。

5. 核幔边界的 D″层和低剪切波速度省

核幔边界是一个“大酱缸”。在许多地幔模型中，俯冲板片下沉到处在核幔边界的一个不规则的、带有许多“根刺”的罩状物之中，为地幔动力学提供了驱动力。下沉板片从上到下搅动地幔，将地幔中的板片碎块、沉积物或其他的构造碎片带到 2900km 深度的核幔边界处（Kerr，2013）。

赵明等（2013）拓展了模拟地震波在地球核幔边界 D″区各向异性介质中传播的谱元简正振型耦合方法（CSEM）。他们通过在球对称各向同性介质空间采用简正振型方法，在各向异性的 D″区采用谱元方法，并在两种介质的边界采用“DtN”算子耦合的策略，计算一维模型 PREM 或修改后的 D″区横向各向同性 VTI-PREM 模型的理论地震图。结果显示，在 10^{-5} ~0. 125Hz 频率范围内谱元简正振型耦合方法得到的波形与简正振型方法能很好地拟合；对于 VTI 介质结构模型，谱元简正振型耦合方法能够准确模拟 S 波分裂现象，从而说明谱元简正振型耦合方法可以有效模拟各向异性介质中的地震波传播。

地球表层的大陆岩石圈占地表面积约 30%，具有低固有密度、高黏度特征。大陆岩石圈通常不直接参与下方的地幔对流，但与地幔对流格局有着重要的相互作用。在中太平洋和非洲的下地幔底部，存在着两块占核幔边界（CMB）面积约 20% 的高密度热化学异常体；由于其剪切波速度较低，常称为低剪切波速度省（LSVP）。LSVP 的演化受地幔对流

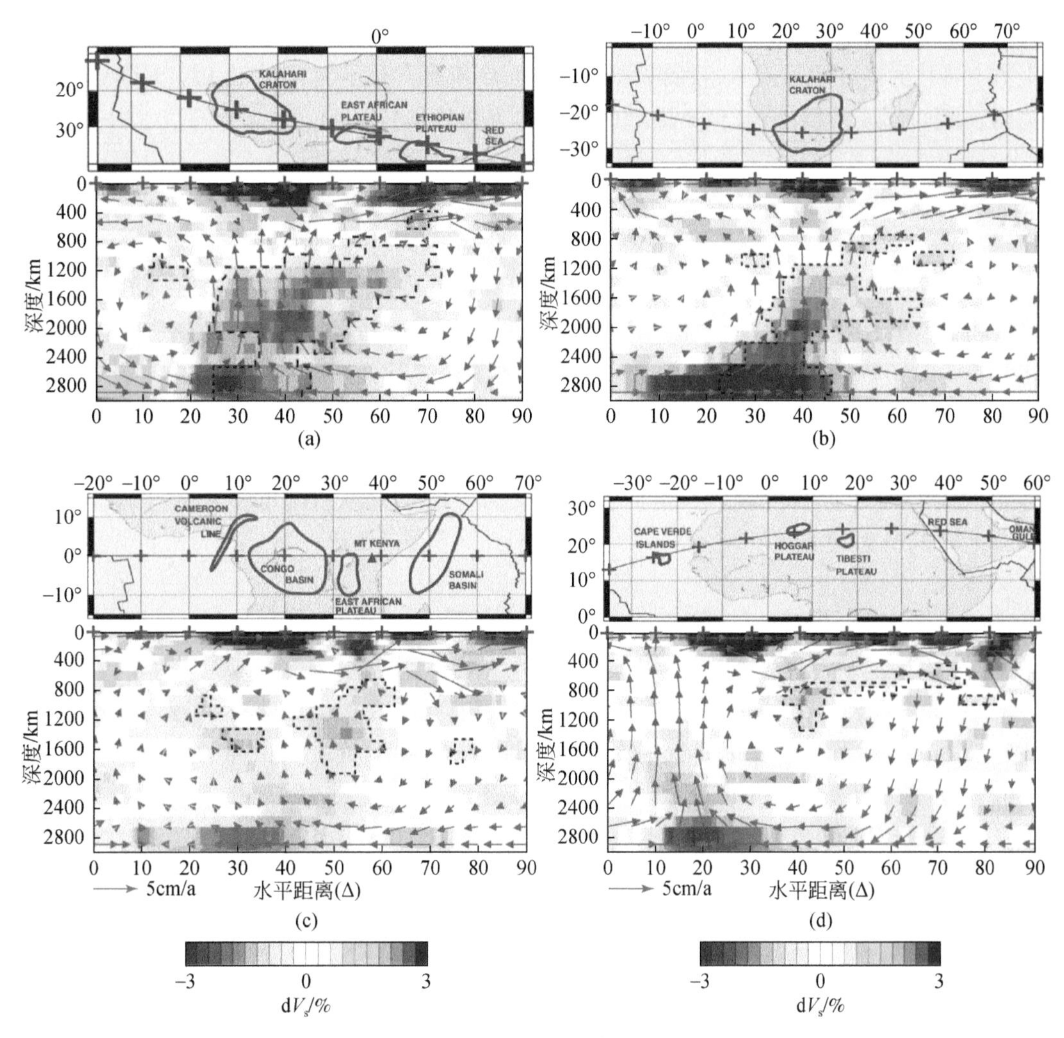

图 5-9 非洲板块之下的地幔对流数值模拟结果（据 Forte et al.，2010）

（a）~（d）包含一个切过非洲大陆的垂向地幔剖面。剖面上的色块给出地震剪切波速度异常（据 TX2007 层析成像模型）；黑色虚线圈出化学密度异常超过+0.1%的区域；品红色箭头为基于全（热+化学）浮力和 V1 黏度预测的地幔流速度。垂向深度比例尺相对水平比例尺扩大 13 倍。KALAHARI CRATON. 卡拉哈里克拉通；EAST AFRICAN PLATEAU. 东非高原；ETHIOPIAN PLATEAU. 埃塞俄比亚高原；RED SEA. 红海；CAMEROON VOLCANIC LINE. 喀麦隆火山；CONGO BASIN. 刚果盆地；MT KENYA. 肯尼亚山；EAST AFRICAN PLATEAU. 东非高原；SOMALI BASIN. 索马里海盆；CAPE VERDE ISLANDS. 佛得角群岛；HOGGAR PLATEAU. 霍加尔高原；TIBESTI PLATEAU. 提贝斯提高原；OMAN GULE. 曼古勒

的影响，同时也影响地幔物质运动和动力学过程。杨亭等（2014）系统研究了下地幔 LSVP 的地幔对流模型，结果显示：①当大陆体积较小时，其边缘常伴随着俯冲，大陆区域地幔常处于下涌状态，其上地幔温度较低，大陆岩石圈在水平方向处于压应力状态。随着大陆体积的增大，大陆边缘的俯冲逐渐减弱，大陆区域地幔由下涌转为上涌，其上地幔温度较高，大陆岩石圈水平方向处于拉应力状态。②岩石圈-软流圈边界（LAB）在大陆下方较深，温度较低；在海洋区域较浅，温度较高。随着大陆体积的增大，陆洋之间 LAB 深度、温度的差异逐渐减小。③大陆区域地幔底部 LSVP 物质的丰度与大陆的体积呈正相

关。当大陆体积较小时，大陆下方的 LSVP 丰度比海洋区域少。随着大陆体积的增大，大陆下方 LSVP 的丰度逐渐增大。④海洋地区地表热流高，且随时间波动大，大陆地区地表热流低，随时间波动较小；LSVP 区域的核幔边界热流低。

(四) 地核动力学

地震观测得到的地核剪切波速度 V_s 要比矿物学模型（计算和实验）预测的小很多，但没有得到合理的解释。Martorell 等（2013）应用分子动力学从头计算方法，得到六方紧密堆积铁（hcp-Fe）在 360GPa 和接近熔融温度 T_m 条件下的弹性力学性质。在熔融之前（当 $T/T_m>0.96$），六方铁（hcp-Fe）表现为强烈的非线性剪切弱化，同时 V_s 显著减小。由于地球内核-外核边界的温度为 $T/T_m=1$，地心的温度为 $T/T_m\approx0.99$，因此，地球内核可能出现强烈的 V_s 非线性效应。由此，他们认为，地核六方紧密堆积铁的性质，可以用来解释地核的低剪切波速度。

第四节　复杂成矿系统动力学数值模拟

对于具有巨大时空尺度的复杂成矿系统的了解，计算模拟已成为一种行之有效的必不可少的技术手段。国外一些以寻找地壳深部大规模的新矿产资源为目标的大型国家级地球科学研究计划，无一不是将“成矿系统”的计算模拟作为攻关的主要技术手段之一。澳大利亚“玻璃地球”计划、Australian Geodynamics Cooperative Research Centre（澳大利亚地球动力合作研究中心）、Predictive Mineral Discovery Cooperative Research Centre（矿床预测发现合作研究中心）、Mineral Down Under（矿场）和 UNCOVER 计划等都将复杂成矿系统的计算模拟作为其主要研究方向之一。

地壳成矿系统是一个高度的非线性系统，主要表现为具有多尺度的物理过程和化学过程间的相互作用。涉及主要过程有地壳岩石的变形（破裂）过程、流体在地壳中的流动过程、地热在地壳中的传递过程、物质在地壳中的输运过程、地壳岩石和流体的相变过程，以及不同物质之间的化学反应过程。根据现代复杂系统科学的观点，大型矿床的形成是上述这些过程在不同时间和空间尺度条件下协同作用从量变发生质变的直接结果。由于系统的复杂性，计算模拟已成为揭示复杂成矿系统演化的动力学机制与规律必不可少的研究工具。然而，与一般工程问题相比，复杂成矿系统不仅具有几何尺度大（包括从分子尺度、矿物颗粒尺度、露头尺度、矿床和矿山尺度、区域尺度、地壳尺度、岩石圈尺度等）和时间尺度长的特点（图 5-10），也常具有多过程耦合和多尺度耦合特点，表明不可简单地直接使用解决工程问题的计算模拟理论和算法，来求解复杂成矿系统的成矿问题。因此，建立可模拟复杂成矿系统成矿过程的计算模拟理论和算法，无疑具有重要的科学与现实意义。

对于成矿系统的计算模拟，中国与澳大利亚等国际先进水平相比还存在着很大的差距。目前，国内进行成矿系统计算模拟的工作不但少，而且大多数工作都局限于简单二维的单因素动力学计算模拟。中南大学自 2004 年成立计算地球科学研究中心以来，已在建

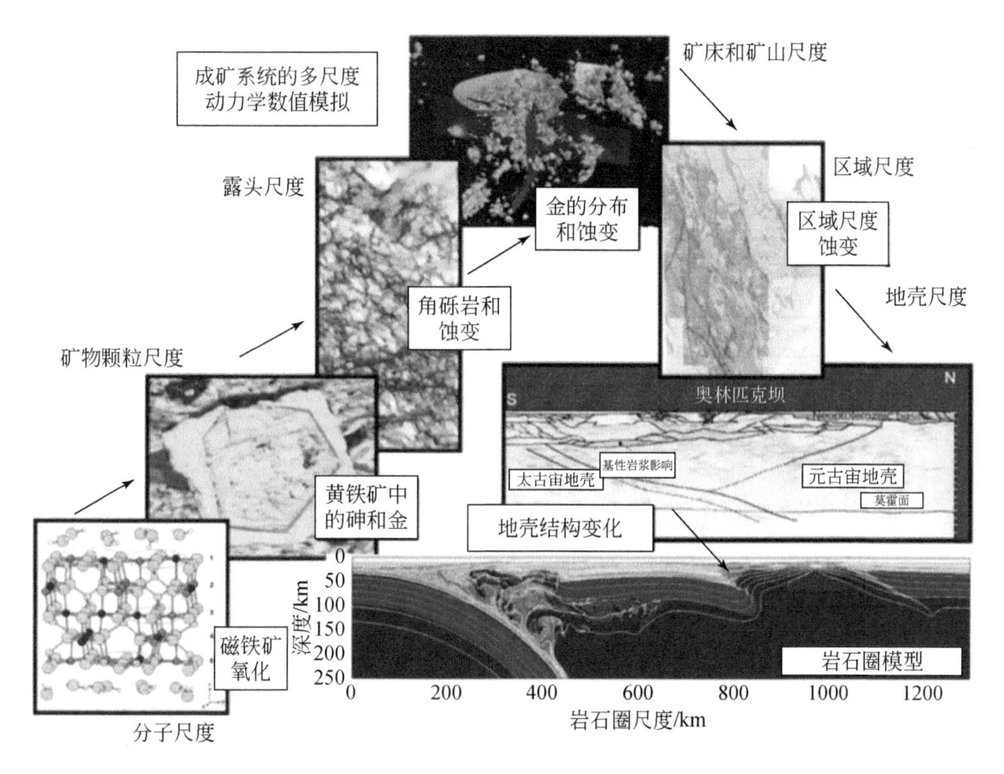

图 5-10　从分子尺度到岩石圈尺度：复杂成矿系统的多尺度动力学数值模拟

立和创新以可描述成矿机制和过程的科学理论为基础的，并适用于寻找位于地壳内部新矿产资源的成矿理论方面开展了基础性的研究工作，重点探讨了可导致在成矿复杂系统中产生大型矿床的化学反应非稳定性问题，取得了创新成果，进而利用计算模拟的结果指导了矿床预测。然而，由于地壳中成矿问题的复杂性，目前在国际上尚未研发出可描述具有多过程和多尺度耦合的复杂成矿系统的基础理论和计算模拟算法及程序。

TOUGH2 是一个应用于发育破裂的多孔介质中的非等温、多相流动问题的积分有限差分数值模拟软件，能够处理复杂的空间离散性。Berry 等（2014）在 GRASS GIS、SQLite、AMESH 的开源代码基础上，开发了一个基于 GIS 的开源前处理软件，用于 TOUGH2 软件的地质资源数值模拟。

增加地壳岩石的渗透率，是金属矿床成矿作用、提高油气产出率（致裂开采）、增强型地热系统（EGS）、地质碳储和产生天然及诱发地震的重要因素。地壳岩石的渗透率控制了热扩散和流体迁移等重要地质过程，以及物理压实作用和矿物脱水过程中流体压力的升高。由于斑岩铜矿系统是铜、金和钼资源的重要来源，形成于浅成、去气岩浆排出含矿流体的过程中，因此，斑岩成矿过程中渗透率的动态变化，是研究岩浆流体成矿的重要方面（Ingebritsen，2012）。Weis 等（2012）有关数值模拟的结果说明，金属成矿是一个自组织过程，矿床的大小、形态与矿石品位受热扩散与侧向冷却之间平衡作用的控制；由于上升岩浆中挥发组分注入岩石之中、引起岩石渗透率的动态变化，是金属成矿作用的一个关键因素（图 5-11）。对成矿作用而言，静态渗透率结构不是有利因素，而岩石对岩浆流体注入的动态渗透率响应形成了金属沉淀的前锋、元素可以富集达10^3倍而导致金属矿成矿作用（Ingebritsen，2012）。

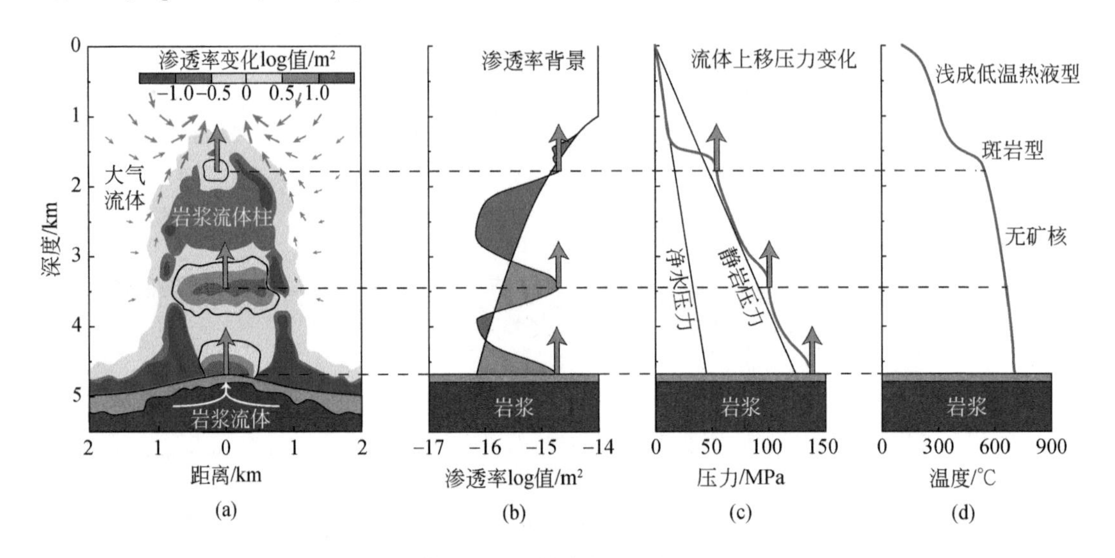

图 5-11 岩浆流体柱演化的数值模拟（据 Weis et al.，2012）

给出岩浆流体柱在形成具有稳定温压条件的前锋之后5000年演化的模拟结果。(a) 岩浆流体随着渗透超压曲线（红色箭头）上升；同时，天水流体的稳态对流导致围绕岩浆柱的热迁移（灰色箭头），并使得岩浆柱保持平衡。最初阶段，流体柱在静岩压力下移动；其停留的时间与水压致裂及流体供给速度的参数设定有关。(b) 渗透率随深部的变化，反映岩石对温度和流体压力的响应。(c) 流体压力随深度的变化，最下部基本上为静岩压力，向最上部变化为净水压力。(d) 对于成矿作用来说，岩浆流体柱的动力学内核由于温度、压力太高而形成无矿的核；在近乎静止的岩浆柱前锋，由于压力的突然下降而产生斑岩型矿床的形成条件，随后进入更晚期冷却的浅成低温热液成矿阶段

第五节 地球模拟器

地球系统科学研究的核心问题是时空转换，核心技术是地球空间信息科学。面对海量的地球信息，关键问题是如何提取和认知地学规律。地球科学研究的难点在于以少量、局部、微观探测的事实和数据，举一反三，演绎推论到一般的时空规律。目前，以数字地球和3S（RS、GIS和GPS）一体化集成技术为支撑、以地球科学定量化为目标的地球信息科学，已经成为地球科学研究的热门话题，在地球系统的科学管理、减灾防灾、环境保护和治理、资源合理开发利用以及碳循环、水资源、能源战略等问题研究中发挥了重要作用，成为地球系统科学研究中的主要内容。地球信息科学已经成为地球系统科学及可持续发展信息社会的重要支柱。

地球系统科学的信息表达方式主要有可视化和虚拟现实技术。数字地球是地球系统科学的数字表达，有利于从对自然现象的描述向定量化方向发展。地球复杂巨系统的数值模拟是地球系统科学研究的重要手段。地球系统科学研究的最新进展对其研究平台和环境提出了更高的要求，网格计算技术的发展及信息化科研环境概念的适时提出是地球系统科学研究解决方案的必然选择，超大规模数据处理与地球系统数值模拟已经成为地球系统科学

研究的中枢和心脏。

在国际各类深部探测计划中，数据处理层越来越成为计划的核心，而探测数据和处理结果的虚拟处理、三维显示和数值模拟已经成为发展趋势。由于观测和模拟的数据量越来越大、复杂程度越来越高，地质科学正面临着大数据管理与解译的挑战（Kreylos et al., 2006；Kellogg et al., 2008）。在地表，通过可视化数字高程模型（DEM）和遥感多光谱影像进行交互、实时地质填图的系统，已经可以帮助地球科学家进行地质与新构造的高分辨率立体填图与分析、研究，精度可以到10m（Bernardin et al., 2006；Billen et al., 2008）。

在数值模拟技术方面，随着32位双处理器的超级计算机和集群纵观计算机的使用，已经可以使数值模拟的分辨率高达120万像素，并提出了一系列新的研究方法及研究手段，如应用于岩石圈-地幔相互作用的二维热力学有限元编码（SloMo），用PETSc编写的三维平行有限元编码，应用于构造模拟的大规模自由软件（Gale），研究热化学地幔对流等动力学的有限元程序代码（CitcomS v3.0）及有限元程序包（ABAQUS）等（赵素涛和金振民，2008）。

日本的地球模拟器（Earth Simulator）计划独树一帜（陈春等，2005）。这个地球模拟器是由日本宇宙开发事业团、日本原子能研究所以及海洋科学技术中心共同开发的矢量型超级计算机，在计算机内设置“虚拟地球”，用于预测及解析整个地球的大气环流预测、全球变暖预测、地壳变形与地震等。日本地球模拟器曾经蝉联世界超级计算机之首三年。日本政府为此投入4亿美元研究经费，且有多个大学和研究所人员长期参与。地球模拟器中心分设大气与海洋模拟研究小组（AOSG）、固体地球模拟研究小组、复杂性模拟研究小组、高性能计算表达方式（可视化）研究组和算法研究组等。该计划已建成了利用并行计算技术模拟三维黏弹性非均匀各向异性介质中地震周期的三维动力学问题的技术平台（GEOFEM），内含断层本构关系、断层相互作用、地震波在三维黏弹性各向异性介质中传播与破裂发展的动力学问题等，计算能力极强。该计划在固体地球领域的研究项目主要有地球弹性反应模拟、地球环境下的地球磁场与变化模拟、地幔对流的数值模拟、日本列岛地壳活动预测模拟、三维非均匀场中的地震波的传播及强烈地下活动的数值模拟、复杂断层系地震发生过程的模拟、固体地球模拟平台的开发、核幔动力学、利用计算地球物质科学评价计算地球内部物质的物性（陈春等，2005）。该计划的实施可以完成强地面运动的模拟和预测，对防震减灾意义重大。

美国地质调查局《信息技术战略计划》（2007~2011年）提出，要用过去和未来的海量数据，创造一个集成度更高、更便于利用的全国乃至全球性基础网络设施。目前已建立GeoTrek元数据目录系统。在基础性地质填图方面，明确要以解决社会问题为前提，以数据为框架，建立三维地质、地下水水流、地震震动、滑坡概率、景观变化、生态系统健康等各种预测模型。美国国家航空航天局从2003年开始执行固体地球研究虚拟观测（SERVO）的8年计划，其海量数据的模拟也令人叹为观止。美国戴维斯加利福尼亚大学（UCDavis）开发了一种交互式虚拟可视化现实（VR）系统——KeckCaves，并应用于地球透镜计划部分天然地震探测数据的处理和展示（Kreylos et al., 2006；Kellogg et al., 2008）。

澳大利亚政府长期投巨资研究开发了微观模拟的格状固体粒子模型地球（LSM

Earth)，已能模拟摩擦、断裂、断层、波动、热作用、水因素等多种与地震有关的现象。澳大利亚“玻璃地球”计划开发了以 FracSIS 程序为核心的三维可视化和模拟技术——分形制图技术（Fractal Graphics)。分形制图技术与地学模拟技术的结合，使得“透视”1km 或更深的地壳成为可能，为管理所有地质、地球化学和地球物理数据提供一个标准平台，是近年来澳大利亚优先选择的工具。地球仿真和模拟也是澳大利亚 AuScope 计划的重要组成部分。

2013 年初，《国家重大科技基础设施建设中长期规划（2012—2030 年)》（国发〔2013〕8 号）提出，在地球系统与环境科学领域，以实现人类与自然和谐发展为目标，面向地球结构演化与变化过程、地壳物质组成和精细结构、地球系统各圈层间复杂作用及其耦合过程、太阳及其活动控制下各圈层的响应与耦合、人类活动影响环境的过程和机理等方向，重点建设海底观测、数值模拟和基准研究设施，逐步形成观测、探测和模拟相互补充的地球系统与环境科学研究体系。在数值和实验模拟方面，将建设地球系统数值模拟装置，支撑气候变化、地球系统及各圈层过程模拟研究，认识地球环境过程基本规律，提高预测环境变化和重大灾害的能力。

王会军等（2014）提出地球系统科学数值模拟装置的构想，认为地球系统科学数值模拟装置是由地球系统模式、超级计算机和数据系统组成的有机整体，是现代地球系统科学研究的重要科学平台，可为科学新发现、新突破提供不可替代的机遇；同时对国家社会经济发展具有重大意义，是解决应对气候变化、气象灾害的防灾减灾、水资源的规划与管理、大气污染综合治理、生态安全预测和评估等问题不可替代的科学工具。因此，他们建议，集中我国地球科学和计算科学研究力量，发挥学科交叉、资源共享优势，注重原始性创新与集成创新相结合，建成具有一系列我国独创优势的地球系统模式和区域环境模拟系统，并建设软硬件指标、装置规模及综合技术水平国际先进的地球系统科学数值模拟装置；从而最大限度地满足多学科前沿发展对地球系统科学数值模拟实验条件的强烈需求，力争使我国在该领域研究尽早达到国际一流水平，极大提高解决国家重大需求的科学能力，还可建成包括我国地球环境站点观测和卫星雷达等遥感观测资料的高精度、高分辨率数据库、格点分析数据和同化数据集。

第六章　美国地球透镜计划

第一节　从大陆反射地震剖面到地球透镜计划

（一）大陆反射地震剖面探测

大陆反射地震剖面探测计划（COCORP）是美国于20世纪70年代中后期运用多道地震反射剖面系统探测大陆岩石圈结构的先锋。COCORP计划将石油勘探的近垂直反射地震技术发展到穿透地壳和岩石圈的深地震反射技术，在深度和精度上达到了前所未有的程度，开辟了探测地球深部的新纪元。COCORP计划在美国30个州采集了11000km长的深地震反射剖面。

COCORP计划首次揭示出北美大陆的地壳精细结构，其中最著名的探测成果和科学发现有发现阿巴拉契亚造山带大规模、低角度推覆构造，继而在落基山逆冲断层之下发现一系列油田，成为深部探测最成功的范例（Oliver，1978；Oliver et al.，1983）；确认了拉拉米基底抬升的逆冲机制；描绘了大陆莫霍面的变化特征，包括后造山再均衡的新证据及多起成因（相变）以及作为构造拆离面的可能作用；新生代裂谷下的岩浆“亮斑”；盆岭省东部的地壳规模的拆离断层；填出美国内陆隐伏前寒武系层序；确定隐伏克拉通典型的元古宙构造——地壳剪切带等。COCORP计划为研究造山带、裂谷带、板块缝合带性质提供了较可靠的地震学证据，不断为有关大陆演化的研究提出新的观点（王海燕等，2006）。

COCORP计划的成功带动了20多个国家的深地震探测计划。欧洲各国效仿美国实施了大陆地壳深地震反射探测，如法国（ECORP，3D France）、德国（DEKORP）、英国（BIRPS）、瑞士（NRP20）、意大利（CROP）等国的相应计划。欧洲各国联合开展的欧洲探测计划（如EGT、EUROPROBE、Eurobridge），完成了横穿欧洲的地学断面，横穿阿尔卑斯造山带建立了碰撞造山理论和薄皮构造理论。俄罗斯乌拉尔造山带URSEIS’95反射地震探测计划，首次发现保留山根的古生代造山带，丰富了山根动力学理论（Berzin et al.，1996）。

美国康奈尔大学科学家在世界范围参与了一系列深地震探测行动，包括喜马拉雅/西藏碰撞造山带的INDEPTH计划，俄罗斯乌拉尔山的URSEIS探测计划和南美洲安第斯山脉的ANDES计划等。实验成功以来，美国至今已经完成了共计60000km长的深地震反射剖面，覆盖了美国大陆所有构造单元和盆地，甚至南极。

20世纪90年代，美国通过PASSCAL组织，建立了以地球物理探测仪器以及数据管理为核心的IRIS地震科学数据管理中心。该中心也是目前世界上建设和运行最为成功的仪器管理与数据共享管理中心。

（二）地球透镜计划

地球透镜计划是美国继 COCORP 计划之后的第二轮地球深部探测计划。2001 年，美国国家科学基金会（NSF）、美国地质调查局（USGS）和美国国家航空航天局（NASA）联合发起了一项新的开创性地学计划——地球透镜计划（白星碧和施俊法，2005）。它是一套分布式、多用途仪器和观测台网的组合，目的是加深对北美大陆结构、演化和动力学特征的理解（白星碧和施俊法，2005）。通过探索北美大陆的三维构造，大大提高对北美大陆的实际了解。该计划是一项全新的具有风险性的地学探索工作，具有深远意义。地球透镜计划用较密集的仪器阵列覆盖美国，旨在揭示美国大陆是如何拼合成的，目前是如何运动的，以及它的下方由什么组成。其目的是提供地表前所未有的详细图像，并查明地下物质。2003 年美国国会批准了为期 15 年（2003 ~ 2018 年）的地球透镜计划，使美国再次站在全球深部探测的领跑位置上，为减灾、能源和地球科学研究服务（David et al.，2002；陈颙和朱日祥，2005；刘刚等，2010；Feder，2014）。

地球透镜计划是一项全新的大胆而勇敢的开创性事业。它将观测技术、分析处理技术和远程通信技术有机地结合起来，应用于研究北美大陆的深部结构、构造演化以及控制地震和火山喷发的物理过程之中，具有深远的意义。地球透镜计划为美国的基础和应用研究提供一个新的基础平台，致力于减轻地质灾害、开发自然资源以及提高公众对于动态变化中的地球的了解和认识。2011 年美国《大众科学》网站列举了有史以来最具雄心的十大科学实验，地球透镜计划作为“深入地球内部的望远镜”位列第一位。

第二节 计划目标与项目构成

（一）计划目标

地球透镜计划旨在对北美大陆地区的构造、演化进行全方位的研究——从地震活动区到火山，从单个断层到板块边界的变形，再到大陆构造。

北美大陆是地球透镜计划非常理想的研究基地，那里有着其他地方没有的、丰富的、正在活动的地质作用，如地震与火山的活动热点、活动断裂带、前陆造山带和有着 35 亿年历史的板块构造演化记录。在北美大陆进行对地观测的可行性还在于这里展现了板块边界形成的全过程：从 Cascadia 和 Aleutians 俯冲带的板块汇聚，到沿着圣安德烈斯（San Andreas）断裂带的走滑断层，以及陆内拉张裂谷。为了研究并揭示板块的构造作用如何影响小尺度的构造作用（如单个断裂和火山），以及它们之间的相互作用，地球透镜计划已经开始并在不断地收集各种数据资料。

地球透镜计划除了在科学技术、规模和投入上领先世界各国，更重要的是地球透镜计划能激励科学家在地球科学领域开展关于整个地球系统的、广泛而综合的研究工作；能整合观测资料和科研成果，有效管理海量数据，并且对这些数据提供易于处理和便于使用的简单工具和途径；能在现有合作伙伴关系的基础上，在科学研究机构之间，包括美国国家科学基金会、美国地质调查局、美国国家航空航天局、美国能源部、区域地震台网、大学、研究所、技术公司之间建立起合作伙伴关系。

（二）项目构成

地球透镜计划是要建立一个能够明显提高对北美大陆构造和活动构造的观测能力的多目标设备和观测台站网络，该计划将部署4类新型观测装备、实施四大观测工程，即以利用流动地震台阵勾画美国大陆高精度地下结构为主要目标的美国地震阵列（USArray）项目、利用钻孔数据获取圣安德烈斯断层构造变形资料为主要目标的“圣安德烈斯断裂深部观测站”（SAFOD）项目、以利用GPS和应变仪台阵勾画美国西海岸形变场为主要目标的“板块边界观测站”（PBO）项目、以利用遥感技术获取大尺度区域分米至厘米级连续应变为主要目标的“合成孔径干涉雷达”（InSAR；未单独实施）项目。

1. 美国地震阵列

美国地震阵列由流动台站和固定台站组成。在美国选择近于均匀分布的2000个地震观测点构成规则的测网，利用400台宽带可移动遥测地震仪组成的流动观测阵列系统，台间距为70km，轮流进行地震观测，采集实时数据，由西向东将全美大陆覆盖一次。每一次台阵移动均有大约三分之一的重叠面积，每一组台阵覆盖2年（即每个台站的观测时间为2年），利用10年左右的时间完成观测计划。该地震台站阵列能够记录来自本地、区域和遥远地区的地震信息，可分辨出深度达数十千米的地壳和上地幔块体，识别下地幔和核幔边界构造。与地震仪阵列相匹配，在某些特殊网点还布设了约50台大地电磁测量仪器，以提供岩石圈温度和流体含量的有关信息。

该计划利用2000多台便携式地震检波器（宽频带、短周期和高频探测仪），按照灵活的发射–接收排列方式，对关键的目标进行测量。便携式地震仪可采用天然地震和用炸药作为震源的人工地震进行高密度和短期测量。这样就可以对许多重要的地质目标进行调查，其中包括断层的深度、活动火山之下岩浆岩的规模、地壳构造与地幔结构之间的关系、地体边界的形状、沉积盆地和造山带的深部结构、大陆裂谷的结构和岩浆垂直运动方式等。

同时，将扩大美国国家地震台网的规模。由大陆台网构成的相对密集、高质量的观测站（间距为300～350km）的地球深部构造层析成像，提供了长期连续观测的平台，为可移动地震阵列的校准建立了固定参考点。永久地震观测站和大地电磁观测站仪器不能移动，而宽频带可移动遥测地震仪组成的台站阵列在每个观测点观测24个月，然后再向东移动。过去、现在和将来地震仪器布置点将会陆续公布。在整个地球透镜计划实施期间，宽频带可移动遥测地震仪组成的阵列将覆盖整个美国，2012年到达东海岸，2014年到达阿拉斯加。一些机构更愿意接纳一个或多个的地震观测站，随着这些观测站的使用，一些暂时的观测站变为了永久的地震观测站，在美国西部地区已经有超过35个宽频带可移动遥测地震仪被采用作为永久的地震观测站。

美国地震阵列将显著提高北美大陆地壳/岩石圈和深部地幔的地震成像分辨率，其高密度、大范围的观测数据提供了高精度的地下图像，提供了一些新的关于地震和其他引起地表活动过程的信息（Williams et al.，2010）。加利福尼亚大学研究人员在每个宽频地震台站配备了压力传感器，这样就可以记录每年数百次的大气层事件，包括煤矿爆炸、火箭发射等，他们甚至还记录到了2013年的俄罗斯陨石事件（Feder，2014）。

2. 圣安德烈斯断裂深部观测站

圣安德烈斯断裂深部观测站（SAFOD）的目的是打一口穿越圣安德烈斯断裂带的深钻孔，直接采集断裂带样品（岩石和流体），测定断裂带的各种性质，检测深部蠕动和地震活动断裂带（图6-1）。最终该钻孔选择在圣安德烈斯断裂带、靠近1966年发生里氏6.6级帕克菲尔德（Parkfield）地震震中的地方打一口4km深的钻孔，在那里断层蠕动速率为2.54cm/a，钻孔内安装的金属套管的变形则显示出蠕动发生的位置（Feder，2014）。事实上，1966年旧金山6.6级地震的震源深度（破裂起始点）在6km附近，SAFOD之所以打钻到4km的深度，是因为旧金山地震后该区域小地震高度密集并且至今仍持续不断，一种可能的推测认为该区域是6.6级地震的破裂终止点，并且正在发展成为一个新的地震孕育区域。

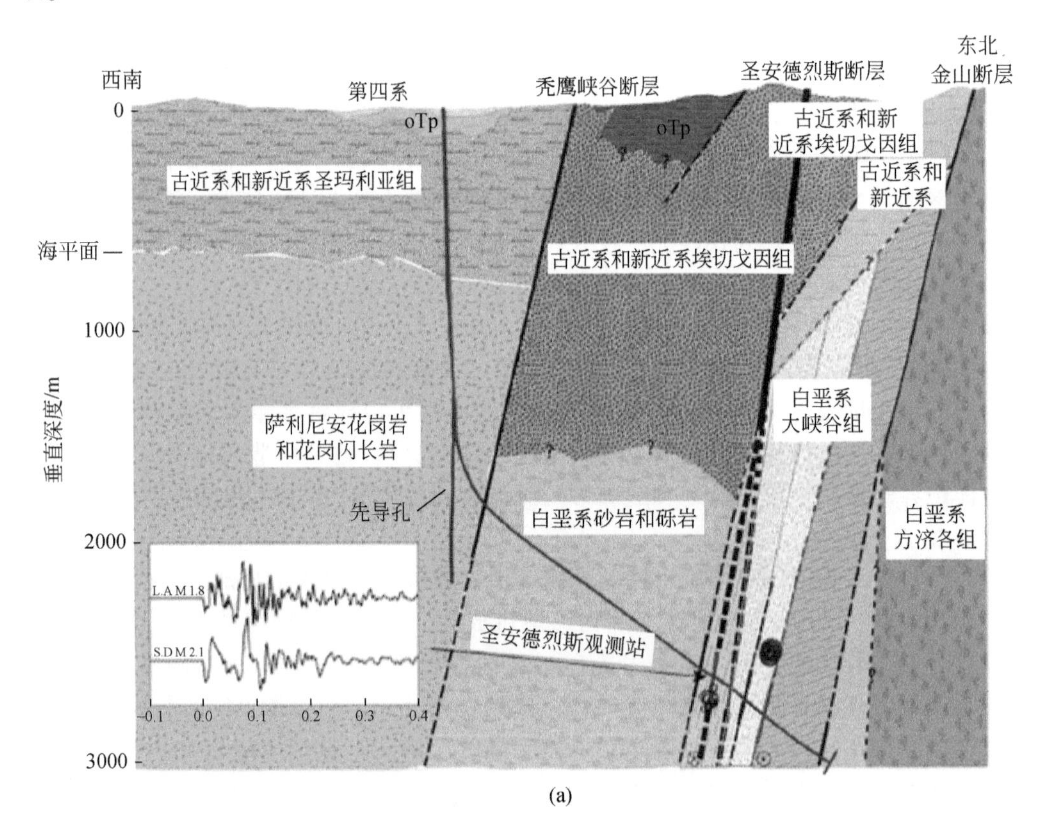

(a)

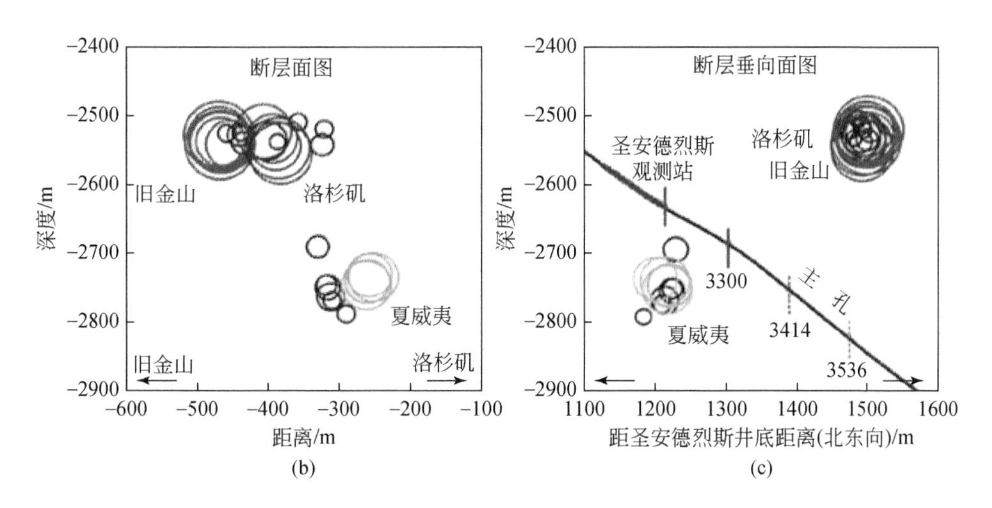

图6-1　SAFOD钻孔示意图（据Williams et al.，2010；Zoback et al.，2011）

（a）沿着SAFOD钻孔轨迹的地质剖面示意图，这张图通过地表绘图和地下信息进行约束。（b）2.7km深的圣安德烈斯断层面图（东北向）。红色、蓝色和绿色圆圈代表发震区，产生了规律的重复的目标微地震。（c）目标地震剖面图（西北向），包括SAFOD裸孔轨迹和一些钻井期间遇到的重要断层（深度沿着裸孔测量）。3190m和3300m（测量深度）之间红色区的断层正在使套管变形

钻孔孔位离圣安德烈斯断裂足够远（根据地质观测、微震位置和地球物理图像确定），通过钻井和偏斜井的取心，可穿过垂直深度3km的断裂带，达到断裂带另一侧未受扰动的围岩。在圣安德烈斯断裂带内的钻进、采样和井下测量，可在震中深度上对大型活动断裂带的成分、物理状态和力学性质进行直接观测，这将大大加深我们对地震的认识。主孔附近有一系列的副孔，供安放地震计、流体压力、变形、气体、温度等探头之用，以利于对可能的地震孕育区的长期、系统监测。观测站监测内容包括近区、宽动态范围的地震能量积聚作用以及周期性地震发生期间孔隙压力、温度和应变的连续变化情况（图6-1）。该计划试图回答在圣安德烈斯断层上和其他板块边界断层上物理和化学过程中的一些问题，如深部断层区物质的组成和性质，支配断层活动的构成规则，地震发生和传播深部区域的应力条件以及在圣安德烈斯断层带深部高孔隙流体压力的存在及其变化对断层活动的影响等。

圣安德烈斯断裂深部观测站（SAFOD）在2004年、2005年和2007年从断层带和相邻的地层取出一系列实物样品，包括从断层带采集的40m岩心，现在这些岩心保存在德克萨斯农工大学国际大洋钻探计划（IODP）海湾海岸岩心库。岩心库可以通过网络向科研团体提供高分辨率的岩心照片，科学家也可以申请样品进行进一步研究。全部的地球物理测井资料可以通过国际大陆钻探项目网站访问。现在地球物理观测站包括安装在主孔垂直段的光纤激光应变仪。2008年，安装在孔底部附近的应变仪和测斜仪不久就失效了，科学家正努力重建一个观测站。圣安德烈斯断裂深部观测站这个项目主要是由斯坦福大学管理实施的（Williams et al.，2010）。

由于地震周期远远长于人工地震和大地测量的时间跨度，因此，非常需要应用计算机模型来预测地震大破裂的发生。于是，一个三维的半分析性、由时间决定的地震周期模

型，被用于对圣安德烈斯断层过去 1000 年变形和应力积累的模拟。日益增长的 GPS 网络测量，已经很好地解决现今应力积累速率问题。而在模型中，只要允许断层锁定深度随断裂系统而变化，那么，现今滑移速率就可以与地质学估算相一致。模拟发现，在平均地震复发间隔与库仑应力积累速率之间，存在负相关关系；地震应力降为 1 ~ 6MPa。目前，圣安德烈斯断层的 Coachella 段，具有高的库仑应力积累水平。而这一段，正好缺少历史地震，因此，非常一致。现今应力的最大不确定性，在于人们对历史和古地震破裂中的位移缺乏全面的了解（Smith-Konter and Sandwell，2009）。

3. 板块边界观测站

板块边界观测站（PBO）是对沿太平洋-北美板块边界的变形所导致的三维应变场进行研究（图 6-2）。它是一套测量北美西部板块边界现今变形的高精度大地测量仪器系统，由连续记录的遥控 GPS 观测站、钻孔应变仪和激光应变观测站构成。该大地测量网将从太平洋沿岸延伸到落基山脉的东缘，从阿拉斯加延伸到墨西哥。板块边界观测站由两套互补性很强的时间分辨率很高的仪器系统组成，一是分布在 1000 个点上的 GPS 接收器系统，二是分布在 200 个点上的超低噪声应变测量仪。间距 100 ~ 200km 的 GPS 监测网络，分布于活动火山及活动地震断层带上，大约 20 个密集网连接成一个整体，覆盖整个美国范围。板块边界观测站将大大提高观测地壳中由地震和火山活动产生的缓慢变形的能力，从而加深对地震和火山爆发临近过程的认识，并为将来预测地震和火山的爆发提供一个坚实的基础。

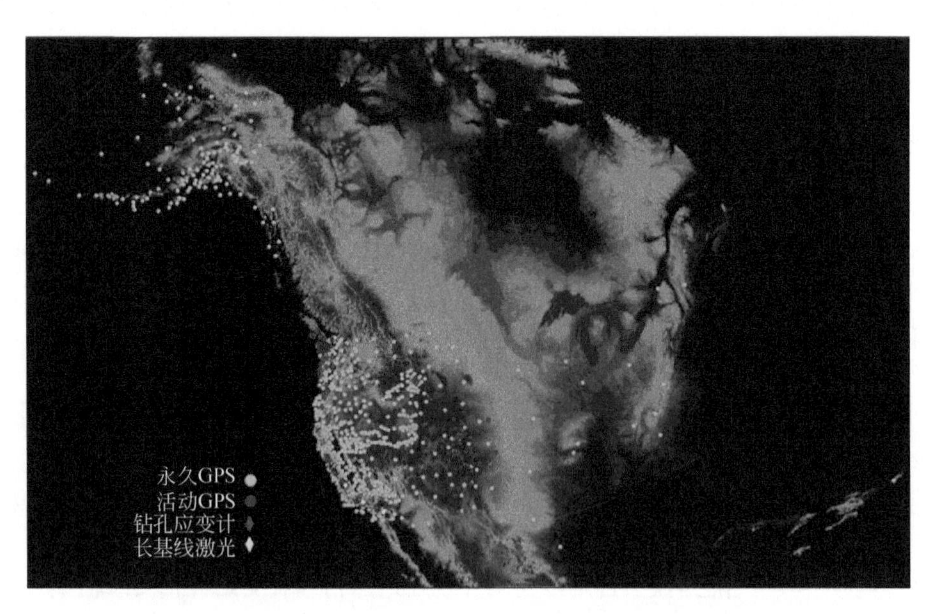

图 6-2　板块边界观测站（PBO）部署图

资料来源：EarthScope. 2015. EarthScope. ［2015-06-14］. http：//www. earthscope. org/.

1983 ~ 2004 年，加利福尼亚一共安装了 43 个不同类型的钻孔应变仪。这期间，钻孔应变观测工作也从个别仪器的研究发展成为大尺度的监测工作。伴随着 PBO 项目对更多的钻孔应变仪的资金投入，在对构造活动区形变的连续监测上，钻孔应变仪已经成为 GPS 监测的最重要补充。

板块边界观测站（PBO）定位的科学目标是主要倚重高精度仪器获得对位置和应变的连续不间断的测量数据，而测量的关键就是严格地减少测量误差和测量瞬时形变。板块边界观测站的仪器布置范围跨越了整个北美大陆，这些仪器提供了翔实的形变数据。在美国西部，正在利用 400 个 GPS 接收器的实时传输数据用作地震早期预警系统的关键部分。GPS 接收器可以追踪到至毫米级的地表变形，通过观察大地震发生后的数年甚至数十年变形速率的变化，就可以研究地壳和地幔的流变学。利用这些数据研究包括板块边界变形的模式和驱动力、岩石圈流变学、偶尔发生的震动和滑动现象，这些研究使美国站在地震学和构造学的最前沿（Williams et al.，2010）。另有研究人员利用 PBO 数据得到植被、土壤水分和降雪等信息，并希望这些数据对水文学家、气候科学家和水管理者有用（Feder，2014）。

4. 合成孔径干涉雷达

合成孔径干涉雷达（InSAR）是由美国国家航空航天局、美国国家科学基金会和美国地质调查局之间合作开发的一项专用卫星技术，专用于科学研究的探测任务，可以对北美及太平洋板块进行周期性的高精度 INSAR 测量（8 天一次，分辨率为 30 ~ 100m）。利用合成孔径干涉雷达技术，通过多时相的影像分析对比，可以精确揭示水平位移和垂直位移，在各种地表条件下矢量分辨率均达 1mm。这一新的雷达影像技术，同板块边界观测站计划中的连续 GPS 及应变测量结果结合在一起，可以测绘火山、地震爆发前后及爆发期间的地表位移，提供断裂机制和地震爆发的线索。合成孔径干涉雷达还能确保人们发现穿过宽广的活动变形带与地震有关的应变积累，圈划出未来的地质危险区。合成孔径干涉雷达可以让人们得到可能导致火山爆发的岩浆系统中岩浆的位置和运移情况，还可以为圈划石油开采和地下水抽取导致的地面沉降提供信息。

USArray、SAFOD、PBO、GPS、应变仪台阵和 InSAR 等，就像在地球表面安置了听诊器，所有这些信号都可以被监测，如此人们就能得知地球内部发生的事情（赵素涛和金振民，2008）。

第三节　科学进展与成果

地球透镜计划在北美大陆活动变形、北美大陆地质历史演化、深部地球结构和动力学、地震断层与岩石圈流变学、壳幔岩浆和挥发物、地形学和构造学，以及与水圈、冰冻圈和大气圈的关系等诸多研究方面取得了重大突破，但是，未来仍然面临诸多挑战。

（一）北美大陆的活动变形

1. 科迪勒拉山系北部的构造块体运动

科迪勒拉山系北部延续到了阿拉斯加东南部和与之毗邻的加拿大，太平洋板块和北美板块交界的一个重要部分是沿着阿留申群岛的过渡带，在这里板块边界由转换带过渡为俯冲带。这个地区构造受到太平洋板块与北美板块 50mm/a 的速度相对运动和雅库特地块与北美板块碰撞的联合影响。整个海岸地区都受到活动变形的影响，活动变形的影响一直向北延伸到北冰洋沿岸。北美大陆的 GPS 观测速率［图 6-3（a），绿色箭头］显示地表在快速地沿着海岸运动、同时陆地内部是一种旋转的运动模式（Eakin et al., 2010）。

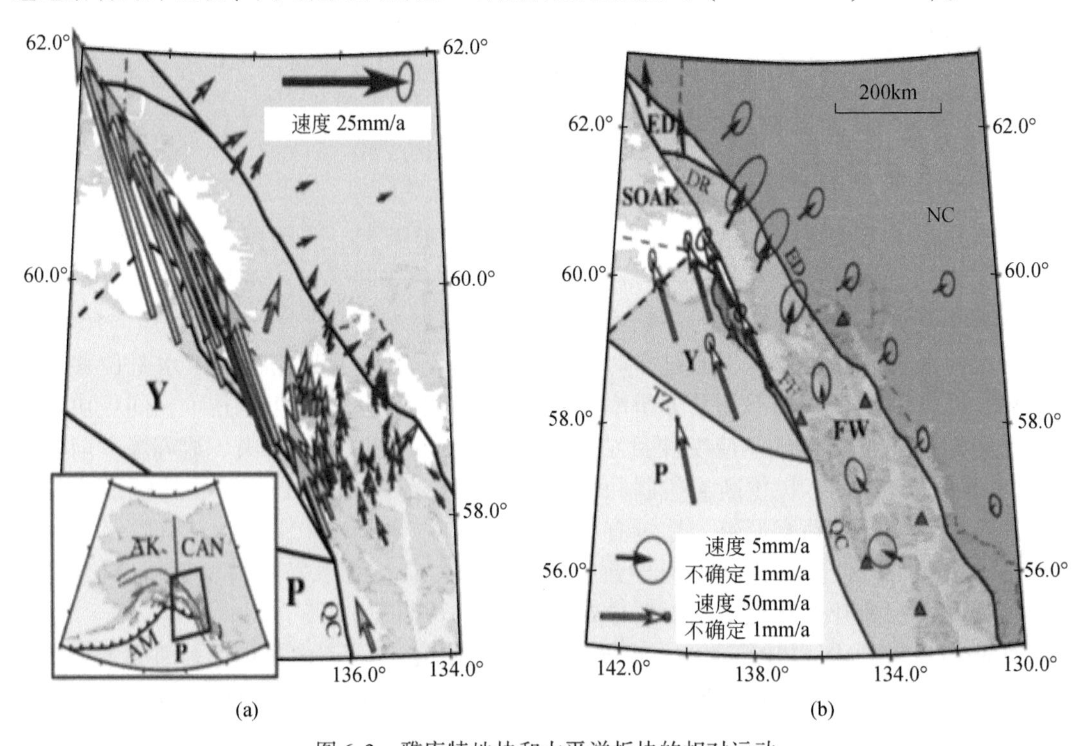

图 6-3　雅库特地块和太平洋板块的相对运动

（a）北美大陆 GPS 观测速率（据 Eakin et al., 2010）。显示在 100～400km 深处与 P 波平均速度叠加。框图中曲线显示 Juan de Fuca 和 Gorda 板块相对于北美大陆的轨迹。（b）据 McCaffrey et al., 2007。AK. 阿拉斯加；CAN. 加拿大；P. 太平洋板块；Y. 雅库特地块；FF. 费尔韦瑟断裂；FW. 费尔韦瑟；NC. 加拿大北部

雅库特地块相对于北美大陆以 51±3mm/a 的速度向 N22±3°W 方向运动，太平洋板块也以同样的速率向同样的方向运动，只是偏西一点。Fairweather 断层仅仅沿着走向滑动，这个断层收敛于海岸或者水下。在图中地区有清楚应力转变，从海岸向东到科迪勒拉山系北部，科迪勒拉山系在这里相对于北美大陆向北东方向移动。雅库特地块和太平洋板块的相对运动被海面下左行转换走滑断层带控制。雅库特地块与阿拉斯加南部的碰撞导致了圣

伊莱亚斯山以45mm/a的速度缩短，它们的碰撞作用产生了地球上一些最陡峭的海岸山脉。位于Fairweather-Queen Charlotte交汇处的板块边界观测站让科学家对板块边界地区有新的认识。然而，这些观测网还是很稀少的，希望将来能在阿拉斯加海岸和加拿大西北部能够加密板块边界观测站（McCaffrey et al.，2007）。

2. 圣安德烈斯断层系统的应变率解析

SAFOD最大的成果就是穿透了圣安德烈斯断裂带的蠕变部分并取得了断层两侧岩石发生强烈变形地带的岩心，这也是人类首次钻至活动板块边界断层内孕震区深度（Feder，2014）。研究人员发现，在断层下方断层泥的岩石中只含有蛇纹岩，并且正是蛇纹岩和围岩的化学作用生成了异常的含水黏土矿物，这也是导致断层在一个低的剪切力下保持连续缓慢滑动的原因。这就解释了为什么圣安德烈斯断裂带在加利福尼亚中部的活动比周围地区弱这一长期困扰科学家的难题。对研究地震力学的科学家来讲，这些岩心珍贵得就好比是月岩。然而，SAFOD的目标并未完全实现。原本打算在井中放入众多观测仪器以测量断层带的各种属性，但是，设计用来测量地震信号、变形和电磁场的仪器由于地下深部恶劣的条件而宣告失败。过去几年，该钻孔底部也仅有一个地震检波器在记录数据（Feder，2014）。

应变率结合地壳剪切系数和历史上发生的地震，可以估计压力积累的程度，这些压力会在将来的一次地震中释放。几个测量学研究团队已经利用GPS测量点的数据编制出一张圣安德烈斯断层地壳应变率图［图6-4（a）］（Smith-Konter and Sandwell，2009），因为GPS观测站的间距是10km或者更大，所以必须用插值的方法来编制一张连续的应变率变化图。图6-4（a）中可以看出断层附近应变率变化比较大。用现有GPS观测站的密度来直接测量应变率是不够的，观测站的间距还是太大。增加地壳应变率研究的分辨率和精度需要加密穿过断层的GPS观测站，或者得到合成孔径干涉雷达（InSAR）提供的连续的变形影像。现在日本InSAR计划已经能精确测量0.2～10km尺度内的应变率。仅依靠不多的观测站，要改善地壳应变模拟的效果，需要仔细进行模型预测、稳定的震间速率观测，并综合地震资料的其他数据，如断层构造和地震滑动分布。在那些数据观测站覆盖比较均一的地区，模型预测比数据观测站稀少的地区更接近于真实情况［图6-4（b）］。

3. 千年时间尺度上的变形轨迹迁移

Thatcher和Politz（2008）概括了在不同的时间尺度上不同形变过程的证据。例如，高分辨率连续的GPS数据显示，在地学研究的热点地区Yucca山拉张率与地质学的滑动率是不相同的。在加利福尼亚南部断层系统，Bennett等（2004）和Dolan等（2007）利用古地震学来检验地震瞬时能量释放和时间的关系，描述了引人深思的例子，在上千年的时间尺度中变形轨迹从沿岸带向圣安德烈斯断层系统迁移。类似地，Thatcher（2003）注意到，基于测量学数据，一些大陆区域显示与板块类似的一些特征，而地质构造表明变形需要更长的时间尺度（图6-5、图6-6）。阿拉斯加南部地区的研究显示位移形变模式需要更长的时间（Berger et al.，2008；Chapman et al.，2008；Chapman and Melbourne，2009），在该地区强烈的侵蚀和附近更新世沉积作用改变地貌的速度要比构造运动改造快得多。

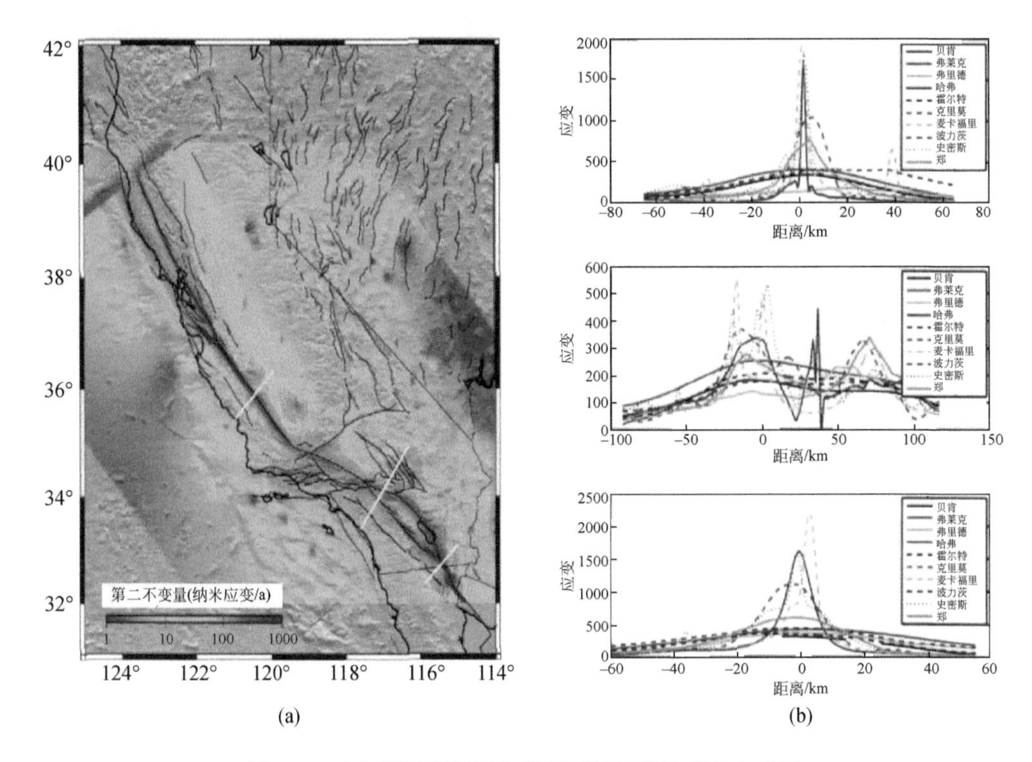

图 6-4 圣安德烈斯断层和穿断层剖面的地壳应变率图

（a）据 Smith-Konter and Sandwell，2009。在这张图中，610 个速度矢量数据用来建立模型参数，来自地质测量的应变率能与 GPS 数据很好地拟合。（b）穿过圣安德烈斯断层的应变率图（Smith-Konter and Sandwell，2009）。这 3 个画线位置显示的应变异常，特别是在距主断层 15km 以内。（右上）穿过 Parkfield 地区的剖面，GPS 密集覆盖。（右中）穿过洛杉矶盆地的剖面，Mojave 地区 GPS 间距是非常不一致的。（右下）穿过 Imperial 断层的剖面，GPS 覆盖非常密集

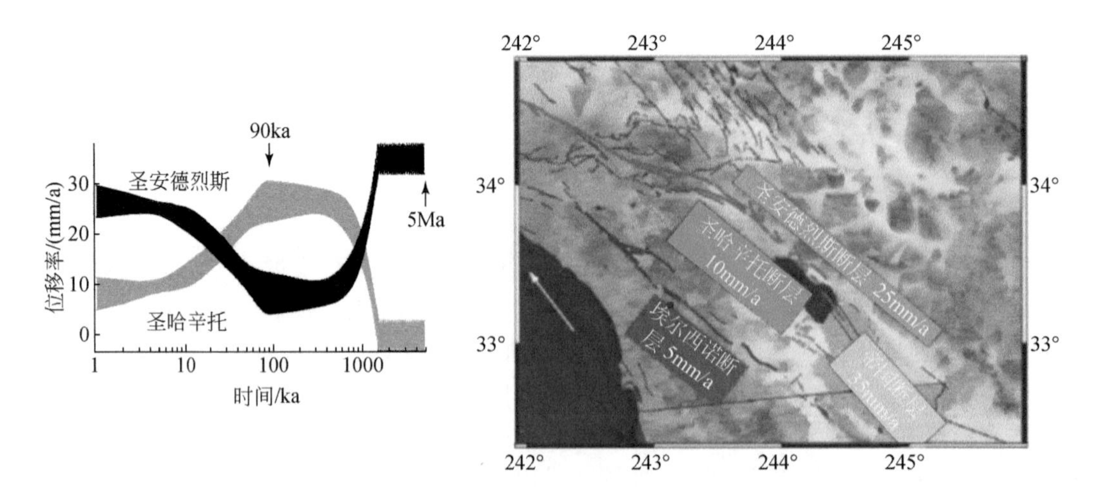

图 6-5 圣安德烈斯断层系统不同时间尺度上形变过程（据 Bennett et al.，2004）

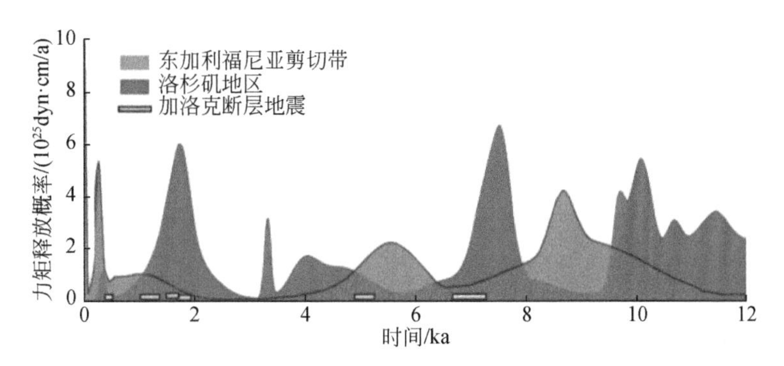

图6-6　洛杉矶地区和加利福尼亚东部剪切带运动释放概率（据 Dolan et al., 2007）

1dyn = 10^{-5} N

（二）地史时期的北美大陆演化

1. 俯冲板块和北美大陆的历史

大陆通常被曾经的构造活动历史定型。对北美大陆来说，过去200Ma，主导的构造过程是太平洋板块岩石圈俯冲到北美西部大陆边缘下面。在太平洋西北部和阿拉斯加这个俯冲过程还在持续。俯冲岩石圈的残余部分可以在地幔层析成像图中看到，它一直俯冲到核幔边界（图6-7）（Burdick et al., 2008, 2009）。尽管不同板块运动的详细路线还有很大

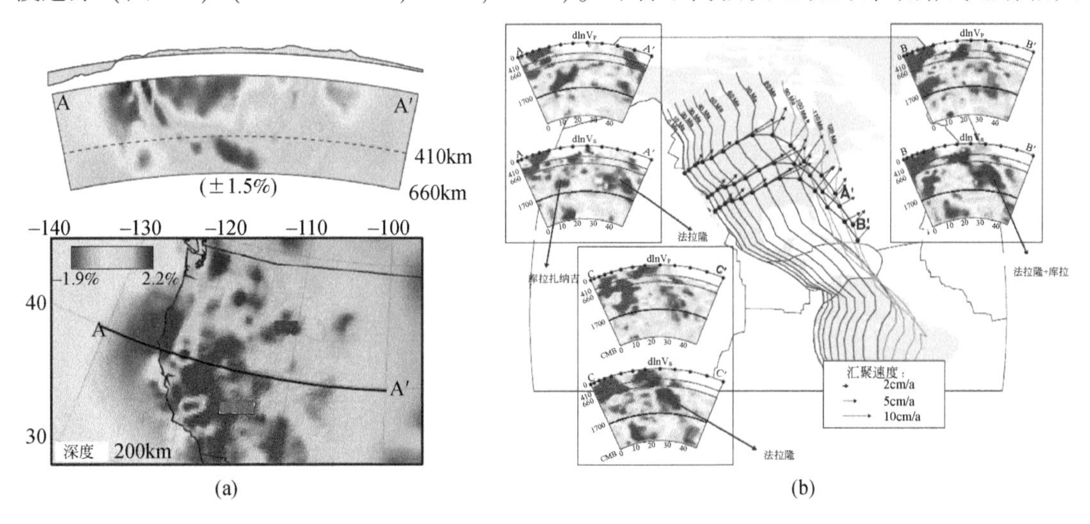

图6-7　USArray 地震层析成像速度结构图

（a）地震层析成像剖面（左上图）和200km深度切片（左下图），显示P波速度结构（Burdick et al., 2008, 2009）。颜色的过渡变化指示深度剖面上速度相对于参考值的偏离程度。蓝色（相对高速）通常被解释为冷块。红色显示更高的温度。（b）地球透镜计划之前数据得到的P波和S波速度模型（Ren et al., 2007）。红色和绿线代表过去120Ma太平洋海底和美洲大陆的板块边界位置。黑线代表切片位置。箭头代表不同时期速度和方向趋势。板块碎片的解释与速度异常符合

争议，科学家一般认为在美国大陆下面大部分速度异常可以解释为俯冲的法拉隆板块和邻近板块的碎片。这些俯冲板块的残片对美国西部的岩浆活动和地形演化有着强烈的影响。在白垩纪（65～145Ma 前）下沉的板块向美国西部的俯冲致使了地表的沉降，美国东海岸的沉降要晚一点。北美大陆受法拉隆板块的影响已经很久了，但是这个冷块还是让科学家有些困惑。

2. 美国东部的裂谷记录、碰撞记录和造山运动

美国东部，密西西比湾和沃希托山脉包含了一个完整的“威尔逊旋回”，包括大陆碰撞带，几个在潘吉亚超级大陆形成时期的造山带、大陆裂谷带和被动大陆边缘带。地球透镜计划将提供新的地壳和地幔边界的影像和已经确认的造山期和裂谷期重新活动造成的物质非均质性（图 6-8）。另外，全世界地学界的注意力集中到大陆和海洋裂谷的成因上，随着格伦维尔造山事件和阿巴拉契亚造山事件，美国东部地区经历了两个主要的裂谷事件。地球透镜计划将提供各个构造事件保留在裂谷带和毗邻的转换断层上新的资料，还有随后可能的裂谷构造重新活动的资料。一个主要的突出问题是控制阿巴拉契亚山现在地貌的构造作用反映古构造过程或者活动地幔动力学到什么程度。一个吸引人的假设是俯冲的板块（诸如法拉隆板块已经插入地幔中）对现代阿巴拉契亚地区的隆起是起作用的。一个对地球透镜计划来说主要的挑战和未来机会是将综合美国国家科学基金会海洋科学部的研究成果，可能发展新的实验设备来研究大陆海洋边界、残留大陆裂谷构造和主要洋盆的形成过程（Hibbard et al.，2010）。

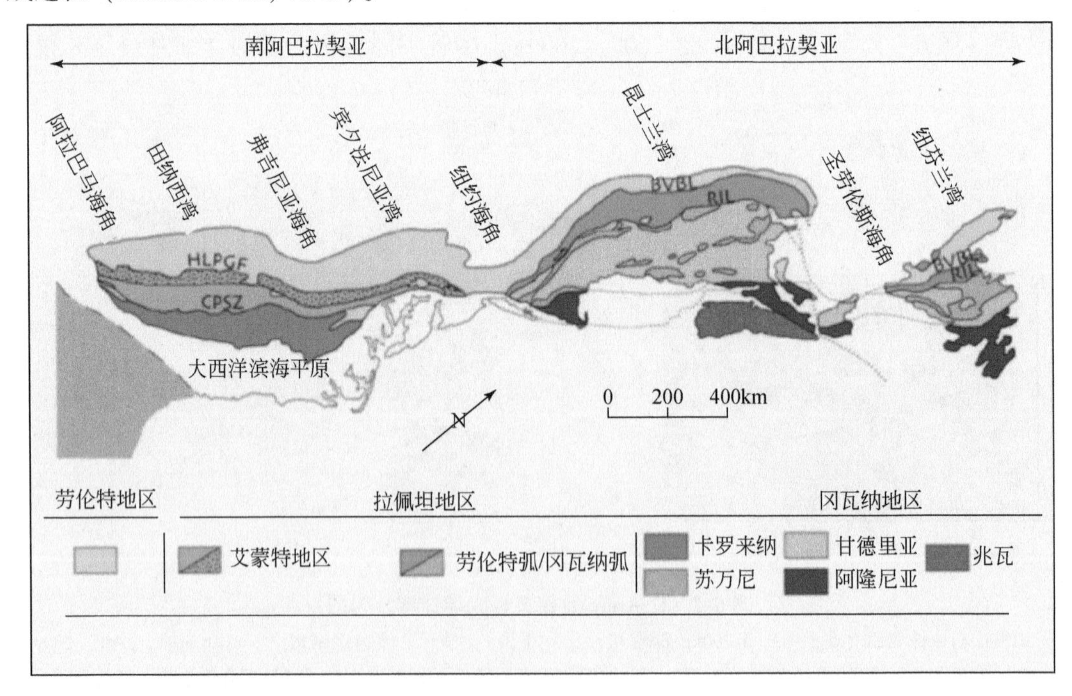

图 6-8　阿巴拉契亚地区地质图（据 Hibbard et al.，2010）

BVBL 代表贝维特-布朗普顿线；CPSZ 代表艾蒙特中部剪切带；HLPGF 代表霍林斯线-普莱森特格罗夫断裂系统；RIL 代表红印第安线

圣克罗伊河沿岸的玄武岩岩墙记录了11亿年前的北美大陆陆内裂谷作用（图6-9）。该裂谷延伸约3000km，为红海型古裂谷。跨越裂谷地区的天然地震数据提供了分析其深部结构的依据。研究表明，劳伦古陆和亚马孙古陆（南美大陆部分前身）在10亿年前才开始分离，正是该期陆内裂谷活动的时间。三叉裂谷系模型认为，该期陆内裂谷与其他两支裂谷一起，分解了劳伦和亚马孙古陆。

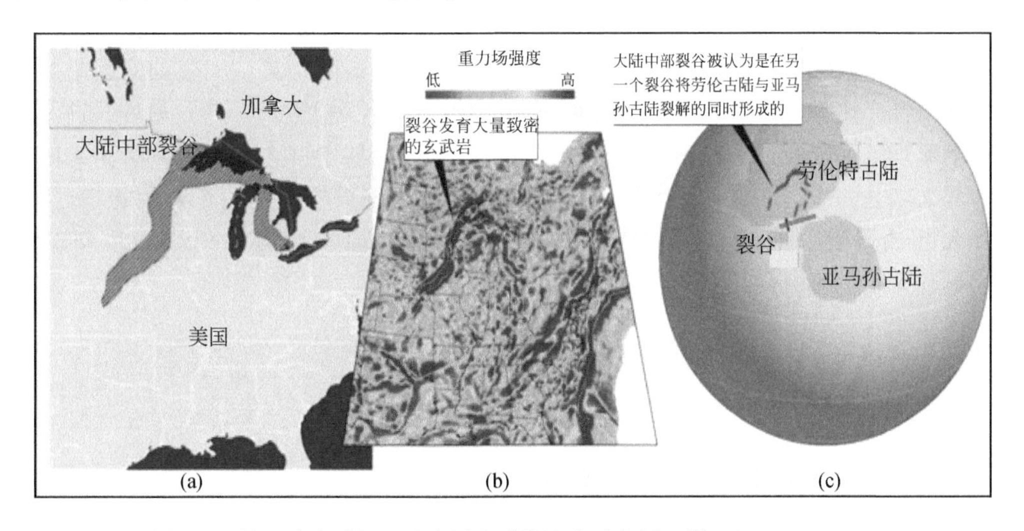

图6-9　美国陆内裂谷区重力图和裂谷演化示意图（据Marshall，2013）

10亿年之前，北美开始裂解，形成了一个被火山岩填充的裂谷，裂谷愈合后留下了一个马蹄形的致密岩石痕迹（a），在美国中部重力图（b）上也能看出。一种观点认为，裂谷的形成与现为南美洲一部分的亚马孙古陆和现为北美洲的一部分劳伦古陆的裂解有关（c）

稳定的北美大陆内部，陆内裂谷熔岩流在冷却时记录了10亿年前的地球磁场方向，与大陆一起保持原状而未受干扰。由此可跟踪劳伦古陆的后续移动，经测算，其移动速度达到16～45cm/a。

3. 北美大陆的聚合

大陆是地球历史的长期记录器，因为它们往往太轻而不能俯冲到地幔中。北美大陆保留着前寒武纪以来大陆逐步汇聚记录，它可以作为一个模式来重建全球的大陆汇聚和超大陆的解体。尽管美国的中部大陆地区覆盖着12km厚的沉积盖层，但其保留着一些北美大陆最早的生长、稳定和演化过程的地质记录。中部大陆的北部地区记录了太古宙微大陆的汇聚（苏必列尔陆块和怀俄明陆块），它们在1900Ma前共同形成了北美大陆的陆核。在1800～1600Ma前的原始大陆造山事件中，大量的大陆地壳拼加到原始大陆的南部，形成了Yavapai-Mazatzal地块，今天这个地块呈ENE-SWS走向，范围从新英格兰到加利福尼亚南部。

1400Ma前，广泛分布的克拉通内部岩浆活动侵入这个新拼合的陆块。1000Ma前格伦维尔造山期和500～300Ma前阿巴拉契亚造山期，拼合和改造运动不断地沿着陆块东部和南部边缘进行着。沿着陆块西部边缘的拼合与改造也持续了几亿年。每个造山事件都卷入了众多更小的具有复杂生长史的地体。裂谷事件间或在造山事件之间，比如，1100Ma Keweenawan 中央大陆裂谷和200Ma 前的大西洋中央裂谷，裂谷事件也改造着大陆岩石圈。这些接连的碰撞和裂谷事件组成了超级大陆的构造旋回，形成了罗迪尼亚超级大陆（1.0Ga）和潘吉亚超级大陆（0.3Ga）。中部大陆地区将是研究大陆怎样形成和构造过程是如何随时间变化的关键地区。尽管科学家已经通过有限的地球物理资料、钻孔和露头资料了解地块的基本几何形态，地球透镜计划将提供空前机会来详细说明主要边界如何增长，特别是研究地幔结构，因为地幔保留着大陆增长和改造的信息。主要的问题是关于地幔的非均质性，比如可以看到美国西部地下的地幔明显更“稳定”一些。另外，这个地区将让科学家理解大陆长期的稳定性和重新活动的过程，比如中部大陆裂谷分解了大陆。最后，中部大陆是一个造陆运动隆起和沉降经典的例子，在板块内部拥有典型的构造运动。对中部大陆的研究，地球透镜计划的一个挑战是阐明地幔动力学和造陆运动的联系（Whitmeyer and Karlstrom，2007）。

（三）地球深部结构和动力学

1. 地壳速度结构成像和地壳厚度分布

（1）环境噪声层析成像技术代表了一种新的成像技术，它基于地震台站的长时间噪声序列，利用移动地震阵列的排列密度、规则的间距，以确定地壳和上地幔 S 波速度结构和非均质性信息。成对的移动式地震仪相干性噪声信号，提供了一个全新的了解地球深部的窗口。环境噪声层析成像还可以给出温度、物质成分、流体含量和其他参数（Snieder and Wapenaar，2010）。图6-10（a）层析成像图为美国西部三维地壳模型的不同深度水平切片（Yang et al.，2008）。环境噪声层析成像还可以给出整个美国大陆的地壳厚度（图6-11）（Shen et al.，2013；Feder，2014）。图6-12 给出美国西部地壳和上地幔非均质性的环境噪声层析成像结果，新生代期间可能发生了明显的地壳伸展（Moschetti et al.，2010）。

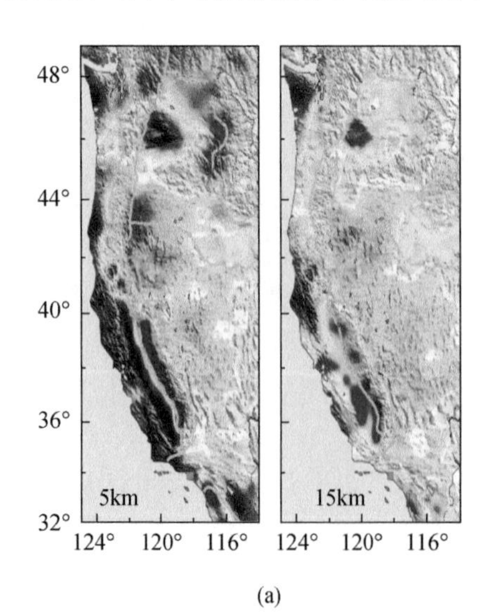

(a)

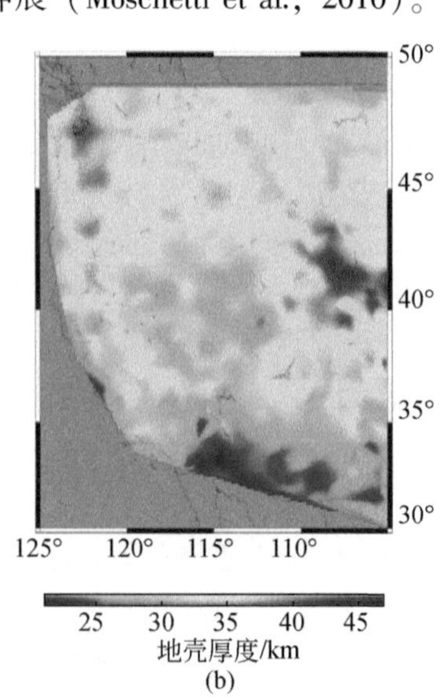

(b)

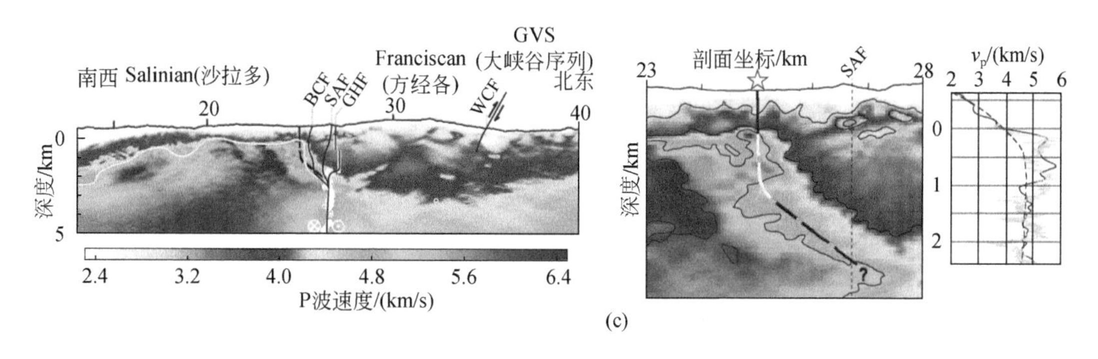

图 6-10　美国西部地壳三维结构模型

(a) 环境噪声层析成像得到的不同深度地壳三维模型 (Yang et al., 2008)。(b) Pn 波层析得到的地壳厚度 (Buehler and Shearer, 2010)。(c) 圣安德烈斯断裂深部观测站钻孔附近主动源波形反演得出的速度模型 (Bleibinhaus et al., 2007)。图 (c) 中间剖面展示了圣安德烈斯断裂深部观测站项目模型的细节，白点展示了地震震源，白线显示 Salinian 花岗岩的顶部。SAF. 圣安德烈斯断层；BCF. Buzzard Canyon 断层；GHF. 金山断层；WCF. Waltham Canyon 断层。右图显示了开始 (蓝色虚线) 和最终 (红色线) 速度模型与 SAFOD 声波测井 (灰色线) 比较 (Bleibinhaus et al., 2007)

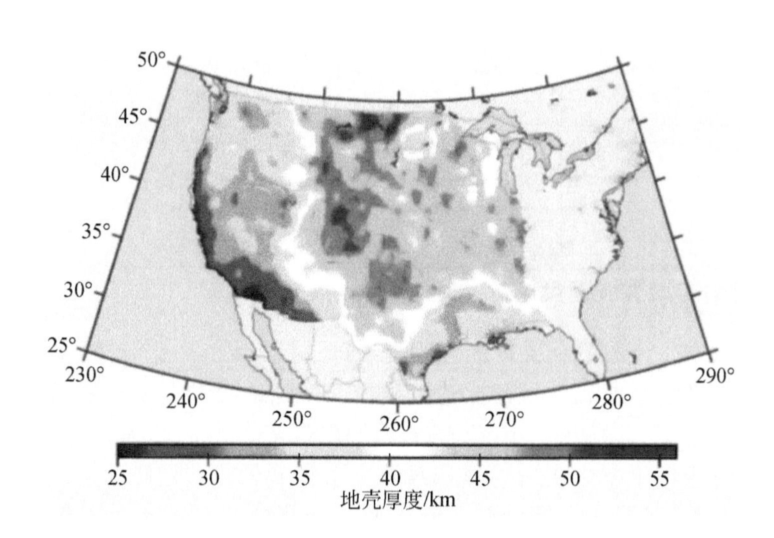

图 6-11　环境噪声层析成像结果给出的美国大陆地壳厚度图 (据 Shen et al., 2013；Feder, 2014)

地壳最厚处出现在高落基山 (Rocky Mountains) 和大平原 (Great Plains) 北部，厚度超过 50km。在美国西部和大平原南部的构造活动带，地壳厚度小于 35km。尚缺美国东部数据

(2) Pn 层析成像技术是另外一种用于确定地壳和上地幔重要参数的技术。图 6-10 (b) 展示了美国西部地壳的厚度 (Buehler and Shearer, 2010)。

(3) 利用便携式地震仪，依靠人工地震或者天然地震源，进行更高分辨率的数据处理，从而连通地表构造和地下过程。图 6-10 (c) 剖面展示了圣安德烈斯断裂深部观测站 (SAFOD) 钻孔附近，通过波形反演和主动源数据偏移得出的速度模型 (Bleibinhaus et al., 2007)。

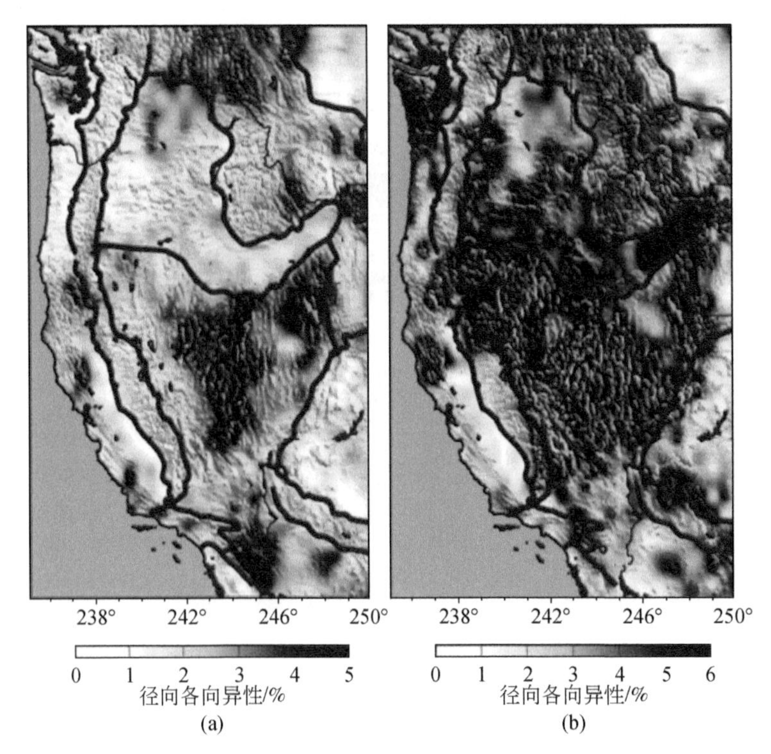

图 6-12　环境噪声层析成像给出美国西部地壳（a）和地幔（b）非均质性（据 Moschetti et al., 2010）

2. 岩石圈结构的地震波速度成像

大陆岩石圈的产生、改变和破坏的过程是地球透镜计划的一个首要研究目标。利用北美大陆地下的区域性的 S 波和 P 波建立速度模型，得到地壳和上地幔精细结构和剖面信息（图 6-13）。结果显示，北美克拉通下面的岩石圈出现了 200km 厚的高速的“盖子”。美国大陆西部构造活动带在小于 200km 深度出现了一个低速软流圈物质区，而在一些克拉通下面（如怀俄明克拉通，图 6-13 剖面 B）厚层的岩石圈缺失。北美大陆西部，一个在地下 500 ~ 700km 深的高速异常区（550km 深的水平切片）已经被解释为法拉隆板块（Bedle and van der Lee，2009）。

Burdick 等（2014）提供了基于 USArray 数据的上地幔层析成像新模型（数据更新到 2011 年 3 月）。该模型利用了大约 1200 个 USArray 地震台阵观测点的数据（从 2004 年到 2011 年 3 月），包括超过 1650000 个 P 波走时数据；已能够分辨大陆中部之下的俯冲板片和克拉通根部基底（图 6-14）。

美国西部上地幔高分辨率 P 波和 S 波三维地震层析成像，揭示岩石圈上地幔具有复杂的俯冲带、小尺度对流结构和上地幔部分熔融（图 6-15）（Schmandt and Humphreys, 2010a, 2010b）。联合反演识别出部分熔融区域，速度异常指示了岩石圈非均质性和广泛存在的小型地幔对流。推断上地幔部分熔融存在于黄石公园和蛇河平原东部地区（SRP）、Salton 海槽和 Clear Lake 火山地区的下部。

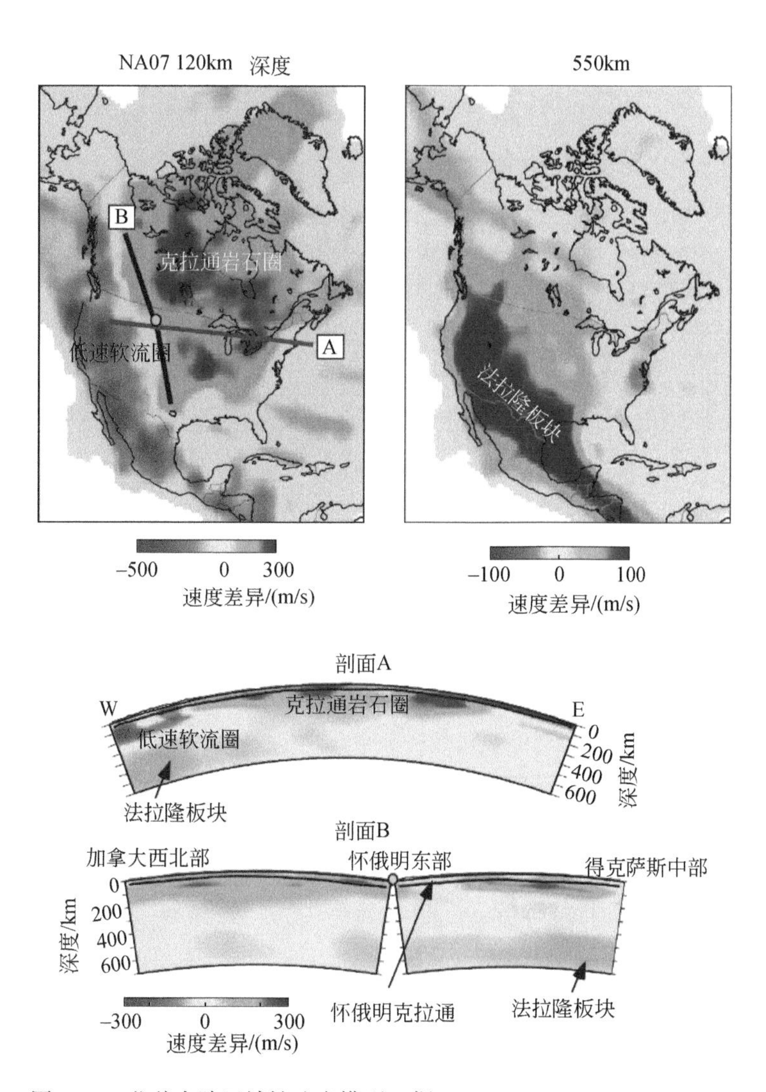

图6-13　北美大陆区域性速度模型（据 Bedle and van der Lee，2009）

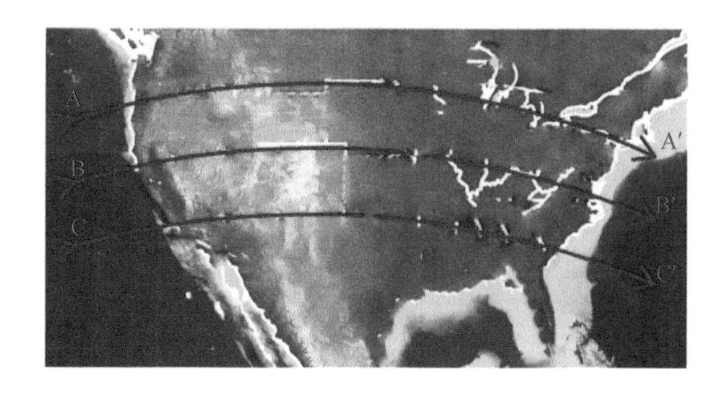

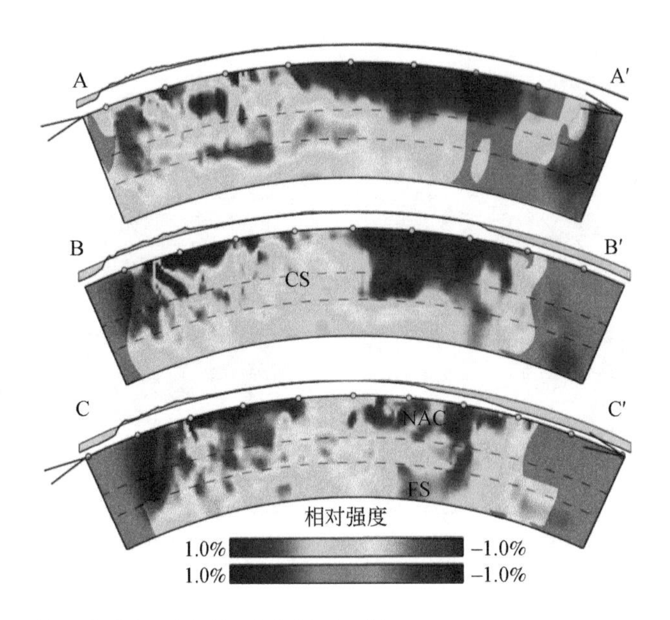

图 6-14　美国大陆岩石圈层析成像剖面（据 Burdick et al.，2008，2009，2014）

CS. 卡斯卡迪亚板片；NAC. 北美克拉通；FS. 法拉隆板片。USArray 数据更新至 2011 年 3 月

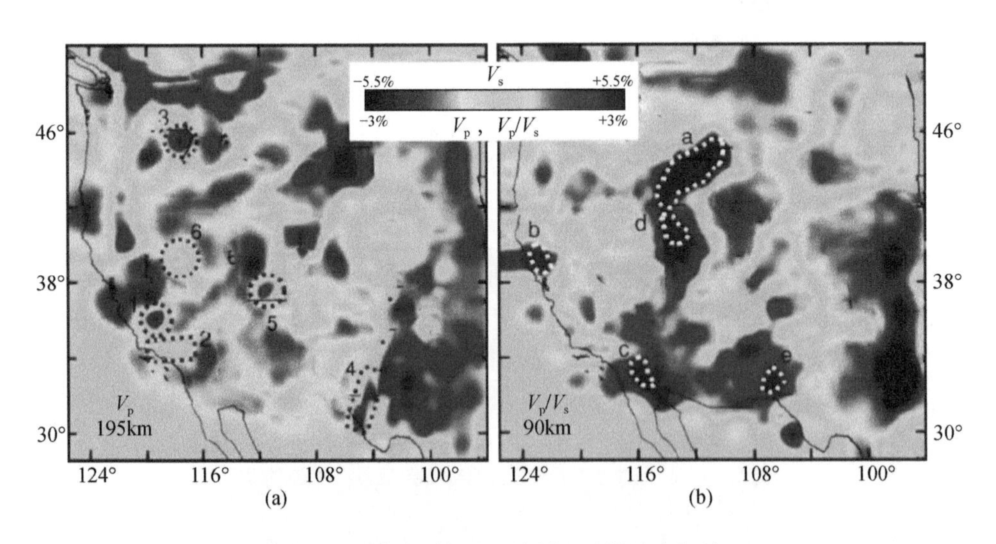

图 6-15　美国西部地区浅层上地幔速度切片

（a）黑色虚线勾勒出由 V_p 值推测的不稳定岩石圈：1. 南部大峡谷；2. 横岭山脉；3. Wallowa 山脉；4. 西部大平原；5. 科罗拉多高原；6. 内华达中部。（b）白色虚线勾勒出由 V_p/V_s 值推测的部分熔融区：a. 黄石公园和蛇河平原东部；b. Salton 海槽；c. Clear Lake 火山带；d. 东北大盆地；e. 南部 RGR（Schmandt and Humphreys，2010a，2010b）

3. 岩石圈的不稳定性：剥离和下沉

岩石圈的剥离和下沉广泛存在。然而，由于其体积小和持续时间短，这种下沉难以直

接观测。根据 USArray 数据，结合其他地区地震台站及非震数据的分析，揭示美国西部地区大盆地之下存在岩石圈下沉，说明了岩石圈下沉在全球构造中的重要性。

分层对流岩石圈下沉导致科罗拉多高原持续隆起（Levander et al., 2011）。科罗拉多高原是一个位于北美西南部构造完整的地貌单元，发育明显的白垩纪—古近纪挤压和新近纪伸展变形。地震层析成像和接收函数给出美国中西部高原之下垂直的高速异常，可能是连续的区域性大陆下地壳和岩石圈的分层式下沉（Levander et al., 2011）。

由此说明，上新世（2.6～5.3Ma）高原隆升和边缘岩浆活动可能与持续的深部岩石圈过程密切相关。岩石学和地球化学研究表明，由于水化学反应，晚白垩世—古近纪（90～40Ma）低角度俯冲在科罗拉多高原之下的元古宙上地幔板片发生剥离；新生代中期（35～25Ma）岩浆渗透到科罗拉多高原的上地幔底部和两侧，引发科罗拉多高原岩石圈的下沉（图 6-16）。

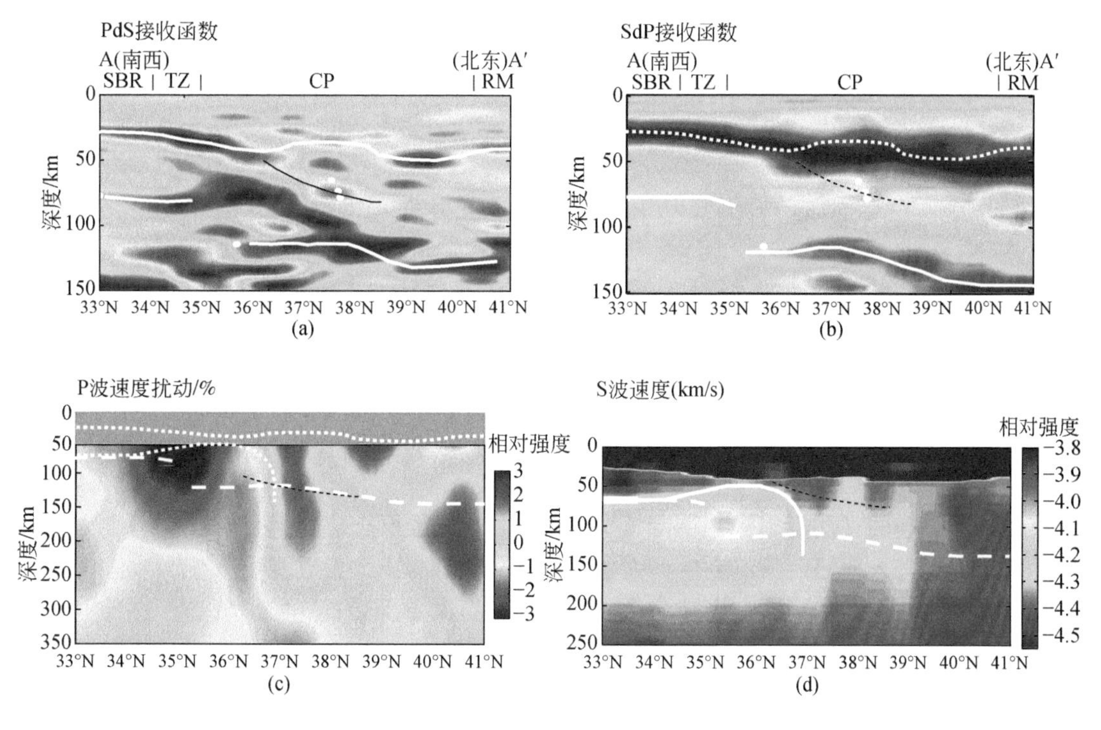

图 6-16　下沉地区的接收函数和地震速度剖面（据 Levander et al., 2011）

作为长期的一个假设，法拉隆板块俯冲到内华达山脉下面已经得到地球物理和地质资料广泛证实。在内华达山脉下面取代岩石圈地幔和厚密的下地壳的是热的、轻的软流圈。内华达山脉地球探测项目（SNEP）利用美国地震阵列（USArray）的地震台站采集了高分辨率的数据，通过这些数据得到的地壳和上地幔的图像与这个假设是相一致的。一系列穿过内华达山脉的剖面显示这个过程伴随着在南部和北部整个山根的剥离［图 6-17（a）］（Frassetto et al., 2011）。内华达“下沉”显然是一个冷块的下沉，而这在以前都是未知的，直到它被地震仪阵列所观测并证明［图 6-17（b）］（West et al., 2009）。地球动力学

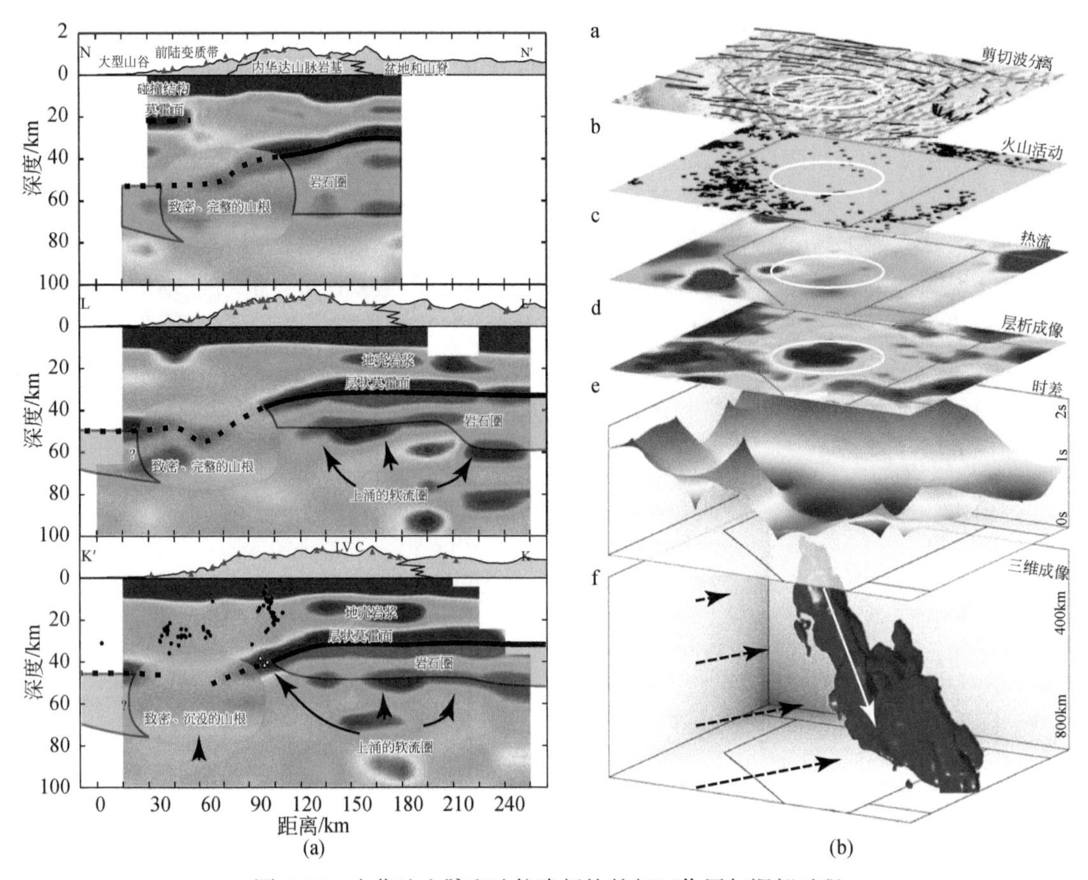

图 6-17　内华达山脉和法拉隆板块的相互作用与深部过程

（a）内华达山脉和法拉隆板块（据 Frassetto et al., 2011）；（b）内华达“下降流”（据 West et al., 2009）

模型和 S 波分裂的观测提出了“下降流”，它出现在三维层析成像模型中，它带着岩石圈的物质深深地进入地幔。下沉发生在大盆地的不规则部分下面，在那里火山活动和地壳拉张相对减弱。这个结果预示在大陆演化过程中，岩石圈下沉是重要的构造过程。

在 Mendocino 三联点地区，地震观测综合研究识别出四种不同的年轻岩石圈-软流圈界面，并揭示了其间的地幔流动（图 6-18）（Liu et al., 2012）。P 波相速度离散数据联合反演补充约束了岩石圈速度结构，显示板块相对运动的三联点向西北迁移，产生三个明显的现代岩石圈-软流圈界面：第一个是火山弧下面的软流圈，在那里物质持续脱水；第二个是流体物质已停止流动的残余地幔楔；第三个是海岸山系之下的板片窗，来自 Gorda 软流圈的物质和现已被遗弃的地幔楔物质的充填。第四个岩石圈-软流圈界面处在俯冲的 Gorda 板块之下。四个年轻的岩石圈-软流圈界面的形成与垂直俯冲及板块三联点的北西向迁移密切相关。“交替”上涌模式混合了 Gorda 板块下方和地幔楔中的地幔流动，与地震观测相一致，也符合地幔楔来源的 Clear Lake 火山岩地球化学特征。

Sun 和 Helmberger（2011）利用复杂波形，通过直接检测衍射模式（MPD）对 USArray 数据进行处理，识别出两种上地幔结构，包括梯级俯冲带结构和黄石公园热点（图 6-19）。

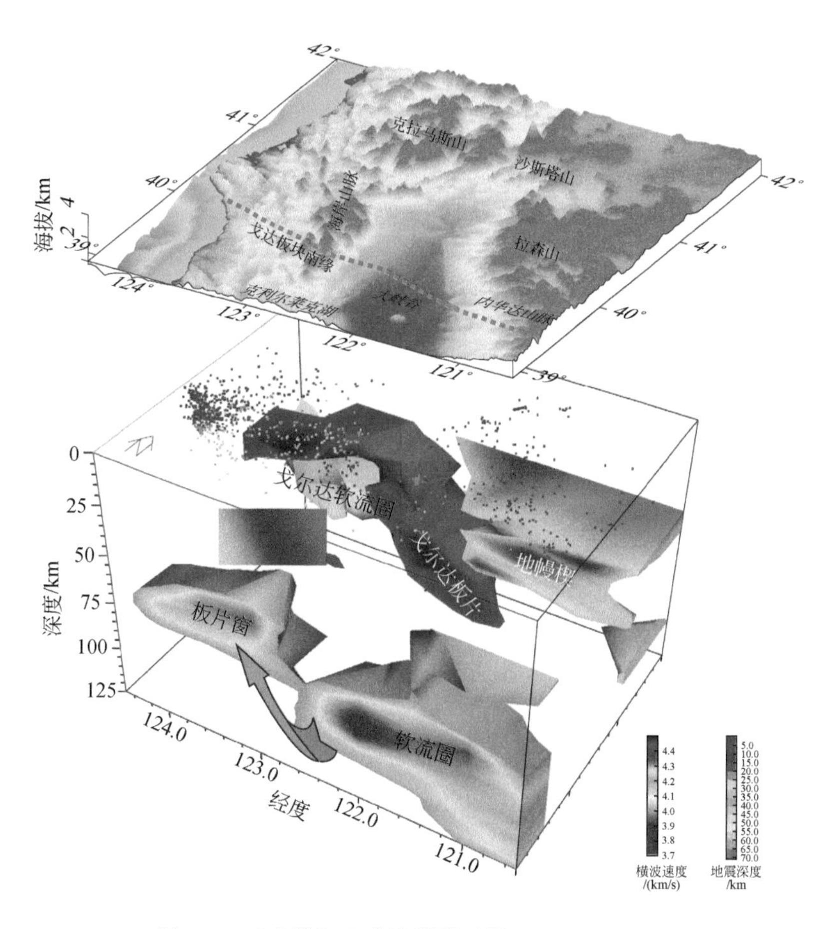

图 6-18　“交错”上升流模型（据 Liu et al., 2012）
下图为 V_s 等值面图，上图为叠加地形

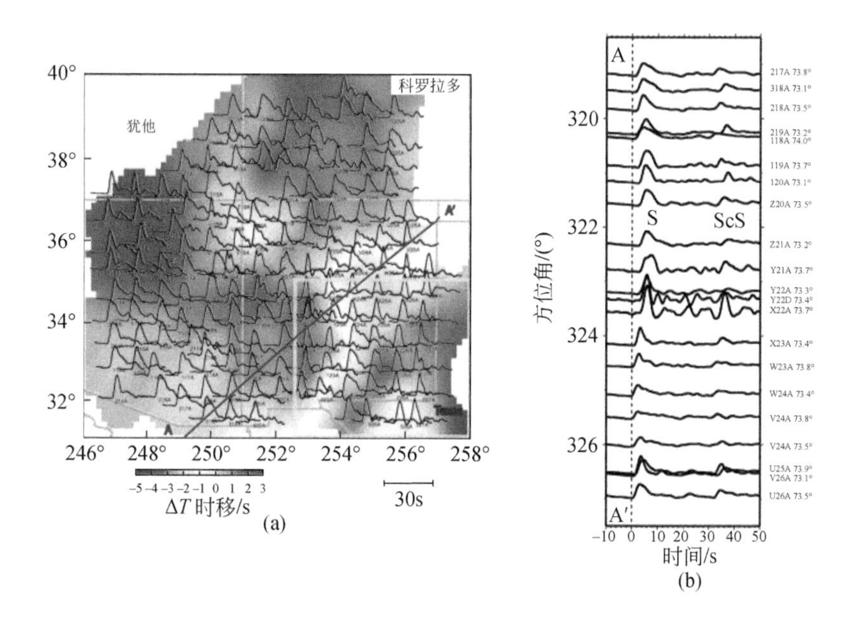

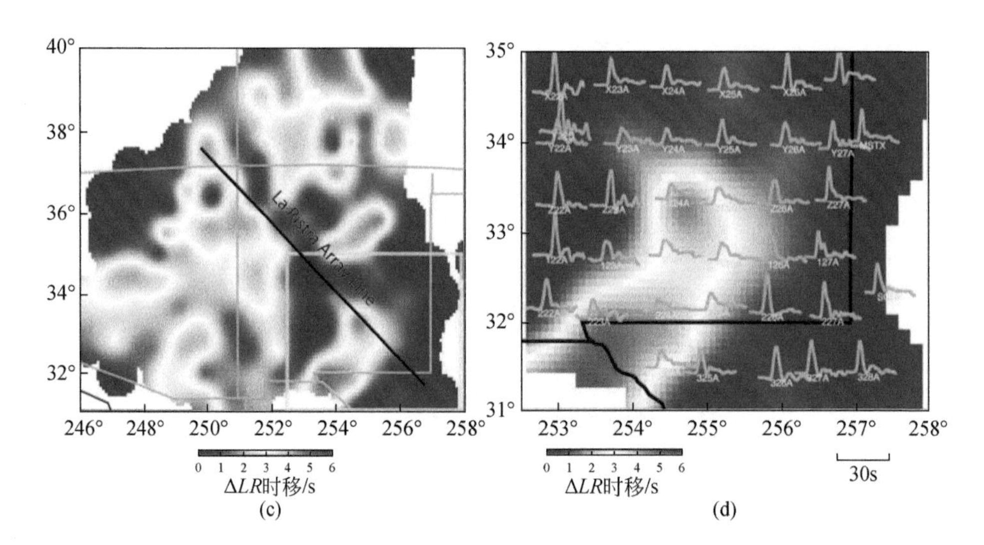

图 6-19　利用 USArray 复杂的波形数据揭示上地幔结构（据 Sun and Helmberger，2011）

（a）USArray 记录的 20080903 南美地震事件；（b）沿剖面 AA′的波形记录；（c）波形的复杂程度 ΔLR 模式图；（d）复杂的波形与弱振幅的关系

Eager 等（2010）利用接收函数得到了美国西北太平洋的上地幔图像和地幔过渡带厚度的变化（图 6-20）。没有确凿的证据可以证明中部 Oregon 熔岩平原之下存在深地幔柱；而西部 Snake River 平原地区具有的高地温说明可能存在相对较薄的地幔过渡带。地幔过渡带形态沿走向的不连续变化，支持前人的复合 Juan de Fuca 板片结构观点。Wallowa/Idaho 区岩基之下的冷却地幔一直延伸到地幔过渡带，说明岩石圈地幔的下沉规模要大于之前的估计。

4. 黄石公园热点

利用地壳和上地幔导电性，可以追踪黄石公园之下的热点（Kelbert et al.，2012）。对比地震层析成像结果（图 6-21）（Yang et al.，2011），黄石公园之下存在大量低速异常。虽然熔融体高温能使地震波速度降低，但又具有较高的电阻率。而这个区域的克拉通岩石圈可能是完好的，还很厚，且难以减压熔融。因此，推测少量的熔融物质是从下面进入这个系统，其供给具有间歇性，而早期的地幔柱活动熔融体大多已经上升到浅地壳，只在岩石圈地幔和地壳内部留下残余熔融体。这些残余的熔融体将有效降低地震横波速度（伴随温度升高），但电阻率不会显著减少。

三维大地电磁数据反演得到的电性结构模型，提供了黄石公园之下存在地幔柱的证据（图 6-22）（Zhdanov et al.，2011）。部分熔融的地幔柱周边具有冷的和含水的地幔。在 200～250km 深度地震波衰减显著，表明地幔柱在这个深度熔化。这与该地区 250km 以浅的高导电性地电模型相对应。三维电阻率模型证实了由来源于上地幔热导电物质组成的地幔柱的存在。

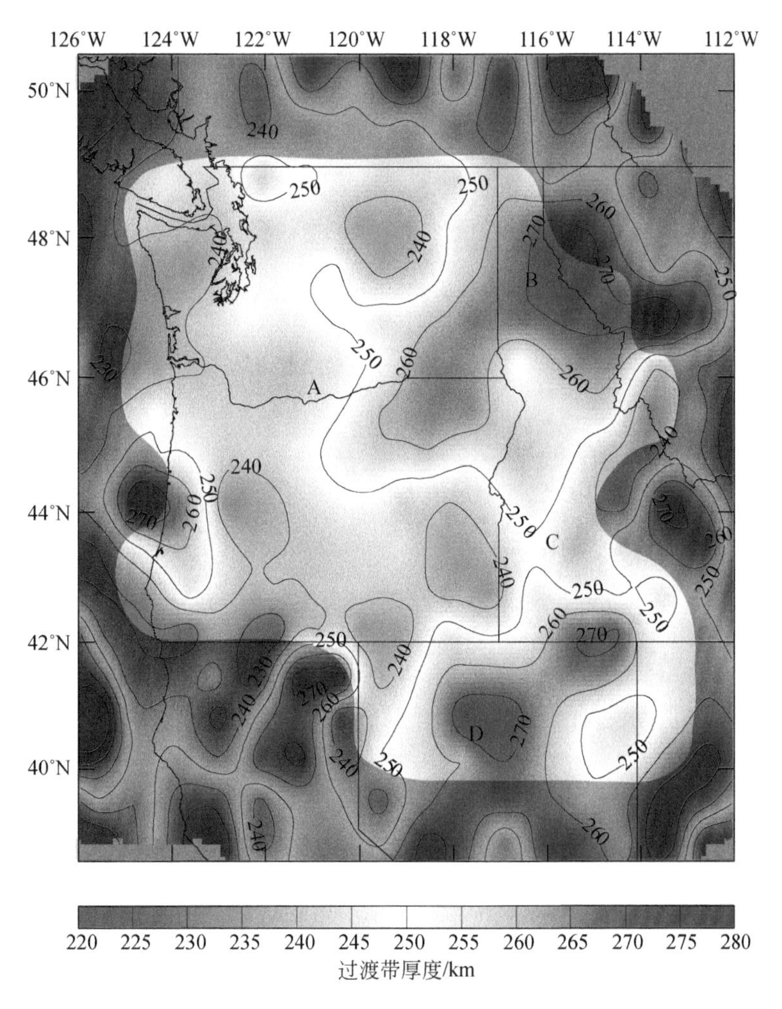

图 6-20　西北太平洋的地幔过渡带厚度（据 Eager et al., 2010）

A. 中央造山带之下比平均厚度（240km）薄的地区；B. 北爱达荷最大厚度区；C. 东南造山带之下相对薄的地带；D. 北内华达之下厚达 270km 的地幔过渡带

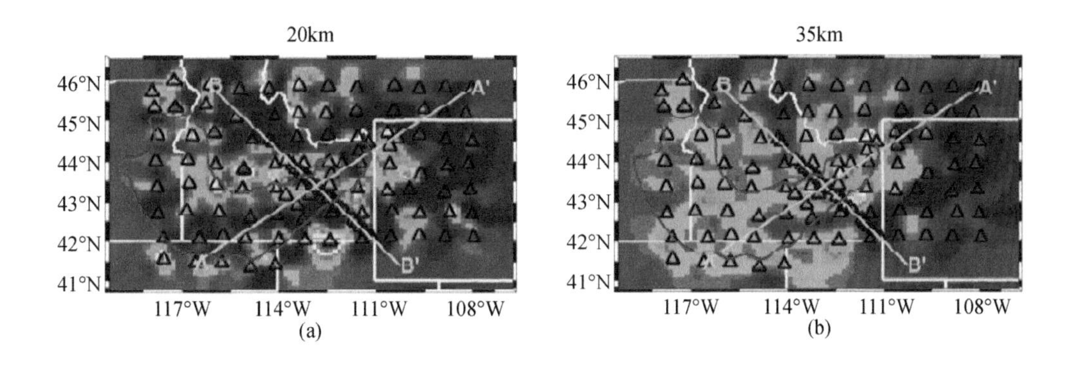

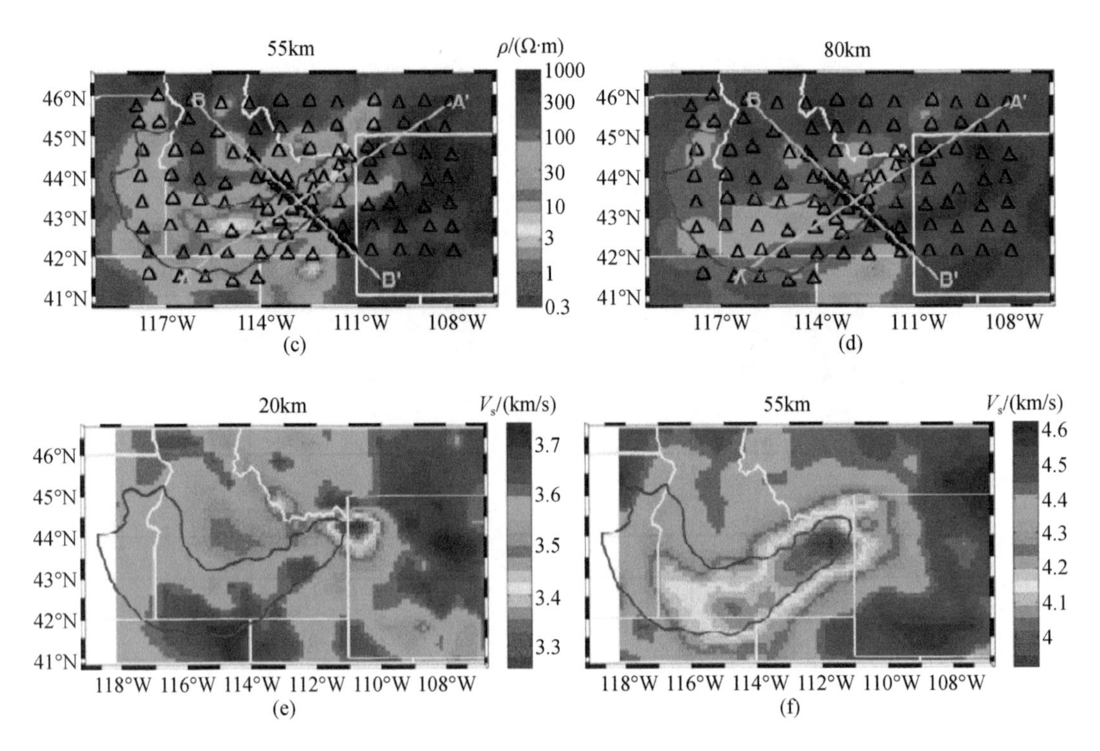

图 6-21　大地电磁测深切片与地震层析成像结果的对比

（a）～（d）为大地电磁反演模型（Kelbert et al.，2012）；（e）和（f）为地震面波速度模型（Yang et al.，2011）

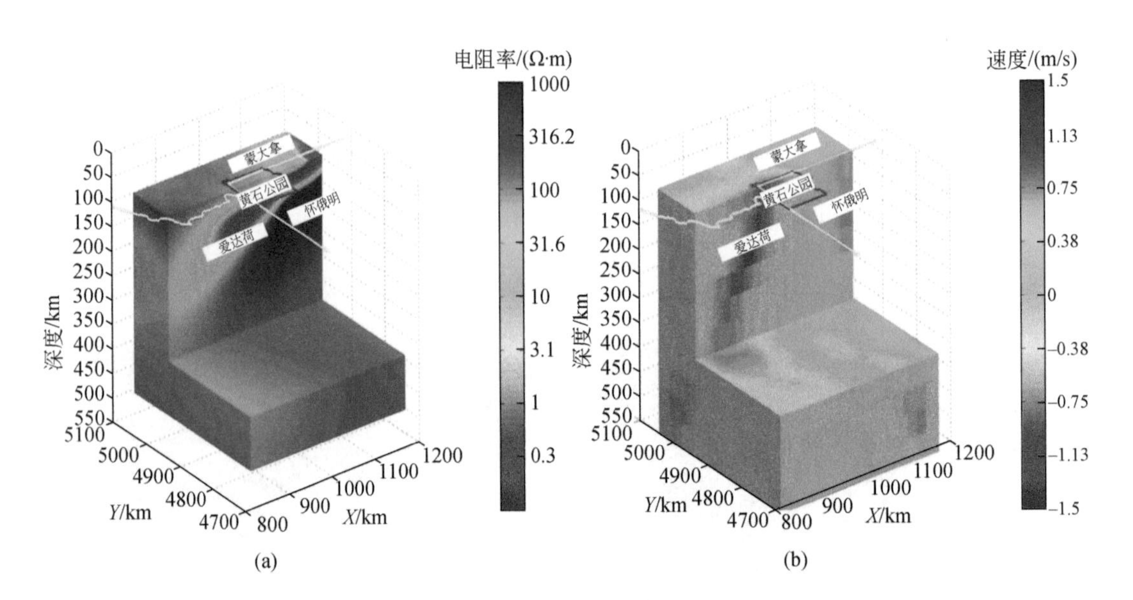

图 6-22　黄石公园热点大地电磁测深与地震层析成像结果对比（据 Zhdanov et al.，2011）

（a）三维地电模型电阻率数据反演图像；（b）P 波地震层析成像

黄石公园地区安装的 5 个地应力观测钻孔记录了定期的晃动波动（图 6-23）（Luttrell et al., 2013）。距离黄石公园湖远的应变仪记录的幅度远大于预期幅度，模型显示其运动受地壳部分熔融岩浆的影响。实验表明，黄石公园湖的这些大型驻波可用于探测地壳结构，岩浆熔融体存在于 3 ~ 6km 深度。

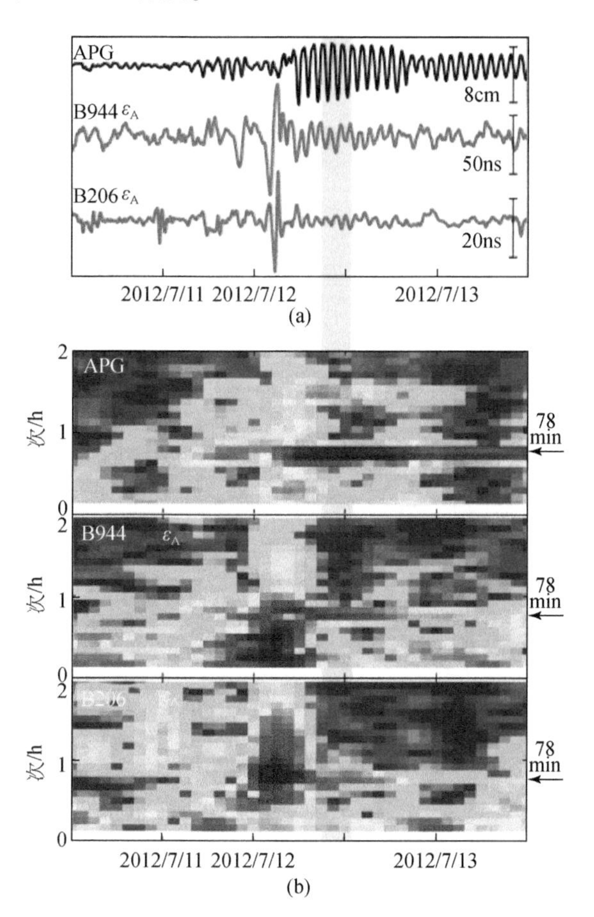

图 6-23　2012 年 7 月 11 ~ 13 日记录的波动信号（据 Luttrell et al., 2013）

5. 太平洋下地幔底部的非均质性

美国地震阵列（USArray）地震台站记录了全球发生的地震。在 90°和 100°位置接收的地震 P 波和 S 波记录对核幔边界和构造是很敏感的，在这里波从核幔边界底部转向了顶部。最近的穿过 D″区地震波的分析揭示了这个位置的复杂性，它包括孤立的薄的极低速度区，在这里速度减少至少 10%，方向依赖地震波的速度，而且速度也是不连续的，这些与后钙钛矿相边界的表现一致。Garnero 和 Zhao（2009）揭示了 2007 年 Fiji 地震的地震波在太平洋下地幔最底部一个低速的边界附近传播，这时 S 波方位角明显加宽到 42° ~ 47°。从地震震源到观测站的路径（绿色线束），所有的这些显示下地幔附近 S 波的速度受到了干扰［图 6-24（a）］。红色和蓝色分别代表相对于平均速度模型更低和更高的速度区。粗的黑线表示从观察到的波形和行程时间异常推理出的清晰的速度边界。观察到的 SH 波位移图相对于预期的行程时间是有偏差的［图 6-24（b），左图蓝线 time=0］。行程时间是系统的、有规律的变化。平均过去几次测量结果，评估（红圈）显示有重要意义的波形增宽（阴影区外面的圈），相应的地震波波速也有明显的变化［图 6-24（b）］（Garnero and Zhao，2009）。

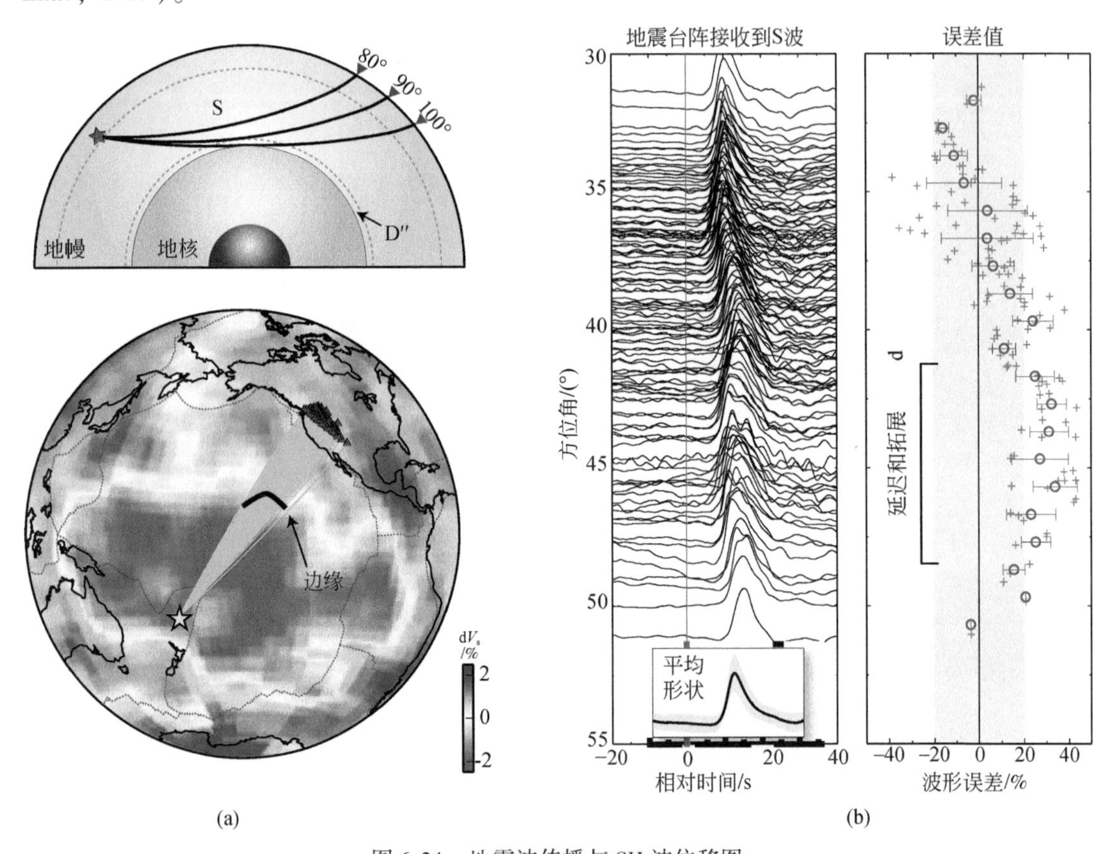

(a) (b)

图 6-24　地震波传播与 SH 波位移图

（a）2007 年斐济地震波传播图（Garnero and Zhao，2009）；（b）SH 波位移图（Garnero and Zhao，2009）

6. 美国西部地壳和地幔的旋转

长期以来地球科学家都知道北美板块西南边界是以从太平洋海岸向东到落基山脉宽广的活动变形带为特征的。地球透镜计划数据资料支持一个新的假设，就是岩石圈和下伏的软流圈存在可能的交互作用。举例来说，加利福尼亚北部和俄勒冈地表［图 6-25（a）］顺时针旋转是与其相距 1000km 的内华达地下上地幔顺时针旋转相似的，而内华达地下上地幔旋转是通过 S 波分裂推理出来的。地表的旋转模拟显示 Cascadia 俯冲带离散块体的旋转与太平洋板块和北美板块是剪切关系，盆地和山脉是拉张的（McCaffrey et al.，2007）。观测到的非均质性是与俯冲岩石圈及其周围软流圈特性相一致，俯冲岩石圈符合板状高速体异常特征。评估地幔流动（通过 S 波分裂推理）和地表地块旋转（通过 GPS 测量数据得出）的关系，地球动力学模拟也是必需的。另外，新的地震学技术需要约束三维流动模式，因为S波分裂技术主要约束水平的成分组成。

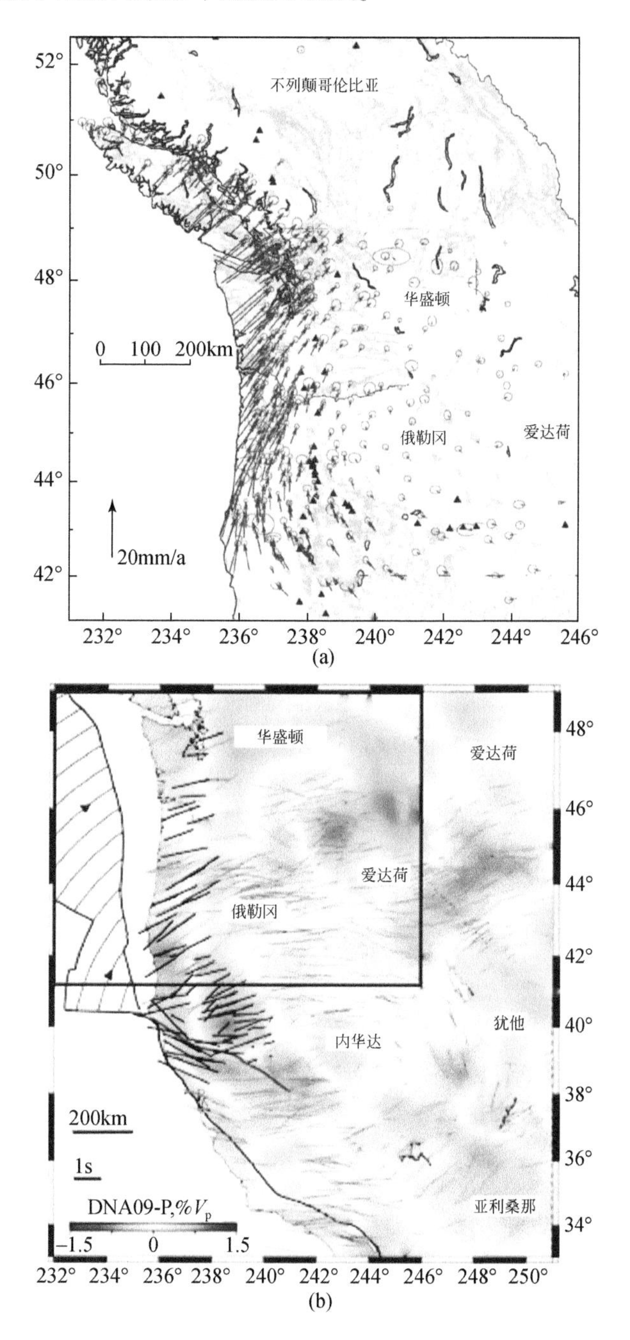

图6-25 GPS反映的移动速率与S波分裂矢量对比

（a）太平洋西北部相对于北美大陆的移动速率（据McCaffrey et al.，2007）；（b）从美国地震阵列和其他地震观测站测量的S波分裂图

（四）地震、断层和岩石圈流变学

1. 大地震事件的记录

2011 年日本东北大地震（日本 Tohoku-Oki，M_W 9.0 级）具有复杂的地震动态破裂过程和阶段构成（图 6-26）（Meng et al.，2011）。USArray 宽频带天然地震观测数据记录了这一巨大的地震事件，显示了关键特征与地震动力学的相关性（图 6-27）。后续还需要进一步收集与该地震相关的数据，以分析大地震与多尺度活动断裂构造之间的复杂关系。

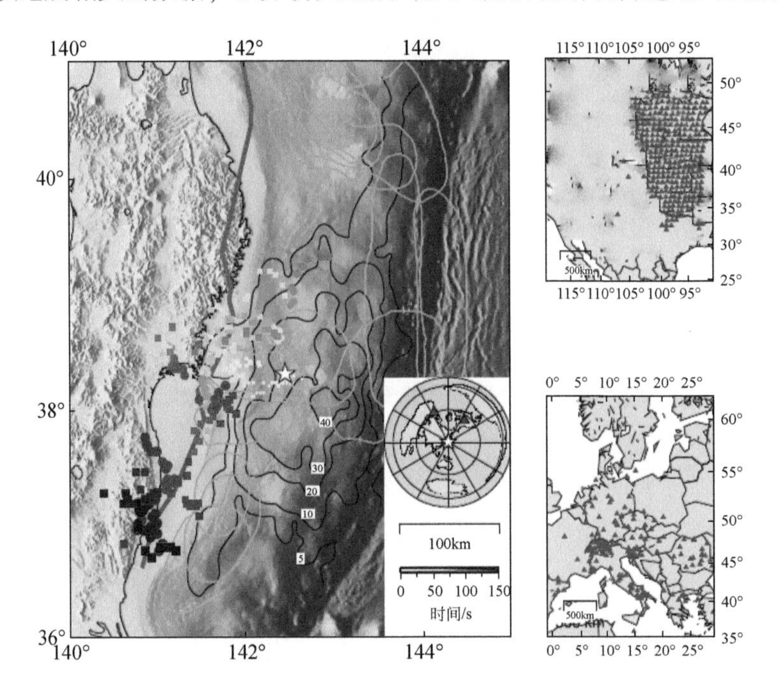

图 6-26　Tohoku-Oki 地震图像（利用 USarray and European 台网数据）（据 Meng et al.，2011）

2. 对断层力学和震源过程的认识

圣安德烈斯断裂深部观测站（SAFOD）提供了震源深度原位的圣安德烈斯断层（加利福尼亚帕克菲尔德的西北部地区）地球物理数据和地质样品。科学家可以检验对断层带内的物质组成、构造和活动过程所做的假设。钻孔地球物理测井资料出现了 210m 宽的区域［图 6-28（a）］，这个区域 P 波速度低和 S 波速度低，同时电阻也低。在低速区内部的边缘有 3 个窄的区域（1～3m）拥有非常低的速度；其中 2 个区是这个裸孔的变形区［图 6-28（b）］，这个变形是通过重复的井径测井测量的。岩石地球化学和气体地球化学研究表明，流体和岩石的交互作用在控制断层缓慢移动过程中占有很重要的角色（Wiersberg and Erzinger，2007；Schleicher et al.，2009）。从断层带采集的钻井岩屑（包括滑石，Moore and Rymer，2007），以及另外的岩心样品研究还在进行中。SAFOD 孔内地震学研究

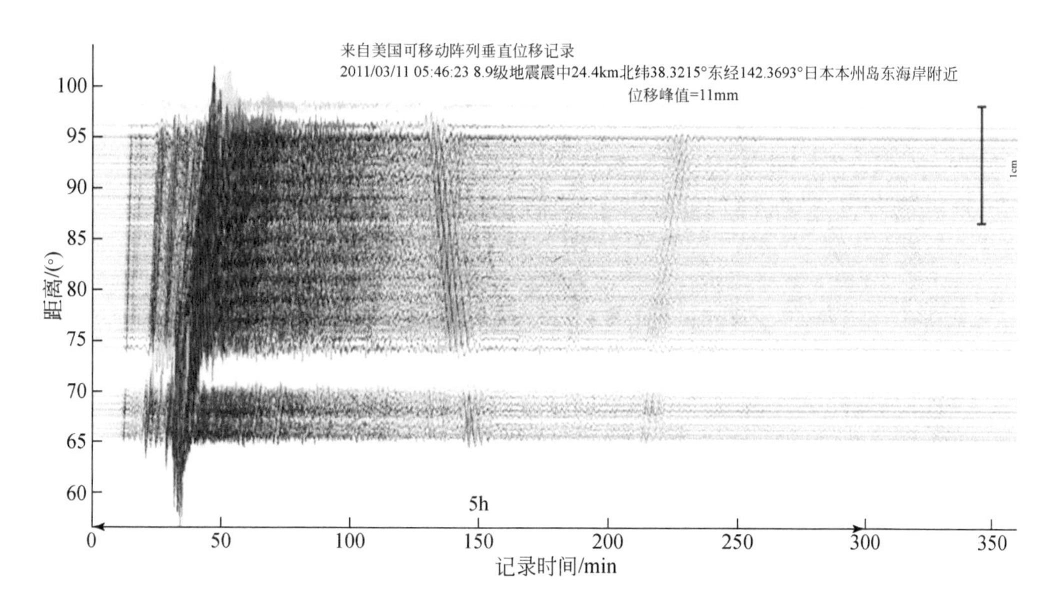

图 6-27　USArray 记录的日本东北大地震

资料来源：EarthScope. 2015. EarthScope. ［2015-06-14］. http：//www. earthscope. org/.

提供了对破裂和断层带形成过程的认识。Ellsworth 等（2007）用一个距离震源 420m 的裸孔仪器，捕获了一个 SAFOD 目标地震，记录了 $200cm/s^2$加速度和静态的微米级的位移。

在地壳脆性域内，摩擦弱化矿物的存在、较高的流体压力和化学作用被认为是圣安德烈斯断层弱化的可能原因。圣安德烈斯断层向下可能一直延伸到上地幔最上部。Becken 等（2011）给出了流体流入圣安德烈斯断层蠕动面的地球物理证据（图 6-29），显示在下地壳和上地幔，微震活动和振幅沿接触面的变化与强度相关。下地壳和上地幔深度非火山活动造成的地震被认为与高孔隙流体压力有关，连通流体的存在可以解释 Parkfield-Cholame 西南段深层大地电磁剖面上的异常低电阻率。在 Cholame 附近，流体似乎被封闭在高电阻帽之下，微震则集中于毗邻的推测流体旁边，流体存在于高电阻且机械强度大的区域内。相比之下，Parkfield 西北 SAFOD 钻孔附近，接近垂直的低电阻率带穿过整个地壳，意味着深部流体存在于东部断块的通道，与机械强度弱的地壳和下地壳更低的微震振幅相符。流体流入断层系统与脆性地壳中高流体压力弱化断层的假设相符合。

3. 蠕动的圣安德烈斯断裂

蠕动断层段不存储地震能量，否则将促生更大的地震。PBO（板块边界观测）项目和雷达卫星长期观测得到沿断层滑移方向的连续图像（图 6-30），反映了断层蠕动段每年的总滑移量，几乎相当于太平洋板块与北美板块之间的深层滑动速率。如果断层被锁住，那么，超过 150 年的地震应力积累，将足以生成 M_W 7.2 至 M_W 7.4 级的地震（Ryder and Burgmann，2008）。

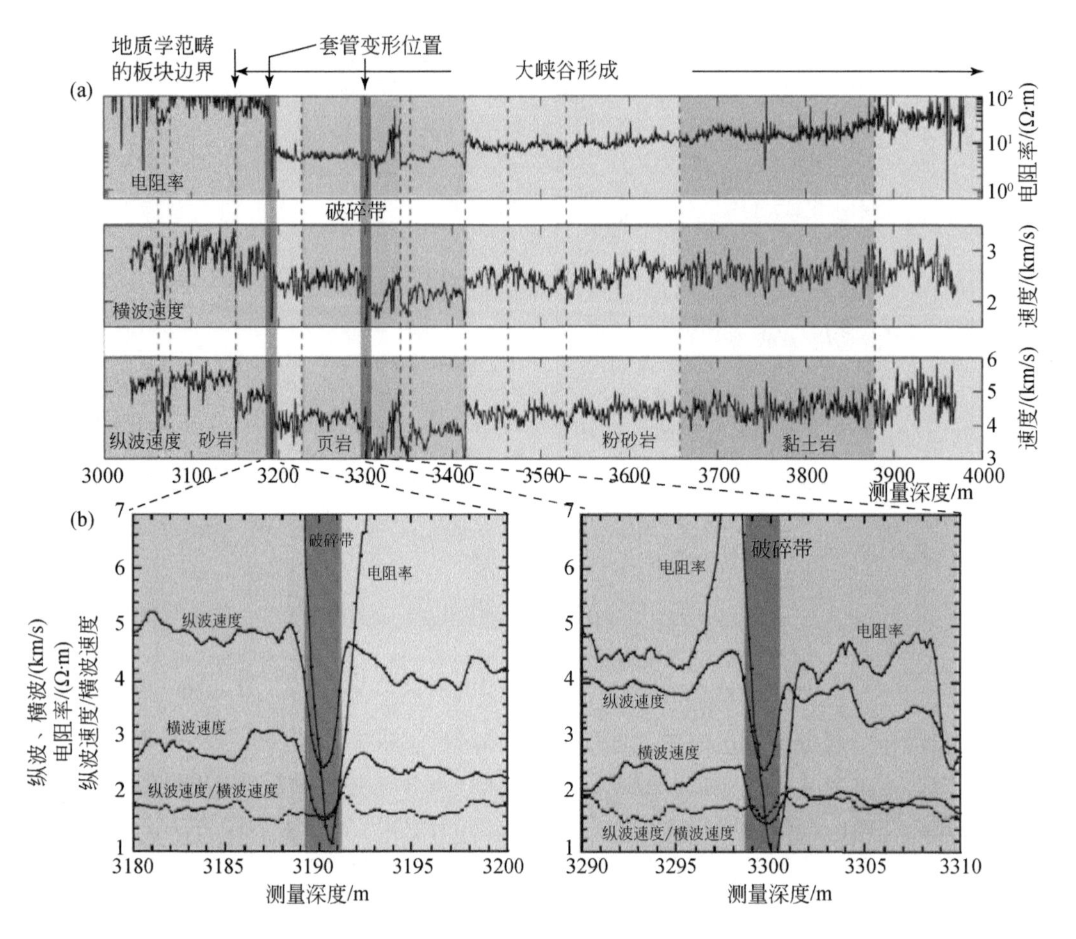

图 6-28 钻孔地球物理测井资料图（据 Ellsworth et al.，2007）

（a）第二阶段 SAFOD 裸孔，红色虚线代表断层，粗红线代表裸眼中断层造成的变形。（b）3190m 和 3300m 变形区与定位区（红色）是相关的，那里的物理性质比断层带周围更加异常

（五）地壳与地幔中的岩浆和挥发物

美国西部地区“陌生气体”的研究表明，地幔和地下水联系的重要性。这项工作的含义是，在整个美国西部地区$^3He/^4He$值显示了大陆尺度上的活动地幔排气过程，这个过程从美国东部一直扩展到大平原地区（图 6-31）。升高的$^3He/^4He$值提供明确的证据，表明幔源的流体出现在水文系统中。高 CO_2 和幔源^3He含量，高含量的完全溶解的固体（如盐类）和示踪金属元素（如砷、铀），表明深源的流体沿着断层上升到地下水系统中，这些足以影响地下水的质量（Crossey et al.，2009）。该结果将使科学家相应理解几个重要地区的地下水储水系统的水质（如 Albuquerque 盆地，Ogallala 和 Edwards 储水层）。这些地球深部和表层水文系统之间的联系对地球透镜计划来说是潜在的令人兴奋的科普和宣传的机会。

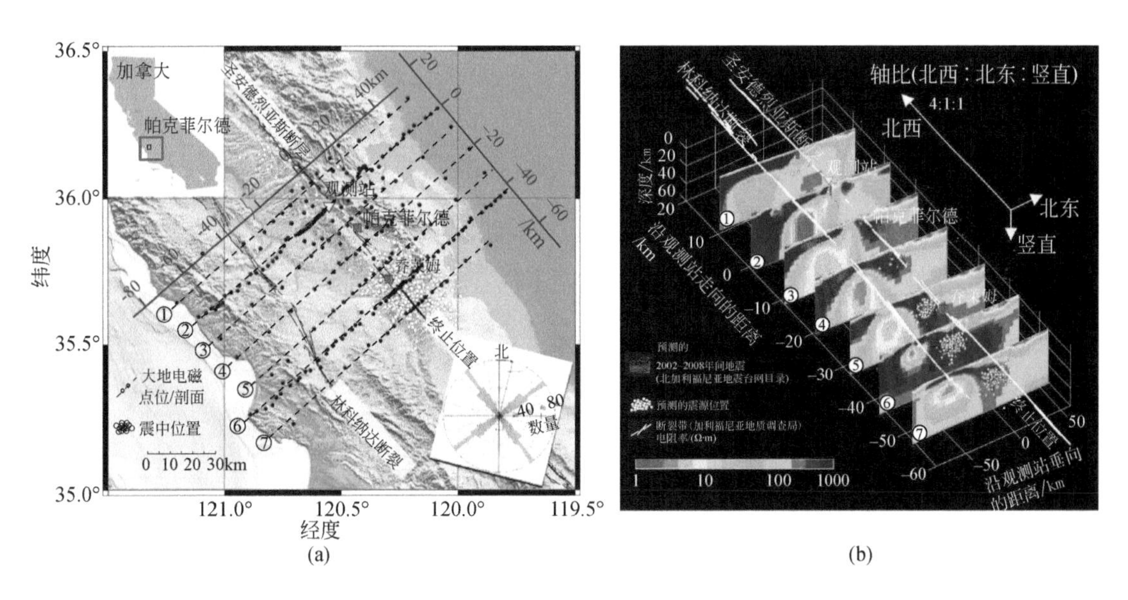

图 6-29　穿过圣安德烈斯断层中段的大地电磁电阻率剖面（据 Becken et al., 2011）

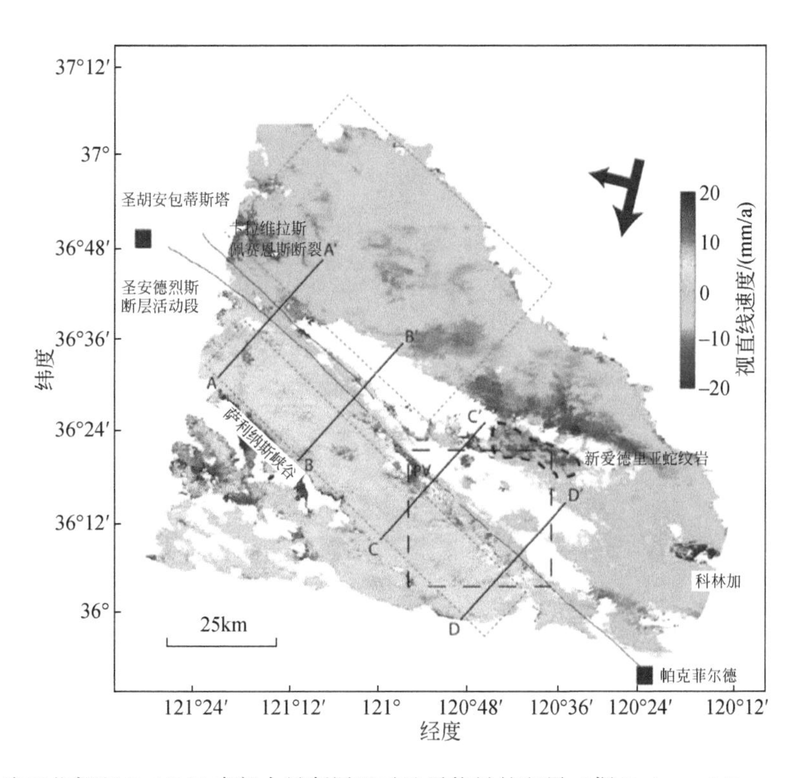

图 6-30　湾区北部和 Parkfield 南部大量断层显示地震能量的积累（据 Ryder and Burgmann, 2008）

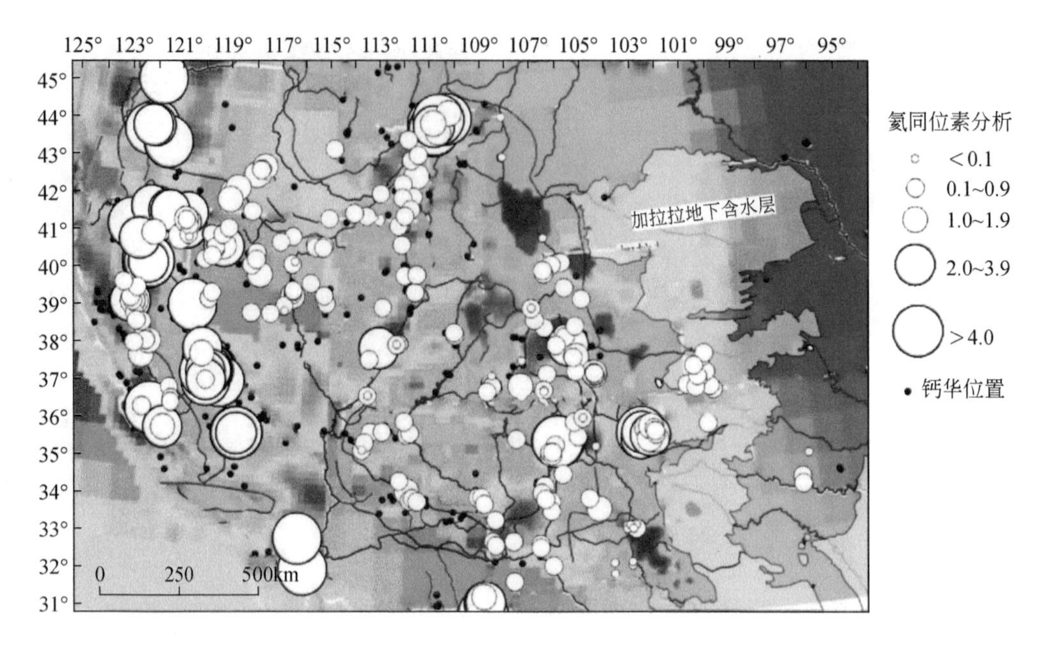

图 6-31　美国西部地区氦同位素分析图（据 Crossey et al., 2009）

（六）构造地貌学：岩石圈变形的深浅耦合与时空演化

1857 年的 7.9 级 Fort Tejon 大地震，是最近的沿着南部中间圣安德烈斯断层的大地震。地表滑动改造沿着 1857 年地震开裂轨迹，这是描述地震特征的基础［图 6-32（a）］。像地震灾害评估和地震预报一样，这些影响着现在对地震断层的理解（Ludwig et al., 2010）。1857 年记载的几个断层段地表滑动有相同的滑动位移，而断层段之间的水平断距是急剧变化的。1857 年大地震有记载的最大断距是沿着 Carrizo 段的 8 ~ 10m。高分辨率的“B4” LiDAR 地形测量数据已经覆盖了 1857 年的破裂轨迹［图 6-32（b）］（Zielke et al., 2010）。这些航空数据采样点的密度平均是 3 ~ 4m，可以生成数据高程模型，它带有 0.25m 精度的网格，足够描述米级尺度的构造地形。以“B4”为基础修正的地表滑动点值图显示了 1857 年地震平均滑动距离，沿着 Carrizo 断面滑动距离是 5.3±1.4m。这明显低于原先记载的 8 ~ 10m。表明滑动点值图不支持清楚的断层分段，这就排除了核心假设：强大的 Carrizo 段主导着南部中间圣安德烈斯断层的活动［图 6-32（c）］（Zielke, 2009）。在这个地震密集带，沿着 Carrizo 段地震滑动还是会有的，在这积累的 5m 滑动位移基础上还会滑动的。

（七）地球透镜计划与水圈、冰冻圈和大气圈

地球透镜计划已应用于水圈、冰冻圈和大气圈的监测。密集的高分辨率 GPS 接收器，实现了对土壤湿度变化、雪深和植被含水量的连续监测。利用美国地震台网在微震带记录

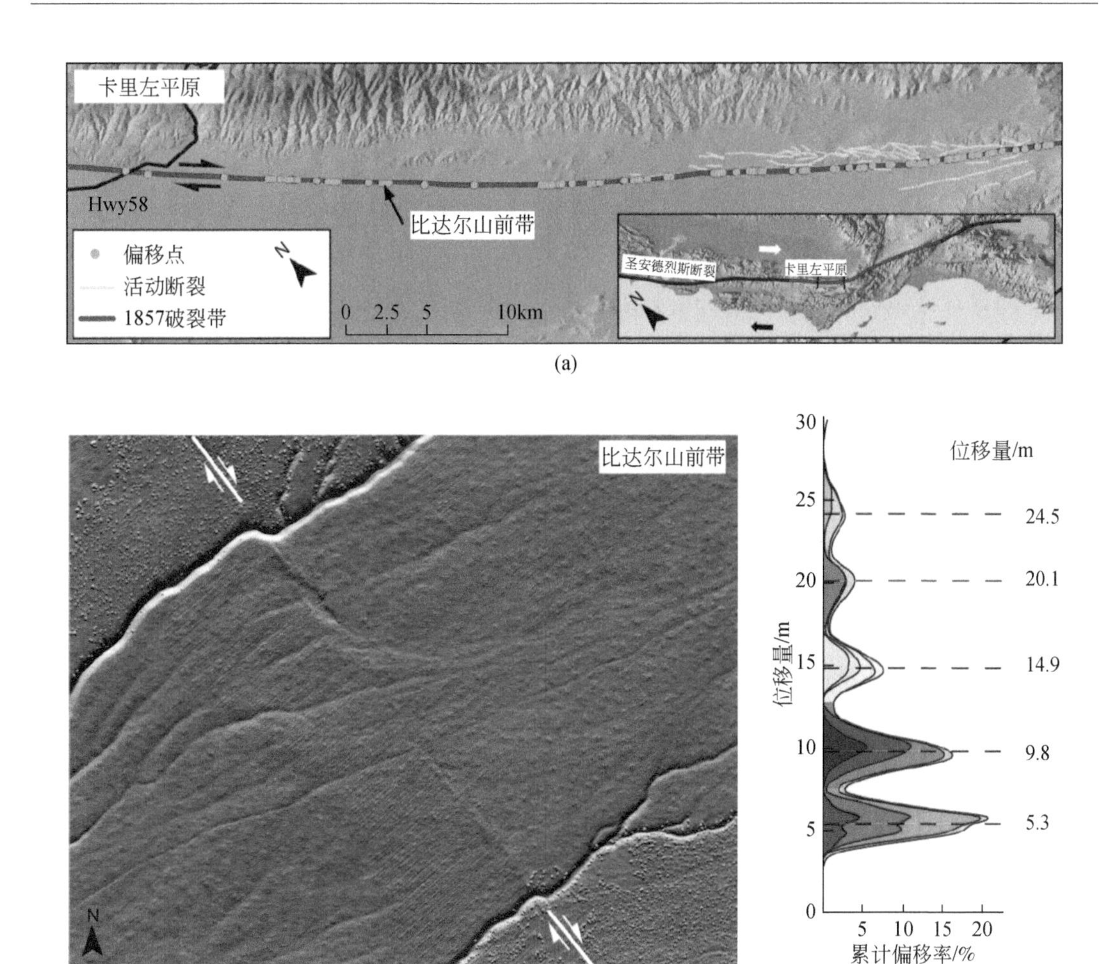

图 6-32　地震滑动的构造地貌学测量

(a) 1857 年 Carrizo 平原沿着圣安德烈斯断层的地表破裂和测量断距的分布 (Ludwig et al., 2010); (b) Bidart 冲积扇基于 LiDAR 的阴影效果图 (0.25m 网格) 展示了“B4”数据惊人的分辨率 (Zielke et al., 2010); (c) 积累的 Carrizo 平原断距概率图 (COPD) 形成完好的峰值 (据 Zielke, 2009)

的地震能量数据来推断过去和现在的海浪高度，有助于监测气候变化。便携式地震台站和全球定位系统的联合观测，实现了对冰川运动的监测。全球定位系统、合成孔径干涉雷达以及重力反演和气候监测的联合实验，实现了对地下水的连续监测。利用 GPS 数据实现了对大气中的水蒸气近于实时的监测，有助于改善美国国家海洋和大气管理局 (NOAA) 有关气候变化的预测。同时，USArray 移动台阵大气声速数据的偏移表明，通过地震台站对大气活动进行探测是可行的。因此，美国地震台网可以用来监测大气中的噪声源 (如火流星和火山爆发)，并由此推断大气结构。

第四节　未来计划和挑战

（一）地球透镜计划的进展与成效

美国地球透镜计划把观测、分析处理和远程通信技术应用于研究北美大陆的构造演化以及控制地震和火山喷发的物理过程中，加深了对于变化中的地球的深部认识，具有深远意义。目前，地球透镜计划已经完成其预定的科学研究计划，获得海量的观测数据，并取得丰硕的成果。在地球透镜计划基础上，全球将建立新的地震观测台站网络，并实现全球范围的雷达卫星InSAR高分辨变形测量（Feder，2014）。

当前进展及成效：美国地球透镜计划建立了更为精细的北美大陆岩石圈地震波速度结构，在地壳和地幔结构、岩石圈变形、地块旋转、断裂系统的深部观测、地震成因等方面取得了重要进展，成果显著。在断裂带内建立长期观测站，发现断裂带内部结构和引起断裂带岩石弱化的原因；率先使用环境噪声地震波场成像技术；获得俯冲板块残片和克拉通根部基底存在的证据，追踪到俯冲带低速断裂迁移活动并给出周期性震颤与低速滑移的清晰图像；检验了有关地震机理的基本理论，进一步认识了地震成因；揭示了岩石圈下沉现象存在的确切证据；认识到北美大陆中部地幔柱与裂谷及大火成岩省的关系、地表负荷变化与整个大陆变形的关系等。

（二）未来计划与挑战

地球透镜计划的未来还面临诸多挑战；其后续计划如何开展，还是一个未知数。其中，如何建立由地表GPS观测得到的地壳变形与深部构造之间的耦合或脱耦关系，仍然是一个挑战。圣安德烈斯断裂深部观测（SAFOD）计划在深部钻孔中放置长期观测设施，还存在一定的技术难度和挑战。美国地震阵列（USArray）设置的台站间距过大，可能会造成地壳浅层结构的分辨率欠缺。以下列举一些科学问题，还有待未来科学计划的深入研究。

1. 北美大陆的活动变形

俯冲带三维结构、过程及其资源环境与灾害效应，是未来研究的重点。俯冲板块如何运动，控制俯冲板块幕式震颤、滑移与大地震的深部过程与动力学机制是什么？俯冲界面性质如何影响弧前盆地的变形？如何影响大陆变形和构造地貌？圣安德烈斯断裂如何响应与转换俯冲带深部过程，其控制因素是什么？北美大陆的板内地震具有怎样的机制，其与板块边界地震有何不同？壳内变形与深部（如地幔）过程具有多大程度上的耦合关系？

2. 地史时期的北美大陆岩石圈演化

如何从深部探测的地球物理图像，分析区域地质构造的演化？北美大陆克拉通什么时候开始成核，如何生长，直到形成现在的稳定克拉通？这期间，地壳和地幔都发生了怎样的变化？具有怎样的热演化过程？壳幔边界（即莫霍面）如何变化？流体如何运移？是否经历了克拉通破坏过程，如何破坏？是否存在岩石圈拆沉或地幔柱上涌作用？

3. 地球深部结构和动力学

在北美大陆的下方，俯冲岩石圈与地幔过渡带和下地幔是如何相互作用的？较为古老的深部远程俯冲岩石圈（Farallon/Kula 板片）与目前正在太平洋西北部俯冲带下方的胡安德富卡和戈尔达岩石圈，它们之间是怎样的关系？黄石公园热点下方的上地幔低速异常区是否是地幔柱？地幔的各向异性模式是否能够反映地幔柱上涌或岩石圈拆沉作用？北美大陆下方的地幔过渡带具有怎样的地形起伏特征，是否具有地幔流指示意义？地幔过渡带真的是地球内部最大的水库吗？核幔边界采集的地震波数据是否可以反映深部矿物相特征？核幔边界超低速度带（ULVZ）是否具有部分熔融特征，提供了哪些温度和物质组成的相关信息？地核内部具有怎样的结构，内核具有怎样的各向异性特征，内核与外核之间是否存在差异旋转，是否由此可以解释地核发电机（发动机）的运行机理？

4. 地震、断层和岩石圈流变学

地震是怎样发生的？决定大地震发生的条件是什么？瞬时地震与长期变形之间存在怎样的内在机制联系？是否存在介于两者之间的连续过程？如何通过断层几何学、流变学和活动历史研究来确定地震带的形成、发展，并预测地震发生位置？地表活动构造是如何响应下地壳和上地幔变形的？流体在地震和断层活动中的作用是什么？北美岩石圈具有怎样的流变学三维变化特征？应力是如何积累和分布的，应力状态是否可以改变大陆岩石圈的流变性质？流变学性质如何控制大规模大陆变形？

5. 地壳与地幔中的岩浆和挥发物

俯冲带和裂谷地区的火山作用具有怎样的周期性特征？岩浆、流体和挥发物如何补给和输运，具有怎样的随时间变化和空间（水平和垂向）分布规律？岩浆、流体和水的作用如何改变板块内部的温压条件、应力状态和变形方式？俯冲带内部的脱水反应和流体输送如何影响板块界面的耦合以及俯冲带发生大地震的可能性？活火山和俯冲带的挥发通量随时间如何变化，这对全球气候变化又有什么影响？岩浆和流体作用如何影响大陆增生？

6. 构造地貌学：阐明岩石圈变形的时空模式

构造地貌是如何形成和保持的？断裂系统的滑移速率受什么因素控制？不同类型的盆地（前陆、弧前/弧后、被动陆缘、克拉通/拉分）如何影响下地壳和岩石圈地幔的深部结构？

7. 水圈、冰冻圈和大气圈观测

深部探测设施如何服务于水文、冰冻圈和大气圈研究目的？是否可以利用深部探测设施观测水（包括地下水、大气水、土壤湿度、积雪、冰川和植被含水量等）的时空分布与变化，并精确模拟水文（地下水、湖泊、河流、冰川和水坝等）变化过程？如何观测和描述大规模大气现象和大气传输路径？如何探讨大气动力学成因？如何监测和模拟冰体、永久冻土和北极冻融循环的变化？

第七章　拓扑欧洲计划

第一节　概　　述

大陆地表地貌是地球深部、地表作用和大气运动相互作用的结果（Cloetingh et al., 2009）。地表地形条件影响着社会的各个方面，不仅是地形演变的缓慢过程，并且影响到地质灾害和资源环境等方面。地貌演变（土地、水和海平面的变化）可以严重影响人类的生活，以及陆地的地理生态系统。当淡水或海水水位上升，或当土地消退，洪涝灾害的危险便急剧增加；直接影响到生态系统和人类定居点。另外，水位的下降和地表的隆升则可能导致更为严重的侵蚀，甚至荒漠化。相反，地球深部的地球动力学过程导致了地形、侵蚀和沉积物的形成，是地表地质作用的基础（Moucha and Forte，2011；Cloetingh and Willett，2013）。正是这些深层地球动力学过程的地表表现产生了自然灾害，并控制了化石能源、矿产资源和地热能等自然资源的分布，从而进一步产生了对社会的影响（Cloetingh et al.，2010）。因此，通过更为综合的方法来研究固体地球深部和地表过程的相互作用是十分重要的，同时更是社会的需求。为了在时间和空间上量化地貌演化过程，深刻认识地球深部与地表过程的耦合关系是至关重要的。

拓扑欧洲计划（TOPO-EUROPE）是国际岩石圈计划（ILP）的组成部分，旨在通过地质学、地球物理学、大地测量和地质工程学等多学科联合协作的方式，开展欧洲大陆造山带和板内区域的四维地貌演化研究。该计划综合集成监测、成像、重建和建模的方法，针对控制大陆地形地貌和相关自然灾害过程相互作用开展研究。在这之前，新构造及相关造山带和板内地区的地形发育研究还很少受到关注（图 7-1）。拓扑欧洲计划发起了一系列新颖的研究工作，量化了垂直运动速率，如在欧洲的天然实验场针对受构造控制的河道演变及地面沉降的相关研究。这些天然实验场从造山带穿过稳定克拉通到大陆边缘，包括阿尔卑斯/喀尔巴阡-班诺尼亚盆地系统，欧洲西部和中部克拉通，活动的亚平宁-第勒尼安-马格里布和爱琴海-安纳托利亚造山带与弧后盆地，伊比利亚半岛和斯堪的纳维亚的山脉及大陆边缘等。拓扑欧洲计划整合了欧洲地区的研究设施和技术方法，提升了地形演化在地球系统动力学中重要作用的认识。同时，将各个国家的科技攻关计划整合纳入整个欧洲的共同实验网络中，形成计划实验网络，为欧洲地区新构造和地形地貌研究提供一个跨学科的知识和信息共享平台。

拓扑欧洲计划是一个多学科协作的国际研究计划，旨在解决共同组成欧洲大陆地形的固体地球深部（岩石圈、地幔）与地表过程（侵蚀、气候、海平面）间的相互关系及其相互作用（Cloetingh et al.，2009；Cloetingh and Willett，2013）。这一计划的目的是评估新构造变形速率、量化分析相关的地缘风险，如地震、洪水、滑坡、崩塌和火山活动。Cloetingh 等（2007）结合数据交互建模的研究，侧重于岩石圈记忆和新构造运动，尤其是

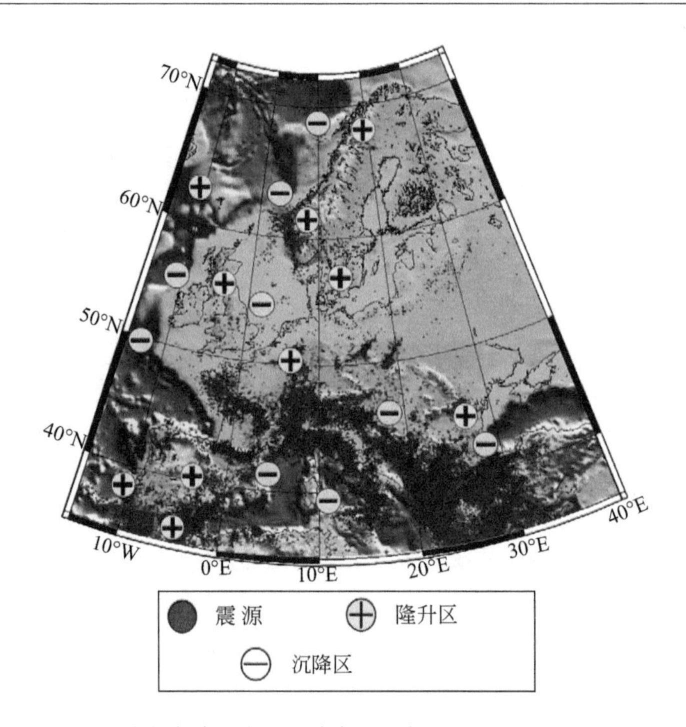

图 7-1　欧洲大陆历史地震分布图（据 Cloetingh et al.，2009）

欧洲大陆现今活跃的板内变形和板内区域在新近纪晚期以来的隆升（带加号的圆圈）和沉降（带减号的圆圈）活动。背景高程图像来源于 ETOPO2 数据库。红点表示震源，位置数据来源于 NEIC 数据中心

岩石圈的热结构，控制大规模的板块边界和板内变形的力学机制，异常沉降和隆起的动力学机制，并且与地表过程和地形演变相关联。

第二节　计划实验网络

2005 年 10 月，“迎接大陆地形演化研究新挑战”学术研讨会在德国海德堡举行，标志着拓扑欧洲计划的正式实施。拓扑欧洲计划作为一个整体，共资助 10 个研究主题，旨在：①促进对于控制地形演变及相关地质灾害的过程认知；②提升欧洲在大陆地形研究领域的国际领导地位；③为高端人才提供全新的工作机会。随着科研机构间强大的研究网络的建立，拓扑欧洲计划将能够解决一系列控制现今地表演化和自然灾害的与岩石圈、地表以及与气候相关的运动过程。拓扑欧洲计划建立了“天然实验场”的概念，涉及良好保存地质记录的造山带、沉积盆地和大陆边缘。不同学科的科研人员在共同的“天然实验场”开展地震学、大地测量学、地球动力学、构造地质学、沉积学、地球化学和地貌学等研究。欧洲大陆在构造、气候和地理环境方面的多样性，为全面的研究提供了一个极好的机遇。因此，无论是区域尺度上还是局部尺度上，“天然实验场”都可以为正在发生的岩石圈变形及其对大陆地形影响的新一代模型建立提供关键的研究区。

该计划侧重于研究活动构造、地形演变、相关海平面变化和水系模式演化间的相互作用，特别关注构造薄弱地区的区域变化，涉及多学科多领域的合作研究。拓扑欧洲计划着

力解决以下几个重要的科学问题：①欧洲地区的地形地貌在空间和时间上的发展演化；②量化分析物源-沉积过程中的沉积量；③量化分析欧洲地区盆地沉降和三角洲的发育；④量化造山带和板内地区的地表隆升；⑤量化构造控制的河流演化；⑥气候变化的影响。

拓扑欧洲计划强调通过地质、地球物理、大地测量和地质工程学的多学科联合研究，恢复欧洲陆内造山带和板内区域地表形态的四维演化。该计划综合监测、成像、重建和建模技术，阐释大陆地形地貌及其引发的自然灾害之间的相互关系。

第三节　科学目标与研究内容

拓扑欧洲计划是一项经过多年准备、面向整个欧洲的多学科协作的科学项目。其总体目标是：①了解欧洲大陆地形地貌的形成与演化、固体地球的动态变化与地表作用相互关系及其社会效应；②构建形成覆盖整个欧洲的地形地貌合作研究网络；③提升欧洲在大陆地形地貌研究中的国际领先地位；④建立跨学科的技术、方法和信息共享平台；⑤促进青年科学家的锻炼成长与学术交流。

该计划聚焦 Alpine-Mediterranean-Carpathian（阿尔卑斯-地中海-喀尔巴阡）地区、Iberian（伊比利亚）微陆块、欧洲中西部克拉通、Arctic-North Atlantic（北极-北大西洋）大陆边缘、欧洲东部克拉通、Africa-Arabia-Eurasian（非洲-阿拉伯-欧亚大陆）碰撞带，包括 Apennines-Aegean-Anatolia（亚平宁-爱琴海-安纳托利亚）、Caucasus（高加索）和 Levant（阆中）地区的天然实验场，开展实验研究。每一个天然实验场都有其特殊的构造背景和与之相关联的地形地貌动态变化过程，如自然灾害、资源、环境和气候效应。

1. 多种方法和设备的集成

拓扑欧洲计划的一个重要特征就是集成了各国现有的研究能力，构建遍及整个欧洲的研究网络，关注科学创新和社会需求关键问题。该计划提供了欧洲第一个高效集成和共享的新一代固体地球科学基础设施，包括卫星、地表和地下的立体观测系统，以及先进分析设备、高速计算平台和信息管理系统。

基于先进的基础设施和综合研究建立虚拟科学中心，是拓扑欧洲计划的目标之一。该中心包括：①卫星、地面和井下立体监测系统；②先进的地质力学、地球化学和地球生物学实验室；③先进的地理信息数据库，包含自然和人类栖息地脆弱性的全球和区域变化历史数据；④先进的计算机系统和随时间变化的复杂连续体问题并行计算程序；⑤关于地质过程的建模和仿真，以及风险和影响评估的最新知识。

2. 加强欧洲竞争力的机遇

在欧洲，空间大地测量技术在监测地表变形中的应用时间还相对较短。几十年前，Wegener 团队在地中海地区首次应用 GPS 和卫星激光测距（SLR）研究地壳运动，开启欧洲地壳运动测量的先河。例如，欧洲地壳运动测量期间开展的斯堪的纳维亚半岛 BIFROST 计划，侧重于与冰后期反弹相关的剧烈地形变化。在 Aegean-Anatolian 地区，美国和欧洲科学家在研究与板块运动、板内变形和 Anatolian 断层系统活动有关的地表活动变形方面取得了突出成绩。目前，台站稀疏的欧洲固定 GPS 台网（EUREF）已纳入全球 IGS（国际全球导航卫星系统服务）网络，可作为全球和区域测量的参照。与拓扑欧洲计划合并之后的 EUROARRAY（欧洲阵列）计划，建立了必要的协同机制，可实现覆盖整个欧洲的共同观测、监测和过程建模。

3. 欧洲的主导地位

欧洲科学家在大地测量与空间新技术（如重力、磁力、雷达和 SAR、GPS）的应用领域处于世界先进水平，在原地应力实验（如高压实验、在汉堡的欧洲同步辐射设施或 HASYLAB 实验室）方面也起着重要作用。拓扑欧洲计划采用大地测量先进技术，结合数值模拟和同位素新方法，推动地形-气候过程研究的快速发展，其研究领域涉及自然资源（如水、化石燃料、地热能等）、自然灾害和废物处理等诸多方面，为未来欧洲经济发展提供了重要保障。

固体地球系统科学综合研究是现代地球科学的前沿。此前，欧洲科学基金会（ESF）支持了大陆反射地震剖面探测计划（EUROPROBE）和欧洲地学断面计划（EGT）。在此基础上，欧洲的先进实验室和科学家，联合全球高水平研究团队，整合了整个欧洲尺度的观测研究，以期建立固体地球过程与地球系统之间的内在联系。

4. 拓扑欧洲计划与其他研究计划的关系

拓扑欧洲计划整合了欧洲固体地球科学领域的研究计划，同时也受益于前期的科研计划，已成为欧洲科研领域的主流。前期的研究计划包括 ESF EGT（欧洲地学断面计划，1982 ~ 1990 年），ESF EUROPROBE（欧洲探测计划，1992 ~ 2001 年），ESF EUCOR-URGENT（Upper Rhine Graben Evolution and Neotectonics）—Environmental，Earth system dynamics network（2002 ~ 2004 年，上莱茵地堑演化与新构造——环境，地球系统动力学网络），ENTEC—Environmental Tectonics EU-FP5 Training and Research Network（2001 ~ 2004 年，环境、构造、训练和研究网络项目），PALEOSEIS—Evaluation of Earthquake Potential in Regions of Low Seismic Activity in Europe（EU-FP5）（1999 ~ 2002 年，欧洲低地震活动地区的地震潜力评估项目），SAFE—Slow Active Faults in Europe（EU-FP5 Research Programme）（2000 ~ 2003 年，欧洲弱活动断裂计划），EUROBASIN—Marie Curie EU-FP5 doctoral school and fellowship program（2002 ~ 2005 年，欧洲盆地研究计划——玛丽居里博士学校和奖学金计划）。欧洲科学基金委（EFS）支持并成功实施的欧洲地学断面、ESF EUROPROBE 计划和 ESF EUCOR 网络，也是拓扑欧洲计划的重要基础。

第四节　监测、成像、重建与过程建模

通过跟踪、量化和预测地形的演变，反演固体地球内部过程及表层海水运动，需要多学科协同的综合研究。拓扑欧洲计划将综合集成地貌、地质、地球物理、大地测量、遥感和地质工程调查结果。具有不同学科优势的科研机构组成拓扑欧洲计划研究群体，有助于提升欧洲动力地形学研究的水平和灾害预警能力。

拓扑欧洲计划主要包括4个部分：①固体地球监测系统；②地球深部及岩石圈成像与高性能计算；③动态地形重建；④过程建模及验证。沉积盆地、构造活动的大陆边缘或板内等地区，活动的地球表面或近地表的变化，可以完整地反映地幔与岩石圈之间的耦合过程（Cloetingh et al.，2007）。对于深部过程、圈层耦合与表层响应的深入研究，有助于提升资源勘查与地球管理水平，为降低地震和山体滑坡等地质灾害风险提供基础支撑。

1. 固体地球监测系统

岩石圈研究的主要挑战之一是建立量化的“从深部到地表”（depth-to-surface）关系，即现今地表变形与岩石圈及其下地幔之间的关系与过程响应。为了了解地球内部动态过程，我们需要了解其物性参数、物质组成和温压场条件。

（1）现有数据和研究领域的完备化。大量的主动源地震折射和反射调查、被动源层析成像实验以及地震台站网络监测数据，给出了欧洲大陆地壳结构和地震分布。不过，以往的数据资料分辨率低、覆盖范围小，严重影响了地壳成像的质量。为此，需要通过卫星和密集的地震台站观测网络，来提升观测数据的密度和质量。

拓扑欧洲计划部署了以下工作，以促使研究网络进入超高速信息流和巨量计算能力，提升全球竞争力：①基于卫星、地面测量和钻孔等方法的系统观测和监测；②地质力学、地球化学和地球生物学实验装置的建立；③全球和区域尺度历史数据的参数修正；④四维流体和固体动力学系统数值模型的建立，包括并行计算和建模软件等；⑤地形、地质、地球物理、大地测量、遥感、地质工程等学科团队的建立及协同合作；⑥与天体物理领域的合作。

（2）地表GPS和GALILEO监测。大量的GPS观测站和欧洲卫星系统GALILEO计划，将提供地表同期运动和变形的基础数据，有助于在边界条件和流变学性质约束下，开展地壳和上地幔的地球动力学过程和地球物理性质的研究。随着计算机技术的不断发展，构建反映复杂几何结构和成分各向异性的高分辨率地壳数值模型成为可能。GPS数据在第四代地震灾害评估方面扮演了重要角色（图7-2）。伴随着时间系列的密集GPS网络观测数据的取得，通过建立带时间维度的四维应力演变数值模型，将极大提升地震灾害评估的能力。

（3）最新的地球科学技术为拓扑欧洲计划提供了关键数据集。CHAMP、GRACE、ØRSTEDT、GOCE和SWARM地球物理卫星等，提供了全欧洲磁性和重力等测量的全新视角（图7-3）。另外，地球物理卫星可以观测到控制地表变形动力学的密度和温度的不均一性，由地震、滑坡、崩塌和深部矿体垮塌等引起的瞬时运动，以及自然和人为因素引起的沉积作用等。

2. 地球深部成像与高性能计算

现今地壳（图7-4）及其深层（图7-5）不同尺度的结构信息是固体地球科学的重要基础。现今地壳活动区域的壳幔结构、深部过程，是建立区域地壳运动学和动力学模型的基础。地球重力场及其对内部结构的控制，在地壳活动性（如地震活动、地表变形等）监测中起到重要作用。

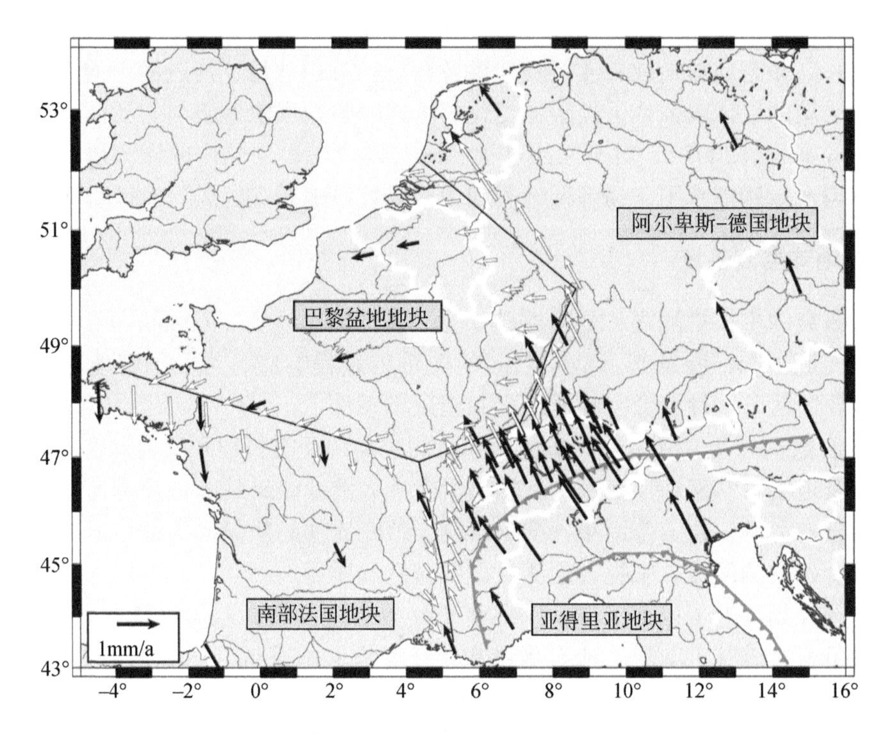

图 7-2　GPS 数据计算得到的欧洲主要块体地壳运动速率分布（据 Tesauro et al.，2008）

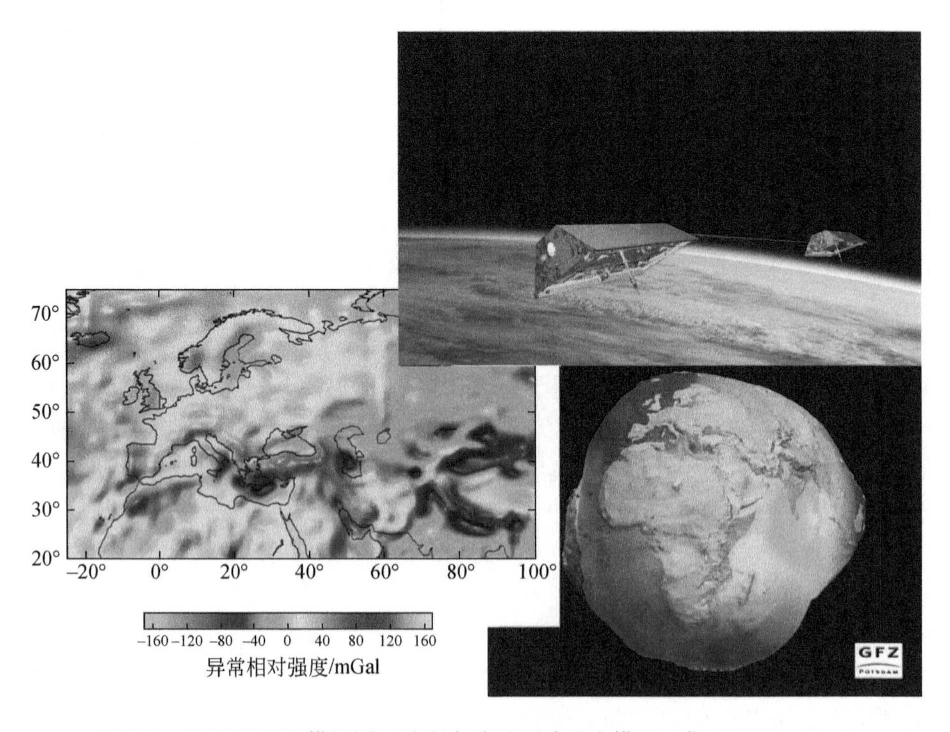

图 7-3　GRACE 卫星模拟图、欧洲大陆及地球重力模型（据 GFZ-Potsdam）

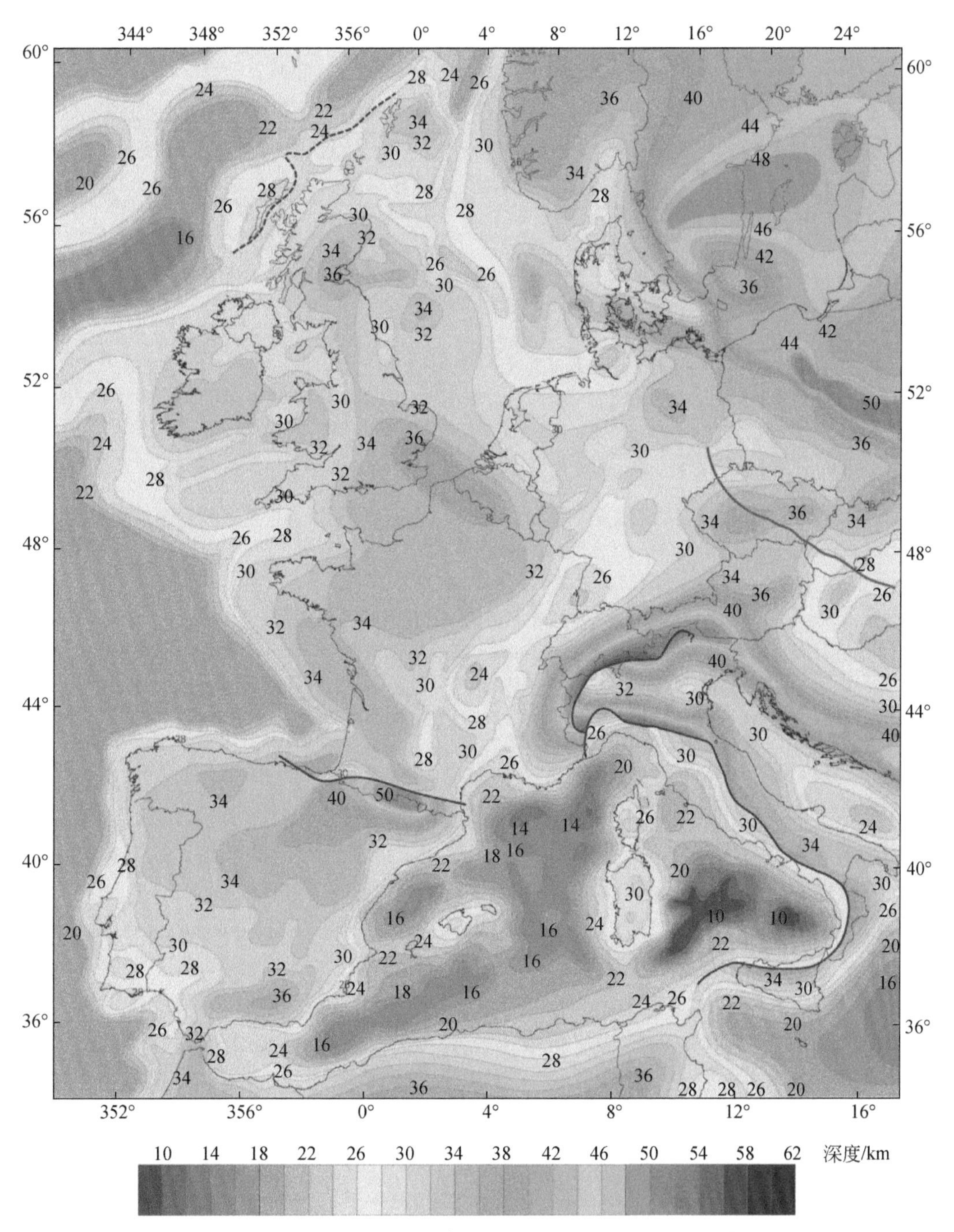

投影系统：兰伯特等面积投影；中心：4°/48°；区域：W/E/N/S=350°/28°/62°/34°；大地坐标：WGS1984

图 7-4　地球物理数据集成的欧洲莫霍面深度图

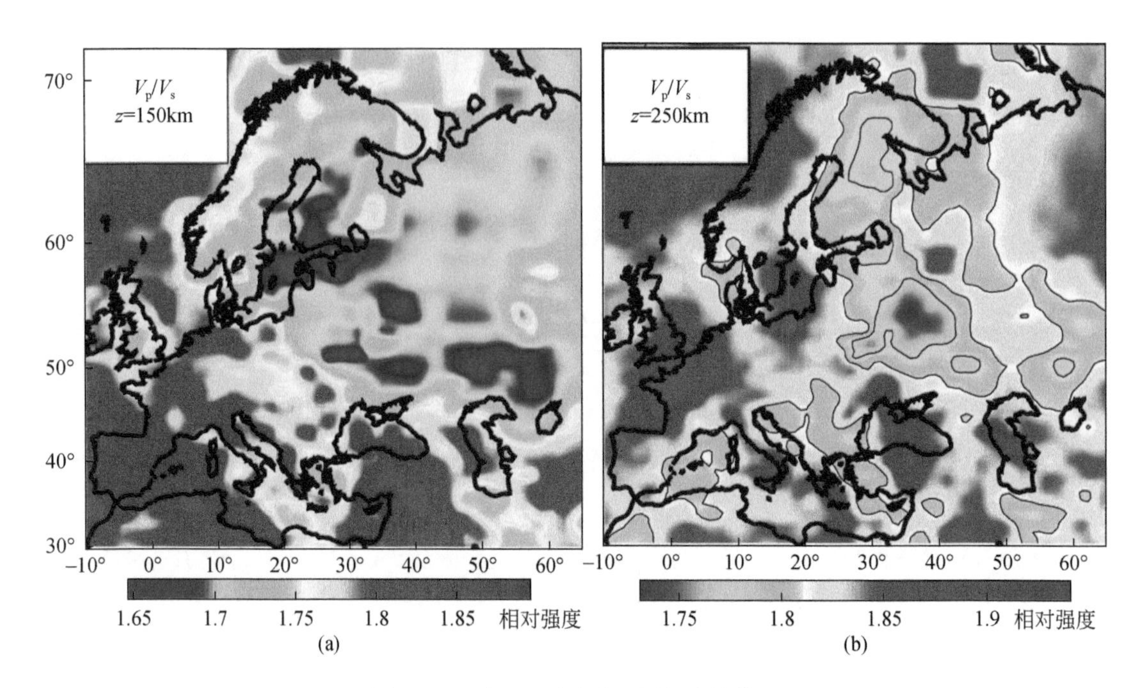

图 7-5　P 波和 S 波速度比层析成像模型

P 波速度据 Bijwaard 和 Spakman（1999）。S 波速度据 Shapiro 和 Campillo（2004）。经平滑和滤波处理。150km（a）和 250km（b）深度的 P 波和 S 波速度比，其变化显示出岩石圈不同的组分

1）天然地震与地震层析成像——欧洲阵列计划

过去二十多年，由于地震层析成像技术在全球和区域尺度上的重要进展，壳幔过程与动力学分析能力有了大幅提升。层析成像技术应用于体波及面波的观测，能够提供地幔结构的三维图像，由此可揭示全球板块构造运动过程，如过去和现今活动的俯冲岩石圈板块。大深度地幔层析成像（Bijwaard and Spakman，1999；Romanowicz，2003；Montelli et al.，2004）给出地幔柱活动与诸多地表运动过程如火山、裂谷及地表垂直运动的内在联系。

欧洲大陆-地中海地区的地幔层析成像模型（Bijwaard and Spakman，1999），揭示了岩石圈-地幔过程，提供了过去与现今地壳构造演化的重要线索（图 7-6）。地震层析成像和实验模拟得到的地幔动力学概念模型，强调了各种地幔过程对主要构造事件、岩石圈力学性质演化及地表变形作用的驱动机制（Bellahsen et al.，2003；Faccenna and Becker，2010）。

此前的欧洲大陆层析成像模型，其数据来自空间分布不均匀的全球地震观测台网。由于数据密度不均匀，因此模型的空间分辨率从 50km 到数百千米不等。在欧洲的一些地区，如中央地块（法国南部）、TOR（瑞典、丹麦、德国北部）、SVEKALOPCO（芬兰）、EIFEL（法国东部、德国西部），移动地震台站部署的台间距为 30～60km，其观测周期为 6 个月到 1 年；密集台网具有较高的空间分辨能力。这些地区的观测目标聚焦在岩石圈转换带、地幔柱和俯冲带，给出了影响地表变形的精细壳幔结构（分辨率为 10～30km）与

图 7-6　欧洲大陆关键地区层析成像剖面（据 Bijwaard and Spakman，1999）

动力学过程。短周期观测和有限的数据量不利于精细地幔结构与动态变化背景图像的取得。

地震层析成像、地震比对（seismic-contrast）、动力地形学、壳幔精细成像，可给出欧洲大陆壳幔结构的新模型（图 7-7）。拓扑欧洲计划，在原有的全球（FDSN、IRIS、GEOFON、EarthScope）及欧洲（NERIES）的地震监测台网基础上，部署了更加密集的观测台网，即欧洲阵列计划，用来监测地表变形，并获取岩石圈尺度的地球物理观测数据。欧洲阵列由 GPS、大地电磁（MT）和地震仪等组成的综合台站，其间距为约 60km，弥补了原有设施的不足。同时，该计划也倡导多学科合作研究的科学共同体精神。

欧洲阵列计划具有以下特征：①单个台站之下可获取高分辨的一维精细地壳模型；②具有前所未有的地幔空间分辨率；③可以准确测定地表不连续的地震变形与地幔过渡带厚度变化，一致性较好，同时可监测到地幔流的垂向运动流及与之相关的温度变化；④可观测到岩石圈-软流圈界面、岩石圈结构的横向变化和岩石圈尺度的大型剪切变形带；⑤可观测到俯冲板块、地幔柱及其与大陆地壳和主要变形带之间的关系；⑥可检测到岩石圈或地幔深层的地震波各向异性结构，由此反推地幔流动方向和各向异性分层。欧洲阵列计划为重建“从深部到地表”的关系、建立包含地表地形的欧洲壳幔系统模型提供了必要的数据，包括高分辨率卫星重力和大地测量观测取得的活动地表变形数据，是实现拓扑欧洲计划阶段目标和发展四维壳幔动力学模型的重要保障。

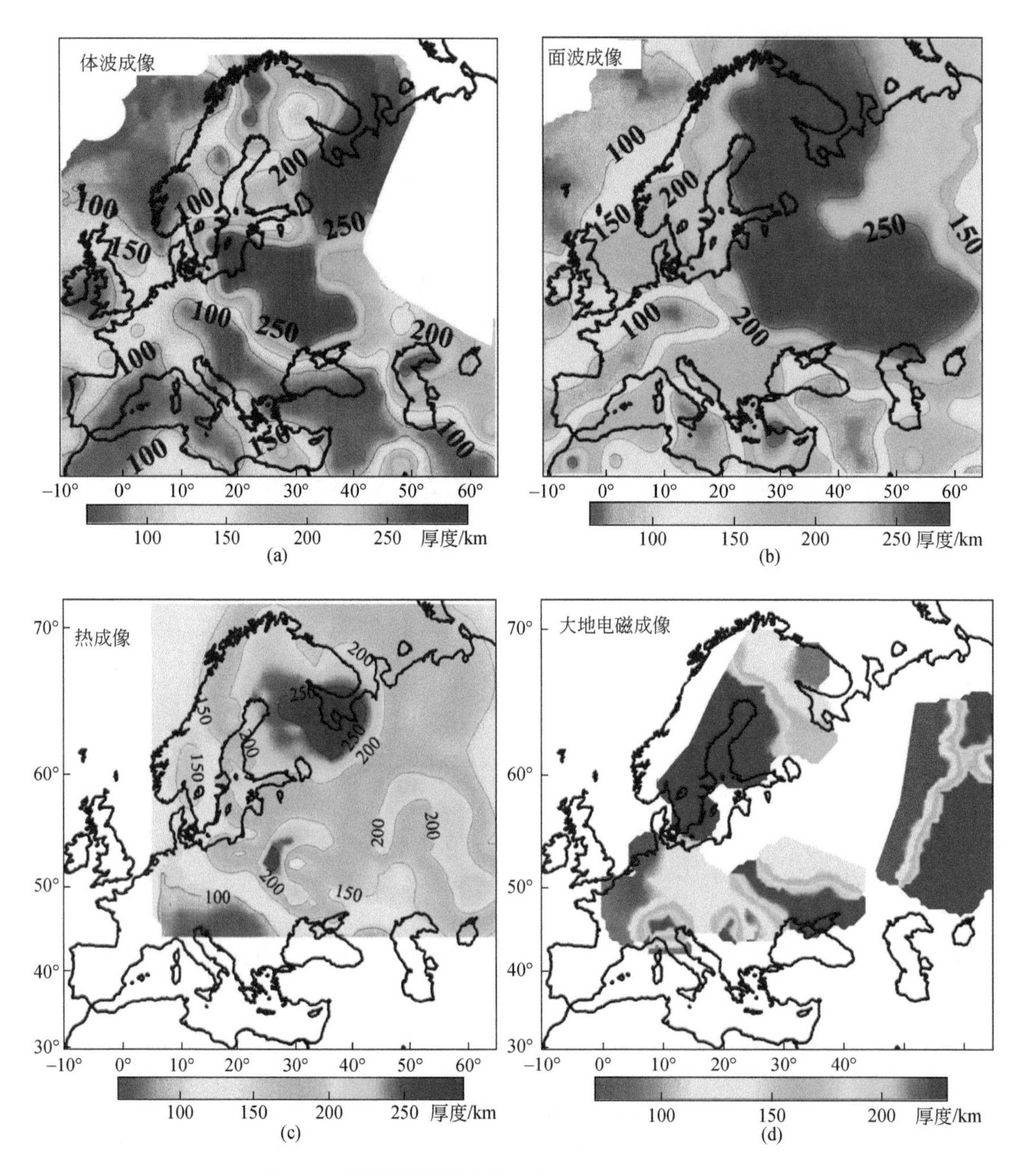

图 7-7　欧洲岩石圈厚度图（据 Artemieva et al.，2006）

（a）体波地震层析成像结果；（b）面波地震层析成像结果；（c）地热学岩石圈厚度；（d）大地电磁确定的岩石圈厚度

2）*反射地震方法*

使用最先进的三维地震勘探技术，可以获得地表以下 0.1～10km 深度地震反射层的三维数据体精细结构，具有很高的几何分辨率，为沉积和构造演化研究提供了扎实基础。由此开创了基于时间序列的三维地震数据集，即“四维地震学”研究，可提供地质构造随时间演化的信息，包括对碳氢化合物提取或二氧化碳注入结果的监测。同时，反射地震与位场方法可以互为补充。重力和地磁等位场数据可以提供火成岩分布、结晶基底深度、沉积地层厚度及深层构造可能位置的有用信息。

3）地壳尺度的深地震反射与折射

过去几十年，欧洲大陆开展了大量的地壳尺度深地震反射剖面探测，成功揭示了典型造山带、沉积盆地的深层结构和克拉通地壳深部构造、莫霍面及上地幔反射。深地震反射剖面与壳幔速度结构和位场信息的结合，形成了理解欧洲大陆地壳特征和演化的一系列认识，特别是关于从不稳定的造山带向稳定的克拉通岩石圈转变等的认识。新的数据，新的概念，新的模型，导致了新的突破。不管是在挤压还是伸展应力作用域，拓扑欧洲计划认识到先存断裂的再次活动在板内构造变形研究方面的重要性。先存构造也对新构造变形的局域化和基底控制方面起到重要作用。

4）地震监测固定台网与 LOFAR/BEL

荷兰建造的直径约 350km 的综合射电望远镜，为一个“低频阵列”（low frequency array，LOFAR）基础设施。它包括一个由大量小型天线组成的广域网络，通过一个超快速（约 10Gbit/s）数据传输网络同步到望远镜。拓扑欧洲计划提出了地震监测固定台网与 LOFAR 网络的联合，构成地震成像和监测固定台网（PERSIMMON），通过与 LOFAR 网络连接的大量三分量检波器，来实现荷兰地下三维结构及变化过程的动态监测。初步研究表明，PERSIMMON 台网获得的背景噪声，可用于地球深部结构成像与变化过程监测。

起初，这一网络是用来监测荷兰两个地区的地下变化情况的：①天然气开采而导致地震和沉降多发的荷兰东北部地区；②与 Roer-Valley 地堑沉降有关的荷兰东南部地震多发地区。后来，低频检波器（<1Hz）的接入，形成了 LOFAR，解决了荷兰本土地壳深部结构与莫霍面成像问题。LOFAR 还接入了大气和 GPS 传感器等，扩展了实时监测应用领域。

5）高性能计算和随时间变化的地球模型

（1）典型计算和大限度计算

地球的运动过程是极其复杂的，且具有高度非线性的特点。数值模拟因此成为帮助我们理解地球运动最重要的方法之一。现代高性能计算的巨大进步，使得我们能够建立起地震波传播、破裂和断裂动力学、岩石圈变形或地幔流等的计算模型，通过地面、空中和太空海量监测数据的计算处理，提升有关控制地球大规模构造活动基本过程的理解。

地球模型的建立是计算地球物理学最具挑战的任务之一。首先要解决空间和时间尺度问题。例如，在板块边缘，地壳中的脆性断裂过程可能仅仅延伸几十千米的距离，而板块本身，由于是嵌入在固体地球的全球循环系统之中，可能运动了上万千米。此外，计算能力也需要重点考虑。据测算，5s 时间内的全球地震波传播计算，就可能构成 10～100TB 的数据量和几周的计算时间。这就不但需要借助于欧洲最大的超级计算机，还需要安装最先进的基于并行计算集群的多节点计算系统，以适应地球模拟所需的计算能力（图 7-8）。目前，该模拟系统涉及地壳和岩石圈模型、地震波传播模型、岩石圈系统质量分布、全球地幔对流模型和冰川反弹模型等计算。

图 7-8　拓扑欧洲计划使用的高性能构造模拟器系统

高性能计算系统拥有 150 个处理器和 150GB 内存（据 H. P. Bunge）

（2）随时间变化的地球模型和数据融合

现代并行计算机的出现极大地改变了地球物理模型的构建。全球地幔对流和板块构造演化过程的模拟需要建立接近地球真实情况的三维球面几何模型，并使用复杂的数据融合或同化技术，如全球性的连续过滤或平滑方法（图 7-9）。在拓扑欧洲计划中，数据融合或同化算法发挥了重要作用，随时间变化的数据迭代使得地球模型不断更新。不过，也存在致命的缺陷。由于数据的不断更新，每个观测数据可能只使用一次，因此，被替换的数据只影响前一期的状态模型。这就导致信息只是从过去传递到现在和未来，而没有现在或未来的信息能够被带回到过去。这就限制了我们对地球系统的过去、现在和未来过程的精细研究，还有待改进。全球地震层析成像是构建地球模型的一个最重要数据集，为当前和过

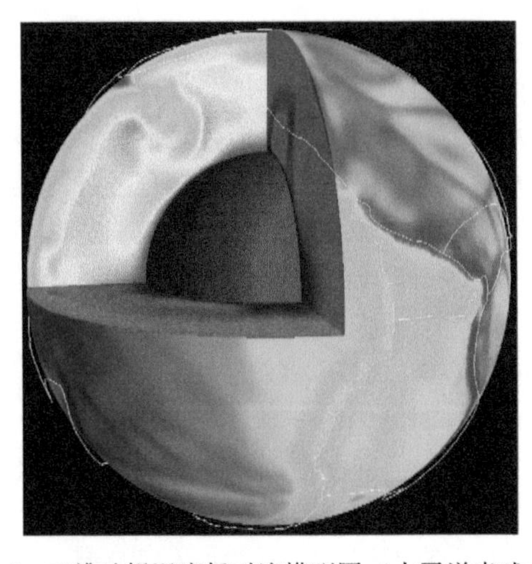

图 7-9　三维地幔温度场对流模型图（太平洋半球方向）

去的地幔流动及其对地形地貌演化和大规模活动构造的控制提供了有力的约束。目前使用的变分数据同化方法，可以显著提高模型的预测准确率，地球模型的构造重建可回溯到晚白垩世时期。

（3）地形地貌对板块构造运动的反馈作用

人们对板块构造与地形地貌之间的关系并不是十分清楚。板块构造的过去与现在经历了一系列的变化，其中必然存在着一个或多个关键的驱动力，如俯冲带的浮力作用等。但是，都有哪些驱动力，如何驱动，人们并不是十分清楚。拓扑欧洲计划的一个研究团队在南美洲地区开展了地幔深部过程与地形地貌演化关系的模拟研究。其中，通过中新世以来的地幔对流和岩石圈模型的变化来表征板块的构造运动，计算结果显示过去 10Ma 以来，板块汇聚速度有所放缓，且与同一时期安第斯山的隆升有关（图 7-10）。

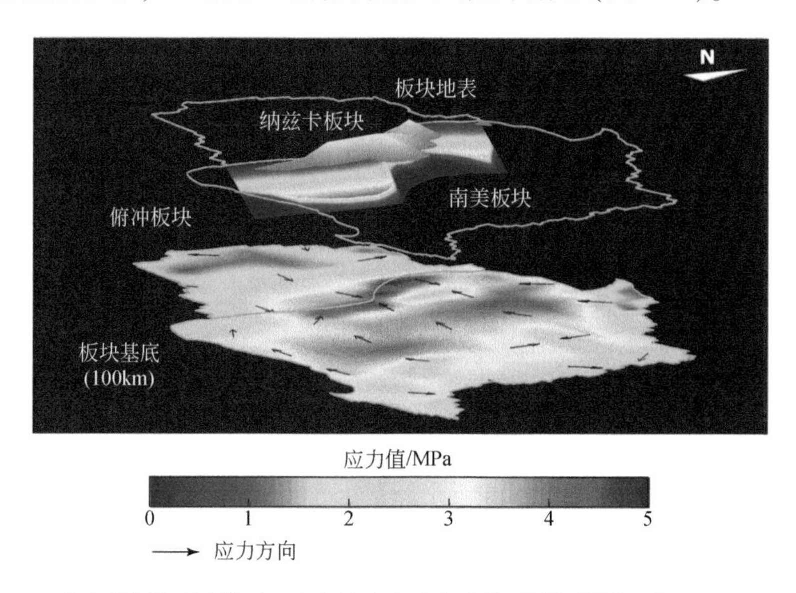

图 7-10　Nazca 和南美板块现今俯冲面和板块底部的应力状况模拟结果（据 Cloetingh et al.，2009）

3. 动态地形重建

1）沉积记录与下伏岩石圈的联系

整合新构造运动、地表过程与岩石圈动力学，以重建沉积盆地及其盆山结合带的古地貌演化，是拓扑欧洲计划的一个重要目标。其中，一个关键的问题，是要弥补人类历史记录与地质年代之间的空白，以更好地分析岩石圈变形的速率。较高空间分辨率的震源机制解与地表垂向运动的定量分析，也促进了岩石圈动力学认识水平的提升。

2）沉积盆地系统动力学与变形模式

地壳内部沉积岩中存在大量的孔隙，是油、气和水的重要储存空间，同时也是地下污染物的重要运移通道。沉积岩结构构造和岩石性质是固体地球科学重要研究内容之一。远震层析成像、正演模拟与四维动态监测，是沉积盆地动力学研究的重要保障。沉积过程的几何学和沉积相模式的量化分析，为建立隆起与沉降的关系及沉积物通量变化提供了依据，可以更好地认识大陆及边缘地形地貌时空演变的控制因素。

新构造运动强烈影响了沉积盆地的结构和充填样式，而岩石圈结构与先存构造也控制着盆地的形成与演化。岩石圈/上地幔动力学与地壳抬升、侵蚀及沉积体系动力学之间存在密切的联系。同时，沉积盆地的历史重建与古应力场分析，也为认识盆地形成与演化的控制因素提供了重要约束。在拓扑欧洲计划开展的盆地演化历史的三维重建中，先进的三维可视化技术、盆地几何结构分析、结合沉降速率和断裂作用的三维回剥，以及沉积体系动力学研究，均发挥了重要作用。

3）同位素地质学约束

同位素地质学主要使用年代学与同位素示踪等技术方法来分析研究地球物质的时空分布、迁移聚散与演化过程。质谱分析和激光等新技术的应用，极大促进了分析技术的提高。现在可以高精度分析微小材料，如单晶颗粒和晶体中的斑点数量等。裂变径迹测年、^{21}Ne和^{3}He年代学、氩-氩法等稀有气体同位素激光测年和 U 系法定年，构成了成熟的构造热年代学方法体系，为研究区域隆升和侵蚀的持续时间及速率提供了较为精确的测定方法。由于其对低温（<120℃）岩石样品的热年代学敏感性，磷灰石裂变径迹测年方法已成为研究区域隆升与剥蚀历史的重要手段（图 7-11）（Reiners et al., 2005）。

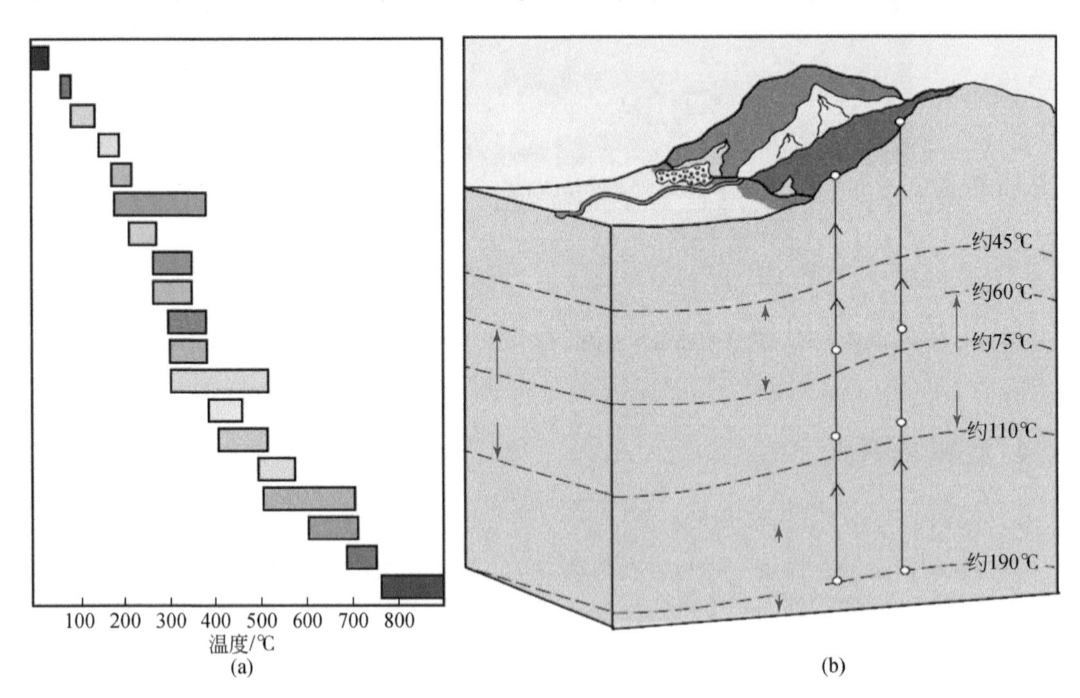

图 7-11　矿物封闭温度和地形地貌的时间-温度记录（据 Ehlers and Farley, 2003）

（a）矿物封闭温度；（b）地壳深度剖面，显示几种低温封闭的温度带和地形地貌的时间-温度记录

4）盆地基底与古地貌

尽管剥蚀作用是现今地貌形成的重要原因，但是地形地貌的形成同样受到深部岩石圈

控制的构造活动驱动。要理解内动力和外动力之间的相互关系及作用机制，需要岩石圈与地表过程之间的相互约束。沉积盆地碎屑矿物年代学与沉积量分析，提供了推断物源区时空分布与估算物源区平均剥蚀速率的强有力工具，从而可以给出盆山系统构造演化的精确描述。

5）*岩石圈变形*

地幔岩石的流变性质控制了岩石圈板块的厚度和强度，岩石圈板块之间的耦合程度、软流圈对流模式和速率，以及洋中脊熔体喷出的速率。精细了解上地幔（深度 30～410km）和地幔过渡带（410～670km）岩石的流变性质，是研究固体地球外层的动力学行为，特别是与岩石圈伸展有关的裂谷和沉积作用动力学机制的基础。扫描和透射电子显微镜提供了定量研究岩石圈上地幔和地幔过渡带动力学的重要实验手段。

6）*岩石圈强度*

基于对岩石圈厚度和温度结构的了解（图 7-12），可计算岩石圈强度剖面和有效弹性厚度（图 7-13）。Cloetingh 等（2007）编制了欧洲大部分地区的三维岩石圈强度图。现有的模型主要是基于岩石圈三维多层模式，包括上地幔、2～3 个地壳分层和 1 个沉积盖层。由地震层析成像数据计算得到岩石圈温度结构，其空间分辨率有限。图 7-14 给出欧洲中西部地区岩石圈综合强度分布。

7）*国际大陆科学钻探计划（ICDP）的作用*

科学钻探对于认识地壳的物质组成、结构构造和运动过程具有独一无二的作用。德国地学研究中心（GFZ，波茨坦）作为国际大陆科学钻探计划（ICDP）的执行机构，在拓扑欧洲计划中发挥了重要作用；同时也促进了钻探技术和能力的提升。

4. 过程建模及验证

由于地质过程重建、地球结构与动力学研究的进展，岩石圈过程研究正在经历从运动学建模到动力学建模的重要转变。地球三维速度模型的出现，开启了地球内部动力学过程的研究，成为固体地球整体过程模拟的基础。而现今水平和垂直运动的监测、地球历史的重建，以及温度或其他物性数据，也为地球过程模拟提供了检验。

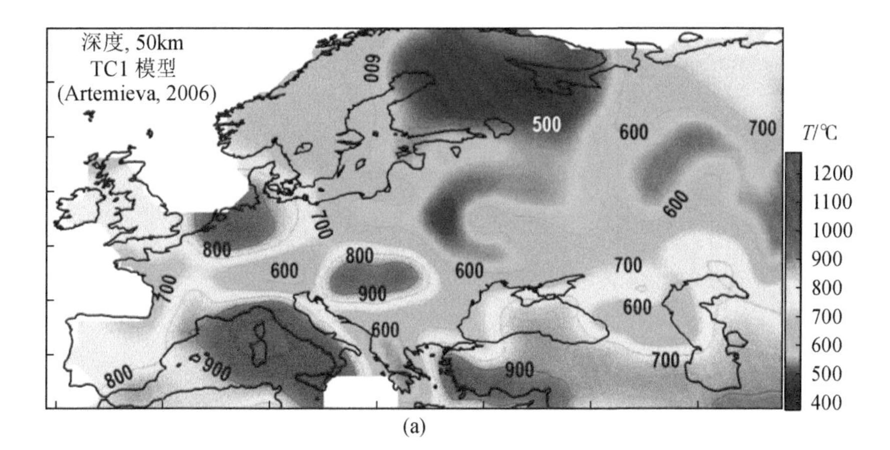

(a)

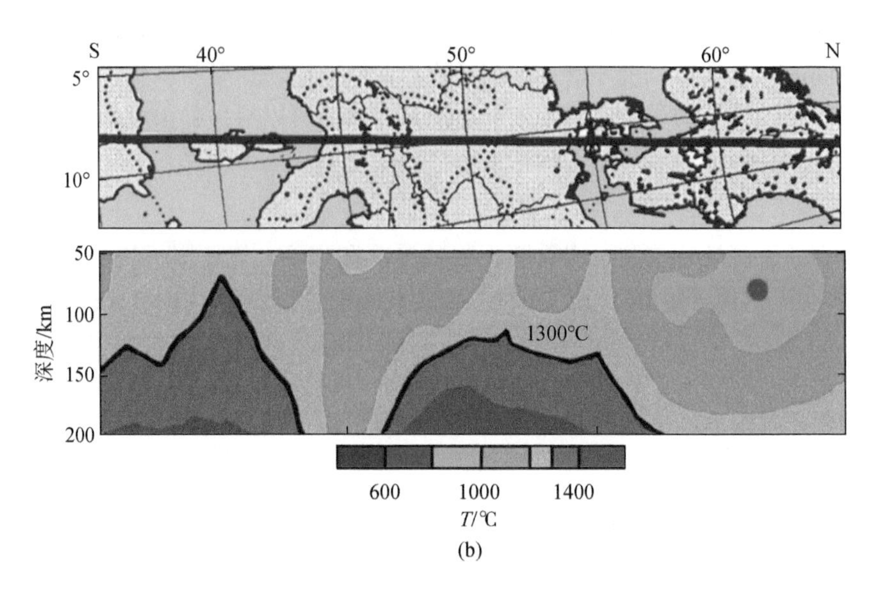

图 7-12　欧洲大陆岩石圈地幔温度分布图

（a）50km 深度的温度分布图（Artemieva，2006）；（b）P 波和 S 波速率约束下，北非至波罗的海地盾的温度剖面

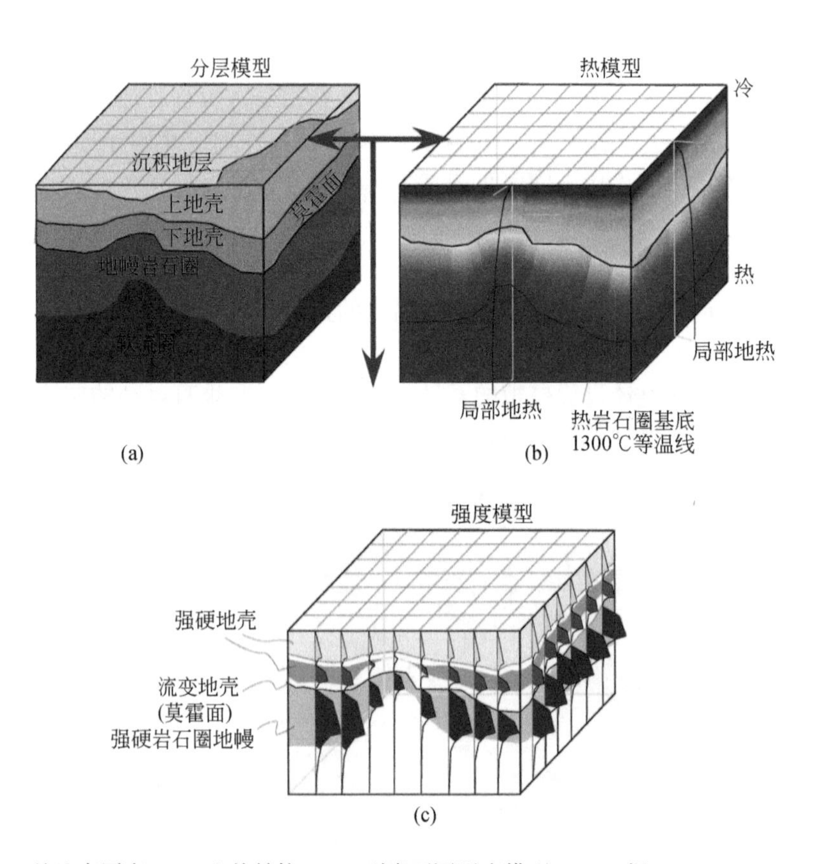

图 7-13　从地壳厚度（a）和热结构（b）到岩石圈强度模型（c）（据 Cloetingh et al.，2007）

通过岩石圈热结构和组成的概念模型，计算给出三维岩石圈强度模型

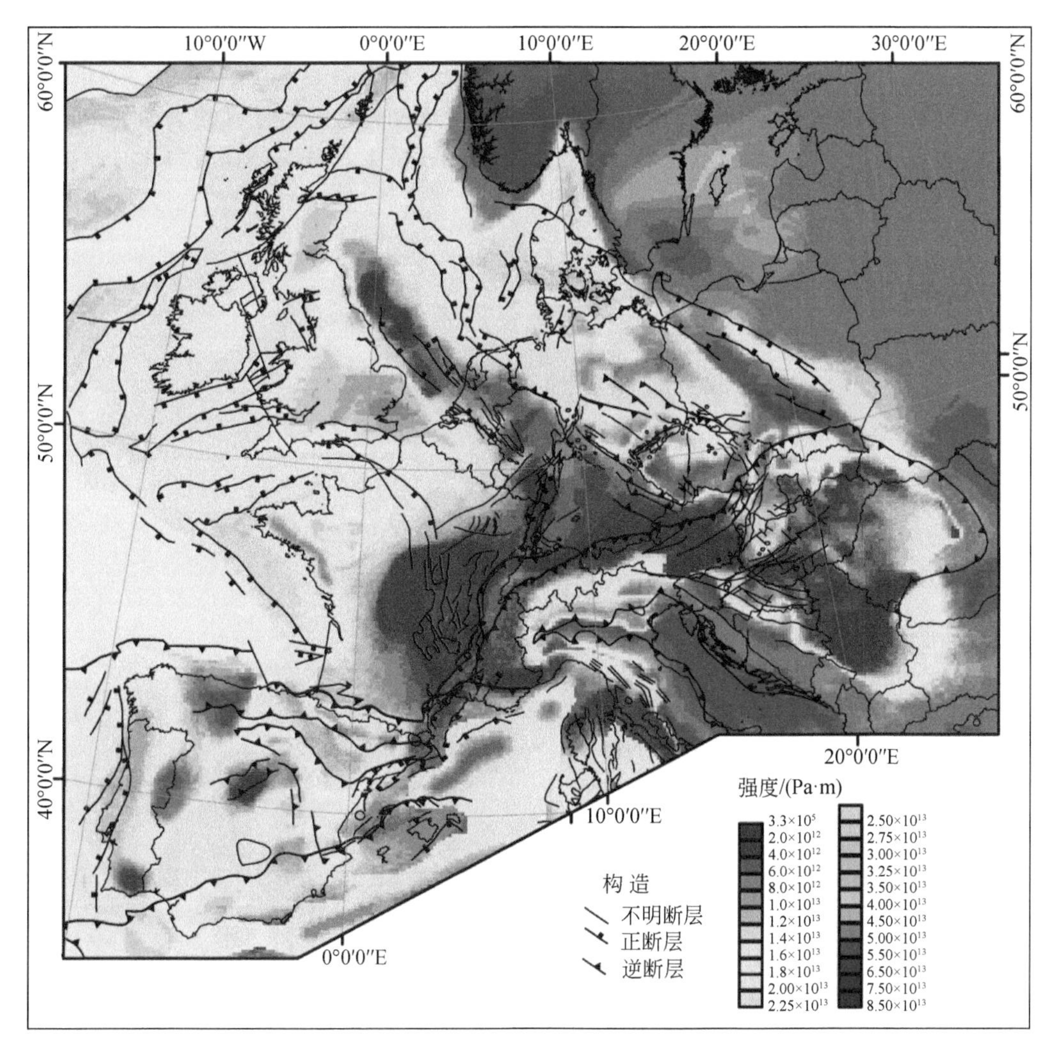

图 7-14　欧洲岩石圈综合强度图（据 Cloetingh et al., 2007）

尽管板块构造理论取得了伟大成就，但其根本性的问题，即关于大陆或大陆岩石圈的演变及地球表面在岩石圈和地幔动力学过程中的作用等，仍然还没有解决。同样有待解决的问题包括控制大陆构造及其垂向运动、动力地形和沉积盆地的形成机制等，涉及俯冲、造山和裂谷作用及其在大陆形成演化与海陆变迁中的综合效应。固体地球内部耦合作用与外动力的影响，也有待解决。

1）四维集成方法

拓扑欧洲计划旨在通过地形地貌、地质、地球物理、大地测量、遥感和地质力学数据的集成与综合解释，推动地形地貌与岩石圈结构四维演化的研究。这就要求进行不同时空尺度的岩石圈观测和地表监测数据的融合，为现今岩石圈变形与地表地形变化提供新的约束。数值模拟则可以通过计算测试而给出合理的解释。

2）创建地幔–岩石圈–地表过程模型

地表的地形形貌演变强烈依赖于地下深部与地表过程之间的相互作用。侵蚀作用抑制了地形地貌的升高而加速了沉积盆地的沉降，构成了活动构造变形地区的剥蚀与构造抬升速率之间的强相关性。地表过程在确定碰撞造山带和断裂带发育的位置与演化过程，并确保地形地貌的持续变化方面具有重要的作用（图 7-15）。过程模型中，壳幔边界和岩石

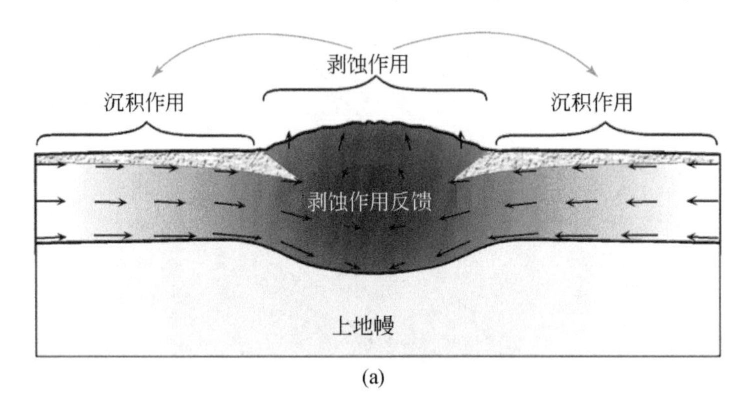

(a)

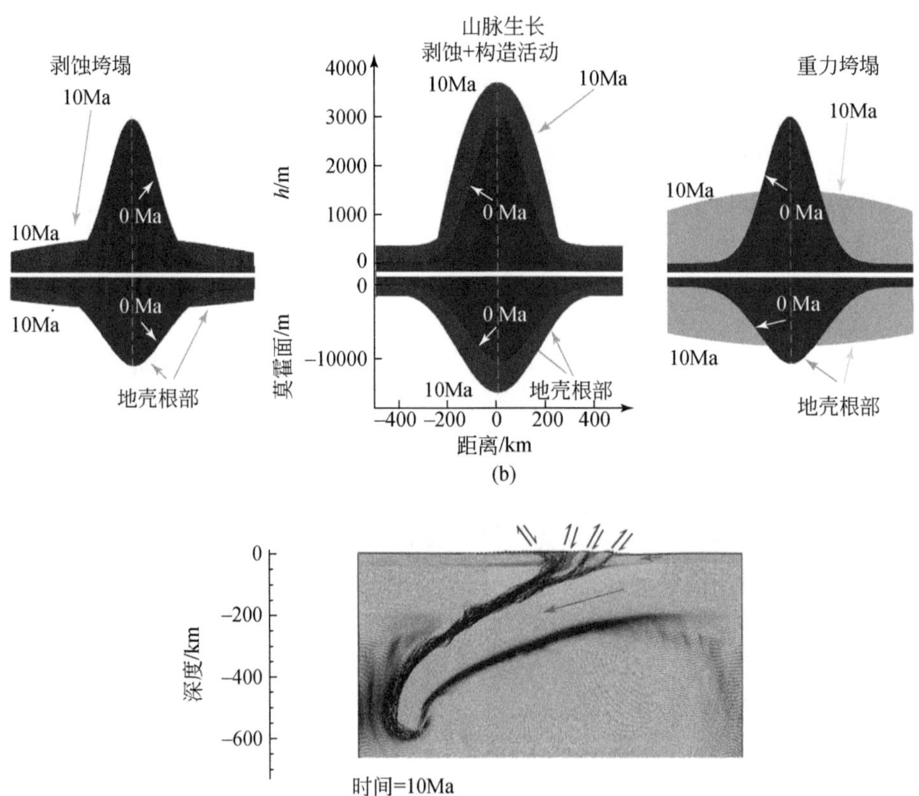

(b)

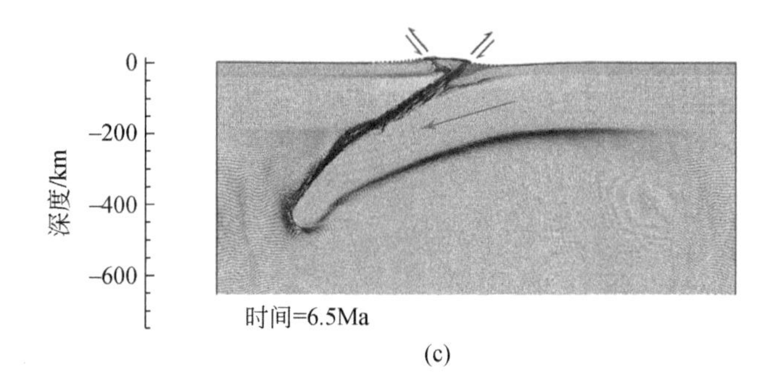

图 7-15　造山带演化与地表过程（据 Cloetingh et al.，2009）

（a）造山带内部地表和地表以下运动过程反馈的简单概念模型；（b）造山演化过程主要模型；（c）考虑地表过程、弹塑性、塑性流变学和深部地幔过程的大陆俯冲完全热力耦合模型中的精细结构演化再现模型与观测的高度吻合；岩石力学边界条件和材料性质是岩石圈深部过程模拟的重要约束

圈-软流圈边界的耦合过程也极为重要。新的三维和四维过程模型的建立，需要在深入理解构造运动与地表过程耦合关系的基础上，提出构造演化与地形地貌变化关系的新见解，如带有动态地形变化的碰撞和折返模型、盆地模拟、构造-气候耦合模型。

3）物理模拟和数值模拟的协同研究

全新的构造建模概念及其在数值模拟中的应用为定量解释岩石圈变形过程中应力与流变的关系提供了可能。数值模拟可以给出山脉与盆地的形成过程、盆地形态及其与垂向上的时空演化的关系。而构造物理模拟将提供独立的验证模型，并形成特有的复杂构造模式，如走滑断裂系统和挤压造山带所具有的各种三维模型。可以通过不同规模的构造物理和数值模型，来模拟从浅部到深部、从局部到区域尺度的过程。

第五节　科学实验场

拓扑欧洲计划的科学实验场包括从造山带、穿过板块克拉通到大陆边缘的广泛区域。该计划的实施为多学科研究基于欧洲大陆天然实验场的一系列地质及地球物理数据集和新概念模型提供了合作机会。针对这一目标，该计划聚焦一些具有特殊构造背景的区域即天然实验场，研究其内生过程与外生过程的耦合，以及地形地貌变化与内生地质灾害的关系（图 7-16）。

拓扑欧洲计划吸取了欧洲科学基金委员会（ESF）在执行 EUROPROBE 计划时的经验，通过监测、成像、动态地形重建与过程建模及验证，实现地质、地球物理、大地测量与地质工程的跨界合作交流与综合集成。如欧洲大陆莫霍面图的编制（图 7-17）（Tesauro et al.，2008），正是从监测、成像到动态重建与过程建模有效传递的结果。拓扑欧洲计划的有效实施，得益于三个方面的核心作用：一是核心智库提出的全新概念和方法；二是地球系统研究团队向未知领域的开拓进取；三是数据集成与处理的全新信息技术，包括交叉学科建模和更为优化的软件集成。模拟计算是重建过去、预测未来的重要手段之一。

图 7-16　拓扑欧洲计划天然实验场部署图（据 Cloetingh et al.，2009）

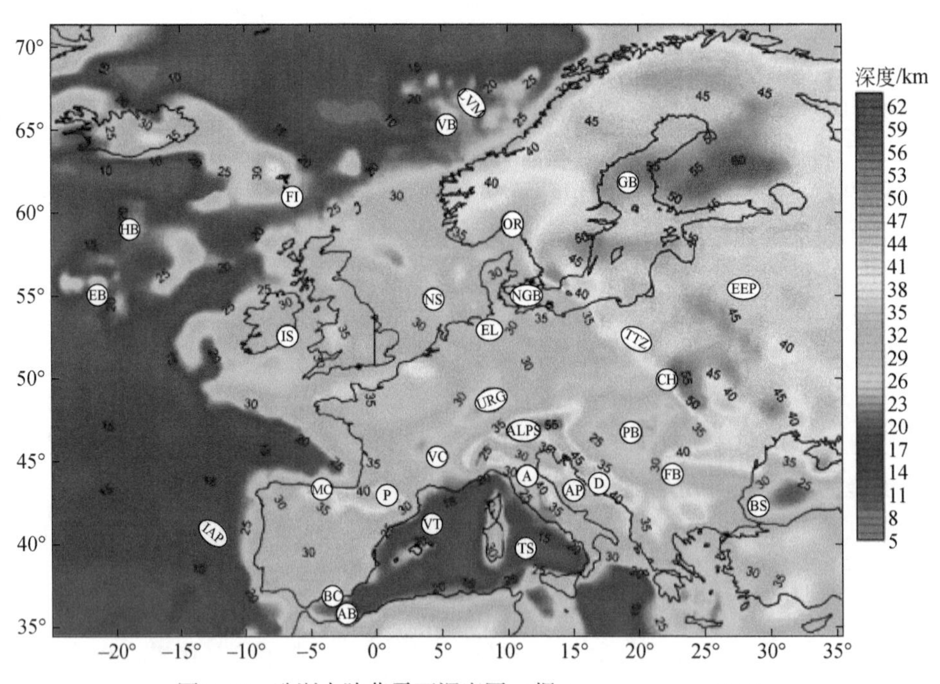

图 7-17　欧洲大陆莫霍面深度图（据 Tesauro et al.，2008）

单位：km。图中缩写：A. Alps，阿尔卑斯山；AB. Alboran Basin，阿尔博兰盆地；AP. Adriatic Promontory，亚得里亚海角；BC. Betic Cordillera，贝蒂克–科迪勒拉山；BS. Black Sea，黑海；CH. Carpathians，喀尔巴阡山；CM. Cantabrian Mountain，坎塔布连山；D. Dinarides，迪纳拉山；EB. Edoras Bank，艾德拉斯滩；EL. Elbe Lineament，易北河线性构造；EEP. East European Platform，东欧地台；FB. Focsani Basin，弗斯塞尼盆地；FI. Faeroe Islands，法罗群岛；GB. Gulf of Bothnia，波的尼亚湾；HB. Hatton Bank，哈顿滩；IAP. Iberian Abyssal Plain，伊比利亚深海平原；IS. Iapetus Suture，爱泼特斯缝合带；LVM. Lofoten- Vesterålen margin，罗弗敦–维斯特伦陆缘；MC. Massif Central，中央高原；NGB. North German Basin，北日耳曼盆地；NS. North Sea，北海；OR. Oslo Rift，奥斯陆裂谷；P. Pyrenees，比利牛斯山；PB. Pannonian Basin，潘诺尼亚盆地；TS. Tyrrhenian Sea，第勒尼安海；TTZ. Tesseyre-Tornquist zone，蒂塞耶–特恩奎斯特带；URG. Upper Rhine Graben，上莱茵地堑；VB. Vøring Basin 沃仁盆地；VT. Valencia Trough，瓦伦西亚海槽

天然实验场内得到的高分辨率四维数据体，为我们认知固体地球系统的时空演化提供了基础数据和初始模型。每一个天然实验场都具有其独特的地球动力学背景和资源环境效应，可用来解决关键的区域和大陆尺度科学问题。例如，阿尔卑斯/喀尔巴阡/潘诺尼亚盆地系统具有欧洲大陆最薄弱的地壳，易发生大地震、滑坡和洪水等地质灾害；欧洲西部和中部的地台区是人口和基础设施密集区，目前正在遭受陆地沉降的破坏；由于欧洲和非洲-阿拉伯板块的持续碰撞，Apennines-Tyrrhenian-Maghrebian 和 Aegean-Anatolian 地区发育大的地震、火山和造山运动；Iberian Peninsula 处在板块边界，发育深层热异常和相关变形；在环大西洋的海岸山脉地区，地幔动力引起的垂向运动及其构造-气候响应相对频繁；在斯堪的纳维亚大陆边缘，大陆裂解导致了开放洋盆和海陆边界区油气的形成。天然实验场为探测和评估活动构造背景下板块运动引起的地形地貌变化与深部过程之间的耦合关系提供了极好的机会（图 7-18）。岩石圈变形将导致大陆地表的地形地貌和宜居地球环境的剧烈变化。

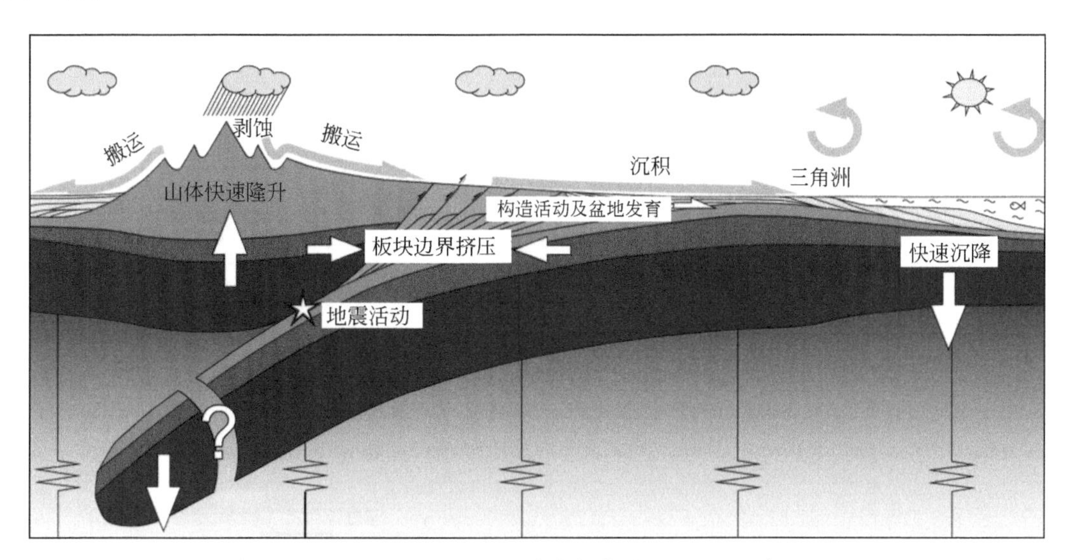

图 7-18　大陆碰撞后的物源-沉积系统和盆山演化耦合关系原理图（据 Cloetingh et al., 2007）
以潘诺尼亚盆地-喀尔巴阡山脉-黑海系统为例

第六节　拓扑欧洲计划的进展与未来

固体地球科学综合研究的首要目标是推动建立地球深部与地表响应耦合关系的科学模型，提升预测能力。拓扑欧洲计划在不断推广新概念的同时，更推动了先进分析和复杂地球系统计算模拟技术的发展。其主要进展在于用地震学方法获取四维岩石圈和地幔结构信息（图 7-19），用定量的方法理解岩石圈活动过程（图 7-20），揭示地球系统时空演化背景下的沉积盆地关键作用过程。类似的技术突破包括三维地震成像和反演，实现了对岩石圈变形过程与控制因素的认知，由此可定量解释地壳和上地幔变形、沉积搬运和气候演化，为综合构建岩石圈系统动力学提供了基础。

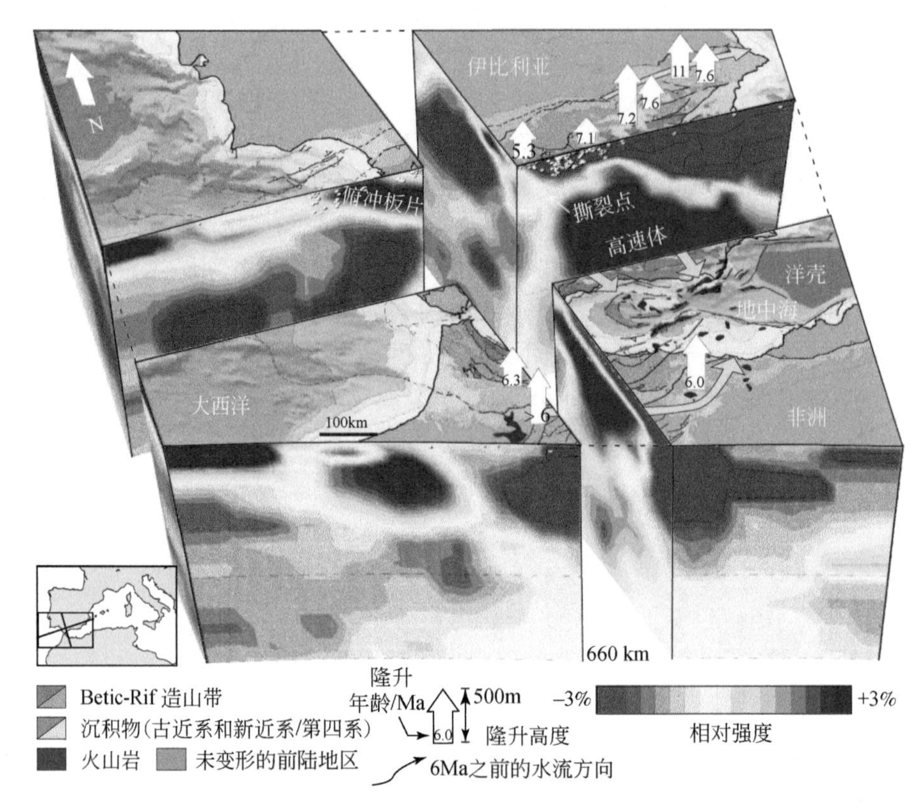

图 7-19　地中海地区地表地质与深部壳幔结构地震层析成像三维示意图

白色箭头代表贝提克和裂谷带内山脉与盆地的隆起，以及它们由海相向陆相过渡的年代。白点表示层析反演的震源位置，蓝色箭头表示建议的连接走廊（Garcia-Castellanos and Villaseñor，2011）

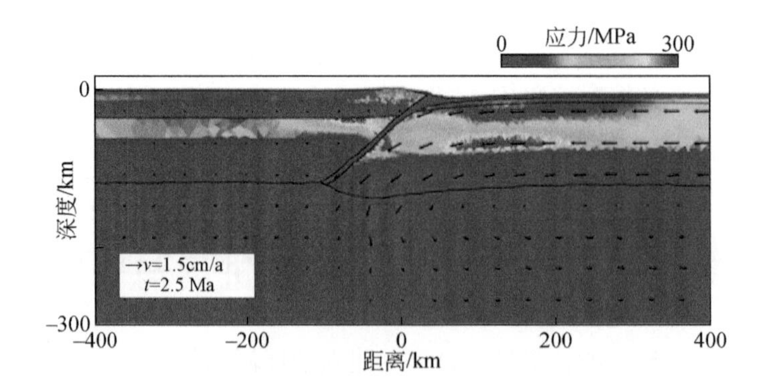

图 7-20　非洲北部向地中海俯冲作用 $t=2.5$Ma 时的变形样式和有效应力场的数值模拟结果（据 Baes et al.，2011）

矢量箭头表示指定时间的速度场

1. 地壳和上地幔结构

动态地形研究（Moucha and Forte，2011）涉及岩石圈结构的空间变化和动力学性质的作用（Tesauro et al.，2012）。地幔对流过程中，地壳/上地幔精细结构控制了动态地形变化（Boschi et al.，2010）。如在地中海地区，欧洲大陆地壳结构影响与控制了动态地形演化（图 7-21）（Faccenna and Becker，2010）。

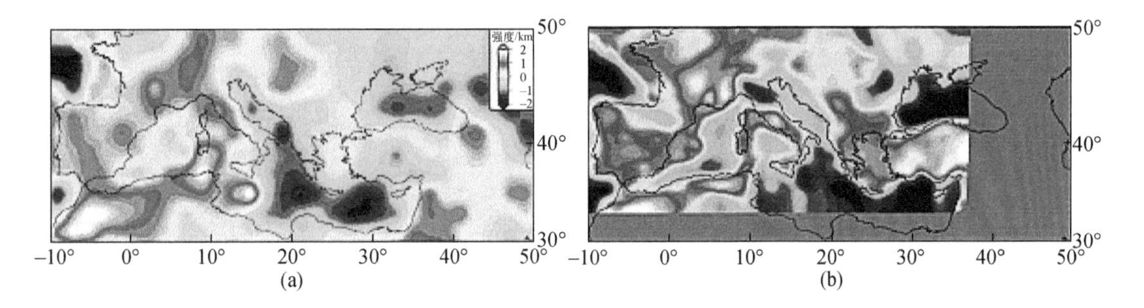

图 7-21　基于 Crust 2.0 和 EuCRUST-07 地壳模型均衡调整后的残余地形

（a）基于 Crust 2.0，据 Bassin et al.，2000；（b）基于 EuCRUST-07，据 Tesauro et al.，2008

2. 岩石圈动力学

克拉通的寿命往往由它们所受到的浮力来解释，并通过测试克拉通地幔“龙骨”的重力稳定性与假设的热流变结构间的函数关系来分析。前人研究表明，一些克拉通被破坏，说明浮力并不是其稳定性的唯一因素，克拉通的力学性质同样重要。挠曲研究限定了克拉通的强度上限，即克拉通等效弹性厚度（T_e 值）为 110 ~ 150km。然而，克拉通强度的下限和地壳/地幔中的强度分配问题仍然存在争议。Francois 等（2013）研究表明，具有平坦地形的克拉通地壳和“冻结”状态不均一的地壳结构成为理解克拉通寿命所不可或缺的因素。Duretz 和 Gerya（2013）二维热力学模型研究表明，在俯冲/碰撞系统演化中，岩石圈尺度的力学解耦和可能的地壳浮力挤出过程是由地壳的流变学性质决定的（图 7-22）。

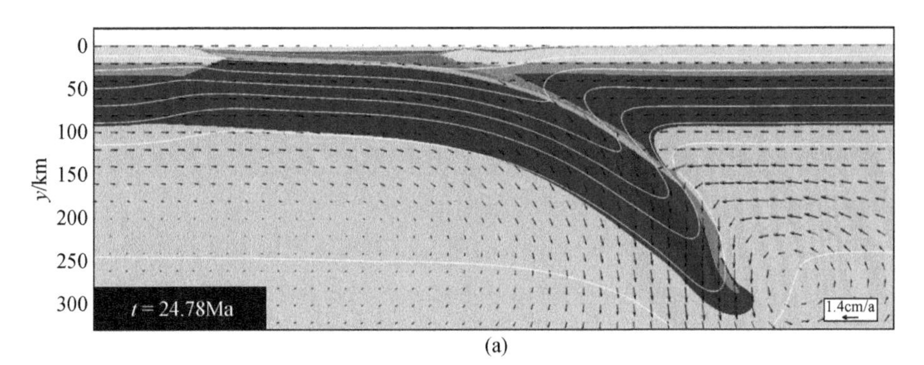

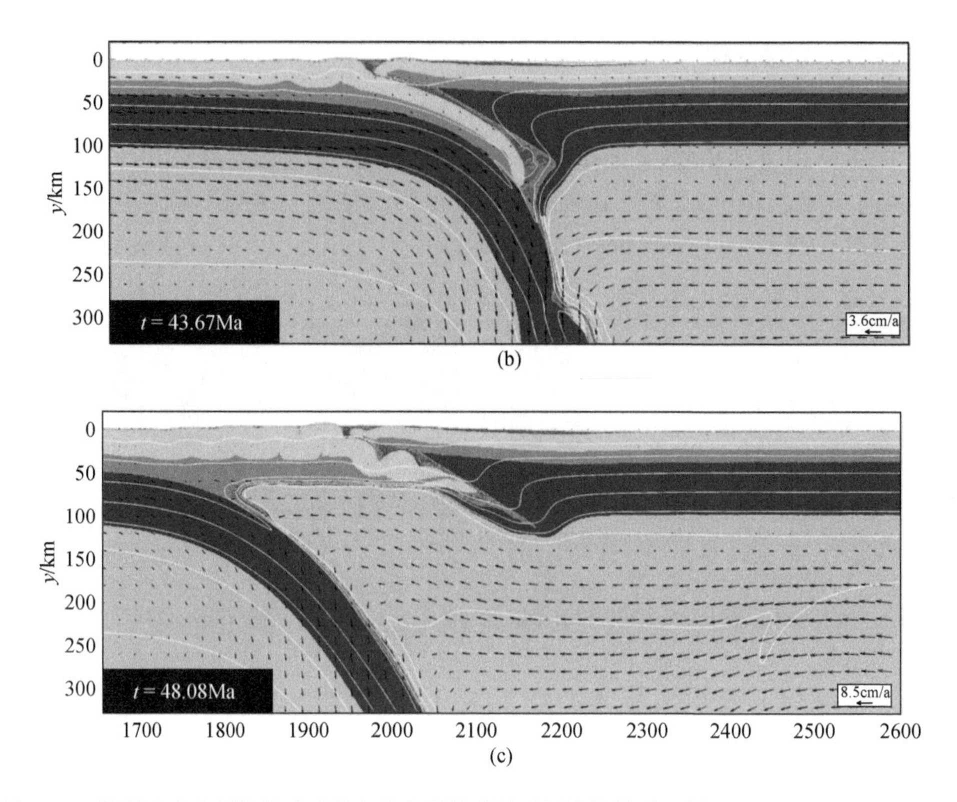

图 7-22　软弱地壳在板块俯冲过程中的变形样式随时间演化模型（据 Duretz and Gerya，2013）

地壳由单层湿石英岩流变组成。(a) ～ (c) 分别代表三个随时间变化的成分域：洋壳俯冲、大陆俯冲和分层开始、板块脱钩和板块后退。黑色箭头代表速度大小和方向

具体来讲，中亚地区是陆内岩石圈褶皱变形的典型例子。尤其是在南西伯利亚的阿勒泰-萨彦岭造山带和吉尔吉斯斯坦天山地区，表现为解耦的下地壳-岩石圈上地幔褶皱与上地壳断裂作用的特殊变形样式（图 7-23）。这两个地区都经历了复杂的碰撞-增生演化过程，并受到后期印度-欧亚板块碰撞远场效应的影响而重新激活。由于该地区晚期构造变形发生在晚上新世—早更新世期间，因此，地表地形和构造特征很好地记录了岩石圈变形。Delvaux 等（2013）在西伯利亚阿尔泰 Kurai-Chuya 盆地、哈萨克斯坦南阿尔泰 Zaisan 盆地和吉尔吉斯斯坦天山 Issyk-Kul 盆地取得的古应力数据和构造地层演化过程表明，盆地群在伸展环境下开始变形，并通过断层和褶皱而发生构造反转。这些盆地中，断层及相关变形似乎不足以完全解释构造变形的过程，岩石圈挠曲导致的地层掀斜、隆起和沉降也发挥了重要作用。盆地的充填特征和对称性、内部结构、热状态和变形的时间序列等，均与盆地的基底结构、应力场、应变率和变形时间有关。

2005 年拓扑欧洲计划实施以来，不断推动、协调和集成国家研究项目，力争解决欧洲大陆岩石圈与地表地形地貌之间的耦合过程问题。拓扑欧洲计划的天然实验场为探测和评估整个区域内不同板块间的交互作用过程及其引起的地表地形地貌动态变化过程，提供了理想的实验场所和系列研究成果（Cloetingh and Willett，2013）。这些天然实验场内取得的高分辨数据，提供了区分地球内动力和外动力作用、评价分析岩石圈变形动力学与地表地

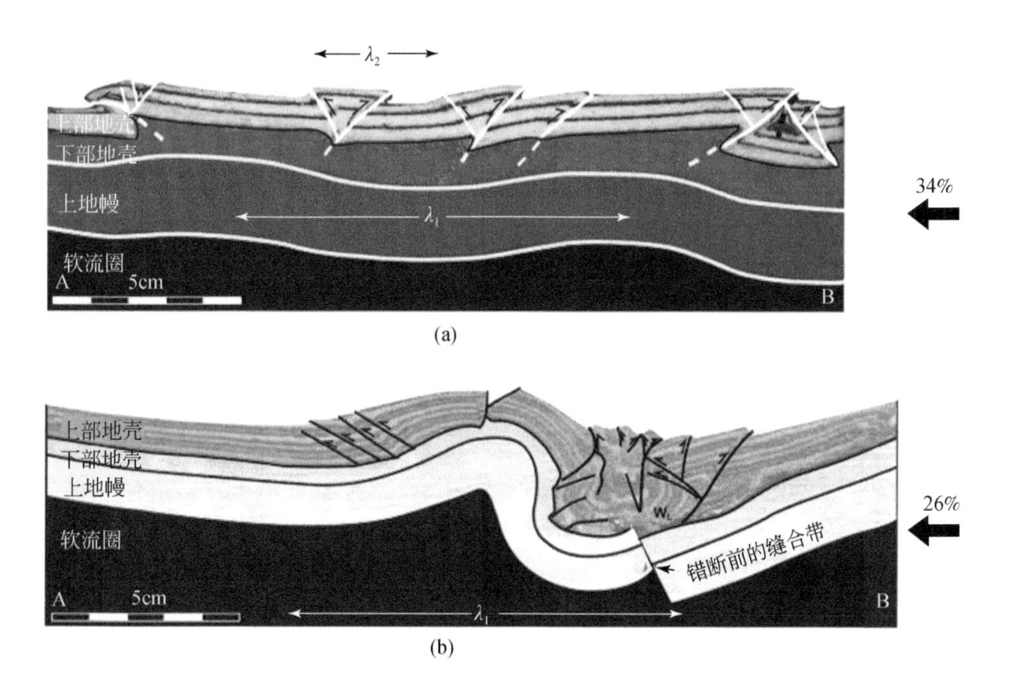

图 7-23　岩石圈褶皱变形的构造物理模拟实验（据 Sokoutis et al., 2005 修改）

（a）具有强硬地幔的均匀岩石圈变形样式，上地壳发育的凸起构造与岩石圈褶皱变形协调一致。λ_1 和 λ_2 分别表示一阶和二阶波长。（b）残存有古缝合带的不均匀变形岩石圈被上地壳“巨型”向斜褶皱覆盖

形地貌之间耦合过程，以及建立新模型的重要依据。

第八章　我国深地探测与深地科学进展

第一节　概　　述

地球深部是研究解决地球科学重大问题的前沿领域，也是理解和认识深部过程与浅表响应的核心。进入21世纪，我国开展了中国岩石圈三维结构（2000～2006年）、中国大陆科学钻探工程（江苏东海，2001～2005年）、深部探测技术与实验研究专项（SinoProbe，2008～2014年）、国家重点研发计划“深地资源勘查开采”重点专项（DREAM，2016～2020年）、华北克拉通破坏（2007～2017年）等重大研究计划和极低频探地工程等重大基础设施建设，地球深部探测与深部过程研究取得长足进展，提升了我国固体地球科学的国际影响力。

（一）深部探测技术与实验研究专项

2008年，为落实《国务院关于加强地质工作的决定》（国发〔2006〕4号文）“实施地壳探测工程，提高地球认知、资源勘查和灾害预警水平”的部署精神，国土资源部与教育部、中国科学院、中国地震局和国家自然科学基金委员会，通过多部委联合，组织实施了“深部探测技术与实验研究专项”（SinoProbe，2008～2014年），作为“地壳探测工程”培育性启动计划，在全国部署了“两网、两区、四带、多点”的探测实验（董树文等，2011a，2012，2021）。

1. 总体目标

为“地壳探测工程”做好关键技术准备，研制深部探测关键仪器装备，解决关键探测技术难点与核心技术集成，形成对固体地球深部圈层立体探测的技术体系；在不同景观、复杂矿集区、含油气盆地深层、重大地质灾害区等关键地带进行实验、示范，形成若干深部探测实验基地；解决急迫的重大地质科学难题热点，部署实验任务；实现深部数据融合与共享，建立深部数据管理系统；积聚优秀人才，形成若干技术体系的研究团队；完善“地壳探测工程”设计方案，推动国家立项。

2. 主要任务

（1）建立全国地球物理参数基准网、全国地球化学基准网，为深部探测提供结构、组分的参考系。

（2）开展华北、华南综合探测实验；运用不同的方法、技术集中探测实验，包括区域超长剖面、矿集区立体探测和万米科学钻选址等，形成深部探测技术体系。

（3）选择复杂结构的西秦岭中央造山带，超厚地壳的青藏高原腹地，现今最活跃的三江地球动力活动带，松辽超大型油气盆地进行探测技术实验，获得特殊地质结构的高精度探测数据。

（4）在具有重大科学研究、资源环境意义的关键部位，开展精细探测和科学钻验证，争取重要科学发现，并为进一步部署超深科学钻进行选址；研究深部地壳地球化学探测技术，包括深穿透地球化学、岩石探针等方法技术。

（5）研发具有自主知识产权的深层地应力测量，监测现今地壳运动，建立地应力标定技术系统。

（6）创新并行巨型地壳结构数值模拟平台，计算模拟洲际规模的地球动力学过程，建立岩石圈三维结构。

（7）研发具有自主知识产权的分布式自定位宽频地震勘探系统等仪器装备，引领深部探测重大科研装备的突破，使我国深部探测仪器装备部分占据国际领先地位，推动地球资源探测领域科技进步。

（8）集成各种方法数据与成果，集成深部探测有效的技术体系；实现海量探测数据储存、计算、共享、演示与发布全流程现代化，提升科学管理水平，完善“地壳探测工程”的技术路线和实施方案，推动国家立项论证。

（二）深地资源勘查开采重点专项

2016 年，科技部启动“十三五”国家重点研发计划“深地资源勘查开采”重点专项（DREAM，2016～2020 年）。该专项是国家深地战略科技布局的开篇之作。专项实行全链条设计，一体化组织实施；围绕资源领域战略性、基础性、前瞻性重大科学问题、重大共性关键技术装备和勘查实践，进行从基础理论、关键技术到工程示范的全链条设计，实施跨部门、跨行业、跨区域的研发布局和协同创新（樊俊等，2018，2019）。

1. 总体目标

以突破我国矿产资源和深层能源“第二勘查空间”，实现资源发现与储量增长双跨越和开采能力翻番，提高资源保障能力为目标，按照“提高深部资源时空分布规律认知，提升深部资源勘查评价与开采能力，促进深部资源能源发现与开发”的思路，破解深部资源能源勘查的关键科学瓶颈，突破深部资源能源勘查的关键技术，构建深部资源开采理论技术体系，构建 1500m 采矿新空间，进军 3000m 勘查新深度，开辟覆盖区找矿“新大陆”，拓展油气万米深层新领域，支撑找矿突破战略行动，提升深部资源勘查开采能力，提高保障资源保证程度，缓解资源能源巨大压力。

（1）破解深部资源三大科学问题。揭示成矿系统三维结构与时空展布规律，发展深部矿产资源评价预测理论，构建三维矿产预测评价方法体系；拓展深部矿产资源开采理论，支撑大深度规模开采；创新深层油气评价理论，指导超深油气勘查。

（2）突破多深度共性关键技术。形成航空－地面－地下立体勘查技术体系，完善 2000m 勘查体系，突破 3000m 勘查技术，储备 5000m 勘查能力；拓展金属矿 1500m 开采技术支撑能力；扩展油气勘查深度到6500～10000m。

（3）建立两个资源勘查工程实践平台。针对矿产资源（紧缺矿产、战略性新兴矿产和“粮食”矿产等）与能源（深层油气、铀矿等），建立覆盖区、3000m深度矿产资源勘查实践平台，深层油气和铀矿资源勘查实践平台，实现资源增储。

2. 主要任务

立足开拓深部资源能源勘查开采新空间，缓解资源能源压力的基本需求，围绕构建1500m采矿新空间，进军3000m勘查新深度，开辟覆盖区找矿“新大陆”，拓展油气万米深层新领域的目标，按照全创新链布局、一体化组织实施的思路，专项分解为成矿系统的三维结构与控制要素、深部矿产资源评价理论与预测、移动平台地球物理探测技术装备与覆盖区找矿示范、大深度立体探测技术装备与深部找矿示范、深部矿产资源勘查增储工程实践、深部矿产资源开采理论与技术研究、超深层新层系油气资源评价技术7项重点任务。

（1）成矿系统的三维结构与控制要素：建立我国典型陆内、克拉通、造山带成矿系统深部地质结构，揭示重点矿集区三维结构与时空演变规律、控矿条件与改造过程、成矿流体与演化、成矿末端效应和矿床定位等关键因素，构建基于三维结构的成矿构造体系与成矿–找矿模型，开展若干个典型成矿系统内20个矿集区3000m“透明化”勘查示范。

（2）深部矿产资源评价理论与预测：构建典型成矿系统3000m深度三维矿产资源预测与评价理论方法体系，建立深部矿产三维找矿地质模型、区域三维地质实体模型，开展三维控矿信息与综合成矿信息提取集成、区域三维成矿预测与靶区优选，定量估算区域资源潜力与找矿概率，研发三维控矿因素定量分析技术与方法、大深度三维复杂地质模型的建模方法。部署重点矿集区的找矿预测示范，预测紧缺、战略性新兴、能源、“粮食”矿产找矿战略选区和找矿靶区。

（3）移动平台地球物理探测技术装备与覆盖区勘查示范：以航空快速移动平台为主要载体，构建一机、多功能、模块化航空探测技术平台，实现航空地球物理勘查技术装备的国产化，提升高效率、高精度、多参数联合探测技术能力，满足不同类型覆盖区深部勘查对航空物探技术的需求，提高国际竞争力，使我国航空物探技术达到国际先进水平。选择典型成矿系统相关的5个覆盖区开展找矿靶区验证示范。

（4）大深度立体探测技术装备与深部找矿示范：针对3000m勘查新深度的目标，研制一批宽频，高灵敏度重、磁、电磁传感器，全三维分布式电磁、地震探测技术装备研制和数据处理解释技术的创新，优质、高效的深孔地质岩心钻探工艺方法，全面实现3000m深度金属矿产资源探测能力，储备一批5000m深度探测技术。在典型成矿系统选择5个靶区开展深部找矿验证示范。

（5）深部矿产资源勘查增储工程实践：以大宗紧缺矿产（铜、铅锌、镍，金等）、战略性新兴矿产（稀有、稀散、稀土等）、“粮食”矿产（钾、磷等）和能源矿产（铀、锂等）为重点，在陆内、克拉通、造山带等成矿系统及重要成矿带，优选若干深部潜力巨大、有望成为未来国家大型资源基地的矿集区，部署深部3000m资源勘查科技工程示范，评价深部3000m资源潜力，取得深部找矿突破，形成5个大型深部资源基地（主要针对整装勘查区，政府引导地方和企业投资，共同完成）。

（6）深部矿产资源开采理论与技术研究：针对深部金属和煤炭开采的高应力、高水压力、高地温、大井深、强烈扰动等重大难题，构建深地资源开采基础理论体系，突破深井建设与提升关键技术及装备，研究深部岩体力学理论及岩层控制技术，研发大规模安全高效开采工艺，建成开采环境控制及灾害防治技术体系，发展深地无人采矿技术，实现1500m深度规模化采矿，为1500m以深矿产资源开采提供理论与技术支撑。

（7）超深层新层系油气资源评价技术：立足我国主要盆地（塔里木、上扬子、华北）超深层及中新元古界，开展盆地原型恢复、烃源岩分布以及成烃-成储-成藏机制研究，搞清油气成藏条件，评价油气资源潜力，优选有利勘探区带，提出重大勘探目标。针对超深层（6500～10000m）地球物理勘查的技术瓶颈，开展重磁电与地震采集、处理解释技术研发，初步形成超深层地球物理勘查的有效技术。为拓展我国超深层及中新元古界油气资源新领域，做好理论与技术超前储备。

第二节　深地探测技术装备创新

（一）地震学地球精细结构探测技术集成实验全面进步

地壳精细结构探测是创新板块构造、大陆动力学与地球系统科学研究的必然途径，可以通过岩石圈和地壳深部结构探测、深部过程研究和成矿作用深部背景分析，建立造山作用、克拉通化作用和岩石圈破坏（去克拉通化作用）等深部地球动力学过程之间的转换关系。在青藏高原，下地壳隧道流可能发挥了重要的作用。而在一些古老地块之间的大陆构造转换带（如秦岭造山带），以及在造山作用与克拉通化作用的循环过程中，地幔流可能发挥了更为重要的作用。因此，深部地球物理，特别是地震学研究方法具有重要的现实意义。

通过实验研究，我国已经初步建立了适应大陆地质背景和条件的深部探测技术体系，如共震源深地震反射和宽角反射与折射地震同时接收的联合采集探测技术，改进低频检波器并接在采集站上、带头研发宽角反射与折射地震仪，实现低频/高频信号同时拾取，为同时获取速度信息提供基础数据；完善了地震探测孔快速钻进成孔技术，反射地震大井深（如50m深井）、大药量和超长记录实验取得成功，形成了适合硬岩地区反射地震数据采集和处理的集成技术（高锐等，2011a；董树文等，2021）。实验获得了青藏高原腹地巨厚地壳的莫霍面反射，突破了青藏高原巨厚地壳深地震反射探测技术的瓶颈（高锐等，2011a）；建立起花岗岩与变质岩地带被动源地震与大地电磁组合探测技术。

华北北缘多重地震联合探测实验获得高分辨、高精度的单分量深地震反射、三分量宽角反射与折射数据，为揭示古亚洲洋的构造演化和深部资源勘查提供了可靠深部资料（Zhang S H et al.，2014）。东北松辽盆地-虎林盆地反射地震剖面，采用了深井、高能量激发和超长记录（达50s）技术，在获得地壳和莫霍面清晰反射的同时，连续获得了上地幔的强反射，最深达到39s记录深度，估计深约100km。深地震反射剖面揭示了西南天山-

塔里木盆地结合带现今岩石圈尺度的深浅构造，反映了挤压体制下陆内俯冲的盆山耦合关系（Gao et al., 2013b）。在深地震反射数据处理方面，发展了无射线层析成像静校正、起伏地表叠前时间偏移、长排列剖面无拉伸动校正、分频去噪等数据处理的特殊技术。

在天然地震观测方面，完善了双差分远震层析成像、P 波和 S 波接收函数与各向异性分析等技术，形成了主动与被动源地震技术和电磁技术组合。针对信噪比差的远震波形资料，还提出了一种计算远震相对走时残差数据的快速方法，并应用于长江中下游地区远震波形资料的处理（Shi et al., 2013）。

（二）地球深部物性探测技术渐趋成熟

中国工程院陆建勋院士领衔建设的极低频探地（Wirless Eletro-Magnetic，WEM）工程国家重大科技基础设施，于 2020 年 1 月 8 日通过了国家验收，为深地资源探测、地震预测与大陆架探测提供了新的技术平台。WEM 工程由人工产生极低频/超低频无线电波（0.1～300Hz），利用“地-电离层波导传输”原理开展深部探测，被称为天波探测方法（底青云等，2020），使现有人工源电磁探测距离由 10～20km 拓展到 2000～3000km，探测深度由原来的 1.5km 增加到 10km，创新实现了 WEM 法探测。建成了世界首座民用大功率人工源极低频发射设施，高信噪比极低频电磁波信号源基本覆盖我国领土和领海。在首都圈和南北地震带南端，建成首个可同时接收人工源和天然源极低频电磁信号的地震监测台网。首次实现距离为 1200km、700km 和 300km 的金属和油气资源等的 10km 三维精细电性结构深部探测，实现了国际领先的人工源远距离、大深度矿产资源探测新技术。

通过研究大陆地壳和上地幔尺度综合物性成像方法，魏文博等（2010）建立了阵列式、大陆电磁参数“标准网”观测方法和规范化的数据处理及反演技术，达到国际先进水平。目前，大陆电磁参数“标准网”完成了全国 4°×4°“标准网”控制格架及华北实验区、青藏高原实验区 1°×1°“标准网”的实验观测；建立了由“十”字形短剖面构成“面元”观测的“标准点”阵列式大陆电磁参数“标准网”构建方法（魏文博等，2010；杨文采等，2011），总结了规范化的大地电磁测深“标准点”数据处理方法，包括基于 S 变换的数据处理、多站远参考数据处理和基于遗传算法的阻抗张量分解等技术；融合了大地电磁测深一维、二维和三维反演技术，探讨了二维反演方法求解复杂电性结构的适应性问题，实现了大地电磁测深“标准点”面元数据集反演方法；从而获取各“标准点”地下体积单元的深度-电阻率加权平均值+标准差数据体，建立大陆岩石圈导电性结构“标准模型”。通过一维和二维大地电磁反演试验，给出了褶积退化模型的正确性，以及盲反褶积增强算法的有效性。通过正演模拟方法，分析和总结了近海地区（如近渤海地区）海水深度和海底地形变化等海岸效应对大地电磁测深数据畸变的影响。

岩石物性是地质与地球物理之间的纽带（刘光鼎，2007a，2007b），而重力场和地磁场资料是了解地壳物性结构特征的重要依据。由于众多异常的叠加和反演固有的多解性，区域磁异常图的准确解释是非常困难的（杨文采等，2012）。重磁异常和重力梯度测量数据的三维相关成像提供了地下目标体密度和磁性差异评价的快速方法。专项发展了区域重磁异常精细处理、异常多尺度分离、构造信息提取与增强和基于相关成像 GPU 并行算法的位场三维物性反演技术，为大数据体区域位场反演奠定了方法技术基础（Guo et al.，2011a，2011b；Liu et al.，2012；Chen et al.，2012）。此外，还研发实现了低纬度变倾角磁异常化极技术，用于透明地壳研究的低纬度化极或变纬度化极、基于优化滤波思想的位场分离均取得了重要的实用化进展（Chen et al.，2012；Guo et al.，2013）。建立了卫星重力、磁力资料的解算、编辑和校验技术，实现了基于 GPU 并行的重力、重力梯度三维正演快速计算方法，针对 EGM2008（卫星重力）中固有的高频噪声提出了利用重力异常分离的优选向上延拓去噪的处理方法。系统开展了中亚-东亚重力、磁力数据的收集、整理与处理。其中，利用反演插值方法进行了华南地区航磁数据的网格化处理，取得了较好的效果（Guo et al.，2012）；吉林省一个磁铁矿矿区重力数据优先滤波与异常分离的方法实验，取得了较传统的低通滤波和向上延拓方法更好的效果（Guo et al.，2013）。

岩石物性也是地震预测分析的基础。中国大陆科学钻探（CCSD）井中与地表片麻岩、榴辉岩和角闪岩样品高压下（压力达 800MPa）P 波速度（V_p）测量与对比的结果表明，地表样品地震波速度数据向深部的外推存在极大的低估，利用钻孔样品建立的 V_p-压力关系更适合于用来确定深部地下物质的原位速度（Sun et al.，2012a）。青藏高原东缘龙门山杂岩样品（压力达 800MPa）的速度测量结果表明，大部分样品在高于微裂纹封闭压力（P_c=200～300MPa）下具有小的 V_p或 V_s各向异性；而在低于 P_c的非线性孔隙弹性域，各向异性随压力的变化为确定微裂隙发育的优选方向提供了重要的线索。龙门山地区整个地壳的平均 V_p/V_s为 1.71，泊松比为 0.24，地壳主要分为四层：表层为 0～3km 厚的沉积岩层，V_p<4.88km/s；第二层为 25～28km 厚的长英质岩石，V_p=5.95～6.25km/s；第三层为 10km 厚的长英质岩+基性岩，V_p=6.55km/s；第四层为 8km 厚的基性岩+长英质岩，V_p=6.90km/s。2008 年汶川大地震的震源深度（约 19km）与裂生层的底部相对应，在此之下，龙门山杂岩由脆性转变为韧性（Sun et al.，2012b）。

（三）深部物质成分探测技术新发展

中国地质科学院地球物理地球化学勘查研究所王学求团队首次按照国际标准建立了一个覆盖全国的地球化学基准网，网格单元的大小为 160km × 160km（Xie and Yao，2010；王学求等，2010；王学求，2012），建立了全国地球化学基准值样品库，为了解过去地球重大地质事件、预测未来全球环境气候变化、揭示巨量成矿物质聚集的地球化学背景奠定了基础。该项目发展了 4 种地球化学探测技术，包括地壳中所有天然元素的精确分析技术、中下地壳物质成分识别技术、穿透性地球化学探测技术、海量地球化学数据和图形显示技术。在国际上首次建立了一套 81 个指标（含 78 种元素）的地壳全元素精确分析系统，分析测试指标达到国际领先水平（王学求等，2010）。基于 ArcGlobe（三维视图）的"化学地球"软件，可实现全球不同比例尺地球化学图的制作和发布，为全球海量地球化学数据的管理与展示提供了基础平台，也是世界上首个能提供具有化学属性的全球一张地球化学图的发布平台（王学求等，2010；Xie et al.，2011）。

盖层下方隐伏矿成矿及伴生元素如何穿透覆盖层到达地表，是深穿透地球化学迁移机理研究的热点（王学求等，2012）。纳米深穿透地球化学探测技术取得原创性成果，发明了纳米微粒探测技术，包括采集、分离、观测、分析的系列专用仪器设备和专有解译技术软件。地气流可能以微气泡形式携带超微细金属颗粒或纳米金属微粒到达地表，一部分微粒仍然滞留在土壤气体里，另一部分卸载后被土壤地球化学障捕获（王学求和叶荣，2011）。通过在隐伏矿地表采样、在室内建立装有不同矿石的迁移柱的定期观测实验，穿透性地球化学探测深度延伸至500m以深，为覆盖区矿产勘查提供了地球化学勘探技术（王学求等，2010，2012；Wang X Q et al.，2011）：首次同时观测到矿石、土壤、气体介质中具有继承性关系的纳米金属微粒；在隐伏金属矿上方发现纳米级铜金属微粒，并观测到其有序晶体结构，为深穿透地球化学提供直接微观证据，使得迁移机理研究取得重要进展，含矿信息精确分离提取技术得到显著提高。

Zhang R H等（2011）改进了高温高压流动反应动力学装置和原位电导率测量系统，实验模拟了中地壳上部（300～450℃、23～36MPa）的高温高压流体及其与岩石（玄武岩、花岗闪长岩、正长岩等）相互作用的化学动力学过程，对全球范围内普遍存在的中地壳高导低速层提出了新的解释。实验表明，在跨越水的临界态（374℃、22MPa）前后，各种元素的溶解反应速率都出现一次升降涨落。例如，Si在300～400℃时有最大溶解速率，Al、K和Na的最大溶解速率也在这一温度范围内；同时，也出现了最大电导率值。由此推测，在构造运动导致减压事件出现时，促使水溶液进入水的临界态区域（300～400℃），导致中地壳上部的水岩相互作用体系出现性质突变，硅溶解、淋失，硅酸盐矿物骨架瓦解，引起大范围的岩石垮塌和强烈的流体流动，出现高导低速层（Zhang R H et al.，2011）。

中国地质大学（武汉）金振民团队与中国地质科学院合作，自主设计并成功研制多功能5000t大压机，由德国Max Voggenreiter GmbH公司制造，2019年11月在中国地质大学（武汉）完成安装与调试，创建了具有国际先进水平的“中国地质大学（武汉）-中国地质科学院5000t大压机高压实验室”。这是世界上第一台多功能超大型压机，设计了两种可互换的压力模具，一种为河井式，另一种为DDIA式。后者是目前国际上最大型的模具，其功能超过国外现有的大型设备，不仅能够进行准静水压下地球深部矿物物理的静态研究，而且能够控制差应力或应变，进行流变学和断裂力学方面的研究。该实验室将在模拟地壳和上地幔岩石环境与地质过程（如俯冲“工场”）、深源地震、成矿机理、能源和新型材料研发等方面发挥作用。

（四）矿集区立体探测与“透明化”技术

地面浅表处所见的金属矿产资源，如大型、超大型矿床和多金属矿集区的形成，均是地球内部在地史期间深部物质与能量的交换所致，第二深度空间（500～2000m）存在找到大型与超大型矿床的巨大潜力（滕吉文，2009，2010）。传统的金属矿勘查大多依赖重、磁、电法等技术，随着勘探深度的不断增加，高分辨率反射地震在精细揭示金属矿控矿构造、追踪含矿层，甚至直接发现深部（大于1000m）矿体方面逐渐显示出巨大的优势，成为1000m以深金属矿勘查最有前景的技术（吕庆田等，2010a；Lü et al.，2013）。矿集区立体探测实验示范，使用以反射地震为主导的现代地球物理探测技术，在长江中下游成矿带庐江-枞阳铁、铜矿集区部署立体探测实验，完善、创新和应用了一些关键探测技术，初步形成了成矿带、矿集区和矿田 3 个层次立体探测的技术方案与技术体系（吕庆田等，2011a，2011b）。通过实验，提出了矿集区综合探测、多参数地质约束和全三维反演的三维结构探测与建模技术流程，以及适合强干扰地区的形态滤波电磁去噪新技术。实验形成了适合"玢岩"型铁矿、"斑岩"型铜矿、热液型铅锌矿和石英脉型钨矿的深部勘查技术组合，初步实现了矿集区深度 3000～5000m 的"透明化"，总结了在复杂矿集区深部探测技术试验，为全面开展三维矿集区立体探测和实现矿集区透明化奠定了技术基础（吕庆田等，2010b，2014，2015，2017，2019，2020）。

（五）大陆科学钻探工程取得重要发现，钻探技术能力显著提升

2001～2005 年，在江苏连云港市东海县实施了中国大陆科学钻探工程（CCSD），在中央造山带苏鲁超高压变质带中成功钻进 5158m，成为当时亚洲第一、世界第三的科钻井，也是国际大陆科学钻探计划 20 个项目中规模最大最深的科钻井，开启了我国科学钻探事业的先河（许志琴，2004）。中国大陆科学钻探工程建立了苏鲁超高压变质带重要部位的岩性、地球化学、氧同位素、构造变形、矿化、岩石物性的高精度系列剖面（"金柱子"），揭示了板块会聚边界深部连续的物质组成和超高压变质区的深部结构，证实了苏鲁地区 2 亿年前发生过板块携带巨量物质俯冲至地幔深处的壮观地质事件，以及发生在 800 万～700 万年前的重大裂解事件；标定了结晶岩地区典型的地球物理场，建立了钻孔区现代构造应力场；提出了地壳分层拆离的多重性和穿时性"深俯冲-折返"新模式（许志琴，2007）；发现远程大地震的地下流体异常响应，发现了地下微生物的多样性及生命底界（4803.71m）。

2008～2014 年，"汶川地震断裂带科学钻探"（WFSD），在汶川地震断裂带的不同部位，实施了 6 口深 1000～3000m 的科学钻探群，是世界上最快回应大地震的科学钻探。钻探工程发现了大地震发震机理的重要地质证据，识别出龙门山映秀-北川断裂带大地震事件地质记录，揭示了可能的孕震机制和地震周期（许志琴等，2018）。

2008～2014 年，SinoProbe 专项在西藏罗布莎、甘肃金川、南岭于都-赣县、安徽庐枞和铜陵等重要矿集区和板块边界及云南腾冲火山断裂带上实施了共 12 口大陆科学钻探实验和异常验证孔，累计进尺超过 20000m。其中，庐枞矿集区和南岭于都-赣县矿集区资源科学钻探深度分别达到 3008.29m 和 2967.83m，深度位于我国固体矿产资源勘查井的前列。罗布莎科学钻探深度达到 1853.79m，创造了我国西藏最深钻探的纪录。大陆科学钻探直接获取地球深部物质样品，同时获得地下岩石和流体各种物理、化学和生物参数，发现了一系列深部地幔物质，并得到了高温高压实验岩石学的证实，取得了巨大成功（杨经绥等，2011b，2011c，2012）；第一次证实了南岭成矿带"五层楼+地下室"的模式，大大拓宽了深部找矿的视野，展示出巨大的成矿潜力（王登红等，2010，2017）。

吉林大学孙友宏团队研制的我国万米科学钻探钻机成为中国"入地"雄心的真实写照。该项目与企业合作研制生产的我国第一台"地壳一号"万米大陆科学钻探钻机，也是亚洲钻进能力最深的大陆科学钻探装备主体平台，2011 年 12 月在四川广汉竣工下线，万

米大陆科学钻探钻机研制获重大突破（孙友宏等，2012，2016，2019，2021；黄大年等，2012，2017）。该钻机具有数字化控制、自动化操作、变流变频无级调速、大功率绞车、高速大扭矩液压顶驱、五级固控系统等突出特点，处于国际先进水平。在关键技术方面，完成了钻杆自动处理装置的设计加工调试、液压顶驱的多轮设计和配套取芯工艺研究。“地壳一号”万米科学钻机由四川广汉安全运抵黑龙江省安达市，实施了由中国地质调查局和国际大陆科学钻探委员会共同支持的“松辽盆地资源与环境深部钻探”暨“白垩纪大陆科学钻探”（松科二井）工程项目，钻进垂深7018m，在实践中检验和不断改进技术，标志着我国重大装备技术自主研制的新突破（董树文等，2021）。

（六）地壳活动性和地应力测量与监测技术日趋成熟

固体地壳的应力状态是地壳的最重要的性质之一。地壳表面和内部发生的各种构造现象及其伴生的各种地质灾害都与地壳应力的作用密切相关。地应力测量与监测不仅为深入认识地震的孕育和发生机制，进而为强震预测提供重要的科学依据，而且也是地球动力学基础研究的重要组成部分；此外，还将为国家重大工程建设，如深埋隧道、水电工程、深部能源开采、核废料处置场地的选址等深部地下工程的勘测设计提供重要的技术支撑（陈群策等，2011）。

SinoProbe专项项目组完成了新型深孔压磁应力解除测量系统和应力应变监测系统的研制与定型，成功研制了新型压磁应力监测四分量探头和压磁应力解除三分量探头，最大安装测量与监测深度达到孔深数百米，处于国际领先水平。项目组完成了北京密云千米深孔的水压致裂原地应力测量及钻孔超声波成像测试，取得了高质量的深井地应力测试数据，初步得到原地应力随深度的变化规律。揭示了现今应力场与活动断裂之间的相互作用关系。建立了青藏高原东南缘16个地应力监测台站，实现了监测数据的无线远程传输、实时监控和自动分析。初步建成北京温泉应力应变监测对比综合实验场（陈群策等，2011；Dong et al.，2012，2013a；董树文等，2021）。

（七）地球三维结构和动力学模拟技术能力得到提升

地球模型是地球物理场定性解释与定量解释之间的桥梁，是地球动力学的基础之一（刘光鼎，2007a，2007b；滕吉文等，2012）。SinoProbe专项系统开展了亚洲陆域、海域各种重力、磁力数据整理和整合，在宏观尺度上获得了重要的深部数据和信息，成为分析和解释我国深部结构和地质构造的背景资料。系统开展了中亚-东亚地震、重力数据收集与整理，以及层析成像算法研究。SinoProbe专项在大区域宏观背景研究和大规模计算处理能力方面得到了显著加强，实现了全球、区域、局部尺度的三维地球动力学模拟的跨越，建立了地球动力学数值模拟平台，具备上千万结构化和非结构化网格划分能力，模型分辨率可达1km，对关键部位可以任意加密网格（如华北网格密度达50km，发震断层附近网格密度达到0.2km），实现了在并行计算平台上全球300万网格、亚洲岩石圈数百万至3000万三维有限单元网格的数值模拟，这不仅是我国规模最大，也是世界上少有的岩石圈动力学模拟平台，从而为建立超级地球模拟器搭建了初步框架（董树文等，2021）。

在断层破裂造成的应力场变化方面，即继承了原有的方法（如节理单元方法和横向各向同性杀伤单元方法），还提出了两种新的数值方法：双力偶等效体力方法和内含断层单元（Fault in Cell，即 FC-FEM）方法（石耀霖和曹建玲，2008，2010）。

Zhu 等（2014）提出了基于非均匀介质多频率体散射模型的普适衍射层析成像方法，用以校正局部角度域由于采集系统的有限空间孔径而导致的频率依赖效应，从而减少人为因素和速度扰动的影响，对传统衍射层析成像的盲区进行了部分填补（可达 23%），并进行了初步检验。在使用低频地震波数据时，可以很好地重建低波数组分的 Marmousi 速度模型（Zhu et al.，2014）。

（八）深地探测关键仪器装备自主研发取得重大突破

2008 年以来，我国深部探测技术与实验研究专项（SinoProbe，2008～2014 年）、中国科学院战略性先导科技专项“深部资源探测核心技术研发与应用示范”（2011 年开始）、“深地资源勘查开采”重点专项（DREAM，2016～2020 年）等多个专项项目开展了地球深部探测关键仪器装备的自主研发，取得了重大突破。“深部资源探测核心技术研发与应用示范”专项（2011 年开始）主要研制航空超导全张量磁梯度测量系统、航空瞬变电磁勘探系统、多通道瞬变电磁勘探系统、金属矿地震勘探系统、深部矿体测井系统、海底地球物理探测系统（底青云等，2012）。

1. 深部探测技术与实验研究专项

自主研发了地面电磁探测系统（SEP）、无缆自定位地震勘探系统、固定翼无人机航磁探测系统、“地壳一号”大陆科学钻探万米钻机、5000t 大压机和深部探测综合数据解释一体化软件平台（黄大年等，2017；董树文等，2021）。

中国科学院地质与地球物理研究所底青云团队自主研发的地面电磁探测系统（SEP），实现了关键技术的重大突破，可揭示地下上百米至千米范围内的电磁特性分布规律，为深部矿产资源勘探和岩石圈电性结构和热结构科学研究提供依据（董树文等，2021）。SEP 系统结合大地电磁法（MT）和可控源音频大地电磁法（CSAMT）的优点，发展了大功率人工源电磁法，在核心技术上取得重大突破，掌握了磁芯材料和低频微弱信号检测等磁传感器关键技术，成功研制出大功率宽频带电磁发射系统、感应式宽频带磁传感器、12 道分布式电磁数据采集站等，三维有源电磁数据反演软件的攻关也取得重大进展，系统集成及野外比对试验取得令人信服的结果，性能指标与国外同类产品相当，打破了国外技术垄断；SEP 系统具有探测深度大、精度高、抗干扰强等特点（底青云等，2012，2013a，2013b，2015，2019，2020；底青云，2016；Di et al.，2017；黄大年等，2012，2017；李萌和底青云，2018；董树文等，2012，2021）。

吉林大学林君团队成功研制的无缆自定位地震勘探系统，具有功耗小、采集密度大、定位精度高等特点，极大减小了工作强度，提高了工作效率。该系统实现了主控中心技术、采集单元技术、通信模块技术、触发单元技术、控制终端技术等关键核心技术的重大突破，在高精度地震数据采集、GPS 定位、仪器整机的小型化、低功耗、低频检波器和出力 1 万牛顿的电磁可控震源等方面都取得了显著的研究成果，为减少对国外产品依赖、开展大面积地震勘探提供了技术支持和坚实基础（黄大年等，2012，2017；林君等，2016；董树文等，2021）。

中国科学院遥感与数字地球研究所郭子祺团队成功研制出固定翼无人机航磁探测系统，有效应用于成矿系统与矿集区立体探测，填补了国内无人机深部探测系统的空白；智能化、可靠性、多分量的航磁张量探测技术的研究，是其突破性的亮点。该系统由高精度移动探测传感器、智能化无人机搭载平台和软件系统三大类关键部件构成，其核心技术包括低磁无人机、高灵敏度传感器（含氦光泵与超导航空磁力仪等）、高度智能化系统（含高可靠性自驾导航仪）、地面控制系统、整机集成和数据处理等，能够完成复杂条件和危险地区的深部探测任务；具有工作效率高、安全性高、成本低等特点；能够极大满足我国深部科学探测和矿产资源勘探的大面积和高效率勘探需求（黄大年等，2012，2017；董树文等，2021）。

地壳与地幔精细结构的刻画，重、磁、电、震、热等地球物理的综合响应将是地球动力学深化研究的必然，高精度重磁电震数据的联合反演与解析日益成为深部地球物理勘探的发展趋势（滕吉文等，2012）。吉林大学黄大年团队以三维地质目标模型为中心，成功构建地球物理综合研究一体化集成分析平台系统，即“移动平台综合地球物理数据处理与集成系统”，通过“红蓝军”（引进和自主研发平台）两条路线同时推进，完善高端平台功能联合，强化研发和应用两类人员的系统化训练，提高经验积累的效率，初步建成拥有自主知识产权的接近国外同类产品的“处理-分析-管理”一体化大型软件工作平台，加速了跟进国外软件发展的步伐；其核心技术包括地球重力场、磁场、地震和测井数据的处理和解释技术，软件研发技术，硬件支撑技术，操作平台技术，图形图像和数据库管理技术等（黄大年等，2012，2017；董树文等，2021）。

2. 深地资源勘查开采重点专项

重点研发了航空重力测量技术与航空重力梯度仪、直升机航空电磁测量系统、固定翼时间域航空电磁测量系统、航空磁场测量系统、航空伽马能谱测量系统、穿透性地球化学勘查系统、地面地球物理勘探关键装备系统、地下及井中地球物理勘探装备系统、5000m 智能地质钻探装备等大型技术装备。取得如下进展：

（1）研制出高精度高稳定性加速度计，比传统石英挠性加速度计的精度提高了半个多量级。旋转加速度计式重力梯度仪传感器功率谱密度噪声达到 $35E/\sqrt{Hz}$ 水平，质量引力法分辨率测试达到 10E@200s 水平。原子重力梯度仪实现了竖直方向的信号测量，重力梯度分辨率为 137E@200s。我国已成为世界上第二个拥有“石英挠性加速度计旋转重力梯度仪”的国家；航空重力梯度仪实现首次地面和飞行测试。取得了以集成捷联式、平台式航空重力和航空矢量重力样机与航空重力数据处理软件为标志的航空重力测量技术装备研制成果，各项技术指标达到国际先进水平。

（2）开发集成了三套直升机航空电磁勘查系统：硬支架直升机 TEM 系统（CHTEM-Ⅲ）达到实用化；软支架吊舱直升机 TEM 系统（CHTEMS）可实现梯形波与锯齿波组合

波形发射；直升机 MT 系统（CHMT）实现了低噪声接收，吊舱传感器静态测试噪声水平为 15fT/√Hz@75Hz。成功研发了自主知识产权的新型大磁矩固定翼时间域航空电磁仪工程样机，以及基于国产 Y-12 固定翼飞机的实用化航磁三分量测量系统、低温和高温超导全张量航磁梯度系统样机、基于彩虹 3 和彩虹 4 固定翼无人机的航磁梯度系统。研发了高分辨率航空能谱测量仪和高分辨机载成像光谱成像仪等原理样机。

（3）创新形成大深度全三维多功能地面电磁探测系统：设计形成 50kW 三电极张量电磁发射机，采用高低频分段模式，实现全频带高精度测量。多功能地面电磁探测系统达到产品化，总体性能优于国外主流高端产品水平，重力与磁力测量系统达到工程化。航空电磁测量和轻便遥测地震技术装备等前沿技术实现了实用化。

（4）研发了井中重力测量、造岩元素测井仪、激发极化测井仪、井地瞬变电磁勘探仪等原理样机，实现了地面便携系统与井下遥传系统兆级通信。研发了广域电磁法多频伪随机信号收发等技术，实现大功率广域电磁发射与低频信息提取，获得深达 5000m 电性结构信息。

（5）应用于深部找矿的同位素填图与深穿透地球化学技术得到极大发展。初步形成 5000m 智能地质岩心钻机。发展了深层油气勘探保幅成像技术方法，提高了深层地震成像及断层刻画精度，复杂油气勘探技术向万米超深层新领域推进，技术装备水平总体达到国际先进。应用大数据与人工智能新理论新方法和机器学习、深度学习原理，构建研发了国际先进的适应 3000m 深度多学科一体化深地资源探测与三维预测评价软件平台（GeoDeep V1.0），实现了多学科地球物理技术的单一平台集成和深度融合。

“十三五”以来，深地资源勘查开采重点专项研究发展了 3000m 深度金属矿勘查与预测评价能力，自主研发关键技术与仪器装备，系统构建了移动平台和大深度立体探测技术装备体系，形成了多尺度多层次多学科深地资源勘查能力，固体矿产预测评价与勘查深度基本达到 3000m，油气勘探达到万米超深层深度。

第三节　地壳精细结构与深部过程新认识

（一）全国尺度岩石圈物性结构的新认识

我国大陆及其邻区具有非常复杂的地壳与岩石圈深部结构。自从 1958 年在柴达木盆地开展深地震测深（DSS）探测以来，前人已经积累了大量的大陆岩石圈结构和地壳厚度（即莫霍面埋深）数据，包括深地震广角反射、近垂直反射和折射人工地震测深，以及重力反演和天然地震层析成像等各种方法给出的地壳厚度。统计分析表明，我国大陆地壳和岩石圈均具有东薄西厚、南厚北薄的特征（Li et al.，2010；Zhang et al.，2011a）。我国大陆的地壳厚度处在 10～85km（Teng et al.，2013），一般在 20～63km（Zhang et al.，2011a），平均地壳厚度为约 47.6km（Li et al.，2010），远远大于全球平均的地壳厚度（约 39.2km）。其中，青藏高原的平均地壳厚度为 60～65km，最大厚度为约 80km 或 70～85km，与持续的陆陆碰撞有关（Li et al.，2010；Teng et al.，2013，2014）。我国东南部平均地壳厚度为约35km，华北和东北地区为约38km，西北地区为约51km（Teng et al., 2014）。在华北克拉通东部，平均地壳厚度为30～35km，可能经历过岩石圈地幔的破坏（Li et al., 2010; Teng et al., 2013）。在大陆边缘和海域，地壳厚度一般为20～28km（Teng et al., 2014）。我国南海中部的地壳厚度为最小，仅为约5km（Li et al., 2010）。

青藏高原和西北地区的岩石圈平均厚度为约165km；其中，塔里木盆地中部和东部、帕米尔和昌都地区的岩石圈最厚，达到180～200km（Li et al., 2010）。相反地，在大兴安岭-太行山-武陵山东部地区，包括边缘海，岩石圈厚度仅为50～85km（Li et al., 2010）。我国西部的岩石圈和软流圈表现为“层状结构”，反映了板块碰撞和汇聚的动力学背景；而在东部，岩石圈和软流圈具有“块状镶嵌结构”，岩石圈较薄，而软流圈非常厚，反映了地壳伸展和软流圈物质的上涌，软流圈上涌使得东亚和西太平洋地区在85～250km深度范围内出现一个大的低速异常（Li et al., 2010）。我国大多数构造单元已经达到均衡补偿状态；但是，青藏高原还没有，特别是冈底斯-念青唐古拉山和喜马拉雅造山带，还远远没有达到均衡补偿（Zhang et al., 2011a）。

基于Crust2.0模型、中国大陆及邻区地形数据和P波速度结构，计算得到了东亚大陆岩石圈三维热结构的有限元数值模型，显示前寒武纪克拉通（如印度板块、四川盆地、华南、华北和塔里木盆地）之下的莫霍面温度为500～700℃，而青藏高原之下的莫霍面温度为800～1000℃（Sun et al., 2013）。同时，热结构模型显示了中朝克拉通之下60km处的岩石圈破坏，青藏高原中部（特别是羌塘）下地壳或上地幔物质的向东流动；中国东部与西部之间的热结构过渡带与南北地震带的位置相一致（Sun et al., 2013）。

在我国东部地区，剪切波分裂测量给出了华北克拉通、扬子克拉通和华夏地块等几个主要构造块体的上地幔变形特征与地幔流形式，反映了不同构造事件的影响。在郯庐断裂带西侧，华北克拉通快波方向主要为垂直郯庐断裂带；而在断裂带的东侧，扬子克拉通的快波方向与断裂带呈小角度斜交（Zhao et al., 2013）。

（二）青藏高原深部结构及其对高原隆升动力学的制约

青藏高原大陆动力学研究，旨在认识印度-欧亚板块汇聚与陆陆碰撞过程的特征及其对高原隆升的影响，在东亚乃至全球地球动力学研究中占有重要地位（滕吉文等，2011；Zhang Z J et al., 2014）。青藏高原具有巨厚地壳，地壳结构与莫霍面形态复杂，深度变化很大（赵文津等，1996，2008；滕吉文，2009；高锐等，2009）。深地震反射剖面揭露了青藏高原陆陆碰撞与地壳生长的深部过程（Gao et al., 2021）。青藏高原及其腹地的地壳精细结构令世界地球科学家瞩目，是检验青藏高原隆升动力学机制的关键。INDEPTH-1项目第一次深地震反射试验（TIB-1剖面）曾揭示藏南地壳中部的强反射带，代表了印度下地壳俯冲到藏南之下；莫霍面深度为72～75km（赵文津等，1996）。INDEPTH-MT在喜马拉雅-西藏南部地区曾完成6条超宽频带大地电磁深探测剖面研究，说明西藏巨厚的地壳中确实存在部分“熔融体”和“热流体”（赵文津等，2008）。

1. 青藏高原南部

中国地质科学院地质研究所高锐团队首次实现了世界上首次跨越喀喇昆仑和自喜马拉

雅带跨越雅鲁藏布缝合带进入冈底斯带的深地震反射剖面（位置见图8-1中的PL和SQH），实验得到来自地壳深部和莫霍面的反射资料，品质较高。剖面显示了下地壳向北的强反射，以及冈底斯岩浆岩带底部的地震强反射。藏南狮泉河剖面（SQH）浅部显示喀喇昆仑断层的花状反射结构。

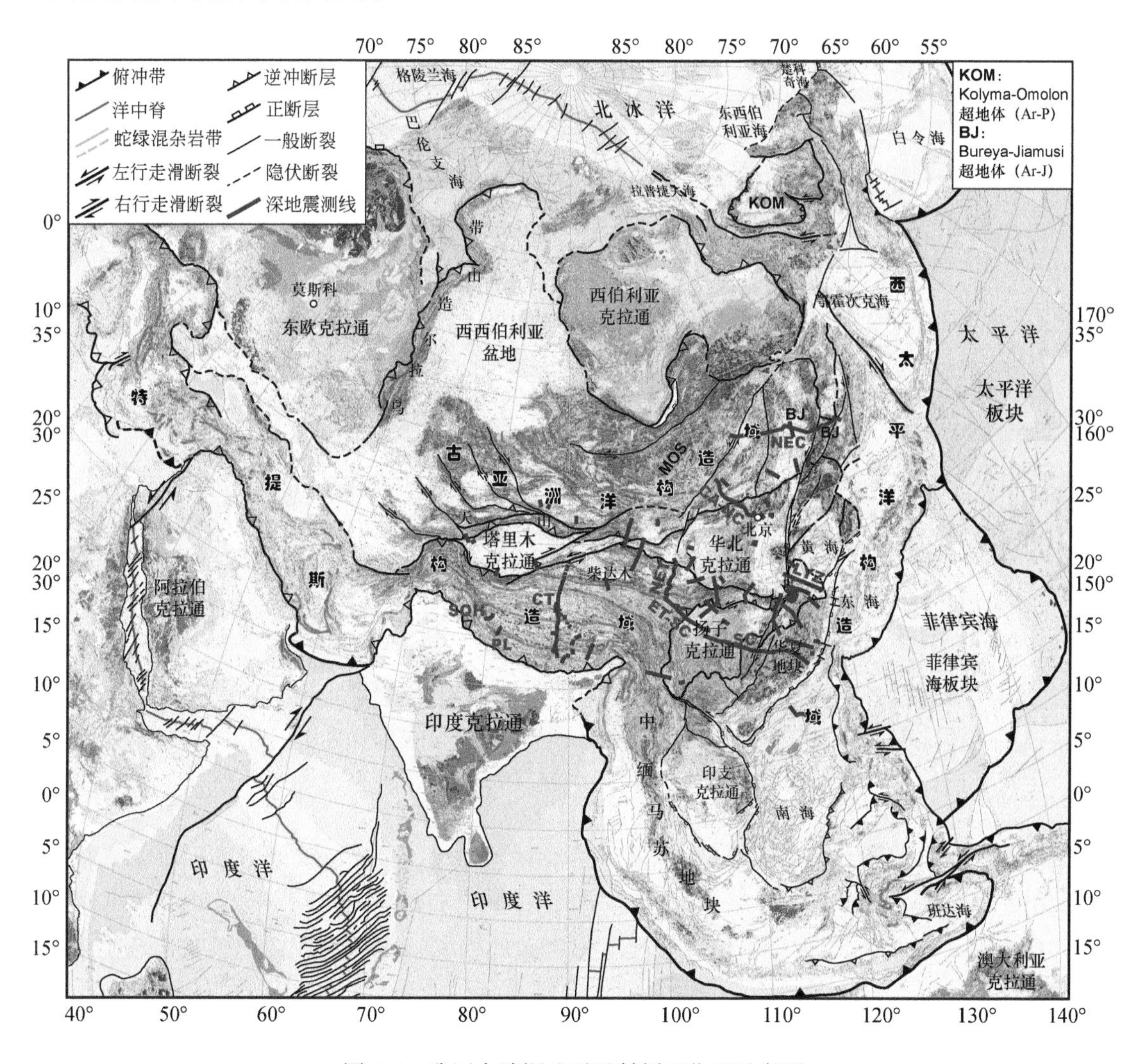

图8-1　我国大陆深地震反射剖面位置示意图

深地震反射剖面：NEC. 东北剖面；CA-NC. 中亚-华北剖面；LYZ. 下扬子剖面；NET. 青藏高原东北缘剖面；ET-SC. 青藏东缘-华南剖面；SC. 华南剖面；CT. 藏中剖面；PL. 普兰剖面；SQH. 狮泉河剖面；MOS. 蒙古-鄂霍次克缝合带

青藏高原南部的深地震反射剖面揭示印度板块地壳俯冲主体没有跨过雅鲁藏布江缝合带，印度地幔俯冲到亚洲板块之下，首次精细揭示了印度板块俯冲的壳幔构造解耦现象，创新了青藏高原深部过程与动力学研究（图8-2）（Gao et al.，2016b）。

青藏高原中-南部远震剪切波分裂（主要为SKS和SKKS）测量，得到以30.5°N附近

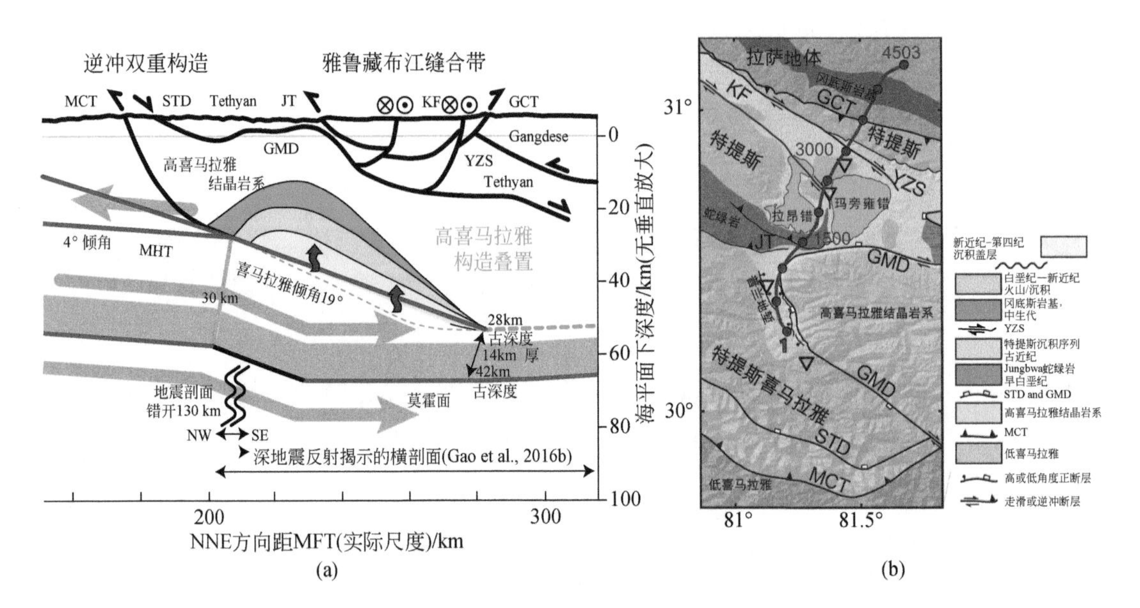

图 8-2　印度与亚洲板块缝合带深地震反射剖面解释图（据 Gao et al.，2016b）

MCT. 主中央断裂；STD. 藏南拆离系；Tethyan. 特提斯；JT. 琼布瓦逆冲断层；KF. 喀喇昆仑断裂；GCT. 主逆冲断裂；GMD. 讷木那尼拆离系；YZS. 雅鲁藏布缝合带；Gangdese. 冈底斯；MHT. 大喜马拉雅逆冲断层；MFT. 主前逆冲断层

为过渡带，南北两侧具有不同的上地幔变形特征：拉萨地块南部和特提斯喜马拉雅最北部具有较弱的剪切波分裂，其平均延滞时间为 0.3s，不存在大规模的地幔地震极化各向异性；拉萨地块北部具有显著的地震极化各向异性，延滞时间为 0.8～1.5s，快波方向为 NE 向，反映了由印度板块前缘与欧亚板块之间的挤压和剪切作用引起的岩石圈破碎带内物质的向东流动（Zhao et al.，2014）。

深部结构探测也为认识藏南东西向伸展作用的机制提供了依据。广泛分布的南北向延伸的正断层、地堑与裂谷，说明青藏高原在经历南北向缩短的同时，也正在经历着东西向的伸展作用。穿过亚东-古鲁裂谷北段地震学实验的偏移接收函数成像结果，揭示了该裂谷是一个高角度的正断层，从它的西翼到东翼存在 5km 的莫霍面抬升；两翼的地壳结构和壳内地震波转换模式存在明显的差异与高度的不对称性（Zhang et al.，2013b）。该剖面观测到的上地壳、下地壳和岩石圈地幔之间的剪切波分裂差异，以及前人关于青藏高原 GPS 速度场的观测，反映了受上地壳底部向东的水平简单剪切或一般剪切裂谷作用机制控制的全地壳伸展（Zhang et al.，2013b）。因此，至少在亚东-古鲁裂谷，简单剪切裂谷作用吸收了印度岩石圈向北的挤入作用，说明 NS 走向正断层并不是青藏高原抬升到最大高程并将进入岩石圈重力垮塌阶段的标志（Zhang et al.，2013b）；而驱动裂谷形成的源区可能在 410km 界面以上（李秋生等，2020）。

2. 青藏高原腹地

中国地质科学院地质研究所高锐团队成功获得青藏高原腹地巨厚地壳的下地壳和莫霍

面深地震强反射。高原腹地的羌塘盆地是我国大陆最大的未取得油气勘探突破的海相盆地，具有巨厚的侏罗纪海相沉积。应对青藏高原腹地巨厚地壳的下地壳和莫霍面反射的巨大挑战，以往各国科学家的尝试尚缺少非常成功的实例。为揭示青藏高原腹地的深部地壳结构，从拉萨地体北部到羌塘地块的羌塘深地震反射剖面探测，穿过班公-怒江缝合带（BNS），获得了下地壳和莫霍面强反射（Gao et al., 2013a）。深反射剖面精细处理的结果确认，拉萨地体最北部的莫霍面深度为约75.1km，到羌塘地体最南部莫霍面深度变为约68.9km（Gao et al., 2013a）。深地震反射剖面显示，跨过班公-怒江缝合带莫霍面被明显地错断了约6.2km，为古缝合带的后期再活动提供了证据。在BNS缝合带往北25km范围内，莫霍面平滑地向上抬升为62.6km（Gao et al., 2013a）。根据INDEPTH速度模型，地震剖面上与强的水平反射层相对应的南羌塘地体的中地壳与上地壳边界、中地壳与下地壳边界，分别处在约18.8km和约31.3km深度。剖面显示中、下地壳北倾的系列强反射，可能是拉萨地体早期向北俯冲在羌塘地体之下的反映；反射剖面中部的上地壳约14.1km深度存在一个背形构造，与羌塘含蓝片岩变质带相对应（Gao et al., 2013a）。羌塘深地震反射剖面为建立青藏高原中部地壳垮塌、减薄作用的动力学模型提供了基础。

羌塘盆地浅层地震反射剖面（0~6s TWT；350km）的再处理，给出了基底和上地壳浅部结构在南北方向上的变化。其中，古生代基底出现在3~4s TWT反射层；在中部背形构造处变浅，表现为连续的弧形反射，其北侧为一个半地堑构造（可能具有油气远景）。元古宙基底的深度在大约4.5s TWT处。由南向北，羌塘盆地基底埋藏的深度逐渐变浅。在浅层（0~3s TWT），羌塘盆地的南部和北部构造变形有很大不同：北部发育强烈的褶皱变形，而南部相对比较平坦（Lu et al., 2013）。

移动宽频带地震台阵剪切波速度（V_s）层析成像和壳幔密度结构反演结果显示，地幔流指示的俯冲印度板块的岩石圈地幔前锋已经到达班公-怒江缝合线；从西藏的西部到东部，印度板块的俯冲角度由陡变缓、俯冲深度由深变浅（Zhang Z J et al., 2014）。远震数据的层析成像得到深达400km的岩石圈三维P波速度（V_p）结构，显示印度岩石圈地幔俯冲到高原腹地之下，其前锋已经穿过班公-怒江缝合线而向北到达羌塘地体34°N的位置；在特提斯喜马拉雅靠近雅鲁藏布缝合线的位置出现一个显著的低速异常（He et al., 2010；李秋生等，2020）。

3. 青藏高原东北缘

青藏高原东北缘是由早古生代东昆仑和祁连造山带的作用而形成的，并在新生代由于印度-亚洲大陆碰撞和汇聚作用的远程效应叠加而再次活动。中国地质科学院地质研究所高锐团队横过西秦岭造山带及其两侧盆地的高分辨率深地震反射剖面精细处理结果，揭示了青藏高原东北部岩石圈变形的细节与高原隆升的深部动力学过程，对国际流行的“下地壳隧道流”模式提出了挑战（高锐等，2011b；Wang C S et al., 2011；Gao et al., 2013c）。深地震反射剖面显示了上地壳双重构造、下地壳近水平拆离断层和地幔卷入的莫霍面错断、叠瓦逆冲与双重构造，也显示了若尔盖盆地下地壳曾整体向西秦岭造山带俯冲的深地震反射证据。深地震反射剖面显示的地壳变形与地幔过程的脱耦现象，与“下地壳隧道流”模式极不协调（Wang C S et al., 2011；Gao et al., 2013c）。深地震反射剖面揭示了青藏高原东北缘海原断裂带的深部几何形态、两侧地壳上地幔细结构与变形特征，显示左行走滑的海原断裂和天井断裂切过上、中地壳，具有多个分支，并归集到下地壳一个低角度的拆离剪切带之中（图 8-3）；中、下地壳具有不规则形态的地震透明区，可能为早古生代侵入岩体；新生代时期，上地壳经历了高达 46% 的地壳缩短，足以解释现在高程的形成过程，而不需要下地壳隧道流或上地幔热事件的解释（Gao et al., 2013c）。

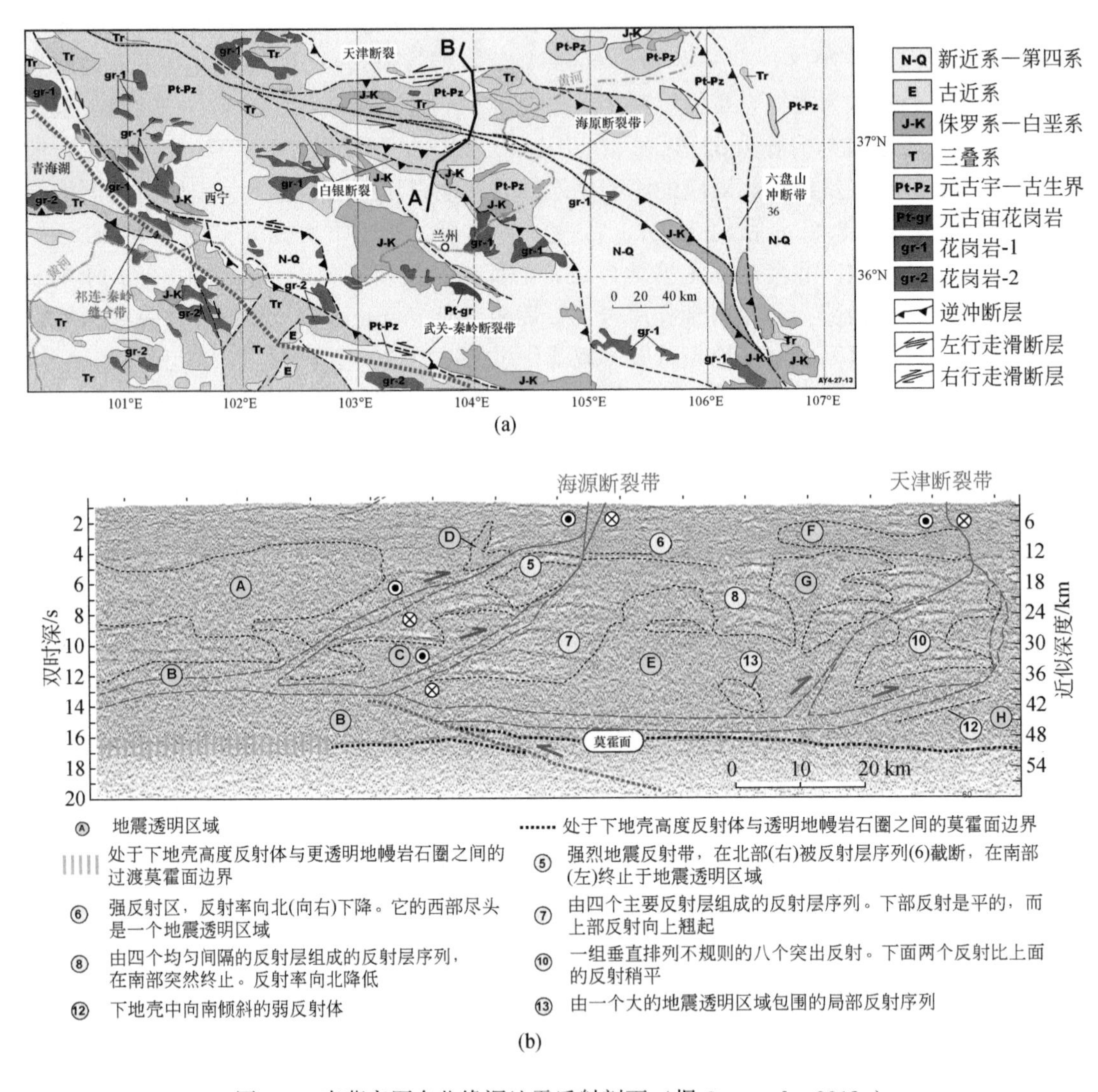

图 8-3　青藏高原东北缘深地震反射剖面（据 Gao et al., 2013c）

（a）剖面位置简图；（b）地震剖面揭示的断裂构造系统

景泰-合作 430km 长的广角地震实验，为祁连造山带早古生代造山作用与新生代高原扩展机制提供了深部结构的制约（Zhang et al., 2013a）。景泰-合作广角地震剖面给出的地壳 V_p（P 波速度）结构模型，显示北祁连地块莫霍面深度处在 48 ~ 54km 的范围内，地壳厚度由南向北逐渐减薄，并有一些波动。沉积层厚度和平均 V_p 的不同，将剖面分为明显的几个构造分区，包括柴达木-昆仑-西秦岭、中祁连、北祁连和阿拉善等地块。柴达木-昆仑-西秦岭、北祁连和阿拉善等地块的下地壳 V_p为6.6～6.8km/s；而中祁连地块的下地壳 V_p较低，只有6.4～6.5km/s。中祁连地块与美国 Sierra Nevada 弧或增生地壳具有相似的地壳 V_p-深度关系。柴达木-昆仑-西秦岭和北祁连造山带具有全球平均大陆地壳的 V_p-深度关系特征。中祁连造山带独特的 V_p-深度关系可能是早古生代弧陆碰撞造山过程中的增生造山或榴辉岩化下地壳拆沉的结果。中祁连地块的北部存在上地壳底部的低速度层（LVL），在新生代青藏高原扩展过程中可能起着壳内拆离层的重要作用（Zhang et al., 2013a）。东昆仑阿尼玛卿缝合带天然地震观测剖面的接收函数成像和 *H-k* 叠加结果显示，地壳厚度从柴达木-昆仑地块和祁连地块的56～62km，增厚到松潘-甘孜地体的约64km；地壳厚度的增加可能与碰撞前板块的地壳厚度有关，或者与由于青藏高原地壳流机制引起的下地壳增厚有关（Xu et al., 2014）。

青海和甘肃两省地震台网的远震数据S接收函数和SKS分裂测量，得到青藏高原东北缘东昆仑断裂以北地区的岩石圈-软流圈边界（LAB）和上地幔变形结构（Zhang et al., 2012）。结果表明各地的LAB深度，在松潘-甘孜地块东北部和西秦岭为125～135km，在昆仑和祁连造山带为145～175km，在柴达木盆地为175～190km，鄂尔多斯克拉通之下为170km，阿拉善地台为200km。青藏东北缘昆仑断裂北侧具有近于一致的NW-SE方向的S波快波方向，而与昆仑断裂南侧高原内部顺时针旋转的S波快波方向有所不同。跨过昆仑断裂快波方向的变化，反映了上地幔变形形式的突变。剪切波分裂的延滞时间变化范围为0.8～1.9s。在昆仑-阿尼玛卿缝合线北侧，剪切波分裂的延滞时间与岩石圈厚度具有正相关关系，每100km增加0.7s；说明青藏东北缘各向异性可能产生在地幔最上部的岩石圈地幔（Zhang et al., 2012）。

4. 青藏高原东缘

中国地质科学院地质研究所高锐团队在青藏高原东部横穿龙门山断裂带的SE走向深地震反射剖面，有效揭示了该地区地壳结构，显示扬子地块的地壳向西延伸到青藏高原的东部之下；龙门山断裂带和松潘-甘孜地体东北部的龙日坝（Longriba）断裂带向下一直延伸到壳幔边界（即莫霍面），在青藏高原东缘的斜向挤出和隆升过程中起了重要作用，为该地区地震危险性评价提供了深部精细结构数据（Guo et al., 2013）。龙日坝断裂，而不是龙门山断裂，才是扬子板块的西缘边界（Gao et al., 2021）。重力、磁力异常与地震活动性关系的分析表明，龙门山断裂带处在藏东龙门山重力梯度带的东侧，断裂带西侧的松潘-甘孜地块具有比东侧的四川地块较小的下地壳-上地幔密度。断裂可能切割下地壳，到达上地幔。刚性的四川地块阻挡了松潘-甘孜地块的推挤作用。在龙门山断裂带南段（灌县-北川段），挤压作用垂直于密度边界，表现为纯粹的逆冲作用；而在北段（北川-青川段），挤压作用与密度边界斜交，表现为逆冲+右行走滑的形式。同时，沿着青川-汶川-灌县还出现一个非常大的负磁异常（Zhang et al., 2010）。

基于最近的地震和地表热流观测数据、岩石力学实验结果建立的横穿龙门山地壳P波速度和热流变学模型，显示龙门山两侧具有非常不同的岩石圈结构和热状态：西侧的藏东地幔最上部出现一个高温异常，说明藏东的地壳比四川盆地的地壳温度更高；藏东岩石圈地幔的流变强度比四川盆地的要弱很多。藏东增厚岩石圈地幔根的拆沉，可能是青藏东缘生长的原因（Chen et al.，2014）。藏东地区的地壳和上地幔三维 P 波速度模型研究，深度至 400km，取得了比前人研究更加精细的结果。浅部显示低速带的分布不是很连续，可能反映了藏东之下物质流动的复杂形式。在莫霍面之下，印度岩石圈地幔近水平地下插到藏东之下。从西向东，印度岩石圈向北伸出的范围逐渐减小。在藏东的北部，亚洲岩石圈地幔出现在柴达木盆地的周边之下。在印度和亚洲岩石圈地幔之间，存在一个明显的低速异常，可能反映上涌地幔的底辟作用（Zhang et al.，2012）。

5. 大地电磁测深

中国地质大学（北京）魏文博团队在青藏高原 1°×1° MT“标准网”观测的初步结果给出了电性结构的总体特点。在雅鲁藏布江缝合带以南，低阻体主要分布在 20km 以浅。而在雅鲁藏布江缝合带以北，低阻体主要分布深度大于 20km，且分布并不连续，低阻区域可能和南北向裂谷带相关。在 94°E 以东的不同深度并未发现大规模低阻体，这与普遍认为的青藏高原“下地壳隧道流”存在一定的矛盾。大地电磁测深剖面给出了青藏高原东缘及四川盆地的壳幔导电性结构，存在着低阻的青藏高原中下地壳与高阻的扬子地壳之间的电性转换，也支持了青藏高原东部“下地壳隧道流”受阻的观点。青藏高原东北缘合作–大井剖面的大地电磁探测结果，给出了该区域的地壳电性结构呈明显的纵向分层、横向分块的特点，中、下地壳普遍存在高导层。在青藏高原中北部，五道梁–绿草山大地电磁深探测剖面的二维非线性共轭梯度反演，得到了高原二维电性结构模型，并推测了主要断裂的位置、产状和切割深度等信息。

（三）华南深部探测揭示复杂造山过程

中国地质科学院地质研究所高锐团队采集处理的华南大剖面（松潘–龙门山–四川盆地–井冈山–武夷山）深地震反射实验剖面（图 8-1 中 ET-SC 和 SC，共约 2280km），揭示了华南大陆复杂的中生代板内造山作用过程。华南深地震反射剖面显示，松潘地块莫霍面深度自若尔盖盆地的 50km 左右，与下地壳一起向东（向岷山之下）倾斜，与岷山山前向西倾斜的下地壳反射形成相向倾斜的汇聚样式，据此可以确定松潘地块与岷山造山带的接触关系和边界。自岷山向东，下地壳反射减弱，近乎透明。进入龙门山东部山前，向西倾斜（即向龙门山下倾斜）的莫霍面反射并不清楚；取而代之的是从龙门山山前开始，一直延续到四川盆地的平坦型莫霍面，为清晰的强反射，莫霍面深度明显浅于龙门山地区。这种莫霍面的突变加深（错断）暗示，龙门山山前断裂可能为切割深度很大的地壳或岩石圈尺度的走滑大断裂，为建立龙门山地震活动模型、精确确定汶川地震发生机制和地震断层分布与延伸提供了新的关键约束。在四川盆地东部，莫霍面显示明显地向东倾斜，可能代表了一个古老的俯冲带的残留（图 8-4）（Gao et al.，2016a），类似于文献（Cook and Vasudevan，2003；van der Velden and Cook，2005）在加拿大揭示的残留俯冲带信息。深地震反射剖面揭示的信息，为华南大陆的再造提供了新的、关键的深部构造证据。

中国地质科学院董树文团队在雪峰山之下发现隐伏的古造山带，取得华南地块构造格

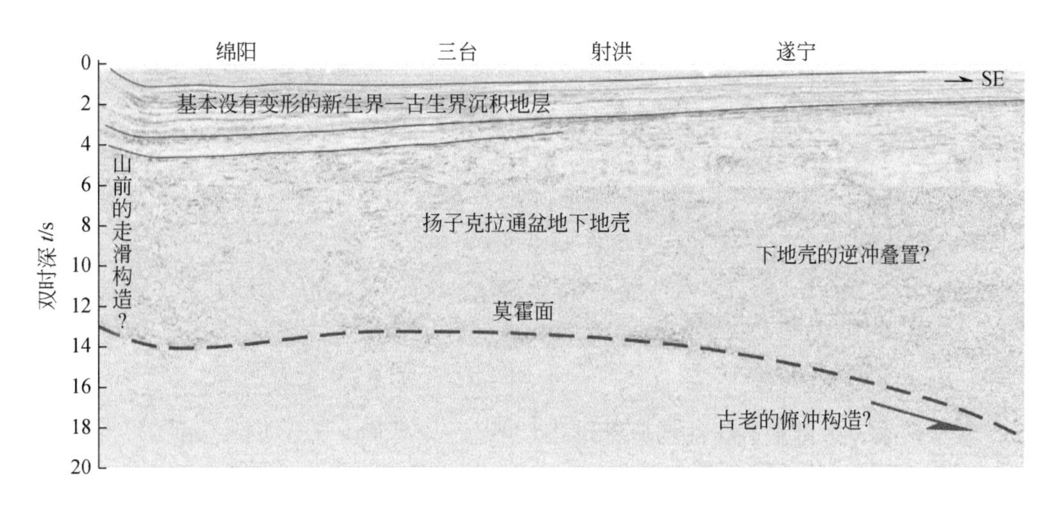

图 8-4　华南四川盆地深地震反射剖面揭示古老的俯冲构造（据董树文等，2014；Gao et al.，2016a）

局和演化的新认识（Dong et al.，2015a；董树文等，2016）。横穿大巴山深地震反射剖面的构造解释，揭示了中生代华北-华南陆陆碰撞的深部过程及可能的动力学机制（Dong et al.，2013b）。宽频带地震流动观测数据分析表明，扬子地块与华夏地块的分界线在雪峰山一线；在地壳尺度，雪峰山西侧的扬子地块具有较厚的地壳（约 45km），而东侧的华夏地块地壳向海岸线方向逐渐变薄（32 ~ 27km）；在岩石圈尺度，扬子地块岩石圈厚度达约 150km，而华夏地块分区减薄，局部只有约 70km（李秋生等，2020）。华南大陆之下未发现古太平洋俯冲板片在地幔过渡带内滞留（李秋生等，2020）。从深部视野来看，我国大陆除了“多块体拼合”和“多旋回变形”特征之外，还具有“强解耦结构”基本特征（董树文等，2021）。

华南地区布格重力异常反演的三维密度结构，揭示大别山造山带东部中地壳底部为低密度区，可能为一个大陆碰撞/挤出的化石地球物理证据；郴州-临武断裂可能为扬子地块与华夏地块边界的南段（Deng et al.，2014）。连州-广州 400km 长的宽角地震反射剖面探测与速度结构显示，郴州-临武断裂东侧沉积地层和结晶基底的厚度和平均 P 波速度都有较大的侧向变化，而断裂的西侧则较为稳定。由此说明华夏地块的地壳变形比较发育。深度域叠前偏移的多次滤波宽角地震成像和 P 波速度模型揭示，郴州-临武断裂切过中地壳底部的倾角为约 22°，在下地壳的倾角小于 17°（Zhang et al.，2013c）。

东南沿海和台湾地区是研究现代板块相互作用的理想地区。东南沿海宽频地震台站远震层析成像给出岩石圈三维 P 波速度（V_p）结构，显示了高 V_p 的菲律宾板块沿琉球（Ryukyu）海沟（约 24°N）向北俯冲至 350km 深度。在台湾中部和南部，上地幔高 V_p 异常代表了向东俯冲的欧亚板块，高角度断离板块一直下插到台中之下 400km 深处。在台湾南部，出现从莫霍面向下连续延伸到 400km 深度的欧亚板块，构成一个被撕裂的地幔窗，可能是菲律宾板块向北运动造成的软流圈上涌的结果。由此说明，台湾岛中部山脉的形成主要是欧亚大陆岩石圈与菲律宾板块海洋岩石圈之间的俯冲-碰撞构造作用的结果，为了解欧亚板块与菲律宾板块相互作用引起的变形与地幔动力学过程提供了重要依据（Zheng et al.，2013）。

在台湾海峡西侧的大陆地区，移动地震台站转换波接收函数给出地壳上地幔结构，显示莫霍面倾向北东，缓倾（每 100km 变薄约 1.5km），平均深度为 30km；410km 和 660km 不连续面的深度与 IASP91 模型接近。闽江断裂切过地壳至莫霍面。岩石圈与软流圈边界的深度为 60～70km。以上特征说明，该地区不存在与板块俯冲相关的地球动力学异常，而是与岩石圈强烈减薄相一致（Li Q S et al.，2013）。

（四）华北地壳结构与深部过程

1. 板块汇聚、大陆地壳增生与深部过程

中国地质科学院地质研究所高锐团队采集处理的华北深地震反射剖面（约 630km；图 8-1 中 CA-NC 剖面），自北京西北部开始，向北跨越了许多令人瞩目的构造单元与边界断裂，如传统的华北地台（克拉通）与内蒙古地槽的边界、中亚造山带东南部最重要构造边界之一的“索伦缝合带”及位于其两侧的中亚造山带等（图 8-5）（Zhang S H et al.，2014）。长期以来，沿索伦缝合带发生的大洋板块消亡、大陆板块汇聚、大陆地壳增生等地质作用引起人们的广泛兴趣。然而，由于缺乏精细的岩石圈结构资料，人们对这些地质作用与深部动力学过程的认识存在分歧。CA-NC 深地震反射剖面成功获得地壳和上地幔顶部的精细结构，整个剖面显示了自浅到深部地壳变形的踪迹和样式，从而可以追溯板块汇聚、地壳伸展、岩浆侵入与逆冲推覆/地壳增生的深部过程。剖面上，莫霍面处在强反射的下地壳与透明的地幔之间，深度为 40～45km，与同缆接收的折射剖面数据相一致；莫霍面起伏较大，以燕山地区的莫霍面为最深，局部出现多组莫霍面反射叠置现象（Zhang S H et al.，2014）。剖面南段连续北倾的下地壳褶皱-冲断带结构，保留了晚二叠世—三叠纪古亚洲洋闭合、碰撞与后碰撞大陆汇聚的深部过程；北倾的反射描述出板块俯冲的极性，残余在莫霍面之下的地幔反射，可能是板块俯冲进入地幔的遗迹，也反映大陆的汇聚俯冲的多期性，在下地壳形成逆冲叠置；大型逆冲断层在上地壳被中生代花岗岩类侵入体穿透，在地壳底部归集到莫霍面之上，说明莫霍面的形成晚于逆冲构造事件。在剖面的北段，主要发育南倾的褶皱冲断带，以及后碰撞岩浆岩体的存在；莫霍面之上的层状反射，可能是来源于地幔的玄武岩岩席；周期性的基性岩浆底辟，引起后碰撞岩浆事件与莫霍面的重置（Zhang S H et al.，2014）。

在华北深地震反射剖面（CA-NC）数据的约束下，与深反射同剖面的宽角反射和折射数据的处理、分析与模拟得到的二维 P 波速度模型，显示其地壳结构具有以下特征：①华北克拉通与中亚造山带具有显著不同的速度结构；②较厚的地壳出现在阴山-燕山带，可能是早侏罗世挤压作用的产物，并在去克拉通化和伸展作用过程中得到调整。中亚造山带平坦并相对较浅的莫霍面，可能是伸展作用的结果；③白乃庙弧和温都尔庙俯冲增生杂岩之下较大的速度变化，说明了构造演化过程中多次岩浆活动的影响（Li W H et al.，2013）。

华北克拉通是一个太古宙克拉通，经历了中生代以来由于太平洋板块俯冲而引起的以

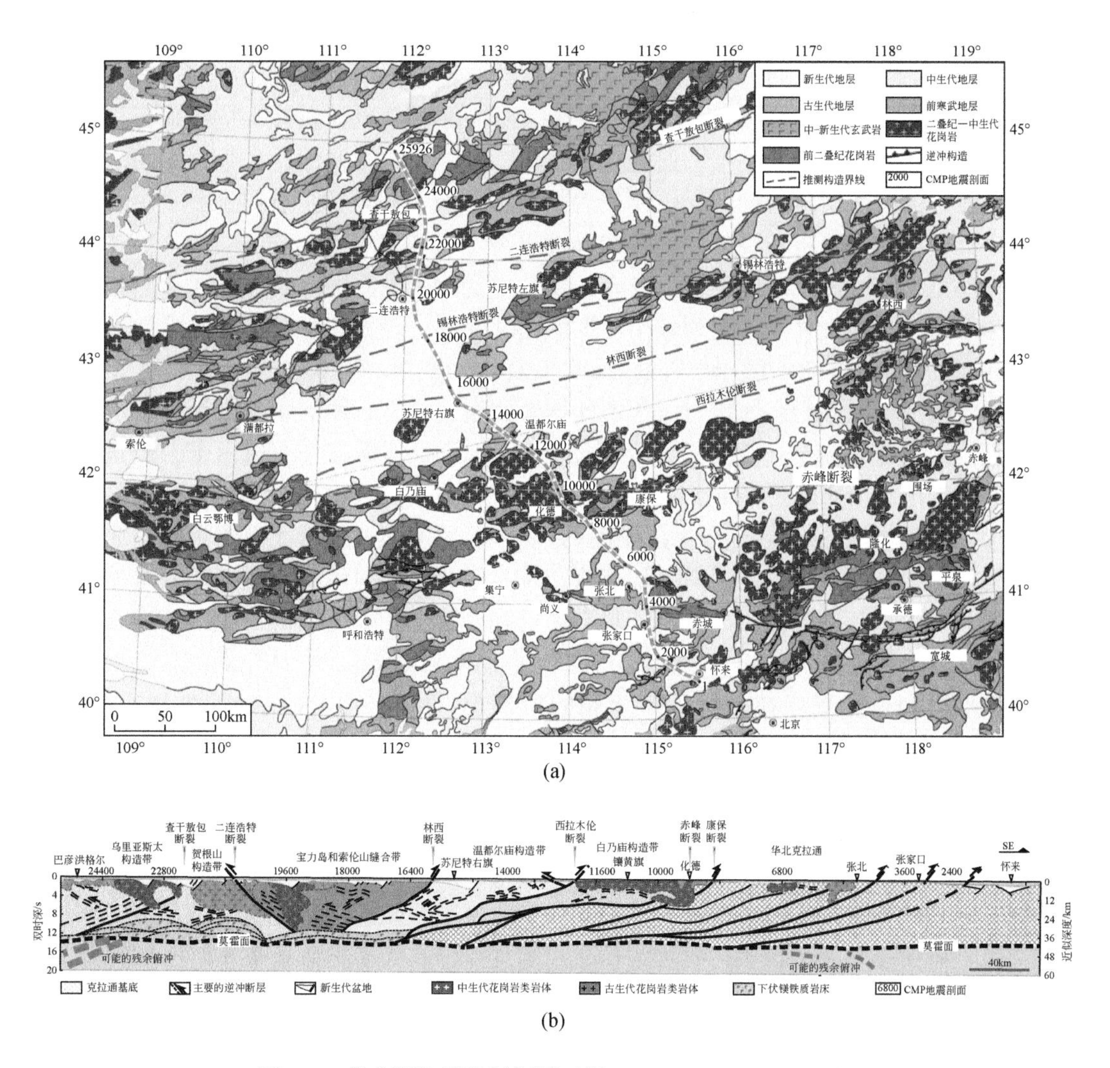

图 8-5　华北深地震反射剖面（据 Zhang S H et al.，2014）
（a）经过区域的地质简图；（b）剖面揭示的主要壳内构造

拆沉和热侵蚀为主的岩石圈破坏作用（朱日祥和郑天愉，2009；吴福元等，2014）。华北克拉通岩石圈减薄是一个国际热点研究问题。岩石圈减薄过程中的地壳响应如何？最新的研究回答了这个问题。安新-宽城（320km 长；2002 年采集）宽角地震剖面的再处理表明，华北平原的地壳与岩石圈厚度分别只有约 31km 和约 70km，而燕山褶皱带的地壳和岩石圈厚度分别为约 36km 和约 180km（Zhang et al.，2011b）。由此得到华北平原的地壳减薄量为约 14%，而盆地和岩石圈尺度的垂向减薄量分别为 24% ~41% 和 25%，说明华北地块岩石圈的伸展变形受深度控制。地壳底部的拆沉和地幔物质的侵入与混染，形成了薄的高速壳幔过渡带；而下地壳低速层的存在，可能是岩石圈破坏造成熔融物质在莫霍面之上由华北平原向燕山褶皱带侧向流动的结果。中地壳拆离作用、下地壳流动与岩石圈/软流圈岩浆侵入作用，共同造成了地壳尺度较小的垂向减薄量，反映了华北地壳在岩石圈减薄过程中响应（Zhang et al.，2011b）。

接收函数约束的环境噪声层析成像，揭示了华北克拉通两条剖面的地壳剪切波速度结构（V_{sV}和V_{sH}）和径向各向异性。结果表明，华北东部渤海湾盆地的地壳厚度为约30km，具有相对较低的剪切波速度（特别是V_{sV}），在中、下地壳存在大的正径向各向异性。这种地壳结构已经不属于克拉通类型，而是晚中生代以来普遍的构造伸展和强烈岩浆活动的结果。华北西部鄂尔多斯盆地的地壳较厚，为≥40km，具有较好的层状特征，在中、下地壳存在一个大规模的低速带和弱的径向各向异性（除了局部的下地壳异常之外）；其整体结构特征与典型的前寒武纪地盾类似，具有长期的稳定性。华北中部横穿华北造山带的地壳结构更为复杂，中地壳存在一系列较小尺度的速度变化、较强的正径向各向异性特征，下地壳存在弱的甚至负的径向各向异性；反映了复杂的变形和壳幔相互作用，可能与中生代、新生代构造伸展和岩浆底辟有关。由此推断，显生宙岩石圈活化和破坏过程可能影响到华北克拉通东部的地壳（特别是中、下地壳），并影响到横穿华北造山带，但是，对华北克拉通西部地壳的影响可能非常小（Cheng et al.，2013）。这与华北克拉通已有的地质、地球化学、地球物理和构造分析的结果相一致。环境噪声面波层析成像给出的华北克拉通地壳结构显示，华北东部的南北向下地壳流，及其华北中部向西的地幔流与向东的逃逸流之间的相互作用，与早先提出的拆沉和热剥蚀机制一起，在华北太古宙克拉通岩石圈破坏中起了重要的作用（Zhang S H et al.，2014）。接收函数成像显示，在华北克拉通南部合肥盆地的上地壳到下地壳存在一个近于南倾的转换带，可能与中生代地壳伸展有关（Shi et al.，2013）。

中国科学院地质与地球物理研究所朱日祥团队“华北克拉通破坏”研究，认识到古太平洋板块俯冲的深部过程改变了华北岩石圈组成和性质，是导致华北东部克拉通破坏的关键机制（图8-6）（朱日祥和郑天愉，2009；朱日祥等，2011，2012）。在深部成矿作用研究方面，朱日祥和杨进辉团队建立了晚中生代华北克拉通破坏深部过程与金矿成矿作用之间的关系，阐明了巨量金富集的机理与构造控制规律，扩展了深部金矿找矿远景。

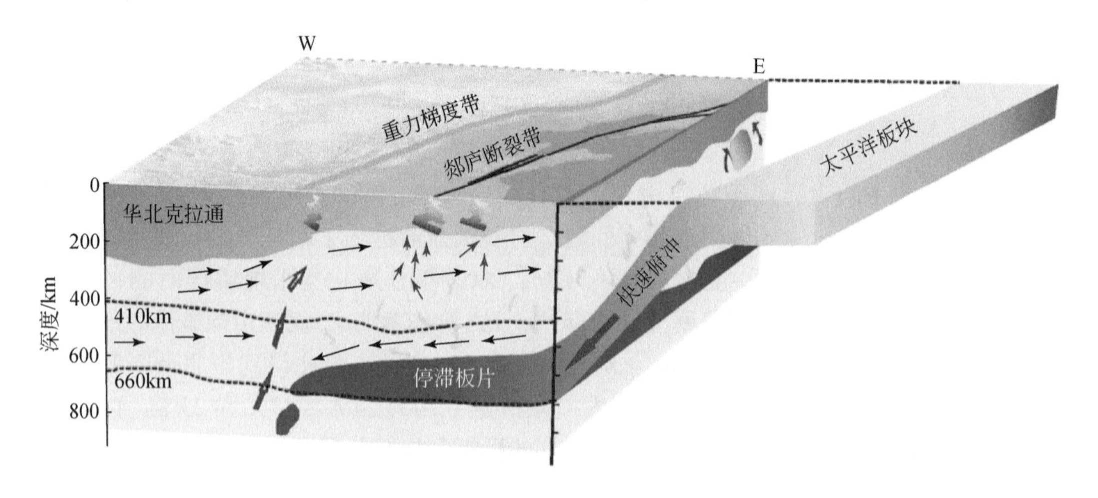

图8-6　华北克拉通破坏与改造的地幔对流机制（据朱日祥等，2011）

2. 华北岩石圈电性结构与正在进行的克拉通破坏深部过程

中国地质大学（北京）魏文博团队有关华北地区1°×1°大地电磁（MT）“标准网”观测结果显示，现今的华北岩石圈是由东部的鲁-辽高阻块体和黄淮海低阻块体、中部的太行-吕梁高阻块体、西部的鄂尔多斯低阻块体和北部的燕山高阻块体、内蒙古高阻块体等多个块体拼合而成的。高阻块体大致与区内造山带、构造褶皱带相对应，表现为“刚性”岩石圈结构特点；低阻块体则与盆地发育区相吻合，可能反映了较强的“塑性”岩石圈结构。华北岩石圈变形的相当一部分能量（作用）来源于上地幔深层的热状态和热流体，地壳的变形、演化可能受上地幔盖层变形的调制作用。

鄂尔多斯地块北部的岩石圈由沉积建造与结晶基底、上地壳、下地壳和上地幔顶部4层正速度梯度层构成，从南向北，基底和壳内界面逐渐上隆，莫霍面逐渐加深（滕吉文等，2010）。中国地质大学（北京）魏文博团队采集的大地电磁测深数据三维反演结果显示，古老的鄂尔多斯岩石圈具有异常的导电性结构。鄂尔多斯地块岩石圈总体上为良导电性的块体，普遍存在大规模的壳内和幔内高导体，及其多组产状陡倾的上地幔盖层高导通道。以北纬37.5°为界，鄂尔多斯地块可划分为南、北两个块体，北部块体导电性明显高于南部。鄂尔多斯地块（特别是北部）的低阻特征，与古老稳定地块的岩石圈电性结构特征不相符合，推测可能存在大量深部热流体，可能与正在进行的岩石圈减薄和拆沉作用有关，这为研究鄂尔多斯北部天然气田成因以及华北克拉通演化机理提供了重要依据。由固定台站数据记录的大量远震体波波形资料的处理结果，给出了鄂尔多斯地块东南缘莫霍面深度变化特征：东缘莫霍面深度为20.3～45km，南缘莫霍面深度为31～53.1km，具有明显的分块特征（董树文等，2012，2021）。

3. 中亚造山带西南部

在塔里木盆地北部和西南天山（喀什东）盆山结合带，中国地质科学院地质研究所高锐团队采集处理的南北向深地震反射剖面，揭示了塔里木盆地的沉积系统、西南天山褶皱冲断带地壳/岩石圈结构与陆内碰撞过程，包括下地壳北倾的反射层、莫霍面的起伏和地幔反射（Gao et al.，2013b）。结果显示，中生代—新生代西南天山的地壳缩短作用，主要由盆地内部向北挤出的拆离相关褶皱和天山内部向南的逆冲断裂所构成；在盆山结合带的盆地一侧，下地壳发育有鳄鱼嘴构造。

（五）东北岩石圈深地震反射剖面、宽频带地震观测与深部过程

中国地质科学院地质研究所高锐团队采集处理的东北深地震反射剖面（海拉尔-大兴安岭-松辽盆地-方正断陷）构造解释，揭示出盆地形成的深部成因，在认识大型油气盆地成因、东北亚构造演化及资源预测方面均具有重要的意义。该剖面显示松辽盆地、海拉尔盆地均坐落在褶皱基底之上，油气构造形成明显受蒙古-鄂霍次克构造带和太平洋板块相向俯冲与汇聚作用的控制，松辽盆地处于两个板块汇聚的中心。在松辽盆地中生界沉积下发现疑似晚古生代的三个规模巨大的残余沉积地层（厚4～8km），靠东部的一个地层平

缓，横向规模可达30km；为“大庆之下找大庆”提供了战略依据。

方正断陷-虎林盆地深地震反射剖面显示，方正断陷-牡丹江断裂之下具有明显的地幔反射，深达100km，明显地向西倾斜。虽然Best（1991）曾指出在Montana大平原之下存在可能的地幔反射，但是，如此深达上地幔底界的连续地震反射，打破了长期以来认为地幔反射透明的传统认识，令科学家震撼、兴奋。这是大陆深部探测极为罕见的发现，具有重大的地质科学意义。正如Cook和Vasudevan（2003）指出，许多不连续的上地幔反射均可能是下地壳的碎片。Vauchez等（2012）认为，地幔反射是岩石圈地幔变形（如地幔断裂或地幔剪切带）的表现。东北深地震反射剖面揭示莫霍面之下的地幔反射，可能记录了太平洋板块向西俯冲与块体拼贴的遗迹，可能是一个已经以低角度向西俯冲消减掉的洋壳，其俯冲深度可能已经超过岩石圈底界。这为地球科学界长期争论的古太平洋板块的存在与否提供了最直接的证据。俯冲上方的莫霍面上隆仍然存在，深度为最浅，且莫霍面被错断。

利用宽频地震台站瑞利波记录进行的岩石圈结构反演成像，显示东北长白山火山地区上地幔之中具有明显的低速体，可能是软流圈上涌的结果；松辽盆地岩石圈较薄，下地壳具有快S波速度，说明东北地区的部分岩石圈地幔已经被拆沉（Li et al.，2012）。一直以来，太平洋板块向西俯冲被认为是中生代以来华北克拉通东部岩石圈拆沉的主要原因，并由此引发了形成松辽盆地以及广泛岩浆侵入与喷发活动的伸展构造。但是，东北地区天然地震的接收函数分析给出了一个不同的地球动力学模型，反映了地幔柱上涌与相关的伸展作用、大陆裂谷与岩浆底辟过程，为中生代松辽盆地的成因提供了一个新的解释（He et al.，2014）。

第四节　深部过程模拟与地壳活动性监测

（一）深部地壳结构和地应力测量提供了地震活动性分析的基础数据

地壳速度结构与地震活动性之间的关系一直是国际研究的热点。在我国大陆地区，震级小于4.0的地震主要发生在地壳最上层的20km深度之内。在我国东南部，地震的震源深度平均为10km，而华北和东北地区的平均震源深度为12km（也有一些震源深度处在莫霍面之下），西北地区为15km，青藏高原为13km。由此得到平均震源深度与地壳厚度的比值为约0.3。集中80%地震的多震层，具有与上、下层位0.1～0.9km/s的速度差异。在华南和西北地区，不易发生地震的层位与多震层的速度差异一般大于0.9km/s；而在青藏高原，这一速度差异将略小一些（Zhang Z J et al.，2014）。青藏高原东北缘90°～100°E，非震层的厚度在40km左右变化；而到了106°E昆仑断裂附近，非震层的厚度减少到20km以下。非震层的厚度变化与下地壳厚度的变化相一致（Xu et al.，2014）。

SinoProbe专项建立的青藏高原东南缘地应力监测台网，确定了该地区相关测点处最大水平主应力的作用方向，给出了现今构造应力场的基本图像，反映了现今地应力作用强度沿龙门山断裂呈现出分段和分区的基本特征（Wu et al.，2009），是迄今为止该地区较为系统的地应力测量成果，对于地球动力学基础研究和地质灾害的预测预警具有重要的意义和作用。同时，基于汶川地震序列震源机制解对龙门山地区构造变形模式进行了初步探讨。分析表明，龙门山断裂带东北段地质构造特征和地应力状态有利于区内逆断层活动，汶川地震和多次余震的发生并没有完全释放所聚集的能量（陈群策等，2012）。

在山西盆地南北两端4个地区共计13个深钻孔中进行了水压致裂地应力测量，获得了现今地应力的大小、方向和分布规律（陈群策等，2010）。SinoProbe专项建立的北京平谷地应力监测台站，成功记录到2011年日本特大地震（里氏9.0级）前后地应力的连续变化曲线及水位变化信息，获得了重要科学发现，为深入开展地震预测预警研究提供了宝贵的基础资料，为地应力综合监测方法的广泛应用指示出良好前景。

（二）地球动力学数值模拟加深了对深部地质过程及其浅表响应的认识

大陆岩石圈的流变结构对岩石圈动力学过程有很大的影响，因此对岩石圈等效黏度的估计是大陆动力学研究中基础和重要的问题（石耀霖和曹建玲，2008）。中国科学院大学石耀霖和张怀团队利用并行计算岩石圈动力学模拟平台，将层析成像结果转化为初始温度，计算了全球对流图像。同时，也对含湿孔隙岩石的有效导热系数进行了数值分析。

大地震发生后，估计后续地震发展趋势是人们关心的问题。强烈地震“孕育”、发生和发展的深部介质和环境与其深层动力过程仍是厘定强烈地震成因的关键所在（滕吉文等，2009）。为此，石耀霖团队修正了传统的库仑应力计算中沿地震破裂面滑动方向计算剪应力变化的近似方法（石耀霖和曹建玲，2010），对2011年日本东北大地震和海啸可能造成的影响及时进行了模拟，对2008年汶川大地震（Dong et al.，2008）孕育发生的动力学背景、紫坪铺水库加载产生的应力变化和台湾复杂动力学环境下的三维黏弹性变形等不同尺度问题进行了三维动力学模拟，取得了较好的效果。2008年汶川大地震与2001年昆仑山地震激发的地球自由振荡频谱的数值模拟与对比分析表明，汶川地震具有逆冲-走滑特性，昆仑山地震具有水平左行走滑特征。华北盆地三维黏弹性数值模拟结果，给出了历史地震空间分布与构造应力积累速率之间的关系，以及地壳分层流变性质对应力积累的影响。

深部过程控制了地表和浅表的响应并造就了大陆地貌特征。深部过程主要通过板块构造和重力势等因素产生了对地应力状态的深远影响。数值模拟分析表明，整体上，中国大陆构造应力场的分布特征与活动构造的展布密切相关，是在板块构造环境控制下，整个地壳岩石黏弹特性长期演化和活动断裂无震蠕动的结果；而伴随地震发生的断层滑动引起的地应力场的瞬时或短期调整，可参考完全弹性分析的结果。线弹性有限元数值模拟结果表明，龙门山断裂带附近相同位置的最大水平主应力值在2008年汶川大地震前后分别呈现出高度集中和大幅降低现象；大震发生约1年后，断裂带附近北川、江油地区地壳浅表层构造应力场的优势方向为NE-NEE向，与震前相比，逆时针偏转了约39°。

第九章　深地资源科技发展战略建议

“上天、入地、下海”是人类探索自然、认识自然的三大壮举。地球不仅仅是人类生活的家园，更是人类生活的根基。深地就是我们生活的家园深部，即固体地球的深部，包括从地面到浅表、地壳、地幔（含软流圈）和地核在内的整个固体地球圈层系统。20 世纪 60 年代以来，人类登月和深空探测获得成功、板块构造学说的建立和发展，全球性地球深部探测计划的实施，将人类带入深地探测研究和深地资源大发现的新时代。深地是一个大科学领域，2016 年 5 月 30 日，习近平在“科技三会”上指出，“向地球深部进军是我们必须解决的战略科技问题”，需要在国家层面上加以优先支持。

第一节　战 略 意 义

空间、海洋和地球深部（即深地），是人类远远没有进行有效开发利用的巨大资源宝库，是关系可持续发展和国家安全的战略领域。随着社会经济长期快速发展，我国面临日益突出的资源能源与环境问题，急需发展深地探测与资源开发相关技术，为深地资源开发利用与减灾防灾提供必要的科技支撑。世界各国百年来地球科学观测实践表明，要想揭开大陆地壳的演化奥秘，更加有效地寻找资源、保护环境、减轻灾害，必须进行深地探测研究。地球深部过程引起地球表面的构造运动、岩浆活动与地貌变化、剥蚀、沉积作用和地震、滑坡等自然灾害，控制了元素的迁移聚散，矿产、化石能源或地热等自然资源的分布，以及地球的宜居性，是理解成山、成盆、成岩、成矿、成藏、成储和成灾等过程成因的核心。世界主要发达国家都已经将地球深部探测作为实现可持续发展的国家科技发展战略。进军地球深部，将助推我国科技强国建设，是我国由地质大国走向地质强国、实现深地领域科技强国目标的重要途径。

深地是一切社会经济活动和物质来源的基础。我国处在复杂的国际环境之中，正面临资源、环境和灾害等多重压力；为了保障国家经济社会可持续和高质量发展，响应国际地球科学发展趋势，参与全球科学竞争，有必要开展深地探测研究，全面实施“深地”发展战略，为解决国家资源环境重大问题提供深地科技支撑。

深地探测与科学研究的重要意义包括：①全面提升地球深部探测能力与探测程度，是支撑我国科技强国建设的一个重要方面；②深化认识造山带、克拉通和盆山耦合系统的岩石圈结构、物质组成和动力学演化过程，以及地质过程（包括造山作用、地震、火山和板块构造）的深部驱动力，全面提升地球认知与地球科学发展水平，是面向世界科技前沿、拓展地球深部新的视野的重要途径；③揭示成矿成藏成储控制因素，探讨控制大规模成矿作用和矿集区形成的深部地质过程，挖掘深地资源潜力，发现能源“新区”，开辟深部“第二找矿空间”，提高资源勘查深度和水平，是保障国家资源安全、支撑高质量发展的重要举措；④探讨重大地质灾害深部条件和发生机理，提升地质灾害监测预警能力，是保障民生的一个重要内容；⑤保障战争等特殊时期的矿产资源安全供给，为地下空间利用与国防安全需要提供地球深部探测基本参数，是总体国家安全观的重要组成部分。

第二节　战略背景

（一）当今世界正处在百年未有之大变局，国际局势风云变幻

习近平总书记指出，“当今世界正经历百年未有之大变局，我国发展的外部环境日趋复杂”。当前，国际格局和国际体系正在发生深刻的调整，全球治理体系正在发生深刻的变革，国际力量对比正在发生近代以来最具革命性的变化，大国战略博弈全面加剧，世界范围内呈现出影响人类历史进程和趋向的重大态势。

新一轮科技革命和产业革命，加快了重塑世界的步伐，人类社会进入了又一个前所未有的创新活跃期。在经济全球化大背景之下，逆全球化、反全球化和区域化思潮涌动、愈演愈烈，全球正处在经济金融危机爆发的边缘，反映了全球经济、金融与全球社会秩序的脆弱性。世界多极化趋势加强，国际规制重构遇到重重阻力，国际风云瞬息万变，严重偏离了具有确定性的稳定轨道，世界和平赤字、发展赤字、治理赤字变得越来越突出，时常发生难以预料的突发事件和局部战争。2019 年开始的新冠病毒疫情蔓延至全球，“人类命运共同体”遭受巨大危险。在此形势下，我国的发展面临着前所未有的机遇和挑战，但是，所处的国际环境将日趋恶劣，危机和挑战可能会远远大于机遇。如何加强合作，避免风险，将最终取决于我国自身的综合实力，而不是某个或某些大国的赏赐。科技自立自强显得尤为重要。

固体地球是人类命运共同体的真正“终极”载体。在世界社会经济反全球化愈演愈烈、大国博弈不断升级、战争阴云笼罩全球的今天，区块链技术成为保障区域经济安全的重要手段。区块链的特点是去中心化，具有开放性与独立性并存的特点，安全性强，区块与区块之间更具有隐蔽性。

（二）新发展理念推动形成新发展格局

加快构建新发展格局，是把握未来发展主动权的战略性布局，是新时代新发展阶段需要着力推动完成的重大历史任务，也是贯彻新发展理念的重大举措。构建新发展格局，要求我们面向世界科技前沿、面向经济主战场、面向国家重大需求、面向人民生命健康，不断向科学技术广度和深度进军。在地球科学领域，技术进步推动地球认知轨迹不断引向深处，提高深地认知成为迫切需求。

我国大陆受控于印度与亚洲板块碰撞和太平洋板块俯冲两大地球动力学体系，并受到中亚地区古亚洲洋长期演化的深刻影响，具有全球岩石圈结构最复杂、表层系统对深部过程响应最显著、现代地球动力最活跃的地质背景，同时也具有人口密度最大、人类行为对地球表层系统改造快速强烈的现实状态，是世界公认的大陆动力学“天然实验室”。青藏

高原周缘地震带、西太平洋地区均为全球活跃的地区，需要密切关注。利用我国得天独厚的地域优势，加强我国大陆岩石圈深部探测、观测与实时监测，建设深地实验室，促进多学科交叉融合，系统提升我国地球科学创新能力，提高对地球深部结构、物质组成和地球行为动力学与表层系统响应和灾害效应等深地科学认知，揭开地球“深时”演化之谜，将使我国跻身深地前沿领域的国际第一方阵，实现由地质大国进入地质强国的梦想。

（三）高质量发展提出深地资源保障战略需求

我国工业化、城镇化和现代化高速发展的30年耗尽了中国50年储备的能源与矿产资源。目前，油气和大宗矿产对外依存度超过60%，美国、欧盟、日本等国家和地区先后制定了符合自身利益的资源战略，未来各国在战略性矿产资源的竞争将日益激烈。我国工业化和城镇化对能源、矿产资源的需求将保持高位态势。拓展深部“第二找矿空间”与深层超深层油气勘查，寻找和开发利用深部清洁热能，为保障国家资源能源安全、支撑高质量发展、实现碳达峰碳中和“双碳”目标，向深部要能源、要矿产、要安全势在必行。

深地资源勘查开采正在向大深度、高精度和安全快捷发展，发展深地资源探测技术装备、构建深地资源安全供给与储备空间的需求迫在眉睫。目前，我国深部探测核心技术与关键装备、数据处理高端软件进口率大于90%，重力仪器、矢量磁传感器等高端技术与产品受制于西方，急需加大研发力度，自主创新。未来，构建万米深度空间深地能源安全供给与保障系统，将是解决能源、资源和生存空间安全保障问题的必由之路。

第三节　战略思想与战略目标

（一）战略思想

以深地科学为基础，构筑全新的地球系统科学，引领深地资源领域的科技发展。以大科学观、大地质观、大资源观为指导，以科学、技术、工程与应用为主线，以探测、观测、监测与实验模拟为主要手段，立足东亚的区位优势，树立全球视野，创新科学研究范式，从地表深入深部，深化认识亚洲大陆的造山带、克拉通与盆山耦合系统，揭示地球深部的几何结构、物性结构、物质组成和动力学过程，研究地球内部圈层与界面的性质和作用，重点探讨深部过程对油气资源、深部热能与矿产资源形成和分布的控制机理，了解地震、火山等自然灾害深部孕育过程和诱发机制，从而揭示深部作用对表层系统的影响及其资源环境效应。创新深地资源区块链配置模式，保障深地资源安全高效绿色利用。

（二）战略目标

1. 总体目标

实施我国地球深部探测计划，创新发展深地科学，打造国家深地探测战略科技力量，构建形成多学科综合的固体地球圈层立体探测技术体系与实时监测网络系统，全面提升地球深部探测能力、探测程度与认知水平，为解决急迫的资源、环境问题提供科学支撑。深化认识岩石圈和上地幔深部过程，探明造山带、克拉通、盆山系统的深部耦合关联、板块动力学以及岩石圈组成、结构和动力学演化过程，了解地球深部物质循环和能量交换的表层响应及其对表层系统的影响和作用。实施深地资源开发利用保障工程，揭示成岩成矿成藏成储的深部控制因素，探讨大规模成矿作用、矿集区金属堆积和深层超深层油气成藏的地质过程，探索深部热能成储机理，发现深部能源“新区”，开辟深部找矿“新空间”，提高深地资源勘查水平。实施“地盾”计划，构建地下空间安全利用坚强盾牌，实时监测地震、火山、滑坡、泥石流等重大地质灾害，探讨灾害发生机理和深部条件，提升地质灾害监测预警能力。实施地球“CT”国际大科学计划，构建全球深地探测科学数据共享平台。建设固体地球模拟器系统，创新深地动力学模拟研究。

2. “十四五”目标

组建地球深部探测与深地科学全国重点实验室，打造国家深地探测战略科技力量。启动科技创新 2030-地球深部探测重大项目，以“透视地球、深探资源、绿色利用”为目标，全面部署我国陆海岩石圈、上地幔探测，完成控制我国主要构造单元和东亚大地构造的四纵、四横基干剖面；部署深地探测关键核心技术装备的自主研发，实现关键技术装备国产化；部署大陆科学钻探网、地应力观测网；完成重要含油气盆地深部万米空间、成矿区带与矿集区 3000m 深度空间的“透明化”，开辟深层超深层油气“新区”与深部“第二找矿空间”，大幅度提高能源资源发现率和勘查能力；全面提升我国岩石圈深部探测程度，进入国际岩石圈探测领先行列。启动“地盾”计划，构筑深地空间安全利用坚强盾牌，确保城市与特殊地下空间安全利用。启动固体地球模拟器系统建设，初步形成功能强大的高分辨率地球超级模拟器。深入开展地球深部物质循环、层圈相互作用与深地科学研究，加强下地幔和地核深部结构的地震探测与物质实验研究，构建深地科学学科体系。全面缩小我国与世界地球深部探测先进国家的差距和水平，我国深地探测技术与深地资源开发利用水平位于亚洲前列。

3. 2025～2035 年目标

继续实施科技创新 2030-地球深部探测重大项目，加快实施地球“CT”国际深地大科学计划，建实建强我国地球深部探测研究基地——“地球深部探测与深地科学全国重点实验室”，参与国际深地探测与深地科学研究的竞争。工程化和实用化自主研发的深地探测关键核心技术装备，形成科技自立自强的我国深地探测技术装备体系。启动 15000m 特深科学钻探工程，完成覆盖我国陆海领域的主要地球物理深部参数的探测和关键地区系列科学钻探，构建精细三维岩石圈结构，创新东亚大陆大地构造理论。完成主要含油气盆地和成矿区带、大型矿集区“透明探测”，显著增加资源保障程度。地球核幔探测和深部物质研究不断加深，理解地球内核动力学，集成地核演化、地幔对流、板块构造驱动力和地球内部研究成果，全面提升深部物质与深地科学研究水平，完善深地动力学理论，我国地球深部探测与深地资源开发利用进入国际先进行列。

4. 2035 ~ 2050 年目标

深入实施地球深部探测研究计划、地球“CT”国际深地大科学计划和“地盾”计划，建实建强地球深部探测与深地科学全国重点实验室，组建国家深地实验室，引领国际深地探测与深地科学研究。全面启动极端高压环境下的地核动力学与深部物质研究，完善岩石圈和上地幔三维结构与固体地球超级模拟器，建立地球深部全尺度结构与物质组成框架，创建“化学地球”新模型，全面认识地球深部结构、物质循环与演化过程，重点揭示地球深部水循环和碳循环，地球内核的演化、动力学和旋转，地球磁场发电机的运转和演化，下地幔和地核熔融作用和相变，地球内部主要界面的结构与成因，深部地幔构造、温度和组分，核-幔化学和热交换，地幔与地表的化学和热交换等过程。创建深地资源与空间高效安全绿色利用新范式。我国地球深部探测与深地科学研究进入国际领先水准。

第四节　战略行动

（一）全面实施科技创新2030-地球深部探测重大项目

以“透视地球、深探资源、绿色利用”为总目标，研发关键核心装备，拓展地球深部新视野，探讨控制地球宜居性的深部过程，揭示深部资源潜力，实现深地领域高水平科技自立自强，向地球深部要资源、要安全、要空间。

（1）创新深地科学研究，构建“化学地球”与动力地球系统，探索地壳、地幔和地核圈层相互作用、极端高压环境下的深部物质行为与地磁场形成原理，揭示地球深部结构变化、物质深循环与能量转换及其动力学机制，深化地幔和地核动力学研究，显著提升深地认知水平。

（2）自主研发深地探测关键核心技术，突破系列传感器和航空重力梯度仪等“卡脖子”技术，研制深地特殊材料、核心器件、高端仪器和软件系统，探索量子重力仪、原子强磁计、毫米波熔岩成井等颠覆性技术，实现深地装备标准化，形成天空-地面-井中大深度高精度深地资源勘查技术装备体系，大幅提升我国“入地”能力。

（3）全面实施我国大陆岩石圈深部结构与物质组成的探测观测，揭示大陆岩石圈三维精细结构、物质组成、深部过程与动力学，重新认识东亚大陆岩石圈动力学与构造演化，深化理解与认识成山、成盆、成矿、成藏、成储和成灾的动力学机制，透析深部过程的浅表响应。

（4）实施大陆特深科学钻探工程。在大型矿集区、重要含油气盆地和关键地质构造带部署实施万米科学钻探工程，建立大陆地壳结构的“金柱子”。

（5）实施重要成矿带、大型矿集区和主要含油气盆地立体探测与“透明化”，揭示全地壳元素与物质迁移聚散分布规律，预测深部“第二找矿空间”矿产资源潜力与深层超深层油气远景，创新大陆成岩成矿成藏系统理论。实施大陆典型地热异常区立体探测，揭示地热异常与干热岩分布规律，创新深部热能成储系统理论，预测深部地热田。构建形成万米深度资源供给与储备空间，形成大型资源基地。

（6）创新发展深地资源流态化开采，突破深部热能规模利用关键技术，发展CO_2深部储存空间探测与存储技术，建立深地资源绿色开采利用理论与应用体系，推动建立深地产业新业态。

（二）加快实施地球“CT”国际深地大科学计划

建立与发展全球地球深部探测、观测与监测网络系统，实施全球跨海陆、跨板块的深地震反射剖面、宽频带地震观测、大地电磁测深和地质构造、地球化学及科学钻探工程多学科联合探测、观测与监测。建立全球“大十字”岩石圈断面和地球科学综合廊带，包括横跨亚洲大陆-大西洋-北美洲大陆、印度次大陆-青藏高原-天山-蒙古-贝加尔-西伯利亚的地学大断面与地球科学综合廊带。重点开展全球关键构造带岩石圈断面、地学廊带综合探测调查与重点区域深部三维结构构造流动台阵观测监测。获取全球地壳和地球内部多圈层多维多尺度多参数综合信息，实现全球“CT”和全球尺度地幔速度层析成像，揭示全球大陆与海洋岩石圈精细结构、物质组成与深地动力学。通过数据集成，建设全球深地探测科学数据共享平台，推动全球深地科学创新发展。

（三）实施“地盾”计划，加强深部地下空间安全防护与地质灾害防范

利用我国大陆5000m以深钻井空间和深埋隧道空间，建立世界上第一个基于深井井群、深地空间与地面联合的四维观测实验网络系统，全面建成地球深部观测与实验系统，实时接收地球深部多尺度多深度层次物理、化学和微生物以及宇宙空间暗物质等信息，分层次揭示地球圈层结构与圈层相互作用，大幅提升对固体地球系统及深部过程的实时连续观测、动态监测与实验模拟研究能力，精确掌控地球深部发生的细微变化，有效提升地球认知与灾害预警能力。针对我国大陆地震等内生灾害发育地区、关键活动带、主要城市和经济带，部署地下空间安全与地应力监测台网，建成大陆地壳稳定性与地质灾害监测网，实时观测与动态监测我国大陆现今地应力场及其变化，总体把握地壳活动的脉搏，精准评估区域地壳稳定性，预测地质灾害风险。赋予地下空间的资源属性，探索深部地下空间利用新方式，构筑深地空间安全利用的坚强盾牌，预防预警地下空间特殊变化，确保城市与特殊地下空间资源的安全利用。

（四）加快建设固体地球模拟器系统

加快打造深地探测数据集成与数值模拟的利器，形成功能强大的、可管理的高分辨率固体地球超级模拟器系统。充分利用深地探测数据成果和模型，建立国际领先的固体地球动力学数值模拟基础架构，主体包括：大规模固体地球模拟器科学装置、基于数值模拟的大数据科学数据管理与共享系统、综合可视化与实验分析和决策平台体系。集成国际领先的高性能可视化环境和基于大数据挖掘和人工智能建模的大数据产品，支持沉浸式深地科

学研究和科学建模、数值建模与互动操作，协同处理、分析解释、获取和发现深地领域的新知识和新认识，甄别已有模型和理论，完善、发展和创造新的深地动力学演化理论和模型。

第五节　战 略 措 施

（一）加快构建深地科学技术体系

深地科学是研究地球深部结构构造、物质组成、变化过程与动力学的科学，是理解深部地球行为和动力学的钥匙。“科学引领、技术先行”，构建深地科学体系，强化深地技术的自主研发，将引领深地领域的科技强国建设。采用最先进的地质、地球物理、地球化学、科学钻探与高性能计算技术，进行大尺度、多学科、系统性的固体地球系统深部探测研究，是进军地球深部的最根本途径，代表了未来深地探测与科学研究的发展方向。宜加强深地震反射、天然地震层析成像和超宽频大地电磁测深等技术装备的研发与实验，使之成为深地结构探测的重要支撑。同时，注重深地领域颠覆性技术装备的研发与应用。宜加强地球深部物质探测研究、化学地球模型的构建完善与地球深部极端环境下高温高压矿物岩石的原位实验研究，加快地球深部高温高压实验室的建设。在地球深部过程研究方面，宜加强地球深部主要界面行为、固体地球各圈层相互作用等的研究，聚焦地球深部物质循环与地球化学过程的研究，开展诸如全球与深地的水循环、碳循环（深地碳观测）等在内的各种元素和物质在地球深部循环的研究。为了更好地标定地球结构的时间属性，揭示地球的“深时”过程，宜加强地质定年新技术新方法的研发与实验。大数据时代，数值模拟与仿真已经成为科学研究的第三种手段，宜加强计算地球动力学研究，整体提升深地领域的计算模拟能力。

（二）加大深部固体矿产资源的勘查与开发力度

深地资源是国家矿产资源战略安全的重要保障。在地表和浅地表矿产资源的发现日益困难、资源日益枯竭的现实情况下，开拓深部“第二找矿空间”，加大深部矿产资源的勘查与开发利用力度，保障我国矿产资源持续稳定高质量供应，显得非常重要。首先，需要科学制定深部矿产资源勘查开发规划，特别是针对战略性矿产资源，建立深地资源战略储备，是资源战略的重要基础。其次，应加快深地资源勘查与开发领域的理论创新、技术进步与装备革新，加强成矿系统与成矿理论研究，适当加大深地资源勘查开发的深度，提升勘查开发的精度和效益，形成一系列深地资源勘查开发的重大装备即“国之利器”。再者，在国家新一轮找矿突破战略行动等专项部署基础上，建议加快实施“地球深部探测”等专项行动，加强深部找矿的理论基础与勘查能力建设，加快建立深部找矿技术装备体系，全面提升深地资源勘查开发领域的科技自立自强能力与水平。最后，建议设立深地资源领域颠覆性技术装备研发专项，突破现有理念与理论技术的约束和极限深度，实现深地资源勘查开发的颠覆性创新。

（三）加强深层超深层油气资源勘探开发

当前，我国油气的对外依存度过高，不利于国家能源安全。深层超深层油气藏类型多样，是寻找大油气田、实现油气可持续发展的重要领域。但是，深层超深层油气藏埋深大，地质、工程条件复杂，其高效勘探与有效开发的难度较大。立足当前，展望未来，加强深层超深层油气资源勘探开发，正是需要多学科交叉融合的攻关研究，是能源安全新战略的一部分。

（四）加强深部热能勘探开发

国内外的能源行业正向着清洁化、低碳化转型，深部地热能是一个较为理想的选项。深部热能具有资源储量大、分布广、稳定性好、用途广泛的特点，而且不受季节气候、昼夜变化等因素的影响，近些年来的开发已经进入快车道，逐步形成了“地热+新能源”的集成模式，为开发利用深部热能提供了经验借鉴。目前，国际上已经突破了第二代增强型地热（EGS）开发技术，开始研制第三代增强型地热热管技术，我国亟须开展干热岩发电利用的示范工程。加大深部热能利用，提高资源储备，是缓解资源能源紧缺、服务于“双碳”目标的战略选择。

第六节　战 略 保 障

（1）实施“深地、深海、深空、深时、深蓝”的“五深”发展战略。深地就是我们生活的地球家园深部；固体地球的结构、物质组成与深部过程是深地科学的主要研究内容，也是地球系统科学的固体地球基础。海洋是人类的蓝色家园，深海占据了海洋的约92.4%，从大陆架到大洋深海的水下探测与研究，刻不容缓。深空探测成果斐然，已经进入新阶段。深时就是“不可企及”的、深邃的地质时代，包括宜居行星地球的过去、现在与未来。深蓝即高科技，是指从探测技术到信息集成的高新技术领域，需要向更深、更高、更精层次快速发展。

（2）整合中国科学院、自然资源部和各行业部门有关科研机构，组建中国自然资源科学院，统领全国地上地下自然资源科学研究，形成自然资源领域的国家战略科技力量，行政上隶属自然资源部管理。下设深地资源研究所等专门机构，开展深地资源勘查开发的理论、技术和利用研究。

（3）依托拟组建的中国自然资源科学院，通过多部门联合、多学科综合，联合组建全国规模的深地科学、探测技术与深地资源开发利用研究的科研团队和基地，加强地球深部探测与深地科学研究的能力和支撑条件建设，创建深部探测与深地资源全国重点实验室（简称“深地实验室”），培育建立深地科学国家实验室，设立深地探测技术研发中心、深地资源开发利用中心、深地科学大数据中心，形成深地领域国家战略科技力量。研发地球深部探测与深地科学实验研究关键仪器装备，建立深地资源立体探测的技术方法体系，创新深地科学理论、深地探测技术方法与深地资源开发利用模式，保障深地领域重大项目与国际合作研究计划的组织实施与顺利进展。

（4）进一步营造良好的科研环境，制定和利用好科技与人才管理政策，按照地球深部探测、深地科学研究与深地资源开发利用的实际需求，引进深地领域国际智力与领军人才，培养具有国际视野的复合型优秀顶尖人才，应用好国内现有科技人才队伍，实现深地科学与资源领域的可持续发展。

（5）在前期工作的基础上，研究制定地球深部探测、深地科学研究与深地资源开发利用的总体计划与实施方案，启动我国科技创新 2030–地球深部探测重大项目，进一步构建与发展深地科学，研发深地探测前沿技术与特深钻探装备，实施中国大陆岩石圈三维结构与物质探测，建立地球深部四维观测系统和固体地球超级模拟器，构建地下万米资源能源开发利用空间，突破深层超深层油气资源和地球深部热能开发利用的技术“瓶颈”，推动地质碳储在实现碳达峰碳中和“双碳”目标过程中的积极作用，实现“透视地球、深探资源、绿色利用”总目标。

（6）坚持政产学研用结合，按照链式区块结构、分布式账本和集中统一管理，在全国范围内构建深地资源领域的区块链模型，建立深地资源产业联盟，架构由应用层（应用场景和实例）、合约层（智能合约）、激励层（资源分配机制）、共识层（分布式节点）、网络层（资源开发利用与运输网络）和数据层（深地资源大数据）组成的深地资源区块链系统，应用区块链模式来深刻改造目前资源能源领域存在的中心化特质，由此降低研发成本，提高管理效率。

第十章　结语与展望

（1）国际地球深部探测研究已经得到迅猛发展，现已拥有解决未来地球科学挑战的卓越能力。半个世纪以来，全球开展的大量重、磁、电、震与大地变形等探测、观测与监测研究，形成了深地探测研究领域的大数据。未来发展将实现功能越来越强大的探测仪器装备与不断提高的计算能力，呈现更高的分辨率、更多的科学发现与精彩的理论。

地震学方法是地球深部结构探测与四维观测的主要途径之一。其中，近垂直深地震反射等主动源探测技术已经成为地球深部探测的先锋，可以精细刻画全地壳深部结构，而天然地震台阵观测与主动源技术的结合是深地探测的重要发展方向；陆域移动式气枪震源显示出环境友好型探测方法的巨大发展潜力。天然地震层析成像已成为窥探地球深部的一个窗口，可进行全地球结构的成像研究；接收函数 P-S 波转换和 S-P 波转换也被广泛应用于作为地壳底界的莫霍面填图等研究之中。随着地震干涉测量技术的发展，环境噪声面波和体波层析成像成为可能，地震观测开启无源时代。数字化密集地震台阵列观测是获取深部结构的重要保障。地震波各向异性已经成为揭示深部结构构造的“探针”；利用远震来估算地幔的各向异性，已经成为深部变形组构研究的“标准”方法。未来地球深部结构探测的技术装备将继续朝着小体积、低成本的方向发展，探测装备的部署规模也将越来越大，朝着大尺度、多学科、三维精细成像和四维观测与成像（加上时间维）的方向发展。

大地电磁测深是研究地球内部电性结构与流变学特征的主要地球物理方法，正朝着长周期与阵列观测的方向发展，观测周期可长达一周时间，有效探测深度可达300km。

（2）人类对于地球深部物质的认识，已经达到前所未有的深度与广度。借助现代高分辨率元素与同位素分析测试技术手段，地球深部物质的探测与研究，通过地壳全元素探测分析建立全球和区域地球化学基准网，利用“伸入地下的望远镜”——科学钻探直接获取地下深部物质、建立地壳表层物质组成的“金柱子”，利用出露地表的各类岩浆岩“岩石探针”和其他深部来源物质研究地下深部的物质组成与结构，利用高温高压实验装置模拟深部物质的结构构造与物理化学过程，由此建立地壳地球化学模型、岩石圈三维化学结构与各种尺度的化学地球模型，进行深入的深部物质地球化学示踪与化学地球动力学研究，将人类对于地球的认识从地表、地壳的浅层拓展到地壳深部（中、下地壳）、地幔甚至地核。

我们居住的行星地球强烈地受到地表与地球深部水、碳等物质交换的影响，使得地球深部物质探测研究成为认识地质历史时期和未来环境变化的重要相关领域。全球深部物质循环，特别是深部水循环和深部碳循环的定量研究，将阐明地表环境在地质时期（即“深时”）是怎样演化的，大大提高我们对地球深部过程在水圈、生物圈形成和全球气候突变和渐变过程中的作用的认识，提供维系生物圈的海洋和大气圈与地球深部之间的关键联系。

（3）数值模拟与仿真已经成为科学研究的第三种手段。深地探测研究领域的构造物理模拟与数值模拟，旨在利用已有的地表地质记录、钻孔资料和地球物理深部探测数据作为约束，通过相似性理论，从分子尺度到岩石圈尺度，甚至全地球尺度，给出不同尺度上连接地球深部与地表的相互耦合或脱耦的地质过程之间的时空关系，从而重建其地质演化的过程，并阐释其动力学成因。

一般来说，地球科学领域的构造物理模拟与数值模拟，涉及一系列相互关联、相互影响的主题，主要包括地表地形地貌演化与变形过程，侵入与喷出岩浆活动，沉积过程与沉积盆地动力学，复杂成矿系统动力学，地壳和上地幔结构、物质组成与岩石圈动力学，地幔动力学，地核动力学，以及圈层相互作用等。日本、美国、澳大利亚和欧洲等国家（地区）在固体地球系统的数值模拟方面发展很快。

构造物理模拟与动力学数值模拟方法的联合应用，以及模拟结果的综合集成，为进一步理解整个地球系统的时空演化提供了可能途径。真正将固体地球系统包含在内的超级地球模拟器，将是未来深部探测、地球系统科学和全球变化研究的重要发展方向。

（4）由于深部矿产资源勘查相对于浅部勘查具有难度大、投资大、风险性大的特点，必须依靠科技进步来发展和形成新的找矿能力。深部找矿一方面将更加依赖于地质成矿理论对预测找矿的指导作用，另一方面也必须向新技术、新方法寻求帮助，特别是针对深部矿埋深较大、信息弱和干扰大的特点，要求传统的找矿技术方法与手段在探测深度、探测灵敏度及抗干扰方面能有较大的改进和提高，因而出现了大深度物探技术和深穿透的化探新方法、高分辨率航卫遥感技术以及大深度的钻探技术等方法。同时，深部找矿实践中还需重视井中物探、多方法联合、野外现场快速测定和低成本钻探技术的应用。卫星、航空、地面、钻探、井中地质-地球物理-地球化学探测技术的综合利用，构成了矿产资源立体探测的技术方法体系；现代高新数据处理、计算模拟与联合反演技术，促进了矿集区“透明化”的逐步实现。

矿产资源立体探测与矿集区“透明化”是第四系覆盖区和深部找矿的重要发展趋势，涉及探测技术方法、仪器装备、野外采集、数据处理、正演与反演、三维可视化与成矿预测等诸多方面。就金属矿的地球物理勘探来说，提高微弱地球物理信号的采集与处理水平，加强对非均匀地质体的探测与描述，以及综合利用多种信息、减少多解性，是其重要的发展方向。对复杂地质体进行探测的需求，将使得物探技术与综合信息找矿方法得到进一步的发展。

（5）深部探测与深地科学是研究地球深部结构构造、物质组成与变化过程的科学，是理解深部地球行为和动力学的钥匙。深地科学概念的形成与发展，是技术驱动科学发展的典型例子。深地探测研究揭开地球深部结构与物质组成的奥秘、深浅耦合的地质过程与动力学四维演化，为解决能源与矿产资源可持续供应、提升灾害预警能力与地球深部认知提供深地大数据基础，促使深地科学成为大科学时代地球科学发展的最新前沿。

深部探测与深地科学研究正在尝试在传统地球科学的基础上，建立和发展其独特的科学假说和原理。

地球发电机假说：地球是一个持续保持高温的炽热行星，地下热资源取之不尽。地球系统的动力来源于两个动力学系统，一个是来自恒星太阳的能量补给，另一个是来自地球内部由固态内核与液态外核构成的地球发电机。以往的研究强调了固体地球外部与天文周期等有关的全球变化，由此产生了地球系统科学的革新。但是，我们对固体地球内部以及地球发电机的了解可能还不够，使得我们总是忽视了固体地球内部更长周期、更具决定性的深部过程变化。地球发电机作为地球内部变化的内因，可能是地球系统的根本动力来源，决定了地球磁场及其变化，也与板块构造具有成因联系。

地球结构不对称原理：地球是一个复杂巨系统。从宏观尺度到微观，固体地球的结构，包括地质结构、物质组成与物性结构和地球物理场结构，均显示有显著的不对称性。固体地球的内部是一个极端高压的环境，普遍存在构造高差。在地球表层，主要表现为洋陆分布与应力状态的显著不对称性。在地球深部，无论是在垂向上，还是在水平方向上，穿过地心的地球剖面均显示了地球结构的总体不对称特征，包括叠加在地形地貌不对称性之上的几何结构的不对称、地球深部密度分布的不对称性，以及物质组成和热结构的不对称等，同时也反映了深部作用过程的不均衡性。

时间–深度原理：传统的地质学原理给出沉积地层具有上新下老的时间–深度基本结构。而基于岩浆作用原理，下部岩体往往具有较新的年龄，最新形成岩浆房中的岩浆岩年龄为零。构造热年代学的研究表明，通过某一矿物封闭温度所在深度线的地壳冷却剖面，也具有上老下新的现象。在岩石圈尺度上，我国大陆也出现有年龄结构上的“上老下新”现象。地球内部普遍存在正在（年龄为零）和即将发生的深部作用过程。地质事件作用方式和计年方式的不同，造成深度剖面上地质体表观年龄的变化规律和地球结构的形成时间及变化规律也有所不同。洋脊扩张形成的海底磁条带年龄分布，是地球深部普遍存在的“上老下新”时间–深度剖面的平面表现形式。

物质深循环原理：地球物质的深循环和全地球年龄分布，显示地球具有类似于“盖亚假说”的生命体新陈代谢特征。大陆裂谷、海底扩张与洋中脊岩浆作用、大洋板块的俯冲、地幔柱和火山作用等，涉及地球内部与表层的物质和能量交换，构成了地球物质深循环的体征表现；而地球元素的同位素特征，代表了地球物质“基因”和地球的记忆。地球表层物质的深循环，最深可达核幔边界或更深。热和化学不均一性可能是地球物质深循环的主要驱动力之一。矿物相变在控制地球物质的密度和塑性流动性质方面起着重要作用。

深部物质特异性原理：地球深部的主要矿物相是理想化学式中不含 H 的“名义上不含水矿物”。以缺陷形式存在的结构水的发现，颠覆了经典含水矿物的深度界线，从而认识到地幔过渡带是一个巨大的水储库。同时，地球深部也是最大的地球碳储库，如金刚石等是典型的深部碳库。超高压条件下，部分元素可能发生超离子化，形成异常的密度和化合性质等。地球深部极端环境下深部物质具有的特异性质，以及物质变化的临界与超临界状态的存在，成为地球深部物质研究的亮点。

（6）科学引领，技术突破，地球深部探测研究有效认识固体地球系统的行为，监测固体地球系统的变化，拓展地球深部认知，实现“透视地球”目标和深部空间、资源能源的安全、高效与绿色利用，为现代地球科学向以深地科学为代表的地球系统科学基础发展带来巨大的发展机遇和挑战空间，是我国由地质大国走向地质强国、实现深地领域科技强国目标的重要途径。

参考文献

安美建，石耀霖．2007. 中国大陆地壳和上地幔三维温度场．中国科学 D 辑：地球科学，37（6）：736-745.
安芷生，张培震，王二七，等．2006. 中新世以来我国季风–干旱环境演化与青藏高原的生长．第四纪研究，26（5）：678-693.
安芷生，苏纪兰，周秀骥，等．2009. 21 世纪中国地球科学发展战略报告．北京：科学出版社．
白星碧，施俊法．2005. 美国地球探测计划．地球科学进展，20（5）：584-586.
蔡美峰，多吉，陈湘生，等．2021. 深部矿产和地热资源共采战略研究．中国工程科学，23（6）：43-51.
柴育成，周祖翼．2003. 科学大洋钻探：成就与展望．地球科学进展，18（5）：666-672.
陈春，张志强，林海．2005. 地球模拟器及其模拟研究进展．地球科学进展，20（10）：1135-1142.
陈和生．2010. 深地科学实验的发展现状及我国发展战略的思考．中国科学基金，（2）：65-69.
陈乐寿，王光锷．1990. 大地电磁测深法．北京：地质出版社．
陈群策，安其美，孙东生，等．2010. 山西盆地现今地应力状态与地震危险性分析．地球学报，31（4）：541-548.
陈群策，李宏，廖椿庭，等．2011. 地应力测量与监测技术实验研究——SinoProbe-06 项目介绍．地球学报，32（S1）：113-125.
陈群策，丰成君，孟文，等．2012. 5・12 汶川地震后龙门山断裂带东北段现今地应力测量结果分析．地球物理学报，55（12）：3923-3932.
陈宣华，陈正乐，杨农．2009. 区域成矿与矿田构造研究：构建成矿构造体系．地质力学学报，15（1）：1-19.
陈宣华，党玉琪，尹安，等．2010. 柴达木盆地及其周缘山系盆山耦合与构造演化．北京：地质出版社．
陈宣华，陈正乐，韩淑琴，等．2017. 巴尔喀什–西准噶尔及邻区构造–岩浆–成矿作用演化．北京：地质出版社．
陈宣华，李江瑜，董树文，等．2019a. 华北克拉通中部宁武–静乐盆地侏罗纪构造变形与燕山期造山事件的启动．大地构造与成矿学，43（3）：389-408.
陈宣华，邵兆刚，熊小松，等．2019b. 祁连山北缘早白垩世榆木山逆冲推覆构造与油气远景．地球学报，40（3）：377-392.
陈宣华，朱文斌，童英，等．2021. 深地资源勘查开采理论与技术集成．科技成果管理与研究，16（3）：60-63.
陈宣华，陈正乐，邵兆刚，等．2022. 构造高差分析原理及其在地学研究中的应用．地质学报，96（1）：1-13.
陈颙，朱日祥．2005. 设立“地下明灯研究计划”的建议．地球科学进展，20（5）：485-489.
陈颙，周华伟，葛洪魁．2005. 华北地震台阵探测计划．大地测量与地球动力学，25（4）：1-5.
陈毓川，王登红．2012. 华南地区中生代岩浆成矿作用的四大问题．大地构造与成矿学，36（3）：315-321.
陈毓川，刘德权，唐延龄，等．2006. 中国新疆战略性固体矿产大型矿集区研究．北京：地质出版社．
戴自希，王家枢．2004. 矿产勘查百年．北京：地震出版社．

党亚民 . 2004. GPS 和地球动力学进展 . 测绘科学，29（2）：77-79.
邓晋福，罗照华，苏尚国，等 . 2004. 岩石成因、构造环境与成矿作用 . 北京：地质出版社 .
邓军，孙忠实，王建平，等 . 2001. 动力系统转换与金成矿作用 . 矿床地质，20（1）：71-77.
邓军，张静，王庆飞 . 2018. 中国西南特提斯典型复合成矿系统及其深部驱动机制研究进展 . 岩石学报，34（5）：1229-1238.
邓军，王长明，李龚健，等 . 2019. 复合成矿系统理论：揭开西南特提斯成矿之谜的关键 . 岩石学报，35（5）：1303-1323.
邓起东，张培震，冉勇康，等 . 2002. 中国活动构造基本特征 . 中国科学 D 辑：地球科学，32（12）：1020-1030.
底青云 . 2016. 地面电磁探测（SEP）系统及其在典型矿区的应用 . 北京：科学出版社 .
底青云，杨长春，朱日祥 . 2012. 深部资源探测核心技术研发与应用 . 中国科学院院刊，27（3）：389-394.
底青云，方广有，张一鸣 . 2013a. 地面电磁探测系统（SEP）研究 . 地球物理学报，56（11）：3629-3639.
底青云，方广有，张一鸣 . 2013b. 地面电磁探测系统（SEP）与国外仪器探测对比 . 地质学报，87（增刊）：201-203.
底青云，许诚，付长民，等 . 2015. 地面电磁探测（SEP）系统对比试验——内蒙曹四夭钼矿 . 地球物理学报，58（8）：2654-2663.
底青云，朱日祥，薛国强，等 . 2019. 我国深地资源电磁探测新技术研究进展 . 地球物理学报，62（6）：2128-2138.
底青云，薛国强，殷长春，等 . 2020. 中国人工源电磁探测新方法 . 中国科学：地球科学，50（9）：1219-1227.
底青云，薛国强，雷达，等 . 2021. 华北克拉通金矿综合地球物理探测研究进展——以辽东地区为例 . 中国科学：地球科学，51（9）：1524-1535.
董树文 . 2004. 从"改造地球"到"管理地球"//孙文盛 . 国土资源与科学发展观 . 北京：中共中央党校出版社：279-287.
董树文，陈宣华 . 2018. 深地探测：地球和自然资源科学的研究前沿 . 前沿科学，12（3）：84-87.
董树文，李廷栋 . 2009. SinoProbe——中国深部探测实验 . 地质学报，83（7）：895-909.
董树文，陈宣华，史静，等 . 2005. 国际地质科学发展动向 . 北京：地质出版社 .
董树文，李廷栋，高锐，等 . 2010. 地球深部探测国际发展与我国现状综述 . 地质学报，84（6）：743-770.
董树文，李廷栋，SinoProbe 团队 . 2011a. 深部探测技术与实验研究（SinoProbe）. 地球学报，32（S1）：3-23.
董树文，吴珍汉，陈宣华，等 . 2011b. 深部探测综合集成与数据管理 . 地球学报，32（S1）：137-152.
董树文，李廷栋，陈宣华，等 . 2012. 我国深部探测技术与实验研究进展综述 . 地球物理学报，55（12）：3884-3901.
董树文，李廷栋，高锐，等 . 2013. 我国深部探测技术与实验研究与国际同步 . 地球学报，34（1）：7-23.
董树文，李廷栋，陈宣华，等 . 2014. 深部探测揭示中国地壳结构、深部过程与成矿作用背景 . 地学前缘，21（3）：201-225.
董树文，姜建军，谭永杰，等 . 2015. 我国地质工作与地质科学发展战略思考//翟明国，肖文交 . 板块构造、地质事件与资源效应——地质科学若干新进展 . 北京：科学出版社：421-447.

董树文，张岳桥，赵越，等 . 2016. 中国大陆中-新生代构造演化与动力学分析 . 北京：科学出版社 .
董树文，李廷栋，高锐，等 . 2021. 中国大陆岩石圈结构与探测 . 北京：科学出版社 .
董周宾，颜丹平，张自力，等 . 2014. 基于粒子图像测速系统（PIV）的砂箱模拟实验方法研究与实例分析 . 现代地质，28（2）：321-330.
樊俊，郭源阳，董树文 . 2018. DREAM——国家重点研发计划“深地资源勘查开采”重点专项解析 . 有色金属工程，8（3）：1-6.
樊俊，郭源阳，成永生 . 2019. 国家重点研发计划“深地资源勘查开采”攻关目标与任务剖析 . 中国地质，46（4）：919-926.
费英伟 . 2002. 地幔中的相变和地幔矿物学//张有学，尹安 . 地球的结构、演化和动力学 . 北京：高等教育出版社：49-90.
付彪，吴先良，李世雄 . 1999. 小波变换法求电磁波动方程的高频解 . 安徽大学学报（自然科学版），23（3）：58-64.
高锐，熊小松，李秋生，等 . 2009. 由地震探测揭示的青藏高原莫霍面深度 . 地球学报，30（6）：761-773.
高锐，卢占武，刘金凯，等 . 2010. 庐-枞金属矿集区深地震反射剖面解释结果——揭露地壳精细结构，追踪成矿深部过程 . 岩石学报，26（9）：2543-2552.
高锐，王海燕，张忠杰，等 . 2011a. 切开地壳上地幔，揭露大陆深部结构与资源环境效应——深部探测技术实验与集成（SinoProbe-02）项目简介与关键科学问题 . 地球学报，32（增刊 1）：34-48.
高锐，王海燕，王成善，等 . 2011b. 青藏高原东北缘岩石圈缩短变形——深地震反射剖面再处理提供的证据 . 地球学报，32（5）：513-520.
高山 . 1988. 下地壳的研究现状及展望 . 地质科技情报，7（1）：14-22.
高山 . 1999. 关于大陆地壳化学组成研究中某些问题的讨论 . 地球科学，24（3）：228-233.
高玉岩，汪明启，夏修展，等 . 2011. 冲积平原区隐伏金属矿地气法试验研究 . 地质找矿论丛，26（3）：345-349.
龚自正，谢鸿森，Wei F Y. 2013. 我国动高压物理应用于地球科学的研究进展 . 高压物理学报，27（2）：168-187.
勾丽敏，刘学伟，雷鹏，等 . 2007. 金属矿地震勘探技术方法研究综述 . 勘探地球物理进展，1（30）：16-24.
顾国华，申旭辉，王敏 . 2001. 利用 GPS 观测到的中国大陆地壳水平运动 . 全球定位系统，26（4）：23-30.
顾忆，万旸璐，黄继文，等 . 2019. “大埋深、高压力”条件下塔里木盆地超深层油气勘探前景 . 石油实验地质，41（2）：157-164.
管树巍，何登发 . 2011. 复杂构造建模的理论与技术架构 . 石油学报，32（6）：991-1000.
管树巍，Andreas P，李本亮，等 . 2010. 基于地层力学结构的三维构造恢复及其地质意义 . 地学前缘，17（4）：140-150.
郭冬，严加永，吕庆田，等 . 2014. 地质信息约束下的三维密度填图技术研究及应用 . 地质学报，88（4）：763-776.
郭新峰，张元丑，程庆云，等 . 1990. 青藏高原亚东-格尔木地学断面岩石圈电性研究 . 中国地质科学院院报，21：191-202.
何登发，John S，贾承造 . 2005. 断层相关褶皱理论与应用研究新进展 . 地学前缘，12（4）：353-364.
何治亮，李双建，刘全有，等 . 2020. 盆地深部地质作用与深层资源——科学问题与攻关方向 . 石油实验地质，42（5）：767-779.

侯青叶，张本仁，赵志丹，等 . 2010. 大陆深部地壳物质成分识别方法综述 . 地质学报，84（6）：865-872.
侯增谦，潘小菲，杨志明，等 . 2007. 初论大陆环境斑岩铜矿 . 现代地质，21（2）：332-351.
胡平，李文杰，李军峰，等 . 2012. 固定翼时间域航空电磁勘查系统研发进展 . 地球学报，33（1）：7-12.
黄大年，于平，底青云，等 . 2012. 地球深部探测关键技术装备研发现状及趋势 . 吉林大学学报（地球科学版），42（5）：1485-1496.
黄大年，郭子祺，底青云，等 . 2017. 地球深部探测仪器装备技术原理及应用 . 北京：科学出版社 .
黄立人，郭良迁 . 1998. 华北（北部）地区的地壳水平运动特征及其模型——GPS 测量结果的初步分析 . 地壳形变与地震，18（2）：20-27.
贾承造，雷永良，陈竹新 . 2014. 构造地质学的进展与学科发展特点 . 地质论评，60（4）：709-720.
蒋荣宝，陈宣华，党玉琪，等 . 2008. 柴达木盆地东部中新生代两期逆冲断层作用的 FT 定年 . 地球物理学报，51（1）：116-124.
金胜，叶高峰，魏文博，等 . 2007. 青藏高原西缘壳幔电性结构与断裂构造：札达-泉水湖剖面大地电磁探测提供的依据 . 地球科学，32（4）：474-480.
金振民 . 1997. 我国高温高压实验研究进展和展望 . 地球物理学报，40（增刊）：70-81.
金振民，姚玉鹏 . 2004. 超越板块构造——我国构造地质学要做些什么 . 地球科学，29（6）：644-650.
孔祥儒，王谦身，熊绍柏 . 1996. 西藏高原西部综合地球物理与岩石圈结构研究 . 中国科学 D 辑：地球科学，26（4）：308-315.
黎彤 . 1994. 中国陆壳及其沉积层和上陆壳的化学元素丰度 . 地球化学，23（2）：140-145.
黎彤，倪守斌 . 1997. 中国大陆岩石圈的化学元素丰度 . 地质与勘探，33（1）：31-37.
李惠，岑况，沈镛立，等 . 2006. 危机矿山深部及其外围盲矿预测的化探新方法及其最佳组合 . 地质与勘探，42（4）：62-66.
李建国，赵斌，孙少伟，等 . 2013. 南岭于都-赣县矿集区的综合物性特征 . 工程地球物理学报，10（3）：313-319.
李晋，汤井田，肖晓，等 . 2014. 基于组合广义形态滤波的大地电磁资料处理 . 中南大学学报（自然科学版），45（1）：173-185.
李萌，底青云 . 2018. 地面电磁探测接收系统批量对比试验 . 石油地球物理勘探，53（1）：186-194.
李秋生，陈凌，王良书，等 . 2020. 中国大陆宽频带地震流动观测实验与壳幔速度结构研究 . 北京：科学出版社 .
李三忠，张国伟，刘保华，等 . 2010. 新世纪构造地质学的纵深发展：深海、深部、深空、深时四领域成就及关键技术 . 地学前缘，17（3）：27-43.
李世雄，汪继文 . 2000. 信号的瞬时参数与正交小波基 . 地球物理学报，43：97-103.
李曙光 . 1998. 大陆俯冲化学地球动力学 . 地学前缘，5（4）：211-231.
李廷栋，袁学诚，肖庆辉，等 . 2013. 中国岩石圈三维结构 . 北京：地质出版社 .
李延兴，胡新康，赵承坤，等 . 1998. 华北地区 GPS 监测网建设、地壳水平运动与应力场及地震活动性的关系 . 中国地震，14（2）：116-125.
梁慧云，李松林 . 2004. 俄罗斯的人工地震探测研究进展 . 大地测量与地球动力学，24（4）：117-122.
林君，等 . 2016. 分布式无缆遥测地震勘探系统的设计与应用 . 北京：科学出版社 .
刘福来，叶建国，薛怀民 . 2006. 北苏鲁超高压变质岩锆石中的矿物包体 . 地质学报，80（12）：1813-1826.
刘刚，董树文，陈宣华，等 . 2010. EarthScope——美国地球探测计划及最新进展 . 地质学报，84（6）：

909-926.
刘光鼎 . 2007a. 中国海地球物理场与油气资源 . 地球物理学进展，22（4）：1229-1237.
刘光鼎 . 2007b. 中国大陆构造格架的动力学演化 . 地学前缘，14（3）：39-46.
刘金兰，赵斌，王万银，等 . 2014. 利用重磁资料研究南岭于都-赣县矿集区花岗岩与断裂分布特征 . 地质学报，88（4）：658-668.
刘彦，吕庆田，严加永，等 . 2012. 庐枞矿集区结构特征重磁研究及其成矿指示 . 岩石学报，28（10）：3125-3138.
刘振东，吕庆田，严加永，等 . 2012. 庐枞盆地浅表地壳速度成像与隐伏矿靶区预测 . 地球物理学报，55（12）：3910-3922.
路凤香，张本仁，韩吟文，等 . 2006. 秦岭-大别-苏鲁地区岩石圈三维化学结构特征 . 北京：地质出版社 .
吕庆田，侯增谦，赵金花，等 . 2003. 深地震反射剖面揭示的铜陵矿集区复杂地壳结构形态 . 中国科学 D 辑：地球科学，33（5）：442-449.
吕庆田，侯增谦，史大年，等 . 2004a. 铜陵狮子山金属矿地震反射结果及对区域找矿的意义 . 矿床地质，23（3）：390-398.
吕庆田，侯增谦，杨竹森，等 . 2004b. 长江中下游地区的底侵作用及动力学演化模式：来自地球物理资料的约束 . 中国科学 D 辑：地球科学，34（9）：783-794.
吕庆田，史大年，赵金花，等 . 2005. 深部矿产勘查的地震学方法：问题与前景——铜陵矿集区的应用实例 . 地质通报，24（3）：211-218.
吕庆田，杨竹森，严加永，等 . 2007. 长江中下游成矿带深部成矿潜力、找矿思路与初步尝试——以铜陵矿集区为实例 . 地质学报，81（7）：865-881.
吕庆田，廉玉广，赵金花 . 2010a. 反射地震技术在成矿地质背景与深部矿产勘查中的应用：现状与前景 . 地质学报，84（6）：771-787.
吕庆田，韩立国，严加永，等 . 2010b. 庐枞矿集区火山气液型铁、硫矿床及控矿构造的反射地震成像 . 岩石学报，26（9）：2598-2612.
吕庆田，常印佛 . SinoProbe-03 项目组 . 2011a. 地壳结构与深部矿产资源立体探测技术实验——SinoProbe-03 项目介绍 . 地球学报，32（增刊 1）：49-64.
吕庆田，史大年，汤井田，等 . 2011b. 长江中下游成矿带及典型矿集区深部结构探测——SinoProbe-03 年度进展综述 . 地球学报，32（3）：257-268.
吕庆田，董树文，史大年，等 . 2014. 长江中下游成矿带岩石圈结构与成矿动力学模型——深部探测（SinoProbe）综述 . 岩石学报，30（4）：889-906.
吕庆田，董树文，汤井田，等 . 2015. 多尺度综合地球物理探测：揭示成矿系统、助力深部找矿——长江中下游深部探测（SinoProbe-03）进展 . 地球物理学报，58（12）：4319-4343.
吕庆田，吴明安，汤井田，等 . 2017. 安徽庐枞矿集区三维探测与深部成矿预测 . 北京：科学出版社 .
吕庆田，孟贵祥，严加永，等 . 2019. 成矿系统的多尺度探测：概念与进展——以长江中下游成矿带为例. 中国地质，46（4）：673-689.
吕庆田，孟贵祥，严加永，等 . 2020. 长江中下游成矿带铁-铜成矿系统结构的地球物理探测：综合分析. 地学前缘，27（2）：232-253.
罗金海，李继亮，何登发 . 1999. 山前冲断构造带研究的新进展 . 地质论评，45（4）：382-389.
马飞宙，陈宣华，徐盛林，等 . 2020. 西准噶尔红山地区晚古生代赞岐岩锆石 U-Pb 年代学、地球化学特征及其地质意义 . 地质学报，94（5）：1462-1481.
马杏垣 . 2004. 解析构造学 . 北京：地质出版社 .

马宗晋，杜品仁，洪汉净. 2003. 地球构造与动力学. 广州：广东科技出版社.
毛景文，华仁民，李晓波. 1999. 浅议大规模成矿作用与大型矿集区. 矿床地质，18（4）：291-299.
毛景文，陈懋弘，袁顺达，等. 2011. 华南地区钦杭成矿带地质特征和矿床时空分布规律. 地质学报，85（5）：636-658.
毛先成，周艳红，陈进，等. 2010. 危机矿山深、边部隐伏矿体的三维可视化预测——以安徽铜陵凤凰山矿田为例. 地质通报，29（2/3）：401-413.
闵志，张良弼，杨文采. 1998. 大陆科学钻探的新发现与研究主题. 地球科学进展，13（1）：15-21.
莫宣学. 2011. 岩浆与岩浆岩：地球深部“探针”与演化记录. 自然杂志，33（5）：255-259.
宁飞，汤良杰. 2009. 挤压地区物理模拟研究进展. 世界地质，28（3）：345-350.
牛耀龄. 2022. 范式革命：玄武岩记录有喷发时岩石圈厚度的信息，没有地幔潜在温度的记忆. 科学通报，67（3）：301-306.
裴荣富，熊群尧，徐善法，等. 1999. 中国矿床（点）等密度图与成矿远景预测. 地球科学，24（5）：449-454.
乔书波，孙付平，朱新慧，等. 2004. GPS/VLBI/SLR/InSAR 组合在地球动力学研究中的应用. 大地测量与地球动力学，24（3）：92-97.
乔彦超，郭子祺，石耀霖. 2013. 数值模拟华北克拉通岩石圈热对流侵蚀减薄机制. 中国科学：地球科学，43（4）：642-652.
任纪舜，牛宝贵，王军，等. 2013. 国际亚洲地质图（1：5000000）. 北京：地质出版社.
任向文，吴福元. 2002. 大陆岩石圈地幔形成与演化研究的新进展. 地球物理学进展，17（3）：514-524.
任旭虎，杨磊，綦耀光，等. 2011. 基于相似理论的大型构造物理模拟装置的设计与研究. 机械设计与制造，（4）：24-26.
茹艳娇. 2010. 大陆岩石圈地幔的组成与交代作用. 地质与资源，19（4）：311-329.
尚世贵，张千明，高昌生，等. 2014. 安徽庐枞矿集区罗河-小包庄矿区重磁场特征及找矿预测. 合肥工业大学学报（自然科学版），37（6）：730-735.
沈礼，贾东，尹宏伟，等. 2012. 基于粒子成像测速（PIV）技术的褶皱冲断构造物理模拟. 地质论评，58（3）：471-480.
施倪承，白文吉，马喆生，等. 2004. 核-幔物质晶体化学、矿物学及矿床学初探. 地学前缘，11（1）：169-177.
石耀霖，曹建玲. 2008. 中国大陆岩石圈等效粘滞系数的计算和讨论. 地学前缘，15（3）：82-95.
石耀霖，曹建玲. 2010. 库仑应力计算及应用过程中若干问题的讨论——以汶川地震为例. 地球物理学报，53（1）：102-110.
石耀霖，朱守彪. 2004. 利用 GPS 观测资料划分现今地壳活动块体的方法. 大地测量与地球动力学，24（2）：1-5.
石耀霖，周元泽，张怀，等. 2011. 岩石圈三维结构与动力学数值模拟. 地球学报，32（增刊 1）：126-136.
时秀朋，李理，龚道好，等. 2007. 构造物理模拟实验方法的发展与应用. 地球物理学进展，22（6）：1728-1735.
宋守根，汤井田，何继善. 1995. 小波分析与电磁测深中静态效应的识别、分离及压制. 地球物理学报，138：120-128.
苏德辰，杨经绥. 2010. 国际大陆科学钻探（ICDP）进展. 地质学报，84（6）：873-886.
孙洁，晋光文，白登海，等. 2003. 青藏高原东缘地壳上地幔电性结构探测及其构造意义. 中国科学 D 辑：地球科学，33（增刊）：173-180.

孙卫东，李贺，丁兴，等. 2015. “俯冲工场”研究进展//翟明国，肖文交. 板块构造、地质事件与资源效应——地质科学若干新进展. 北京：科学出版社：392-420.
孙友宏，沙永柏，王清岩，等. 2012. 钻杆自动传送系统结构设计及运动学分析. 吉林大学学报（工学版），42（A1）：77-80.
孙友宏，时元玲，王清岩. 2016. 国际深部大陆科学钻探装备研究进展. 地球学报，37（A1）：110-117.
孙友宏，赵研，许畅. 2019. 地壳一号. 长春：吉林大学出版社.
孙友宏，王清岩，于萍，等. 2021. 地壳一号万米大陆科学钻探装备及自动化机具. 北京：科学出版社.
谭捍东，姜枚，吴良士，等. 2006. 青藏高原电性结构及其对岩石圈研究的意义. 中国地质，33（4）：906-911.
汤井田，李灏，李晋，等. 2014. Top-hat 变换与庐枞矿集区大地电磁强干扰分离. 吉林大学学报（地球科学版），44（1）：336-343.
滕吉文. 2006. 强化开展地壳内部第二深度空间金属矿产资源地球物理找矿、勘探和开发. 地质通报，25（2）：767-771.
滕吉文. 2009. 中国地球深部物理学和动力学研究 16 大重要论点、论据与科学导向. 地球物理学进展，24（3）：801-829.
滕吉文. 2010. 强化第二深度空间金属矿产资源探查，加速发展地球物理勘探新技术与仪器设备的研制及产业化. 地球物理学进展，25（3）：729-748.
滕吉文，刘财，韩立国，等. 2009. 汶川-映秀 M_S 8.0 地震的介质破裂与深部物质运移的动力机制. 吉林大学学报（地球科学版），39（4）：559-583.
滕吉文，王夫运，赵文智，等. 2010. 阴山造山带鄂尔多斯盆地岩石圈层、块速度结构与深层动力过程. 地球物理学报，53（1）：67-85.
滕吉文，张洪双，孙若昧，等. 2011. 青藏高原腹地东西分区和界带的地球物理场特征与动力学响应. 地球物理学报，54（10）：2510-2527.
滕吉文，皮娇龙，杨辉，等. 2012. 中国大陆动力学研究内涵与轨迹的思考. 地球物理学报，55（3）：851-862.
汪集旸，胡圣标，庞忠和，等. 2012. 中国大陆干热岩地热资源潜力评估. 科技导报，30（32）：25-31.
汪品先. 1994. 古海洋学. 地球科学进展，9（4）：94-96.
汪品先，田军，黄恩清，等. 2018. 地球系统与演变. 北京：科学出版社.
王安建，王高尚，陈其慎，等. 2008. 能源与国家经济发展. 北京：地质出版社.
王成善，冯志强，吴河勇，等. 2008. 中国白垩纪大陆科学钻探工程：松科一井科学钻探工程的实施与初步进展. 地质学报，82（1）：9-17.
王达. 2002. 中国大陆科学钻探工程项目进展综述. 探矿工程，6：47-53.
王达，张伟，张晓西，等. 2007. 中国大陆科学钻探工程科钻一井钻探工程技术. 北京：科学出版社.
王登红，唐菊兴，应立娟，等. 2010. “五层楼+地下室”找矿模型的适用性及其对深部找矿的意义. 吉林大学学报（地球科学版），40（4）：733-738.
王登红，陈毓川，王瑞江，等. 2013. 对南岭与找矿有关问题的探讨. 矿床地质，32（4）：854-863.
王登红，李建康，李建国，等. 2017. 南岭成矿带深部探测的理论与实践. 北京：地质出版社.
王海燕，高锐，卢占武，等. 2006. 地球深部探测的先锋——深地震反射方法的发展与应用. 勘探地球物理进展，29（1）：7-13+19.
王会军，朱江，浦一芬. 2014. 地球系统科学模拟有关重大问题. 中国科学：物理学、力学、天文学，44：1116-1126.
王汝成，邱检生，倪培，等. 2006. 苏鲁超高压榴辉岩中的钛成矿作用：大陆板块汇聚边界的成矿作用.

地质学报，80（12）：1827-1834.
王万银，王云鹏，李建国，等.2014. 利用重、磁资料研究于都-赣县矿集区盘古山地区断裂构造及花岗岩体分布. 物探与化探，38（4）：825-834.
王学求.1998. 深穿透勘查地球化学. 物探与化探，22（3）：166-169.
王学求.2012. 全球地球化学基准：了解过去，预测未来. 地学前缘，19（3）：7-18.
王学求，谢学锦.1995. 地气动态提取技术的研制及在寻找隐伏矿上的初步试验. 物探与化探，19（3）：161-171.
王学求，叶荣.2011. 纳米金属微粒发现——深穿透地球化学的微观证据. 地球学报，32（1）：7-12.
王学求，谢学锦，张本仁，等.2010. 地壳全元素探测——构建“化学地球”. 地质学报，84（6）：854-864.
王学求，谢学锦，张本仁，等.2011. 地壳全元素探测技术与实验示范. 地球学报，32（增刊1）：65-83.
王学求，张必敏，刘雪敏.2012. 纳米地球化学：穿透覆盖层的地球化学勘查. 地学前缘，19（3）：101-112.
王学求，刘汉粮，王玮.2021. 中国稀有分散元素地球化学. 北京：科学出版社.
王志豪，张小路，王钟.2006. 大功率瞬变电磁在广西大厂外围深部找矿中的应用. 物探与化探，30（3）：194-198.
魏春生，郑永飞，赵子福，等.2001. 中酸性硅酸盐熔体-水体系氢同位素分馏的压力效应. 地球化学，30（2）：107-115.
魏文博，陈乐寿，谭捍东，等.1997. 西藏高原大地电磁深探测——亚东-巴木错沿线地区壳幔电性结构. 现代地质，11（3）：366-374.
魏文博，金胜，叶高峰，等.2006a. 华北地区大地电磁测深及岩石圈厚度讨论. 中国地质，33（4）：762-772.
魏文博，金胜，叶高峰，等.2006b. 西藏高原中、北部断裂构造特征：INDEPTH（III）-MT观测提供的依据. 地球科学，31（2）：257-265.
魏文博，金胜，叶高峰，等.2006c. 藏北高原地壳及上地幔导电性结构——超宽频带大地电磁测深研究结果. 地球物理学报，49（4）：1215-1225.
魏文博，金胜，叶高峰，等.2010. 中国大陆岩石圈导电性结构研究——大陆电磁参数“标准网”实验（SinoProbe-01）. 地质学报，84（6）：788-800.
吴福元，杨进辉，储著银，等.2007. 大陆岩石圈地幔定年. 地学前缘，14（2）：76-86.
吴福元，徐义刚，朱日祥，等.2014. 克拉通岩石圈减薄与破坏. 中国科学：地球科学，44（11）：2358-2372.
夏琼霞，支霞臣，孟庆，等. 2004. 汉诺坝幔源橄榄岩包体的微量元素和Re-Os同位素地球化学：SCLM的性质和形成时代. 岩石学报，5：226-235.
夏群科，杨晓志，郝艳涛，等.2007. 深部地球中水的分布和循环. 地学前缘，14（2）：10-23.
谢和平，高峰，鞠杨，等.2017. 深地科学领域的若干颠覆性技术构想和研究方向. 工程科学与技术，49（1）：1-8.
谢和平，张茹，邓建辉，等.2021. 基于“深地-地表”联动的深地科学与地灾防控技术体系初探. 工程科学与技术，53（4）：1-12.
谢会文，雷永良，能源，等.2012. 挤压作用下盐岩流动的三维物理模拟分析. 地质科学，47（3）：824-835.
谢先德，陈鸣，王德强，等.2001. 随州陨石冲击熔脉中的$NaAlSi_3O_8$-锰钡矿和其他高压相矿物. 科学通报，46（6）：506-510.

谢学锦 . 2008. 全球地球化学填图——历史发展与今后工作之建议 . 中国地质, 35 (3): 357-374.
谢学锦, 王学求 . 1998. 战术性与战略性的深穿透地球化学 . 地学前缘, 5 (1/2): 171-183.
谢学锦, 刘大文, 向运川, 等 . 2002. 地球化学块体——概念和方法学的发展 . 中国地质, 29 (3): 225-233.
熊盛青 . 2009. 我国航空重磁技术现状与发展趋势 . 地球物理学进展, 24 (1): 113-117.
熊盛青, 于长春, 王卫平 . 2008. 直升机大比例尺航空物探在深部找矿中的应用前景 . 地球科学进展, 23 (3): 270-275.
徐安娜, 王大锐, 薄冬梅, 等 . 2022. 打开地壳深部油气的大门 . 北京: 石油工业出版社 .
徐明才 . 2009. 金属矿地震勘探 . 北京: 地质出版社 .
徐锡伟, 张培震, 闻学泽, 等 . 2005. 川西及其邻近地区活动构造基本特征与强震复发模型 . 地震地质, 27 (3): 446-461.
徐义刚, 何斌, 黄小龙, 等 . 2007. 地幔柱大辩论及如何验证地幔柱假说 . 地学前缘, 14 (2): 1-9.
徐义贤, 王家映 . 2000. 基于连续小波变换的大地电磁信号谱估计方法 . 地球物理学报, 43 (5): 676-683.
许志琴 . 2004. 中国大陆科学钻探工程的科学目标及初步成果 . 岩石学报, 20 (1): 1-8.
许志琴 . 2007. 深俯冲和折返动力学: 来自中国大陆科学钻探主孔及苏鲁超高压变质带的制约 . 岩石学报, 23 (12): 3041-3053.
许志琴, 耿瑞伦, 肖庆辉, 等 . 1996. 中国大陆科学钻探先行研究 . 北京: 冶金工业出版社 .
许志琴, 杨经绥, 张泽明, 等 . 2005. 中国大陆科学钻探终孔及研究进展 . 中国地质, 32 (2): 177-182.
许志琴, 吴忠良, 李海兵, 等 . 2018. 世界上最快回应大地震的汶川地震断裂带科学钻探 . 地球物理学报, 61 (5): 1666-1679.
鄢明才, 迟清华 . 1997. 中国东部地壳与岩石的化学组成 . 北京: 科学出版社 .
严加永, 滕吉文, 吕庆田 . 2008. 深部金属矿产资源地球物理勘查与应用 . 地球物理学进展, 23 (3): 871-891.
严加永, 吕庆田, 陈向斌, 等 . 2014. 基于重磁反演的三维岩性填图试验——以安徽庐枞矿集区为例 . 岩石学报, 30 (4): 1041-1053.
严珍珍, 张怀, 范湘涛, 等 . 2014. 日本 M_W 9.0 大地震激发全球地震波传播特性的数值模拟研究与对比分析 . 中国科学: 地球科学, 44 (2): 259-270.
阎頔, 敬荣中 . 2011. 金属矿地震勘探方法技术研究综述 . 矿产与地质, 25 (2): 158-162.
杨光, 李海兵, 张伟, 等 . 2013. 四川龙门山安县-灌县断裂带的特征——以汶川地震断裂带科学钻探 3 号孔 (WFSD-3) 岩心为例 . 地质通报, 31 (8): 1219-1232.
杨经绥, 李海兵 . 2006. 走滑断裂对超高压变质岩石折返的贡献及青藏高原北部白垩纪隆升之新思考 . 地学前缘, 13 (4): 80-90.
杨经绥, 许志琴, 汤中立, 等 . 2011a. 大陆科学钻探选址与钻探实验 . 地球学报, 32 (增刊 1): 84-112.
杨经绥, 熊发挥, 郭国林, 等 . 2011b. 西藏雅鲁藏布江缝合带西段一个甚具铬铁矿前景的地幔橄榄岩体 . 岩石学报, 27 (11): 3207-3222.
杨经绥, 徐向珍, 李源, 等 . 2011c. 西藏雅鲁藏布江缝合带的普兰地幔橄榄岩中发现金刚石: 蛇绿岩型金刚石分类的提出 . 岩石学报, 27 (11): 3171-3178.
杨经绥, 许志琴, 段向东, 等 . 2012. 缅甸密支那地区发现侏罗纪的 SSZ 型蛇绿岩 . 岩石学报, 28 (6): 1710-1730.
杨利亚, 杨立强, 袁万明, 等 . 2013. 造山型金矿成矿流体来源与演化的氢-氧同位素示踪: 夹皮沟金矿带例析 . 岩石学报, 29 (11): 4025-4035.

杨亭，傅容珊，黄川，等.2014. 大陆岩石圈、地幔底部异常体与地幔对流相互作用的数值模拟. 地球物理学报，57（4）：1049-1061.
杨文采，于常青.2011. 从亚洲S波波速结构看地幔流体运动特征. 地质学报，85（9）：1399-1408.
杨文采，金振民，于常青.2008. 结晶岩中天然气异常的地震响应. 中国科学D辑：地球科学，38（9）：1057-1067.
杨文采，魏文博，金胜，等.2011. 大陆电磁参数标准网实验研究——SinoProbe-01项目介绍. 地球学报，32（Supp.1）：24-33.
杨文采，王家林，钟慧智，等.2012. 塔里木盆地航磁场分析与磁源体结构. 地球物理学报，55（4）：1278-1287.
叶高峰，金胜，魏文博，等.2007. 西藏高原中南部地壳与上地幔导电性结构. 地球科学，32（4）：491-498.
叶正仁，Hager B H. 2001. 全球地表热流的产生与分布. 地球物理学报，44（2）：171-179.
余接情，吴立新，訾国杰，等.2012. 基于SDOG的岩石圈多尺度三维建模与可视化方法. 中国科学：地球科学，42（5）：755-763.
袁桂琴，熊盛青，孟庆敏，等.2011. 地球物理勘查技术与应用研究. 地质学报，85（11）：1744-1805.
臧绍先，宁杰远，陈玉文，等.1994. 两种地幔对流模式下俯冲带的热结构. 地球物理学报，37（4）：448-455.
翟裕生.1999. 论成矿系统. 地学前缘，6（1）：14-28.
翟裕生，邓军，王建平，等.2004. 深部找矿研究问题. 矿床地质，23（2）：142-149.
翟裕生，邓军，彭润民，等.2010. 成矿系统论. 北京：地质出版社.
张国伟，郭安林，姚安平.2006. 关于中国大陆地质与大陆构造基础研究的思考. 自然科学进展，16（10）：1210-1215.
张洪铭，李曙光.2012. 深部碳循环及同位素示踪：回顾与展望. 中国科学：地球科学，42（10）：1459-1472.
张洪普，王来云，钟立平，等.2009. 利用有效的物探方法进行深部找矿. 吉林地质，28（3）：83-86.
张金昌，谢文卫.2010. 科学超深井钻探技术国内外现状. 地质学报，84（6）：887-894.
张培震，张会平，郑文俊，等.2014. 东亚大陆新生代构造演化. 地震地质，36（3）：574-585.
张荣虎，曾庆鲁，王珂，等.2020. 储层构造动力成岩作用理论技术新进展与超深层油气勘探地质意义. 石油学报，41（10）：1278-1292.
张水昌，何坤，王晓梅，等. 2021. 深层多途径复合生气模式及潜在成藏贡献. 天然气地球科学，32（10）：1421-1435.
张伟，李海兵，黄尧，等.2013. 四川汶川地震断裂带科学钻探2号孔（WFSD-2）岩性特征和断裂带的结构. 地质通报，31（8）：1201-1218.
张义平，陈宣华，张进，等.2019. 印支运动在鄂尔多斯盆地和四川盆地启动时间的讨论：来自生长地层的证据. 中国地质，46（5）：1021-1038.
赵明，赵亮，Capdeville Y，等.2013. 基于谱元-简正振型耦合方法的核幔边界D″区地震波波形模拟方法研究. 地球物理学报，56（4）：1216-1225.
赵鹏大.2002. “三联式”资源定量预测与评价——数字找矿理论与实践探讨. 地球科学，27（5）：482-489.
赵素涛，金振民.2008. 地球深部科学研究的新进展——记2007年美国地球物理联合会（AGU）. 地学前缘，15（5）：298-316.
赵文津，Nelson K D，徐中信.1996. 深反射地震揭示喜马拉雅地区地壳上地幔的复杂结构. 地球物理学报，39（5）：615-628.

赵文津，吴珍汉，史大年，等.2008. 国际合作 INDEPTH 项目横穿青藏高原的深部探测与综合研究．地球学报，29（3）：328-342.

赵文智，王兆云，张水昌，等．2005. 有机质“接力成气”模式的提出及其在勘探中的意义．石油勘探与开发，32（2）：1-7.

赵文智，王兆云，王红军，等.2011. 再论有机质“接力成气”的内涵与意义．石油勘探与开发，38（2）：129-135.

赵文智，胡素云，刘伟，等.2014. 再论中国陆上深层海相碳酸盐岩油气地质特征与勘探前景．天然气工业，34（4）：1-9.

郑永飞.2003. 大陆深俯冲的矿物学证据．科学通报，48（10）：991-992.

郑永飞，陈江峰.2000. 稳定同位素地球化学．北京：科学出版社.

郑永飞，李曙光，陈江峰.1998. 化学地球动力学．地球科学进展，13（2）：121-128.

郑永飞，杨进辉，宋述光，等.2013. 化学地球动力学研究进展．矿物岩石地球化学通报，32（1）：1-24.

中国21世纪议程管理中心.2019. 资源领域科技创新研究报告．北京：冶金工业出版社.

周平，施俊法.2007. 瞬变电磁法（TEM）新进展及其在寻找深部隐伏矿中的应用．地质与勘探，43（6）：63-69.

周平，施俊法.2008. 金属矿地震勘查方法评述．地球科学进展，23（2）：120-128.

周四春，刘晓辉，胡波.2012. 地气场信息的地质学意义．物探与化探，36（6）：1044-1049.

周新华.1999. 壳-幔深部化学地球动力学与大陆岩石圈研究//郑永飞．化学地球动力学．北京：科学出版社：15-27.

周新鹏，项彪，邹长春，等.2014. 南岭地区多金属矿 NLSD-2 孔综合地球物理测井研究．地质学报，88（4）：686-694.

周永胜，李建国，王绳祖，等.2002. 用物理模拟实验研究大陆伸展构造．地质力学学报，8（2）：141-148.

朱光明.1988. 垂直地震剖面方法．北京：石油工业出版社.

朱光明，杨文采，杨正华，等.2008. 中国大陆科学钻探孔区的垂直地震剖面调查．地球物理学报，51（2）：479-490.

朱仁学，胡祥云.1995. 格尔木–额济纳旗地学断面岩石圈电性结构的研究．地球物理学报，88（增刊Ⅰ）：46-57.

朱日祥，郑天愉.2009. 华北克拉通破坏机制与古元古代板块构造体系．科学通报，54（14）：1950-1961.

朱日祥，陈凌，吴福元，等.2011. 华北克拉通破坏的时间、范围与机制．中国科学 D 辑：地球科学，41（5）：583-592.

朱日祥，徐义刚，朱光，等.2012. 华北克拉通破坏．中国科学：地球科学，42（8）：1135-1159.

朱日祥，范宏瑞，李建威，等.2015. 克拉通破坏型金矿床．中国科学：地球科学，45（8）：1153-1168.

朱日祥，侯增谦，郭正堂，等.2021a. 宜居地球的过去、现在与未来——地球科学发展战略概要．科学通报，(35)：4485-4490.

朱日祥，戴民汉，傅伯杰，等.2021b. 2021—2030 地球科学发展战略：宜居地球的过去、现在与未来．北京：科学出版社.

邹长春，肖昆，周新鹏，等.2014. 于都–赣县矿集区科学钻探 NLSD-1 孔超声波成像测井响应特征及其深部找矿意义．地质学报，88（4）：676-685.

Abe S, Place D, Mora P. 2004. A parallel implementation of the lattice solid model for the simulation of rock mechanics and earthquake dynamics. Pure and Applied Geophysics, 161 (9-10): 2265-2277.

Adam J, Urai J L, Wieneke B, et al. 2005. Shear localisation and strain distribution during tectonic faulting—new insights from granular-flow experiments and high-resolution optical image correlation techniques. Journal of Structural Geology, 27 (2): 283-301.

Aggarwal Y P, Sykes L R, Armbruster J, et al. 1973. Premonitory changes in seismic velocities and prediction of earthquakes. Nature, 241 (8385): 101-104.

Aki K, Lee W H K. 1976. Determination of three-dimensional velocity anomalies under a seismic array using first P arrival times from local earthquakes. Part Ⅰ: a homogeneous initial model. Journal of Geophysical Research, 81: 4381-4399.

Aki K, Christoffersson A, Husebye E S. 1977. Determination of the three dimensional seismic structure of the lithosphere. Journal of Geophysical Research, 82 (2): 277-296.

Allen R M, Gasparini P, Kamigaichi O, et al. 2009. The status of earthquake early warning around the world: an introductory overview. Seismological Research Letters, 80 (5): 682-693.

Allègre C J. 1982. Chemical geodynamics. Tectonophysics, 81 (3-4): 109-132.

Allègre C J, Turcotte D L. 1986. Implications of a two-component marble-cake mantle. Nature, 323: 123-127.

Alpers C N, Dettman D L, Lohmann K C, et al. 1990. Stable isotopes of carbon dioxide in soil gas over massive sulfide mineralization at Grandon, Wisconsin. Journal of Geochemical Exploration, 38 (1-3): 69-86.

Ammon C J. 1991. The isolation of receiver effects from teleseismic P waveforms. Bulletin of the Seismological Society of America, 81 (6): 2504-2510.

Andrault D, Pesce G, Bouhifd M A, et al. 2014. Melting of subducted basalt at the core-mantle boundary. Science, 344 (6186): 892-895.

Anglin F M. 1971. Detection capabilities of the Yellowknife seismic array and regional seismicity. Bulletin of the Seismological Society of America, 61 (4): 993-1008.

Anzellini S, Dewaele A, Mezouar M, et al. 2013. Melting of iron at Earth's inner core boundary based on fast X-ray diffraction. Science, 340 (6131): 464-466.

Armijo R, Lacassin R, Coudurier-Curveur A, et al. 2015. Coupled tectonic evolution of Andean orogeny and global climate. Earth-Science Reviews, 143: 1-35.

Artemieva I M. 2006. Global 1°×1° thermal model TC1 for the continental lithosphere: implications for lithosphere growth since Archean. Tectonophysics, 416 (1-4): 245-277.

Artemieva I M, Thybo H, Kaban M K. 2006. Deep Europe today: Geophysical synthesis of the upper mantle structure and lithospheric processes over 3.5 Ga. Geological Society London Memoirs, 32 (1): 11-41.

Aster R, Borchers B, Thurber C H. 2012. Parameter Estimation and Inverse Problems. New York: Academic Press.

Badro J, Fiquet G, Guyot F, et al. 2003. Iron partitioning in Earth's mantle: toward a deep lower mantle discontinuity. Science, 300 (5620): 789-791.

Badro J, Ryerson F J, Weber P K, et al. 2007. Chemical imaging with NanoSIMS: a window into deep-Earth geochemistry. Earth and Planetary Science Letters, 262 (3-4): 543-551.

Baes M, Govers R, Wortel R. 2011. Subduction initiation along the inherited weakness zone at the edge of a slab: insights from numerical models. Geophysical Journal International, 184 (3): 991-1008.

Bailey R C. 2006. Large time step numerical modelling of the flow of Maxwell materials. Geophysical Journal International, 164 (2): 460-466.

Barazangi M, Dorman J. 1969. World seismicity maps compiled from ESSA, Coast and Geodetic Survey, epicenter data, 1961–1967. Bulletin of the Seismological Society of America, 59 (1): 369-380.

Barnett Z A, Gudmundsson A. 2014. Numerical modelling of dykes deflected into sills to form a magma chamber. Journal of Volcanology and Geothermal Research, 281: 1-11.

Basilici M, Ascione A, Megna A, et al. 2020. Active deformation and relief evolution in the western Lurestan region of the Zagros mountain belt: new insights from tectonic geomorphology analysis and finite element modeling. Tectonics, 39 (12): e2020TC006402.

Bass J D, Parise J B. 2008. Deep Earth and recent developments in mineral physics. Elements, 4 (3): 157-163.

Bassin C, Laske G, Masters G. 2000. The current limits of resolution for surface wave tomography in North America. EOS Transactions American Geophysical Union, 81 (48): F897.

Baumgartner L P, Valley J W. 2001. Stable isotope transport and contact metamorphic fluid flow. Reviews in Mineralogy and Geochemistry, 43 (1): 415-467.

Becken M, Ritter O, Bedrosian P A, et al. 2011. Correlation between deep fluids, tremor and creep along the central San Andreas fault. Nature, 480 (7375): 87-90.

Bedle H, van der Lee S. 2009. S velocity variations beneath North America. Journal of Geophysical Research, 114 (B7): B07308.

Beghein C, Yuan K, Schmerr N, et al. 2014. Changes in seismic anisotropy shed light on the nature of the Gutenberg discontinuity. Science, 343 (6167): 1237-1240.

Behrend J C, Green A G, Cannon W F, et al. 1988. Crustal structure of the Midcontinent rift system: results from GLIMPCE deep seismic reflection profiles. Geology, 16 (1): 81-85.

Bellahsen N, Faccenna C, Funiciello F, et al. 2003. Why did Arabia separate from Africa? Insights from 3-D laboratory experiments. Earth and Planetary Science Letters, 216 (3): 365-381.

Benioff H. 1954. Orogenesis and deep crustal structure—additional evidence from seismology. Geological Society of America Bulletin, 65 (5): 385-400.

Bennett R A, Friedrich A M, Furlong K P. 2004. Codependent histories of the San Andreas and San Jacinto fault zones from inversion of fault displacement rates. Geology, 32 (11): 961-964.

Berger A L, Spotila J A, Chapman J B, et al. 2008. Architecture, kinematics, and exhumation of a convergent orogenic wedge: a thermochronological investigation of tectonic-climatic interactions within the central St. Elias orogen, Alaska. Earth and Planetary Science Letters, 270 (1-2): 13-24.

Bernal A, Hardy S. 2002. Syn-tectonic sedimentation associated with three-dimensional fault-bend fold structures: a numerical approach. Journal of Structural Geology, 24 (4): 609-635.

Bernardin T, Cowgill E, Gold R, et al. 2006. Interactive mapping on 3-D terrain models. Geochemistry Geophysics Geosystems, 7 (10): 1-12.

Berry P, Bonduá S, Bortolotti V, et al. 2014. A GIS-based open source pre-processor for georesources numerical modeling. Environmental Modelling & Software, 62: 52-64.

Berzin R, Oncken O, Knapp J H, et al. 1996. Orogenic evolution of the Ural Mountains: results from an integrated seismic experiment. Science, 274 (5285): 220-221.

Best J A. 1991. Mantle reflections beneath the Montana Great Plains on consortium for continental reflection profiling seismic reflection data. Journal of Geophysical Research, 96 (B3): 4279-4288.

Bijwaard H, Spakman W. 1999. Tomographic evidence for a narrow whole mantle plume below Iceland. Earth and Planetary Science Letters, 166 (3-4): 121-126.

Billen M I, Kreylos O, Hamann B, et al. 2008. A geoscience perspective on immersive 3D gridded data visualization. Computers and Geosciences, 34 (9): 1056-1072.

Blackburn T J, Olsen P E, Bowring S A, et al. 2013. Zircon U-Pb geochronology links the end-Triassic extinction with the Central Atlantic Magmatic Province. Science, 340 (6135): 941-945.

Bleibinhaus F, Hole J A, Ryberg T, et al. 2007. Structure of the California Coast Ranges and San Andreas Fault at SAFOD from seismic waveform inversion and reflection imaging. Journal of Geophysical Research, 112 (B6): B06315.

Bolfan-Casanova N. 2005. Water in the Earth's mantle. Mineralogical Magazine, 69 (3): 229-257.

Bording R P, Gerszterenkorn A, Lines L R, et al. 1987. Applications of seismic travel-time tomography. Geophysical Journal of the Royal Astronomical Society, 90 (2): 285-303.

Bos B, Spiers C J. 2002. Frictional-viscous flow of phyllosilicate bearing fault rock: microphysical model and implications for crustal strength profiles. Journal of Geophysical Research, 107 (B2): ECV1-1-ECV1-13.

Boschi L, Faccenna C, Becker T W. 2010. Mantle structure and dynamic topography in the Mediterranean Basin. Geophysical Research Letters, 37 (20): L20303.

Bostock M G. 1999. Seismic imaging of lithospheric discontinuities and continental evolution. Lithos, 48 (1-4): 1-16.

Boyd F R. 1989. Compositional distinction between oceanic and cratonic lithosphere. Earth and Planetary Science Letters, 96 (1-2): 15-26.

Brigham-Grette J, Haug G H. 2007. Climate Dynamics and Global Environments. Berlin: Springer.

Bright J, Kaufman D S, Forester R M, et al. 2006. A continuous 250, 000 year record of oxygen and carbon isotopes in ostracode and bulk-sediment carbonate from Bear Lake, Utah-Idaho. Quaternary Science Reviews, 25 (17-18): 2258-2270.

Brown L D. 2013. From layer cake to complexity: 50 years of geophysical investigations of the Earth//Bickford M E. The Web of Geological Sciences: Advances, Impacts, and Interactions. Geological Society of America Special Paper, 500: 233-258.

Brown L D, Chapin C E, Sanford A R, et al. 1980. Deep structure of the Rio Grande Rift from seismic reflection profiling. Journal of Geophysical Research, 85 (B9): 4773-4800.

Brown L D, Barazangi M, Kaufman S, et al. 1986. The first decade of COCORP: 1974–1984//Barazangi M, Brown L. Reflection Profiling: A Global Perspective, American Geophysical Union, Washington, DC. Geodynamics Series, 13: 107-120.

Brown L D, Zhao W, Nelson K D, et al. 1996. Bright spots, structure, and magmatism in Southern Tibet from INDEPTH seismic reflection profiling. Science, 274: 1688-1690.

Brune S, Autin J. 2013. The rift to break-up evolution of the Gulf of Aden: insights from 3D numerical lithospheric-scale modelling. Tectonophysics, 607: 65-79.

Brush S G. 1980. Discovery of the Earth's core. American Journal of Physics, 48: 705.

Buehler J S, Shearer P M. 2010. Pn tomography of the western United States using USArray. Journal of Geophysical Research, 115 (B9) B09315.

Buiter S J H, Schreurs G. 2006. Analogue and numerical modelling of crustal-scale processes. Geological Society of London, 253: 1-440.

Bullen K E. 1956. Seismology and the broad structure of the earth's interior. Physics and Chemistry of the Earth, 1: 68-93.

Bungum H, Husebye E S, Ringdal F. 1971. The NORSAR array and preliminary results of data analysis.

Geophysical Journal of the Royal Astronomical Society, 25 (1-3): 115-126.

Burdick S, Li C, Martynov V, et al. 2008. Upper mantle heterogeneity beneath North America from travel time tomography with global and USArray transportable array data. Seismological Research Letters, 79 (3): 384-392.

Burdick S, van der Hilst R D, Vernon F L, et al. 2009. Model update December 2008. Seismological Research Letters, 80: 638-645.

Burdick S, van der Hilst R D, Vernon F L, et al. 2014. Model update January 2013: Upper Mantle heterogeneity beneath North America from travel- time tomography with global and USArray transportable array data. Seismological Research Letters, 81 (5): 689-693.

Butler R, Stewart G S, Kanamori H. 1979. 1976, Tangshan, China, earthquake—a complex sequence of intraplate events. Bulletin of the Seismological Society of America, 69 (1): 207-220.

Cai C, Wiens D A, Shen W S, et al. 2018. Water input into the Mariana subduction zone estimated from ocean-bottom seismic data. Nature, 563 (7731): 389-392.

Campillo M, Paul A. 2003. Long-range correlations in the diffuse seismic coda. Science, 299 (5606): 547-549.

Canales J P, Carton H, Mutter J C, et al. 2012. Recent advances in multichannel seismic imaging for academic research in deep oceanic environments. Oceanography, 25 (1): 113-115.

Cao K, Wang G C, Leloup P H, et al. 2019. Oligocene- Early Miocene topographic relief generation of southeastern Tibet triggered by thrusting. Tectonics, 38: 374-391.

Carlson R W, Pearson D G, James D E. 2005. Physical, chemical, and chronological characteristics of continental mantle. Reviews of Geophysics, 43 (1): 1-24.

Chang S J, Baag C E, Langston C A. 2004. Joint analysis of teleseismic receiver functions and surface wave dispersion using the genetic algorithm. Bulletin of the Seismological Society of America, 94 (2): 691-704.

Chapman J B, Pavlis T L, Gulick S, Berger A, et al. 2008. Neotectonics of the Yakutat collision: changes in deformation driven by mass redistribution//Freymueller J T, Haeussler P J, Wesson R L, Active Tectonics and Seismic Potential of Alaska. American Geophysical Union, Geophysical Monograph, 179: 65-82.

Chapman J S, Melbourne T I. 2009. Future Cascadia megathrust rupture delineated by episodic tremor and slip. Geophysical Research Letters, 36 (22): 297-304.

Chen L, Berntsson F, Zhang Z J, et al. 2014. Seismically constrained thermo-rheological structure of the eastern Tibetan margin: implication for lithospheric delamination. Tectonophysics, 627: 122-134.

Chen S. 2013. Matlab source code for PSO with pbest crossover.

Chen X H, Yin A, Gehrels G E, et al. 2003. Two phases of Mesozoic north-south extension in the eastern Altyn Tagh range, northern Tibetan Plateau. Tectonics, 22 (5): 1053.

Chen X H, Gehrels G, Yin A, et al. 2015. Geochemical and Nd-Sr-Pb-O isotopic constrains on Permo-Triassic magmatism in eastern Qaidam Basin, northern Qinghai-Tibetan plateau: implications for the evolution of the Paleo-Tethys. Journal of Asian Earth Sciences, 114: 674-692.

Chen X H, Dong S W, Shi W, et al. 2022. Construction of the continental Asia in Phanerozoic: a review. Acta Geologica Sinica (English Edition), 96 (1): 26-51.

Chen Z X, Meng X H, Guo L H, et al. 2012. GICUDA: a parallel program for 3D correlation imaging of large scale gravity and gravity gradiometry data on graphics processing units with CUDA. Computers and geosciences, 46: 119-128.

Cheng C, Chen L, Yao H J, et al. 2013. Distinct variations of crustal shear wave velocity structure and radial anisotropy beneath the North China Craton and tectonic implications. Gondwana Research, 23 (1): 25-38.

Chester F M, Rowe C, Ujiie K, et al. 2013. Structure and composition of the plate-boundary slip zone for the 2011 Tohoku-Oki Earthquake. Science, 342 (6163): 1208-1211.

Chmielowski J, Zandt G, Haberland C. 1999. The central Andean Altiplano-Puna magma body. Geophysical Research Letters, 26 (6): 783-786.

Christensen N I. 1984. The magnitude, symmetry and origin of upper mantle anisotropy based on fabric analyses of ultramafic tectonites. Geophysical Journal of the Royal Astronomical Society, 76 (1): 89-111.

Christensen N I, Mooney W D. 1995. Seismic velocity structure and composition of the continental crust: a global view. Journal of Geophysical Research, 100 (B6): 9761-9788.

Claerbout J F. 1968. Synthesis of a layered medium from its acoustic transmission response. Geophysics, 33 (2): 264-269.

Clark R J, Meier A L, Riddle G. 1990. Enzyme leaching of surficial geochemical samples for defecting hydromorphic trace-element anomalies associated with precious metal mineralized bedrock buried beneath glacial overburden in northern Minneseta//Hausen D M, Halbe D N, Petersen E U. Proceedings of the Gold'90 Symposium. Colorado: Littleton, CO: 189-207.

Clarke F W. 1889. The relative abundance of the chemical elements. Philosophical Society of Washington Bulletin, XI: 131-142.

Clarke F W. 1908. The data of geochemistry United States Geological Survey, 58 (2): 770.

Clarke F W, Washington H S. 1924. The composition of the Earth's Crust. United States Geological Survey, 127: 117.

Cloetingh S A P L, Willett S D. 2013. TOPO-EUROPE: understanding of the coupling between the deep Earth and continental topography. Tectonophysics, 602: 1-14.

Cloetingh S A P L, Ziegler P A, Bogaard P J F, et al. 2007. TOPO-EUROPE: the geoscience of coupled deep Earth-surface processes. Global and Planetary Change, 58 (1-4): 1-118.

Cloetingh S A P L, Thybo H, Faccenna C. 2009. TOPO-EUROPE: studying continental topography and deep Earth—surface processes in 4D. Tectonophysics, 474 (1-2): 4-32.

Cloetingh S A P L, van Wees J D, Ziegler P A, et al. 2010. Lithosphere tectonics and thermo-mechanical properties: an integrated modelling approach for Enhanced Geothermal Systems exploration in Europe. Earth-Science Reviews, 102 (3-4): 159-206.

Closs H, Behnke C I. 1962. Fortschritte der Anwendung seismischer Methoden in der Erforschung der Erdkruste. Geologische Rundschau, 51: 317-330.

Clowes R M, Cook F A, Green A R, et al. 1992. Lithoprobe: New perspectives on crustal evolution. Canadian Journal of Earth Sciences, 29 (9): 1813-1864.

Condie K. 1997. Plate Tectonics and Crustal Evolution. Oxford, UK: Butterworth-Heinemann.

Conyers L, Goodman D. 1997. Ground-Penetrating Radar: an Introduction for Archaeologists. Walnut Creek, California: Altamira Press.

Cook F A, Vasudevan K. 2003. Are there relict crustal fragments beneath the Moho? Tectonics, 22 (3): 1026.

Cook F A, Vasudevan K. 2006. Reprocessing and enhanced interpretation of the initial COCORP southern Appalachian traverse. Tectonophysics, 420 (1-2): 161-174.

Cook F A, Albaugh D S, Brown L D, et al. 1979. Thin-skinned tectonics in the crystalline, Southern Appalachians: COCORP seismic reflection profiling of the Blue Ridge and Piedmont. Geology, 7 (12): 563-567.

Cook F A, van der Velden A J, Hall K W, et al. 1998. Tectonic delamination and subcrustal imbrication of the

Precambrian lithosphere in northwestern Canada mapped by LITHOPROBE. Geology, 26 (9): 839-842.
Cosma C, Heikkinen P, Keskinen J. 2003. Multiazimuth VSP for rock characterization of deep nuclear waste disposal sites in Finland//Eaton D W, Milkereit B, Salisbury M H, et al. Hardrock Seismic Exploration. Tulsa: Society of Exploration Geophysicists: 207-225.
Cotton C A. 1950. Tectonic relief. Annals of the Association of American Geographers, 40 (3): 181-187.
Cowgill E, Yin A, Arrowsmith J R, et al. 2004a. The Akato Tagh bend along the Altyn Tagh fault, northwest Tibet 1: Smoothing by vertical-axis rotation and the effect of topographic stresses on bend-flanking faults. Geological Society of America Bulletin, 116 (11-12): 1423-1442.
Cowgill E, Arrowsmith J R, Yin A, et al. 2004b. The Akato Tagh bend along the Altyn Tagh fault, northwest Tibet 2: Active deformation and the importance of transpression and strain hardening within the Altyn Tagh system. Geological Society of America Bulletin, 116 (11-12): 1443-1464.
Crampin S, Chesnokov E M, Hipkin R G. 1984. Seismic anisotropy—The state of the art: II. Geophysical Journal International, 76 (1): 1-16.
Creager K C. 1992. Anisotropy of the inner core from differential travel times of the phase PKP and PKIKP. Nature, 356: 309-314.
Crossey L J, Karlstrom K E, Springer A E, et al. 2009. Degassing of mantle-derived CO_2 and He from springs in the southern Colorado Plateau region: neotectonic connections and implications for groundwater systems. Geological Society of America Bulletin, 121 (7-8): 1034-1053.
Currenti G, Williams C A. 2014. Numerical modeling of deformation and stress fields around a magma chamber: constraints on failure conditions and rheology. Physics of the Earth and Planetary Interiors, 226: 14-27.
Curtis A, Nicolson H, Halliday D, et al. 2009. Virtual seismometers in the subsurface of the Earth from seismic interferometry. Nature Geoscience, 2 (10): 700-704.
Dahlstrom C D A. 1969. Balanced cross sections. Canadian Journal of Earth Sciences, 6: 743-757.
Daniels D J. 2004. Ground Penetrating Radar (2nd edition). London: Institution for Engineering and Technology.
Das S. 1980. A numerical method for determination of source time functions for general three-dimensional rupture propagation. Geophysical Journal of the Royal Astronomical Society, 62 (3): 591-604.
Das S, Kostrov B V. 1990. Inversion for seismic slip rate history and distribution with stabilizing constraints: application to the 1986 Andreanof Islands earthquake. Journal of Geophysical Research, 95 (B5): 6899-6913.
Dasgupta R, Hirschmann M M. 2010. The deep carbon cycle and melting in Earth's interior. Earth and Planetary Science Letters, 298 (1-2): 1-13.
David S, Willam P, Michael J, et al. 2002. EarthScope: Acquisition, Construction, Integration and Facility Management. Washington, D C: Incorporated Research Institutions for Seismology.
Davis G H, Reynolds S J, Kluth C F. 2012. Structural Geology of Rocks and Regions. 3rd ed. New York: John Wiley and Sons, Inc.
de Voogd B, Serpa L, Brown L, et al. 1986. Death Valley bright spot: a midcrustal magma body in the southern Great Basin. California Geology, 14 (1): 64-67.
Delvaux D, Cloetingh S, Beekman F, et al. 2013. Basin evolution in a folding lithosphere: examples from the Altai-Sayan and Tien Shan belts. Tectonophysics, 602: 194-222.
Deng Y F, Zhang Z J, Badal J, et al. 2014. 3-D density structure under South China constrained by seismic velocity and gravity data. Tectonophysics, 627: 159-170.
Derry D R. 1980. A Concise World Atlas of Geology and Mineral Deposits. London: Mining Journal Books.

Di Domenica A, Petricca P, Trippetta F, et al. 2014. Investigating fault reactivation during multiple tectonic inversions through mechanical and numerical modeling: an application to the Central- Northern Apennines of Italy. Journal of Structural Geology, 67: 167-185.

Di Q Y, Fu C M, An Z G, et al. 2017. Field testing of the surface electromagnetic prospecting system. Applied Geophysics, 14 (3): 449-458.

Diaconescu C C, Knapp J H, Brown L D, et al. 1998. Precambrian Moho offset and tectonic stability of the East European platform from the URSEIS deep seismic profile. Geology, 26 (3): 211-214.

DiLeonardo C G, Moore J C, Nissen S, et al. 2002. Control of internal structure and fluid- migration pathways within the Barbados Ridge décollement zone by strike- slip faulting: evidence from coherence and three-dimensional seismic amplitude imaging. Geological Society of America Bulletin, 114: 51-63.

Dix C H. 1965. Reflection seismic crustal studies. Geophysics, 30 (6): 1068-1084.

Dohr G P, Meissner R. 1975. Deep crustal reflections in Europe. Geophysics, 40 (1): 25-39.

Dolan J F, Bowman D D, Sammis C G. 2007. Long-range and longterm fault interactions in Southern California. Geology, 35 (9): 855-858.

Dombrádi E, Sokoutis D, Bada G, et al. 2010. Modelling recent deformation of the Pannonian lithosphere: lithospheric folding and tectonic topography. Tectonophysics, 484 (1-4): 103-118.

Dong S W, Zhang Y Q, Wu Z H, et al. 2008. Surface rupture and co-seismic displacement produced by the Ms 8.0 Wenchuan Earthquake of May 12th, 2008, Sichuan, China: eastwards growth of the Qinghai-Tibet Plateau. Acta Geologica Sinica (English Edition), 82 (5): 938-948.

Dong S W, Willemann R, Wiersberg T, et al. 2012. Recent advances in deep exploration: report on the international symposium on deep exploration into the lithosphere. Episodes, 35 (2): 353-355.

Dong S W, Li T D, Lü Q T, et al. 2013a. Progress in deep lithospheric exploration of the continental China: a review of the SinoProbe. Tectonophysics, 606: 1-13.

Dong S W, Gao R, Yin A, et al. 2013b. What drove continued continent- continent convergence after ocean closure? Insights from high- resolution seismic- reflection profiling across the Daba Shan in central China. Geology, 41 (6): 671-674.

Dong S W, Zhang Y Q, Gao R, et al. 2015a. A possible buried Paleoproterozoic collisional orogen beneath central South China: evidence from seismic-reflection profiling. Precambrian Research, 264: 1-10.

Dong S W, Zhang Y Q, Zhang F, et al. 2015b. Late Jurassic-Early Cretaceous continental convergence and intra-continental orogenesis in East Asia: a synthesis of the Yanshan Revolution. Journal of Asian Earth Sciences, 114: 750-770.

Dooley T P, Jackson M P A, Hudec M R. 2009. Inflation and deflation of deeply buried salt stocks during lateral shortening. Journal of Structural Geology, 31 (6): 5820-600.

Draganov D, Wapenaar K, Mulder W, et al. 2007. Retrieval of reflections from seismic background-noise measurements. Geophysical Research Letters, 34 (4): L04305.

Drummond B J, Goleby B R, Owen A J, et al. 2000. Seismic reflection imaging of mineral systems: three case histories. Geophysics, 65 (6): 1852-1861.

Duretz T, Gerya T V. 2013. Slab detachment during continental collision: influence of crustal rheology and interaction with lithospheric delamination. Tectonophysics, 602: 124-140.

Dziewonski A M, Anderson D L. 1984. Seismic tomography of the earth's interior: the first three- dimensional models of the earth's structure promise to answer some basic questions of geodynamics and signify a revolution in earth science. American Scientist, 72: 483-494.

Dziewonski A M, Hager B H, O'Connell R J. 1977. Large-scale heterogeneities in the lower mantle. Journal of Geophysical Research, 82 (2): 23-55.

Dzwinel W, Yuen D A, Boryczko K, et al. 2005. Nonlinear multidimensional scaling and visualization of earthquake clusters over space, time and feature space. Nonlinear Processes in Geophysics, 12 (1): 117-128.

Eager K C, Fouch M J, James D E. 2010. Receiver function imaging of upper mantle complexity beneath the Pacific Northwest, United States. Earth and Planetary Science Letters, 297 (1-2): 140-152.

Eakin C M, Obrebski M, Allen R M, et al. 2010. Seismic anisotropy beneath Cascadia and the Mendocino triple junction: interaction of the subducting slab with mantle flow. Earth and Planetary Science Letters, 297 (3-4): 627-632.

Eaton D W, Guest S, Milkereit B, et al. 1996. Seismic imaging of massive sulfide deposits, Part Ⅲ: borehole seismic imaging of near-vertical structures. Economic Geology, 91 (5): 835-840.

Egbert G D, Booker J R. 1986. Robust estimation of geomagnetic transfer functions. Geophysical Jounal International, 87 (1): 173-194.

Ehlers T A, Farley K A. 2003. Apatite (U-Th) /He thermochronometry: methods and applications to problems in tectonics and surface processes. Earth and Planetary Science Letters, 206 (1-2): 1-14.

Eichelberger N W, Nunns A G, Groshong R H, et al. 2017. Direct estimation of fault trajectory from structural relief. AAPG Bulletin, 101 (5): 635-653.

Ellsworth W, Malin P E, Imanishi K, et al. 2007. Seismology inside the fault zone: applications to fault-zone properties and rupture dynamics. Scientific Drilling Special Issue, 1: 85-88.

Ernst R E, Buchan K L, Campbell I H. 2005. Frontiers in large igneous province research. Lithos, 79 (3-4): 271-297.

Ewing M, Carpenter G, Windisch C, et al. 1973. Sediment distribution in the Oceans: the Atlantic. Geological Society of America Bulletin, 84: 71-88.

Faccenna C, Becker T W. 2010. Shaping mobile belts by small scale convection. Nature, 465: 602-605.

Farra V, Vinnik L. 2000. Upper mantle stratification by P and S receiver functions. Geophysical Journal International, 141 (3): 699-712.

Feder T. 2014. Scoping out the North American continent, 10 years on. Physics Today, 67 (1): 19-20.

Fei Y W. 2013. Melting Earth's Core. Science, 340: 442-443.

Fischer K M, Ford H A, Abt D L, et al. 2010. The lithosphere-asthenosphere boundary. Annual Review of Earth and Planetary Sciences, 38: 551-575.

Flack C A, Klemperer S L, McGeary S E, et al. 1990. Reflections from mantle fault zones around the British Isles. Geology, 18 (6): 528-532.

Forte A M, Quéré S, Moucha R, et al. 2010. Joint seismic-geodynamic-mineral physical modelling of African geodynamics: a reconciliation of deep-mantle convection with surface geophysical constraints. Earth and Planetary Science Letters, 295 (3-4): 329-341.

Fouch M J, Fischer K M, Parmentier E M, et al. 2000. Shear wave splitting, continental keels and patterns of mantle flow. Journal of Geophysical Research, 105 (B3): 6255-6275.

Francois T, Burov E, Meyer B, et al. 2013. Surface topography as key constraint on thermo-rheological structure of stable cratons. Tectonophysics, 602: 106-123.

Frassetto A M, Zandt G, Gilbert H, et al. 2011. Structure of the Sierra Nevada from receiver functions and implications for lithospheric foundering. Geosphere, 7 (4): 898-921.

French S, Lekic V, Romanowicz B. 2013. Waveform tomography reveals channeled flow at the base of the Oceanic

Asthenosphere. Science, 342: 227-230.

Frost B R, Fyfe W S, Tazaki K, et al. 1989. Grain-boundary graphite in rocks and implications for high electrical conductivity in the lower crust. Nature, 340: 134-136.

Gao R, Chen C, Lu Z W, et al. 2013a. New constraints on crustal structure and Moho topography in Central Tibet revealed by SinoProbe deep seismic reflection profiling. Tectonophysics, 606: 160-170.

Gao R, Hou H S, Cai X Y, et al. 2013b. Fine crustal structure beneath the junction of the southwest Tian Shan and Tarim Basin, NW China. Lithosphere, 5 (4): 382-392.

Gao R, Wang H Y, Yin A, et al. 2013c. Tectonic development of the northeastern Tibetan Plateau as constrained by high-resolution deep seismic reflection data. Lithosphere, 5 (6): 555-574.

Gao R, Chen C, Wang H Y, et al. 2016a. SinoProbe deep reflection profile reveals a Neo-Proterozoic subduction zone beneath Sichuan Basin. Earth and Planetary Science Letters, 454: 86-91.

Gao R, Lu Z W, Klemperer S, et al. 2016b. Crustal-scale duplexing beneath the Yarlung Zangbo suture in the western Himalaya. Nature Geoscience, 9: 555-560.

Gao R, Zhou H, Guo X Y, et al. 2021. Deep seismic reflection evidence on the deep processes of tectonic construction of the Tibetan Plateau. Earth Science Frontiers, 28 (5): 320-336.

Gao S, Zhang B R, Luo T C, et al. 1992. Chemical composition of the continental crust in the Qinling orogenic belt and its adjacent North China and Yangtze cratons. Geochimica et Cosmochimica Acta, 56 (11): 3933-3950.

Gao S, Luo T C, Zhang B R, et al. 1998. Chemical composition of the continental crust as revealed by studies in East China. Geochimica et Cosmochimica Acta, 62 (11): 1959-1975.

Gao S, Rudnick R L, Yuan H L, et al. 2004. Recycling lower continental crust in the North China craton. Nature, 432: 892-897.

Gao S S, Silver P G, Liu K H, et al. 2002. Mantle discontinuities beneath Southern Africa. Geophysical Research Letters, 29 (10): 1291-1294.

Garcia-Castellanos D, Villaseñor A. 2011. Messinian salinity crisis regulated by competing tectonics and erosion at the Gibraltar arc. Nature, 480: 359-365.

Garnero E, Zhao C. 2009. Heterogeneous lowermost mantle beneath the Pacific Ocean. EarthScope OnSite Newsletter, fall.

Gary W M, Jones A G. 2001. Mutisite mutifrequecy tensor decomposition of magnetotelluric data. Geophysics, 66 (1): 158-173.

Geller R J. 1997. Earthquake prediction: A critical review. Geophysical Journal International, 131 (3): 425-450.

Geller R J, Jackson D D, Kagan Y Y, et al. 1997. Earthquakes cannot be predicted. Science, 275 (5306): 1616.

Georgen J E. 2014. Interaction of a mantle plume and a segmented mid-ocean ridge: results from numerical modeling. Earth and Planetary Science Letters, 392: 113-120.

Ghazian R K, Buiter S J H. 2014. Numerical modelling of the role of salt in continental collision: an application to the southeast Zagros fold-and-thrust belt. Tectonophysics, 632: 96-110.

Gislason S R, Oelkers E H. 2014. Carbon storage in basalt. Science, 344: 373-374.

Godfrey N J, Christensen N I, Okaya D A. 2000. Anisotropy of schists: contribution of crustal anisotropy to active source seismic experiments and shear wave splitting observations. Journal of Geophysical Research, 105 (B12): 27991-28007.

Goldschmidt V M. 1933. Grundlagen der quantitativen Geochemic. Fortschr Mineral Kristallog Petrogr, 17:

112-156.

Gomez F, Karam G, Khawlie M, et al. 2007. Global Positioning System measurements of strain accumulation and slip transfer through the restraining bend along the Dead Sea fault system in Lebanon. Geophysical Journal International, 168 (3): 1021-1028.

Gorczyk W, Willner A P, Gerya T V, et al. 2007. Physical controls of magmatic productivity at Pacific-type convergent margins: numerical modelling. Physics of the Earth and Planetary Interiors, 163 (1-4): 209-232.

Grand S P, van der Hilst R D, Widiyantoro S. 1997. Global seismic tomography: a snapshot of convection in the Earth. GSA Today, 7 (4): 1-6.

Graveleau F, Malavieille J, Dominguez S. 2012. Experimental modelling of orogenic wedges: a review. Tectonophysics, 538-540: 1-66.

Green D H, Hibberson W O, Jaques A L. 1979. Petrogenesis of mid-ocean ridge basalts//McElhinny M W. The Earth: Its Origin, Structure, and Evolution. London: Academic Press: 265-299.

Griffin W L, O'Reilly S Y, Ryan C G. 1999. The composition and origin of subcontinental lithospheric mantle// Fei Y, Bertka C M, Mysen B O. Mantle petrology: field observations and high pressure experimentation: a tribute to Francis F. Boyd: the Geochemical Society: 13-45.

Griffin W L, O'Reilly Y S, Afonso C J, et al. 2009. The composition and evolution of lithospheric mantle: a re-evaluation and its tectonic implications. Journal of Petrology, 50 (7): 1185-1204.

Groom R W, Bailey R C. 1995. Analytic investigations of the effects of near-surface three-dimention galvanic scatterers on MT tensor decompositions. Geophysics, 56 (4): 496-518.

Guo L H, Meng X H, Shi L. 2011a. 3D correlation imaging of the vertical gradient of gravity anomaly. Journal of Geophysics and Engineering, 8 (1): 6-12.

Guo L H, Shi L, Meng X H. 2011b. 3D correlation imaging of magnetic total field anomaly and its vertical gradient. Journal of Geophysics and Engineering, 8 (2): 287-293.

Guo L H, Meng X H, Shi L. 2012. Gridding aeromagnetic data using inverse interpolation. Geophysical Journal International, 189 (3): 1353-1360.

Guo L H, Meng X H, Chen Z X, et al. 2013. Preferential filtering for gravity anomaly separation. Computers & Geosciences, 51: 247-254.

Guo X Y, Gao R, Keller G R, et al. 2013. Imaging the crustal structure beneath the eastern Tibetan Plateau and implications for the uplift of the Longmen Shan range. Earth and Planetary Science Letters, 379: 72-80.

Gutenberg B. 1959. Physics of the Earth's Interior. New York: Academic Press.

Haggerty S Y. 1995. Upper mantle mineralogy. Journal of Geodynamics, 20 (4): 331-364.

Hand E. 2014. A boom in boomless seismology. Science, 345: 720-721.

Hanks T C, Kanamori H. 1979. A moment magnitude scale. Journal of Geophysical Research, 84: 2348-2350.

Hardebeck J L, Michael A J. 2004. Stress orientations at intermediate angles to the San Andreas Fault, California. Journal of Geophysical Research, 109 (B11): 303.

Hart S R, Zindler A. 1986. In search of a bulk-Earth composition. Chemical Geology, 57: 247-267.

Hasegawa A, Nakajima J, Umino N, et al. 2005. Deep structure of the northeastern Japan arc and its implications for crustal deformation and shallow seismic activity. Tectonophysics, 403 (1-4): 59-75.

Haug G H, Hughen K A, Sigman D M, et al. 2001. Southward migration of the Intertropical Convergence Zone through the Holocene. Science, 293 (5533): 1304-1308.

Hawkesworth C J, van Calsteren P W C. 1984. Rare Earth Element Geochemistry. Amsterdam: Elsevier.

Hawkesworth C J, Dhuime B, Pietranik A B, et al. 2010. The generation and evolution of the continental crust.

Journal of the Geological Society, 167 (2): 229-248.

Hazen R M, Schiffries C M. 2013. Why deep carbon? Reviews in Mineralogy and Geochemistry, 75: 1-6.

He C S, Dong S W, Chen X H, et al. 2014. Seismic evidence for plume-induced rifting in the Songliao Basin of Northeast China. Tectonophysics, 627: 171-181.

He R Z, Zhao D P, Gao R, et al. 2010. Tracing the Indian lithospheric mantle beneath central Tibetan Plateau using teleseismic tomography. Tectonophysics, 491: 230-243.

Henyey T E, Okaya D A, Frost E G, et al. 1987. CALCRUST (1985) seismic reflection survey, Whipple Mountains detachment terrane, California: an overview. Geophysical Journal International, 89 (1): 111-118.

Hibbard J P, Van Staal C R, Rankin D W. 2010. Comparative analysis of the geological evolution of the northern and southern Appalachian orogen: Late Ordovician-Permian. Memoir of the Geological Society of America, 206: 51-69.

Hill R I, Campbell I H, Davis G F, et al. 1992. Mantle plumes and continental tectonics. Science, 256: 186-193.

Hilley G E, Porder S, Aron F, et al. 2019. Earth's topographic relief potentially limited by an upper bound on channel steepness. Nature Geoscience, 12: 828-832.

Hirschmann M M. 2006. Water, melting, and the deep Earth H_2O cycle. Annual Review of Earth and Planetary Sciences, 34: 629-653.

Hirth G, Tullis J. 1994. The brittle-plastic transition in experimentally deformed quartz aggregates. Journal of Geophysical Research, 99 (B6): 11731-11747.

Holdsworth R E. 2004. Weak faults—rotten cores. Science, 303: 181-182.

Hollenbach D F, Herndon J M. 2001. Deep-Earth reactor: nuclear fission, helium, and the geomagnetic field. PNAS, 98 (20): 11085-11090.

Horsfield B, Kieft T L. 2007. The geobiosphere//Harms U, Koeberl C, Zoback M D. Continental Scientific Drilling. Berlin: Springer: 163-199.

Hoshiba M, Iwakiri K, Hayashimoto N, et al. 2011. Outline of the 2011 off the Pacific coast of Tohoku earthquake (M_W 9.0) —Earthquake early warning and observed seismic intensity. Earth, Planets, and Space, 63: 547-551.

Hou M Q, He Y, Jang B G, et al. 2021. Superionic iron oxide-hydroxide in Earth's deep mantle. Nature Geoscience, 14: 174-178.

Hou Z Q, Zhou Y, Wang R, et al. 2017. Recycling of metal-fertilized lower continental crust: origin of non-arc Au-rich porphyry deposits at cratonic edges. Geology, 45 (6): 563-566.

Hu Q Y, Kim D Y, Liu J, et al. 2017. Dehydrogenation of goethite in Earth's deep lower mantle. Proceedings of the National Academy of Sciences of the United States of America, 114 (7): 1498.

Hu Q Y, Liu J, Chen J H, et al. 2020. Mineralogy of the deep lower mantle in the presence of H_2O. National Science Review, 8 (4): nwaa098.

Huang S C, Farkaš J, Jacobsen S B. 2011. Stable calcium isotopic compositions of Hawaiian shield lavas: evidence for recycling of ancient marine carbonates into the mantle. Geochimica et Cosmochimica Acta, 75 (17): 4987-4997.

Hunter L, Gordon J, Peck S, et al. 2013. Using the Earth as a polarized electron source to search for long-range spin-spin interactions. Science, 339: 928-932.

Ingebritsen S E. 2012. Modeling the formation of porphyry-copper ores. Science, 338: 1551-1552.

Isacks B, Oliver J, Sykes L. 1968. Seismology and the new global tectonics. Journal of Geophysical Research,

75: 5855-5899.

Ishii M, Tromp J, Dziewonski D M, et al. 2002. Joint inversion of normal mode and body wave data for inner core anisotropy, 1. Laterally homogeneous anisotropy. Journal of Geophysical Research, 107 (B12): ESE20-1-ESE20-16.

Jamieson R A, Beaumont C, Medvedev S, et al. 2004. Crustal channel flows: 2. Numerical models with implications for metamorphism in the Himalayan-Tibetan orogen. Journal of Geophysical Research, 109 (B6): B06407.

Jones A G, Ferguson I J. 2001. The electric Moho. Nature, 409: 331-333.

Julià J, Ammon C J, Hermann R B, et al. 2000. Joint inversion of receiver function and surface wave dispersion observations. Geophysical Journal International, 143 (1): 99-112.

Kagan Y Y, Jackson D D. 1991. Seismic gap hypothesis: ten years after. Journal of Geophysical Research, 96 (B13): 21419-21431.

Kanasewich E R, Clowes R M, McCloughan C H. 1969. A buried Precambrian rift in Western Canada. Tectonophysics, 8 (4-6): 513-527.

Karato S. 2003. The Dynamic Structure of the Deep Earth: an interdisciplinary approach. Princeton, NJ: Princeton University Press.

Kashefi K, Lovley D R. 2003. Extending the upper temperature limit for life. Science, 301: 934.

Kearey P, Klepsis K A, Vine F J. 2009. Global Tectonics. Cambridge, Massachusetts: Wiley-Blackwell.

Keep M. 2003. Physical modelling of deformation in the Tasman Orogenic Zone. Tectonophysics, 375 (1-4): 37-47.

Kelbert A, Egbert G D, Hedlin, et al. 2012. Crust and Upper Mantle electrical conductivity beneath the Yellowstone hotspot track. Geology, 40 (5): 447-450.

Kellogg L, Hager B H, van der Hilst R D. 1999. Compositional stratification in the deep mantle. Science, 283 (5409): 1881-1884.

Kellogg L H, Bawden G W, Bernardin T, et al. 2008. Interactive visualization to advance earthquake simulation. Pure and Applied Geophysics, 165 (3-4): 621-633.

Kerr R A. 2013. The deep Earth machine is coming together. Science, 340: 22-24.

Kind R, Kosarev G L, Makeyeva L I, et al. 1985. Observations of laterally inhomogeneous anisotropy in the continental lithosphere. Nature, 318: 358-361.

King G C P, Stein R S, Lin J. 1994. Static stress changes and the triggering of earthquakes. Bulletin of the Seismological Society of America, 84 (3): 935-953.

Klemperer S L, Hauge T A, Hauser E C, et al. 1986. The Moho in the northern Basin and Range Province, Nevada, along the COCORP 40°N seismic-reflection transit. Geological Society of America Bulletin, 97 (5): 603-618.

Knapp J H, Knapp C C, Raileanu V, et al. 2005. Crustal constraints on the origin of mantle seismicity in the Vrancea Zone, Romania: the case for active continental lithospheric delamination. Tectonophysics, 410 (1-4): 311-323.

Knittle E, Jeanloz R. 1991. Earth's core-mantle boundary—Results of experiments at high pressures and temperatures. Science, 251 (5000): 1438-1443.

Knopoff L. 1966. Upper Mantle Project. Eos (Transactions, American Geophysical Union), 47: 547-553.

Kohlstedt D L, Evans B, Mackwell S J. 1995. Strength of the lithosphere: constraints imposed by laboratory experiments. Journal of Geophysical Research, 100 (B9): 17581-17602.

Komabayashi T. 2021. Hydrogen dances in the deep mantle. Nature Geoscience, 14: 116-117.

Komabayashi T, Maruyama S, Rino S. 2009. A speculation on the structure of the D″ layer: the growth of anti-crust at the core-mantle boundary through the subduction history of the Earth. Gondwana Research, 15 (3-4): 342-353.

Konstantinovskaya E A, Harris L B, Poulin J, et al. 2007. Transfer zones and fault reactivation in inverted rift basins: insights from physical modelling. Tectonophysics, 441 (1-4): 1-26.

Koper K D, Hutko A R, Lay T, et al. 2011. Frequency-dependent rupture process of the 2011 M_W 9.0 Tohoku Earthquake: comparison of short-period P wave backprojection images and broadband seismic rupture models. Earth, Planets and Space, 63 (16): 599-602.

Kreylos O, Bawden G W, Bernardin T, et al. 2006. Enabling scientific workflows in virtual reality//Wong K H, Baciu G, Bao H. Proceedings of ACM SIGGRAPH International Conference on Virtual Reality Continuum and Its Applications 2006 (VRCIA 2006). New York: ACM Press: 155-162.

Kumar P, Kind R, Hanka W, et al. 2005. The lithosphere-asthenosphere boundary in the North-West Atlantic region. Earth and Planetary Science Letters, 236 (1-2): 249-257.

Kumar P, Kind R, Priestley K, et al. 2007. Crustal structure of Iceland and Greenland from receiver function studies. Journal of Geophysical Research, 112 (B3): B03301.

Langston C A. 1977. Corvallis, Oregon, crustal and upper mantle structure from teleseismic P and S waves. Bulletin of the Seismological Society of America, 67 (3): 713-724.

Larmat C, Montagner J P, Fink M, et al. 2006. Time-reversal imaging of seismic sources and application to the great Sumatra earthquake. Geophysical Research Letters, 33 (19): L19312.

Lawrence J F, Shearer P M. 2006. A global study of transition zone thickness using receiver functions. Journal of Geophysical Research, 111 (B6): B06307.

Lay T. 1997. Structure and Fate of Subducting Slabs. New York: Academic Press.

Lay T, Williams W, Garnero E J. 1998. The core-mantle boundary layer and deep Earth dynamics. Nature, 392: 461-468.

Lay T, Ammon C J, Kanamori H, et al. 2010. Teleseismic inversion for rupture process of the 27 February 2010 Chile (M_W 8.8) earthquake. Geophysical Research Letters, 37 (13): L13301.

Lei J S, Zhao D P. 2007. Teleseismic P-wave tomography and the upper mantle structure of the central Tien Shan orogenic belt. Physics of the Earth and Planetary Interiors, 162 (3-4): 165-185.

Lepichon X, Langseth M G. 1969. Heat flow from the mid-ocean ridges and sea-floor spreading. Tectonophysics, 8: 319-344.

Levander A, Schmandt B, Miller M S, et al. 2011. Continuing Colorado plateau uplift by delamination-style convective lithospheric downwelling. Nature, 472 (7344): 461-465.

Li J, Fei Y, Mao H K, et al. 2001. Sulfur in the Earth's inner core. Earth and Planetary Science Letters, 193 (3-4): 509-514.

Li Q S, Gao R, Wu F T, et al. 2013. Seismic structure in the southeastern China using teleseismic receiver functions. Tectonophysics, 606: 24-35.

Li T D. 2010. The principal characteristics of the lithosphere of China. Geoscience Frontiers, 1 (1): 45-56.

Li W H, Keller G R, Gao R, et al. 2013. Crustal structure of the northern margin of the North China Craton and adjacent region from SinoProbe02 North China seismic WAR/R experiment. Tectonophysics, 606: 116-126.

Li W Y, Teng F Z, Ke S, et al. 2010. Heterogeneous magnesium isotopic composition of the upper continental crust. Geochimica et Cosmochimica Acta, 74 (23): 6867-6884.

Li X, Sobolev S V, Kind R, et al. 2000. A detailed receiver function image of the upper mantle discontinuities in the Japan subduction zone. Earth and Planetary Science Letters, 183 (3-4): 527-541.

Li Y H, Wu Q J, Pan J T, et al. 2012. S-wave velocity structure of northeastern China from joint inversion of Rayleigh wave phase and group velocities. Geophysical Journal International, 190 (1): 105-115.

Li Z H, Xu Z, Gerya T, et al. 2013. Collision of continental corner from 3-D numerical modeling. Earth and Planetary Science Letters, 380: 98-111.

Likerman J, Burlando J F, Cristallini E O, et al. 2013. Along-strike structural variations in the Southern Patagonian Andes: insights from physical modeling. Tectonophysics, 590: 106-120.

Lin F C, Ritzwoller M H, Townend J, et al. 2007. Ambient noise Rayleigh wave tomography of New Zealand. Geophysical Journal International, 170 (2): 649-666.

Lin F C, Moschetti M P, Ritzwoller M. 2008. Surface wave tomography of the western United States from ambient seismic noise: Rayleigh and Love wave phase velocity maps. Geophysical Journal International, 173 (1): 281-298.

Lin F C, Tsai V C, Schmandt B, et al. 2013. Extracting seismic core phases with array interferometry. Geophysical Research Letters, 40 (6): 1049-1053.

Lin J, Stein R S. 2004. Stress triggering in thrust and subduction earthquakes and stress interaction between the southern San Andreas and nearby thrust and strike-slip faults. Journal of Geophysical Research, 109 (B2): B02303.

Lin J F, Campbell A J, Heinz D L, et al. 2003. Static compression of iron-silicon alloys: implications for silicon in the Earth's core. Journal of Geophysical Research, 108 (B1): 2045.

Liu G F, Meng X H, Chen Z X. 2012. 3D magnetic inversion based on probability tomography and its GPU implement. Computers & Geosciences, 48: 86-92.

Liu J, Hu Q Y, Kim D Y, et al. 2017. Hydrogen-bearing iron peroxide and the origin of ultralow-velocity zones. Nature, 551 (7681): 494-497.

Liu J C, Li J, Hrubiak R, et al. 2016. Origins of ultralow velocity zones through slab-derived metallic melt. Proceedings of the National Academy of Sciences of the United States of America, 113 (20): 5547-5551.

Liu J W, Zheng Y F, Lin H Y, et al. 2019. Proliferation of hydrocarbon-degrading microbes at the bottom of the Mariana Trench. Microbiome, 7 (1): 47.

Liu K J, Levander A, Zhai Y, et al. 2012. Asthenospheric flow and lithospheric evolution near the Mendocino triple junction. Earth and Planetary Science Letters, 323: 60-71.

Liu L G. 2002. An alternative interpretation of lower mantle mineral associations in diamonds. Contributions to Mineralogy and Petrology, 144: 16-21.

Long M, Becker T W. 2010. Mantle dynamics and seismic anisotropy. Earth and Planetary Science Letters, 297 (3-4): 341-354.

Long M D, Silver P G. 2008. The subduction zone flow field from seismic anisotropy: A global view. Science, 319 (5861): 315-318.

Loper D E. 1991. Mantle plumes. Tectonophysics, 187 (4): 373-384.

Lovelock J E. 1972. Gaia as seen through the atmosphere. Atmospheric Environment, 6 (8): 579-580.

Lu Z W, Gao R, Li Y T, et al. 2013. The upper crustal structure of the Qiangtang Basin revealed by seismic reflection data. Tectonophysics, 606: 171-177.

Ludwig L G, Akciz S O, Noriega G R, et al. 2010. Climate-modulated channel incision and rupture history of the San Andreas Fault in the Carrizo Plain. Science, 327 (5969): 1117-1119.

Lumley D. 2010. 4D seismic monitoring of CO_2 sequestration. The Leading Edge, 29 (2): 150-155.

Luo Y, Schuster G T. 1991. Wave equation traveltime inversion. Geophysics, 56 (5): 645-653.

Luttrell K, Mencin D, Francis O, et al. 2013. Constraints on the upper crustal magma reservoir beneath Yellowstone Caldera Inferred from Lake- Seiche induced strain observations. Geophysical Research Letters, 40 (3): 501-506.

Lü Q T, Yan J Y, Shi D N, et al. 2013. Reflection seismic imaging of the Lujiang- Zongyang volcanic basin, Yangtze Metallogenic Belt: an insight into the crustal structure and geodynamics of an ore district. Tectonophysics, 606: 60-77.

Manatschal G, Lavier L, Chenin P. 2015. The role of inheritance in structuring hyperextended rift systems: some considerations based on observations and numerical modeling. Gondwana Research, 27 (1): 140-164.

Mandler H A F, Clowes R M. 1997. Evidence for extensive tabular intrusions in the Precambrian shield of western Canada: a 160-km long sequence of bright reflections. Geology, 25 (3): 271-274.

Mann A W, Birrell R D, Mann A T, et al. 1998. Application of the mobile metal ion technique to routine. Journal of Geochemical Exploration, 61 (1-3): 87-102.

Mao H K, Mao W L. 2020. Key problems of the four- dimensional Earth system. Matter and Radiation at Extremes, 5: 038102.

Mao H K, Hu Q Y, Yang L X, et al. 2017. When water meets iron at Earth's core- mantle boundary. National Science Review, 4 (6): 870-878.

Marone F, van der Meijde M, van der Lee S, et al. 2003. Joint inversion of local, regional and teleseismic data for crustal thickness in the Eurasia- Africa plate boundary region. Geophysical Journal International, 154 (2): 499-514.

Marquis G, Hyndman R D. 1992. Geophysical support for aqueous fluids in the deep crust: seismic and electrical relationships. Geophysical Journal International, 110 (1): 91-105.

Marshall J. 2013. Geology: North America's Broken Heart. [2016- 02- 03]. http://www.nature.com/articles/504024a.

Martorell B, Vočadlo L, Brodholt J, et al. 2013. Strong premelting effect in the elastic properties of hcp-Fe under Inner-Core conditions. Science, 342 (6157): 466-468.

Maruyama S, Santosh M, Zhao D. 2007. Superplume, supercontinent, and post-perovskite: mantle dynamics and anti-plate tectonics on the Core- Mantle Boundary. Gondwana Research, 11 (1-2): 7-37.

Maruyama S, Sawaki Y, Ebisuzaki T, et al. 2014. Initiation of leaking Earth: an ultimate trigger of the Cambrian explosion. Gondwana Research, 25 (3): 910-944.

Marzocchi W, Mulargia F. 1992. The periodicity of geomagnetic reversals. Physics of the Earth and Planetary Interiors, 73 (3-4): 222-228.

Mattauer M. 1980. Les déformations des Matériaux de l'ecorce Terrestre. Acta Ecologica Sinica, 25 (3): 555-564.

McCaffrey R, Qamar A I, King R W, et al. 2007. Fault locking, block rotation and crustal deformation in the Pacific Northwest. Geophysical Journal International, 169 (3): 1315-1340.

McCammon C, Bureau H, Cleaves II H J, et al. 2020. Deep Earth carbon reactions through time and space. American Mineralogist, 105 (1): 22-27.

McCann W R, Nishenko S P, Sykes L R, et al. 1979. Seismic gaps and plate tectonics: seismic potential for major boundaries. Pure and Applied Geophysics, 117: 1082-1147.

McNamara A K. 2019. A review of large low shear velocity provinces and ultra- low velocity zones.

Tectonophysics, 760: 199-220.

Meisel T, Walker R J, Irving A J, et al. 2001. Osmium isotopic compositions of mantle xenoliths: a global perspective. Geochimica et Cosmochimica Acta, 65: 1311-1323.

Menard H W. 1986. The ocean of truth: a personal history of global tectonics. Princeton, Series in Geology and Paleontology, 68 (41): 802-842.

Meng L S, Inbal A, Ampuero J P. 2011. A window into the complexity of the dynamic rupture of the 2011 M_W 9 Tohoku-Oki Earthquake. Geophysical Research Letters, 38 (7): 239-255.

Micklethwaite S, Cox S F. 2006. Progressive fault triggering and fluid flow in aftershock domains: examples from mineralized Archaean fault systems. Earth and Planetary Science Letters, 250 (1-2): 318-330.

Milkereit B, Eaton D. 1998. Imaging and interpreting the shallow crystalline crust. Tectonophysics, 286 (1-4): 5-18.

Milkereit B, Eaton D, Wu J, et al. 1996. Seismic imaging of massive sulfide deposits; Part Ⅱ, Reflection seismic profiling. Economic Geology, 91 (5): 829-834.

Mohorovičić A. 1910. Earthquake of 8 October 1909. Geofizika, 9: 3-55.

Montelli R, Nolet G, Dahlen F A, et al. 2004. Finite frequency tomography reveals a variety of plumes in the mantle. Science, 303 (5656): 338-343.

Moore D E, Rymer M. 2007. Talc-bearing serpentinite and the creeping section of the San Andreas fault. Nature, 448: 795-797.

Moore G F, Bangs N L, Taira A, et al. 2007. Three-dimensional splay fault geometry and implications for tsunami generation. Science, 318 (5853): 1128-1131.

Moore J N, Simmons S F. 2013. More power from below. Science, 340 (6135): 933-934.

Moore V M, Vendeville B C, Wiltschko D V. 2005. Effects of buoyancy and mechanical layering on collisional deformation of continental lithosphere: results from physical modeling. Tectonophysics, 403 (1-4): 193-222.

Moorkamp M, Jones A G, Fishwick S. 2010. Joint inversion of receiver functions, surface wave dispersion, and magnetotelluric data. Journal of Geophysical Research, 115 (B4): B04318.

Moschetti M P, Ritzwoller M H, Lin F, et al. 2010. Seismic evidence for widespread western-US deep-crustal deformation caused by extension. Nature, 464: 885-889.

Moucha R, Forte A M. 2011. Changes in African topography driven by mantle convection. Nature Geoscience, 4 (10): 707-712.

Murakami M, Hirose K, Yurimoto H, et al. 2002. Water in the Earth's lower mantle. Science, 295: 1885-1887.

Nataf H C. 2000. Seismic imaging of mantle plumes. Annual Review of Earth and Planetary Sciences, 28: 391-417.

Neal C R, Coffin M F, Arndt N T, et al. 2008. Investigating large igneous province formation and associated paleoenvironmental events: a white paper for scientific drilling. Scientific Drilling, 6 (6): 4-18.

Nelson K D, Zhao W J, Brown L D, et al. 1996. Partially molten middle crust beneath Southern Tibet: synthesis of Project INDEPTH Results. Science, 274: 1684-1688.

Nicholson T, Bostock M, Cassidy J F. 2005. New constraints on subduction zone structure in northern Cascadia. Geophysical Journal International, 161 (3): 849-859.

Nieuwland D A. 2003. New insights into structural interpretation and modelling. Geological Society Special Publications, 212: 1-328.

Nolet G. 2008. A Breviary of Seismic Tomography: imaging the Interior of the Earth and Sun. Cambridge, UK: Cambridge University Press.

Nomura R, Hirose K, Uesugi K, et al. 2014. Low core-mantle boundary temperature inferred from the solidus of pyrolite. Science, 343 (6170): 522-525.

Nover G, Heikamp S, Meurer H J, et al. 1998. In-situ electrical conductivity and permeability of mid-crustal rocks from the KTB drilling: consequences for high conductive layers in the Earth crust. Surveys in Geophysics, 19: 73-85.

Obaid A K, Allen M B. 2019. Landscape expressions of tectonics in the Zagros fold- and- thrust belt. Tectonophysics, 766: 20-30.

Obrebski M, Allen R M, Pollitz F, et al. 2011. Lithosphere-asthenosphere interaction beneath the western United States from the joint inversion of body-wave traveltimes and surface-wave phase velocities. Geophysical Journal International, 185 (2): 1003-1021.

Ohtani E. 2005. Water in the mantle. Elements, 1 (1): 25-30.

Okaya D, Rabbel W, Beilecke T, et al. 2004. P wave material anisotropy of a tectono-metamorphic terrane: an active source seismic experiment at the KTB super-deep drill hole, southeast Germany. Geophysical Research Letters, 31 (24): L24620.

Okaya D, Wu F, Wang C Y, et al. 2009. Joint passive/controlled source seismic experiment across Taiwan. Eos (Transactions, American Geophysical Union), 90 (34): 289-290.

Okuchi T. 1997. Hydrogen partitioning into molten iron at high pressure: implications for Earth's core. Science, 278 (5344): 1781-1784.

Oliver J E. 1978. Exploration of the continental basement by seismic reflection profiling. Nature, 275: 485-488.

Oliver J E, Dobrin M, Kaufman S, et al. 1976. Continuous seismic reflection profiling of the deep basement, Hardeman County, Texas. Geological Society of America Bulletin, 87 (11): 1537-1546.

Oliver J E, Cook F A, Brown L D. 1983. COCORP and the continental crust. Journal of Geophysical Research, 88 (B4): 3329-3347.

Olson P. 2013. The new Core paradox. Science, 342: 431-432.

Orestes N. 2003. Plate tectonics: an insider's history of the modern theory of the Earth. Colorado: Westview Press.

Owens T J, Zandt G. 1985. The response of the continental crust-mantle boundary observed on broadband teleseismic receiver functions. Geophysical Research Letters, 12 (10): 705-708.

Panero W R, Beneditti L R, Jeanloz R. 2003. Transport of water into the lower mantle: role of stishovite. Journal of Geophysical Research, 108 (B1): 2039.

Panning M P, Romanowicz B A. 2004. Inferences on flow at the base of earth's mantle based on seismic anisotropy. Science, 303: 351-353.

Perron G, Calvert A J. 1998. Shallow, high-resolution seismic imaging at the ansil mining camp in the Abitibi greenstone belt. Geophysics, 63 (2): 379-391.

Phinney R A. 1964. Structure of the Earth's crust from spectral behavior of long-period body waves. Journal of Geophysical Research, 69 (14): 2997-3017.

Press F, Ewing M. 1955. Earthquake surface waves and crustal structure//Poldervaart A. Crust of the Earth: a Symposium. Geological Society of America Special Paper, 62: 51-60.

Prodehl C, Mooney W D. 2012. Exploring the Earth's crust: history and results of controlled source seismology. Geological Society of America Memoir, 208: 1-764.

Raffel M, Willert C, Wereley S, et al. 2007. Particle Image Velocimetry (a Practical Guide). 2nd ed. Berlin: Springer.

Raleigh B, Nur A, Savage J, et al. 1977. Prediction of the Haicheng earthquake. Eos (Transactions, American

Geophysical Union), 58 (5): 236-272.

Rao V V, Sain K, Krishna V G. 2007. Modelling and inversion of single- ended refraction data from the shot gathers of multifold deep seismic reflection profiling—an approach for deriving the shallow velocity structure. Geophysical Journal International, 169 (2): 507-514.

Rauch M, Keppler H. 2002. Water solubility in orthopyroxene. Contributions to Mineralogy and Petrology, 143: 525-536.

Reiners P W, Brandon M T. 2006. Using thermochronology to understand orogenic erosion. Annual Review of Earth and Planetary Sciences, 34: 419-466.

Reiners P W, Ehlers T A, Zeitler P K. 2005. Past, present, and future of thermochronology. Reviews in Mineralogy and Geochemistry, 58 (1): 1-18.

Ren H X, Chen X F, Huang Q H. 2012. Numerical simulation of coseismic electromagnetic fields associated with seismic waves due to finite faulting in porous media. Geophysical Journal International, 188 (3): 925-944.

Ren Y, Stutzmann E, van der Hilst R, et al. 2007. Understanding seismic heterogeneities in the lower mantle beneath the Americas from seismic tomography and plate tectonic history. Journal of Geophysical Research, 112 (B1): B01302.

Renne P R, Deino A L, Hilgen F J, et al. 2013. Time scales of critical events around the Cretaceous- Paleogene boundary. Science, 339 (6120): 684-687.

Richter C F. 1958. Elementary Seismology. New York: W. H. Freeman and Company.

Robinson D P, Das S, Watts A B. 2006. Earthquake rupture stalled by a subducting fracture zone. Science, 312 (5777): 1203-1205.

Rochelle P A, Cragg B A, Fry J C, et al. 1994. Effect of sample handling on estimation of bacterial diversity in marine sediments by 16S rRNA gene sequence analysis. FEMS Microbiology Ecology, 15 (1-2): 215-225.

Rogers G, Dragert H. 2003. Episodic tremor and slip on the Cascadia Subduction Zone: the chatter of silent slip. Science, 300: 1942-1943.

Romanowicz B. 2003. Global mantle tomography: progress, status in the past 10 years. Annual Review of Earth and Planetary Sciences, 31: 303-328.

Romanowicz B. 2008. Using seismic waves to image Earth's internal structure. Nature, 451: 266-268.

Rosas F M, Duarte J C, Neves M C, et al. 2012. Thrust- wrench interference between major active faults in the Gulf of Cadiz (Africa-Eurasia plate boundary, offshore SW Iberia): tectonic implications from coupled analog and numerical modeling. Tectonophysics, 548-549: 1-21.

Roux P, Sabra K G, Gerstoft P, et al. 2005. P waves from cross- correlation of seismic noise. Geophysical Research Letters, 32 (19): L19303.

Rowland S M, Duebendorfer E M, Schiefelbein I M. 2007. Structural analysis and synthesis: a laboratory course in structural geology. 3rd ed. Malden, USA: Blackwell Publishing Ltd.

Rudnick R L, Fountain D M. 1995. Nature and composition of the continental crust: a lower crustal perspective. Reviews of Geophysics, 33 (3): 267-309.

Rudnick R L, Gao S. 2003. Composition of the continental crust//Rudnick R L. The Crust, Treatise on Geochemistry, 3. Amsterdam: Elsevier: 1-64.

Rundle J B, Turcotte D L, Klein W. et al. 2000. Geocomplexity and the physics of earthquakes. Washington, DC, American Geophysical Union Geophysical Monograph, 120: 1-284.

Russo R M, Silver P G. 1994. Trench- parallel flow beneath the Nazca plate from seismic anisotropy. Science, 263: 1105-1111.

Rutter E H, Brodie K H. 1992. Rheology of the lower crust//Fountain D, Arculus R, Kay R. Continental Lower Crust-Developments in Geotectonics 23. Amsterdam: Elsevier: 201-268.

Ryberg T. 2011. Body wave observations from cross-correlations of ambient seismic noise: a case study from the Karoo, RSA. Geophysical Research Letters, 38 (13): L13311.

Rychert C A, Fischer K M, Rondenay S. 2005. A sharp lithosphere-asthenosphere boundary imaged beneath eastern North America. Nature, 436 (7050): 542-545.

Ryder I, Burgmann R. 2008. Spatial variations in slip deficit on the central San Andreas fault from InSAR. Geophysical Journal International, 175 (3): 837-852.

Sandwell D T, Müller R D, Smith W H F, et al. 2014. New global marine gravity model from CryoSat-2 and Jason-1 reveals buried tectonic structure. Science, 346 (6205): 65-67.

Sanford A R, Mott R P, Shuleski P J, et al. 1977. Geophysical evidence for a magma body in the vicinity of Socorro, New Mexico//Heacock J G. The Earth's Crust: Its Nature and Physical Properties. Washington, D. C. , American Geophysical Union Geophysical Monograph, 20: 385-404.

Savage M K. 1999. Seismic anisotropy and mantle deformation: what have we learned from shear wave splitting. Reviews of Geophysics, 37 (1): 65-106.

Schettino A, Scotese C R. 2005. Apparent polar wander paths for the major continents (200 Ma to the present day): a palaeomagnetic reference frame for global plate tectonic reconstructions. Geophysical Journal Internation, 163 (2): 727-759.

Schleicher A M, Tourscher S N, van der Pluijm B A, et al. 2009. Constraints on mineralization, fluid-rock interaction, and mass transfer during faulting at 2-3 km depth from the SAFOD drill hole. Journal of Geophysical Research, 114 (B4): B04202.

Schmalholz S M, Duretz T, Schenker F L, et al. 2014. Kinematics and dynamics of tectonic nappes: 2-D numerical modelling and implications for high and ultra-high pressure tectonism in the Western Alps. Tectonophysics, 631: 160-175.

Schmandt B, Humphreys E D. 2010a. Complex subduction and small-scale convection revealed by body wave tomography of the western U. S. upper mantle. Earth and Planetary Science Letters, 297 (3-4): 435-445.

Schmandt B, Humphreys E D. 2010b. Seismic heterogeneity and small-scale convection in the southern California upper mantle. Geochemistry Geophysics Geosystems, 11 (5): 3040.

Schmandt B, Jacobsen S D, Becker T W, et al. 2014. Dehydration melting at the top of the lower mantle. Science, 344 (6189): 1265-1268.

Schnurrenberger D, Haskell B. 2001. Initial reports of global lakes drilling program, Volume 1. Glad 1: Great Salt Lake, Utah and Bear Lake, Utah, Idaho. Limnological Research Center, CD-ROM, University of Minnesota. Minneapolis, Minnesota.

Scholz C H. 1977. A physical interpretation of the Haicheng earthquake prediction. Nature, 267: 121-124.

Scholz C H, Sykes L R, Aggarwal Y P. 1973. The physical basis for earthquake prediction. Science, 181: 803-810.

Schubnel A, Brunet F, Hilairet N, et al. 2013. Deep-focus earthquake analogs recorded at high pressure and temperature in the laboratory. Science, 341: 1377-1380.

Schurr B, Asch G, Rietbrock A, et al. 2003. Complex patterns of fluid and melt transport in the central Andean subduction zone revealed by attenuation tomography. Earth and Planetary Science Letters, 215 (1-2): 105-119.

Schuster G T. 2010. Seismic Interferometry. Cambridge, UK: Cambridge University Press.

Sengupta M K, Toksoz M N. 1976. Three-dimensional model of seismic velocity variation in the Earth's mantle. Geophysical Research Letters, 3 (2): 84-86.

Sens-Schönfelder C, Wegler U. 2006. Passive image interferometry and seasonal variations of seismic velocities at Merapi volcano, Indonesia. Geophysical Research Letters, 33 (21): L21302.

Shapiro N M, Campillo M. 2004. Emergence of broadband Rayleigh waves from correlations of the ambient seismic noise. Geophysical Research Letters, 31 (7): L07614.

Shearer P, Hauksson E, Lin G. 2005. Southern California hypocenter relocation with waveform cross-correlation, Part 2: results using source-specific station terms and cluster analysis. Bulletin of the Seismological Society of America, 95 (3): 904-915.

Shen W S, Ritzwoller M H, Schulte-Pelkum V. 2013. A 3-D model of the crust and uppermost mantle beneath the central and western US by joint inversion of receiver functions and surface wave dispersion. Journal of Geophysical Research: Solid Earth, 118 (1): 262-276.

Shi D N, Lü Q T, Xu W Y, et al. 2013. Crustal structure beneath the middle-lower Yangtze metallogenic belt in East China: constraints from passive source seismic experiment on the Mesozoic intra-continental mineralization. Tectonophysics, 606: 48-59.

Shieh S R, Mao H K, Hemley R J, et al. 1998. Decomposition of phase D in the lower mantle and the fate of dense hydrous silicates in subducting slabs. Earth and Planetary Science Letters, 159 (1-2): 13-23.

Shieh S R, Mao H K, Hemley R J, Ming L C. 2000. In situ X-ray diffraction studies of dense hydrous magnesium silicates at mantle conditions. Earth and Planetary Science Letters, 177 (1-2): 69-80.

Shomali Z H, Roberts R G, Pedersen L B, et al. 2006. Lithospheric structure of the Tornquist zone resolved by nonlinear P and S teleseismic tomography along the TOR array. Tectonophysics, 416 (1-4): 133-149.

Sibson R H. 1977. Fault rocks and fault mechanisms. Journal of the Geological Society, 133 (3): 191-213.

Silver P G. 1996. Seismic anisotropy beneath the continents: probing the depths of geology. Annual Review of Earth and Planetary Sciences, 24: 385-432.

Silver P G, Chan W W. 1988. Implications for continental structure and evolution from seismic anisotropy. Nature, 335: 34-39.

Simoes M, Sassolas-Serrayet T, Cattin R, et al. 2021. Topographic disequilibrium, landscape dynamics and active tectonics: an example from the Bhutan Himalaya. Earth Surface Dynamics, 9: 895-921.

Sleep N H. 2005. Evolution of the continental lithosphere. Annual Review of Earth and Planetary Sciences, 33: 369-393.

Smith-Konter B, Sandwell D T. 2009. Stress evolution of the San Andreas Fault System: recurrence interval versus locking depth. Geophysical Research Letters, 36 (13): L13304.

Smithson S B, Brewer J, Kaufman S, et al. 1978. Nature of the Wind River thrust, Wyoming, from COCORP deep-reflection data and from gravity data. Geology, 6 (11): 648-652.

Snieder R, Wapenaar K. 2010. Imaging with ambient noise. Physics Today, 63 (9): 44-49.

Sokoutis D, Burg J P, Bonini M, et al. 2005. Lithospheric-scale structures from the perspective of analogue continental collision. Tectonophysics, 406 (1-2): 1-15.

Song Y, Ahrens T J. 1994. Pressure-temperature range of reactions between liquid iron in the outer core and mantle silicates. Geophysical Research Letters, 21 (2): 153-156.

Soreghan G L, Bralower T J, Chandler M A, et al. 2004. GeoSystems: Probing Earth's Deep-Time Climate & Linked Systems. A Report of the National Science Foundation's Geosystems Workshop, 2004.

Staudigel H, Albarede F, Blichrt-Toft J, et al. 1998. Geochemical Earth Reference Model (GERM): description of the initiative. Chemical Geology, 145 (3-4): 153-489.

Steer D N, Knapp J H, Brown L D. 1998. Super-deep reflection profiling: exploring the continental mantle lid. Tectonophysics, 286 (1-4): 111-121.

Stein R S, Barka A A, Dieterich J H. 1997. Progressive failure on the North Anatolian fault since 1939 by earthquake stress triggering. Geophysical Journal International, 128 (3): 594-604.

Sullivan W. 1961. Assault on the Unknown: the International Geophysical Year. New York: McGraw-Hill.

Sun D, Helmberger D. 2011. Upper-mantle structures beneath USArray derived from waveform complexity. Geophysical Journal International, 184 (1): 416-438.

Sun S S, Ji S C, Wang Q, et al. 2012a. P-wave velocity differences between surface-derived and core samples from the Sulu ultrahigh-pressure terrane: implications for in situ velocities at great depths. Geology, 40 (7): 651-654.

Sun S S, Ji S C, Wang Q, et al. 2012b. Seismic properties of the Longmen Shan complex: implications for the moment magnitude of the great 2008 Wenchuan earthquake in China. Tectonophysics, 564-565: 68-82.

Sun Y J, Dong S W, Zhang H, et al. 2013. 3D thermal structure of the continental lithosphere beneath China and adjacent regions. Journal of Asian Earth Sciences, 62: 697-704.

Suppe J, Chou G T, Hook S C. 1992. Rates of folding and faulting determined from growth strata//McClay K R. Thrust Tectonics. New York: Chapman and Hall: 105-121.

Suzuki Z. 1982. Earthquake prediction. Annual Review of Earth and Planetary Science, 10: 235.

Sykes L R. 1967. Mechanism of earthquakes and the nature of faulting on the mid-oceanic ridges. Journal of Geophysical Research, 72 (8): 2131-2153.

Szymanowski M, Jancewicz K, Różycka M, et al. 2019. Geomorphometry-based detection of enhanced erosional signal in polygenetic medium-altitude mountain relief and its tectonic interpretation, the Sudetes (Central Europe). Geomorphology, 341: 115-129.

Takano Y, Edazawa Y, Kobayashi K, et al. 2005. Evidence of sub-vent biosphere: enzymatic activities in 308℃ deep-sea hydrothermal systems at Suiyo seamount, Izu-Bonin Arc, Western Pacific Ocean. Earth and Planetary Science Letters, 229 (3-4): 193-203.

Tape C, Liu Q Y, Maggi A, et al. 2010. Seismic tomography of the southern California crust based on spectral-element and adjoint methods. Geophysical Journal International, 180 (1): 433-462.

Taylor S R. 1964. The abundance of chemical elements in the continental crust: a new table. Geochimica et Cosmochimica Acta, 28 (8): 1273-1285.

Taylor S R, McLennan S M. 1985. The Continental Crust: Its Composition and Evolution. Oxford: Blackwell Scientific Publications.

Teng J W, Zhang Z J, Zhang X K, et al. 2013. Investigation of the Moho discontinuity beneath the Chinese mainland using deep seismic sounding profiles. Tectonophysics, 609: 202-216.

Teng J W, Deng Y F, Badal J, et al. 2014. Moho depth, seismicity and seismogenic structure in China mainland. Tectonophysics, 627: 108-121.

Tenzer R, Chen W J, Tsoulis D, et al. 2015. Analysis of the refined CRUST1.0 crustal model and its gravity field. Surveys in Geophysics, 36: 139-165.

Tesauro M, Kaban M K, Cloetingh S A P L. 2008. EuCRUST-07: a new reference model for the European crust. Geophysical Research Letters, 35 (5): L05313.

Tesauro M, Audet P, Kaban M K, et al. 2012. The effective elastic thickness of the continental lithosphere: comparison between rheological and inverse approaches. Geochemistry, Geophysics, Geosystems, 13 (9): Q09001.

Thatcher W. 2003. GPS constraints on the kinematics of continental deformation. International Geology Review, 45 (3): 191-212.

Thatcher W. 2007. Microplate model for the present-day deformation of Tibet. Journal of Geophysical Research, 112: B01401.

Thatcher W, Politz F F. 2008. Temporal evolution of continental lithospheric strength in actively deforming regions. GSA Today, 4/5: 4-11.

Thompson L G, Mosley-Thompson E, Davis M E, et al. 2013. Annually resolved ice core records of tropical climate variability over the past 1800 years. Science, 340: 945-950.

Tissot B P, Welte D H. 1978. Petroleum Formation and Occurrence—A New Approach to Oil and Gas Exploration. Berlin: Springer-Verlag.

Tonegawa T, Nishida K, Watanabe T, et al. 2009. Seismic interferometry of teleseismic S-wave coda for retrieval of body waves: an application to the Philippine Sea slab underneath the Japanese Islands. Geophysical Journal International, 178 (3): 1574-1586.

Townend J, Zoback M D. 2004. Regional tectonic stress near the San Andreas fault in central and southern California. Geophysical Research Letters, 31 (15): L15S11.

Trad D O, Travassos J M. 2000. Wavelet filtering of magnetotelluric data. Geophysics, 65 (2): 482-491.

Tromp J, Komatitsch D, Liu Q Y. 2008. Spectral-element and adjoint methods in seismology. Communications in Computational Physics, 3 (1): 1-32.

Twiss R J, Moores E M. 2007. Structural Geology. New York: W. H. Freeman and Company.

Ufimtsev G F. 2006. Tectonic relief of the Nepal Himalayas. Earth Science Frontiers, 13 (4): 47-58.

Ufimtsev G F. 2007. Tectonic relief of Inner Asia between Tarim and Lake Valley. Russian Geology and Geophysics, 48 (5): 408-414.

UNCOVER Group. 2012. Searching the deep earth—a vision for exploration geoscience in Australia.

Unsworth M J, Jones A G, Wei W, et al. 2005. Crustal rheology of the Himalaya and Southern Tibet inferred from magnetotelluric data. Nature, 438: 04154.

van der Meijde M, Marone F, Giardini D, et al. 2003. Seismic evidence for water deep in Earth's upper mantle. Science, 300 (5625): 1556-1558.

van der Velden A J, Cook F A. 2005. Relict subduction zones in Canada. Journal of Geophysical Research, 110: B08403.

Vauchez A, Tommasi A, Mainprice D. 2012. Faults (shear zones) in the Earth's mantle. Tectonophysics, 558-559: 1-27.

Vine F J. 1966. Spreading of the ocean floor: New evidence. Science, 154 (3755): 1405-1415.

Vine F J, Matthews D H. 1963. Magnetic anomalies over oceanic ridges. Nature, 199: 947-949.

Vinnik L P. 1977. Detection of waves converted from P to SV in the mantle. Physics of the Earth and Planetary Interiors, 15 (1): 39-45.

Vinnik L P, Kosarev G L, Makeyeva L I. 1984. Lithospheric anisotropy as indicated by SKS and SKKS waves. Doklady, Earth Science Sections, 278: 39-43.

Vinogradov. 1962. Average contents of Chemical elements in the principal types of igneous rocks of the Earth's crust. Geochemistry, 7: 641-664 (in Russian).

Von Huene R, Ranero C R, Weinrebe W, et al. 2000. Quaternary convergent margin tectonics of Costa Rica, segmentation of the Cocos Plate, and Central American volcanism. Tectonics, 19 (2): 314-334.

Waldhauser F, Ellsworth W L. 2002. Fault structure and mechanics of the Hayward Fault, California, from double-difference earthquake locations. Journal of Geophysical Research, 107 (B3): ESE3-1-ESE3-15.

Wang C S, Gao R, Yin A, et al. 2011. A mid-crustal strain-transfer model for continental deformation: a new perspective from high-resolution deep seismic-reflection profiling across NE Tibet. Earth and Planetary Science Letters, 306 (3-4): 279-288.

Wang K L, Kinoshita M. 2013. Dangers of being thin and weak. Science, 342 (6163): 1178-1180.

Wang X Q, Xu S F, Zhang B M. 2011. Deep-penetrating geochemistry for sandstone-type uranium deposits in the Turpan-Hami basin, north-western China. Applied Geochemistry, 26 (12): 2238-2246.

Wang Y, Chen X H, Zhang Y Y, et al. 2021. Superposition of Cretaceous and Cenozoic deformation in northern Tibet: a far-field response to the tectonic evolution of the Tethyan orogenic system. Geological Society of America Bulletin, 134 (1-2): 501-525.

Wapenaar K, Draganov D, Robertsson J O A. 2008. Seismic interferometry: history and present status. Society of Exploration Geophysicists, 26: 1-628.

Weaver R L, Lobkis O I. 2001. On the emergence of the Green's function in the correlations of a diffuse field. Journal of the Acoustical Society of America, 110: 3011-3017.

Webb J S. 1978. The Wolfson Geochemical Atlas of England and Wales. Oxford: Oxford University Press.

Webb J S. 1983. Foreword in Applied Environmental Geochemistry. Edited by Thornton I. London. New York: Academic Press.

Webb J S, Nichol I, Foster R, et al. 1973. Provisional geochemical atlas of northern Ireland. London: Applied Geochemistry Research Group, Imperial College of Science and Technology: 35.

Wedepohl K H. 1995. The composition of the continental crust. Geochimica et Cosmochimica Acta, 59 (7): 1217-1232.

Wei W, Unsworth M, Alan Jones, et al. 2001. Detection of widespread fluids in the Tibetan crust by magnetotelluric studies. Science, 292: 716-718.

Weis P, Driesner T, Heinrich C A. 2012. Porphyry-copper ore shells form at stable pressure-temperature fronts within dynamic fluid plumes. Science, 338 (6114): 1613-1616.

West J D, Fouch M J, Roth J B, et al. 2009. Vertical mantle flow associated with a lithospheric drip beneath the Great Basin. Nature Geoscience, 2: 439-444.

White D J. 1989. Two-dimensional seismic refraction tomography. Geophysical Journal International, 97: 223-245.

White D J, Take W A, Bolton M D. 2003. Soil deformation measurement using particle image velocimetry (PIV) and photogrammetry. Geotechnique, 53 (7): 619-631.

Whitmeyer S J, Karlstrom K E. 2007. Tectonic model for the Proterozoic growth of North America. Geosphere, 3 (4): 220-259.

Wiersberg T, Erzinger J. 2007. Hydrogen anomalies at seismogenic depths of the San Andreas Fault. Abstracts of the 17th annual V. M. Goldschmidt conference. Geochimica et Cosmochimica Acta, 71 (15S): A1110.

Wilkerson M S, Dicken C L. 2001. Quick-look techniques for evaluating two-dimensional cross sections in detached contractional settings. AAPG Bulletin, 85 (10): 1759-1770.

Williams M L, Fischer K M, Freymueller J T, et al. 2010. Unlocking the Secrets of the North American Continent: an EarthScope Science Plan for 2010-2020. Recent Developments in World Seismology, 1-78.

Wilson D, Aster R, the RISTRA Team. 2003. Imaging crust and upper mantle seismic structure in the southwestern United States using teleseismic receiver functions. The Leading Edge, 22 (3): 232-237.

Wu F Y, Walker R J, Ren X W, et al. 2010. Osmium isotopic constraints on the age of lithospheric mantle beneath northeastern china. Chemical Geology, 196 (1-4): 107-129.

Wu M L, Zhang Y Q, Liao C T, et al. 2009. Preliminary results of in- situ stress measurements along the Longmenshan fault zone after the Wenchuan M_S 8.0 earthquake. Acta Geologica Sinica (English Edition), 83 (4): 746-753.

Xie X J. 1995. Surfacial and superimposed geochemical expressions of giant ore deposits//Clark A H. Giant Ore Deposits. Kingston: Queens University: 475-485.

Xie X J, Yao W S. 2010. Outlines of New Global Geochemical Mapping Program. Acta Geologica Sinica (English edition), 84 (3): 441-453.

Xie X J, Mu X Z, Ren T X. 1997. Geochemical mapping in China. Journal of Geochemical Exploration, 60 (1): 99-113.

Xie X J, Wang X Q, Cheng H X, et al. 2011. Digital Element Earth. Acta Geologica Sinica (English edition), 85 (1): 1-16.

Xu T, Wu Z B, Zhang Z J, et al. 2014. Crustal structure across the Kunlun fault from passive source seismic profiling in East Tibet. Tectonophysics, 627: 98-107.

Xue L, Li H B, Brodsky E E, et al. 2013. Continuous permeability measurements record healing inside the Wenchuan Earthquake Fault Zone. Science, 340 (6140): 1555-1559.

Yang J S, Dobrzhinetskaya L, Bai W J, et al. 2007. Diamond- and coesite-bearing chromitites from the Luobusa ophiolite, Tibet. Geology, 35: 875-878.

Yang J S, Robinson P T, Dilek Y. 2014. Diamonds in ophiolites. Elements, 10: 127-130.

Yang Y J, Ritzwoller M H, Lin F C, et al. 2008. Structure of the crust and uppermost mantle beneath the western United States revealed by ambient noise and earthquake tomography. Journal of Geophysical Research, 113 (B12): B12310.

Yang Y J, Shen W S, Ritzwoller M H. 2011. Surface wave tomography on a large-scale seismic array combining ambient noise and teleseismic earthquake data. Earth Science, 24: 55-64.

Yardley B W D, Valley J W. 1997. The petrologic case for a dry lower crust. Journal of Geophysical Research, 102 (6): 12173-12185.

Yin A. 2010. Cenozoic tectonic evolution of Asia: a preliminary synthesis. Tectonophysics, 488 (1-4): 293-325.

Yuan H Y, Romanowicz B. 2010. Lithospheric layering in the North American craton. Nature, 466: 1063-1068.

Yuan X H, Kind R, Li X Q, et al. 2006. The S receiver functions: synthetics and data example. Geophysical Journal International, 165 (2): 555-564.

Zelt C A, Sain K, Naumenko J V, et al. 2003. Assessment of crustal velocity models using seismic refraction and reflection tomography. Geophysical Journal International, 153 (3): 609-626.

Zhang H, Zhao D P, Zhao J M, et al. 2012. Convergence of the Indian and Eurasian plates under eastern Tibet revealed by seismic tomography. Geochemistry, Geophysics, Geosystems, 13: Q06W14.

Zhang H P, Zhang P Z, Prush V, et al. 2017. Tectonic geomorphology of the Qilian Shan in the northeastern Tibetan Plateau: insights into the plateau formation processes. Tectonophysics, 706-707: 103-115.

Zhang H S, Teng J W, Tian X B, et al. 2012. Lithospheric thickness and upper-mantle deformation beneath the NE Tibetan Plateau inferred from S receiver functions and SKS splitting measurements. Geophysical Journal International, 191: 1285-1294.

Zhang J, Song X, Li Y, et al. 2005. Inner Core differential motion confirmed by earthquake waveform doublets. Science, 309 (5739): 1357-1360.

Zhang J S, Gao R, Zeng L S, et al. 2010. Relationship between characteristics of gravity and magnetic anomalies and the earthquakes in the Longmenshan range and adjacent areas. Tectonophysics, 491 (1-4): 218-229.

Zhang L, Meng Y, Yang W, et al. 2014. Disproportionation of (Mg, Fe) SiO_3 perovskite in Earth's deep lower mantle. Science, 344 (6186): 877-882.

Zhang R H, Zhang X T, Hu S M. 2011. Experimental study on water rock interactions at temperatures up to 435℃ and implications for geophysical features in upper mid-crust condition. Tectonophysics, 502 (3-4): 276-292.

Zhang S H, Gao R, Li H Y, et al. 2014. Crustal structures revealed from a deep seismic reflection profile across the Solonker suture zone of the Central Asian Orogenic Belt, northern China: an integrated interpretation. Tectonophysics, 612-613: 26-39.

Zhang Z J, Yang L Q, Teng J W, et al. 2011a. An overview of the earth crust under China. Earth-Science Reviews, 104 (1-3): 143-166.

Zhang Z J, Chen Q F, Bai Z M, et al. 2011b. Crustal structure and extensional deformation of thinned lithosphere in Northern China. Tectonophysics, 508 (1-4): 62-72.

Zhang Z J, Bai Z M, Klemperer S L, et al. 2013a. Crustal structure across northeastern Tibet from wide-angle seismic profiling: constraints on the Caledonian Qilian orogeny and its reactivation. Tectonophysics, 606: 140-159.

Zhang Z J, Chen Y, Yuan X H, et al. 2013b. Normal faulting from simple shear rifting in South Tibet, using evidence from passive seismic profiling across the Yadong-Gulu Rift. Tectonophysics, 606: 178-186.

Zhang Z J, Xu T, Zhao B, et al. 2013c. Systematic variations in seismic velocity and reflection in the crust of Cathaysia: new constraints on intraplate orogeny in the South China continent. Gondwana Research, 24 (3-4): 902-917.

Zhang Z J, Teng J W, Romanelli F, et al. 2014. Geophysical constraints on the link between cratonization and orogeny: evidence from the Tibetan Plateau and the North China Craton. Earth Science Reviews, 130: 1-48.

Zhao D P. 2004. Global tomographic images of mantle plumes and subducting slabs: insight into deep Earth dynamics. Physics of the Earth and Planetary Interiors, 146 (1-2): 3-34.

Zhao D P. 2007. Seismic images under 60 hotspots: search for mantle plumes. Gondwana Research, 12 (4): 335-355.

Zhao D P, Lei J S. 2004. Seismic ray path variations in a 3D global velocity model. Physics of the Earth and Planetary Interiors, 141 (3): 153-166.

Zhao D P, Lei J S, Inoue T, et al. 2006. Deep structure and origin of the Baikal rift zone. Earth and Planetary Science Letters, 243 (3-4): 681-691.

Zhao J, Yuan X, Liu H, et al. 2010. The boundary between the Indian and Asian tectonic plates below Tibet. Proceedings of the National Academy of Sciences of the United States of America, 107: 11229-11233.

Zhao J M, Murodov D, Huang Y, et al. 2014. Upper mantle deformation beneath central-southern Tibet revealed by shear wave splitting measurements. Tectonophysics, 627: 135-140.

Zhao L, Zheng T Y, Lu G. 2013. Distinct upper mantle deformation of cratons in response to subduction: constraints from SKS wave splitting measurements in eastern China. Gondwana Research, 23 (1): 39-53.

Zhao W, Nelson K D, INDEPTH Team. 1993. Deep seismic reflection evidence for continental underthrusting beneath Tibet. Nature, 366: 557-559.

Zhdanov M S, Smith R B, Gribenko A, et al. 2011. Three-dimensional inversion of large-scale EarthScope magnetotelluric data based on the integral equation method: geoelectrical imaging of the Yellowstone conductive mantle plume. Geophysical Research Letters, 38 (8): 99-106.

Zheng H W, Gao R, Li T D, et al. 2013. Collisional tectonics between the Eurasian and Philippine Sea plates from tomography evidences in Southeast China. Tectonophysics, 606: 14-23.

Zheng Y F, Zhao G. 2020. Two styles of plate tectonics in Earth's history. Science Bulletin, 65 (4): 329-334.

Zhu H J, Tromp J. 2013. Mapping tectonic deformation in the crust and upper mantle beneath Europe and the North Atlantic Ocean. Science, 341 (6148): 871-875.

Zhu H T, Liu Q H, Liu Z B. 2013. Quantitative simulation on the retrogradational sequence stratigraphic pattern in intra- cratonic basins using physical tank experiment and numerical simulation. Journal of Asian Earth Sciences, 66: 249-257.

Zhu L P, Kanamori H. 2000. Moho depth variation in southern California from teleseismic receiver functions. Journal of Geophysical Research, 105 (B2): 2969-2980.

Zhu X S, Wu R S, Chen X F, et al. 2014. Numerical tests on generalized diffraction tomography. Tectonophysics, 610: 74-90.

Zielke O. 2009. Dissertation. Tempe: Arizona State University.

Zielke O, Arrowsmith J R, Ludwig L G, et al. 2010. Slip in the 1857 and earlier large earthquakes along the Carrizo segment, San Andreas Fault. Science, 327 (5969): 1119.

Zindler A, Hart S. 1986. Chemical geodynamics. Annual Review of Earth and Planetary Sciences, 14: 493-571.

Zoback M, Hickman S, Ellsworth W, et al. 2011. Scientific drilling into the San Andreas fault zone—an overview of SAFOD's first five years. Scientific Drilling, 11 (1): 14-28.

Zoback M D, Wentworth C M. 1986. Crustal studies in central California using an 800-channel seismic reflection recording system. American Geophysical Union Geophysical Monograph, 13: 183-197.

Zuffetti C, Bersezio R, Contini D, et al. 2018. Geology of the San Colombano hill, a Quaternary isolated tectonic relief in the Po Plain of Lombardy (Northern Italy). Journal of Maps, 14 (2): 199-211.